사람, 주거

그리고

빠리 씨떼

1830 ~1930: 공영 공동주택

* 씨떼 cité;
프랑스어. "씨떼" 는 지난날 정치적 자치체로서의 "도시" 를 지칭하는 말이었으나 오늘날에는 도시의 의미보다는 "공영 공동주택" 또는 "공영 공동주택 단지"라는 의미로 더 많이 쓰인다. 현재 일반적으로 도시를 말할 때 쓰는 단어는 빌 Ville 이다. "씨떼" 와 "빌" 의 활용 사례;

- 빠리 씨떼 Paris Cité; 저자가 임의로 지어낸 말로. 빠리에 건설된 사회적 기본권을 근간으로 하는 공영 공동주택 단지. 즉 공영 아파트 단지의 통칭
- 일 드 라 씨떼 île de la Cité; 빠리의 기원. 센 강의 씨떼 섬
- 씨떼 위니베르시떼르 cité universitaire; 빠리 국제 대학생 기숙사 촌. 빠리 제 14구에 1920년대 개관. 대지면적 3만4000m². 건축물 40개동. 세계 여러 나라에서 온 1만여 명의 대학생. 교수. 예술가들을 수용
- 라 빌 드 빠리 la Ville de Paris; 빠리 시
- 오뗄 드 빌 Hôtel de ville; 빠리 시청

사람, 주거 그리고 빠리 씨떼(1830~1930)

펴 낸 날　2020. 02. 12.
지 은 이　용 갑식
펴 낸 이　신 창근
펴 낸 곳　공간예술사
서울특별시 종로구 사직로 97(MG 새마을금고 빌딩 304호)
전　　화　02-737-1020
팩　　스　02-737-1500
이 메 일　spacearts@korea.com
홈페이지　www.spacearts.co.kr

출판등록　제 9-315 호

ISBN 978-89-7799-111-8

책 소개

"사람, 주거 그리고 빠리 씨떼(1830~1930)" 는 저자의 강의록 및 학위 논문 자료에서 발췌한 이론과, 프랑스 공공시설 및 주택부 Ministère de l'équipement et du logement en France, 건축연구소 Bureau de la recherche architecturale 의 "공동주택에 관한 실태조사 1830~1930" 자료를 바탕으로 기술한, 사람들의 집 이야기이다. 또한 프랑스의 많은 공공 및 자선 재단 Fondation 이 사회사업 차원, 즉 "노블레스 오블리즈 Nobless oblige" 정신에 입각해서 시행한 공동주택 건설사업 사례 자료도 참고했다. 이 책에서는 또한 프랑스의 "제3공화국 la Troisième République" 과 "옛날에 프랑스가 있었다. Il était une fois la France." 에서 발췌한 자료들도 차용했다. 이 책과 관련된 저자의 다른 책은 "사람과 건축문명" 이다.

용 갑식

바탕가스, 필리핀 메트로마닐라

4353년/2564년/2020년/1441년 겨울-날

용 갑식 bonayon@naver.com

연세대학교 건축공학과 및 동 대학원 졸업(공학석사)
논문: 경사지를 이용한 地下住居空間計劃 에 관한 연구
프랑스 국립 마르흐세유-뤼미니 건축대학 3기과정(구 대학박사) 졸업(CEAA)
공동논문: Institute Africain d ´ Architecture, d ´ Urbanisme et d´Aménagement à Dakar, Sénégal (아프리카 건축, 도시계획 및 도시정비연구소 기본계획에 관한 연구)

譯書: 시드니 오페라 하우스 건축 이야기
저서: #건축기술; 건축시공실무+이론(상)
#건축공사 **현장관리+가설공사**(종이책 및 전자책 5권)
#지속가능, 명품 **건축물+재료정보**(종이책 및 전자책 8권)
#최적화 공사 **건축+조경**(종이책 및 전자책 8권)
#Logement Autochtone Social(공영 토속주택), 프랑스어판 종이책<주문생산>
#사람과 건축문명
특허: 발명특허 제10-0578102호(골프퍼터)
국가자격: 조경특급기술자, 건축특급기술자, 중등학교준교사(제29152호: 건축)

現職: ㈜엄앤드이종합건축사사무소 www.aumlee.com
주택연구실장(지속가능 건축, 조경계획 및 개도국 주택정책개발 연구)
#우공정(개인 전원주택, 경기 연천 백학면); 건축, 조경 설계 및 감리

前職: *동양미래대학교 건축과 겸임교수(1998~2011)

*한국종합조경공사, 조경기본계획 및 설계 실무, <담당 프로젝트>;
#국립현충원 재개발계획
#안동댐 용성공원 조경계획
#이리수출자유지역 조경기본계획
#대덕연구학원도시 조경기본계획
#설악동신집단시설지구 개발계획 및 기본설계

*건설회사 동아, 율산, 금호, 한양에서 FED현장, 해외공사 현장 및 본사, 지사 실무, <담당 프로젝트>;
#미합중국 극동지역 주한 공군기지 사령부 본관, 한국 경기 오산: 공무담당
#Housing & Community Facilities of Air Base, Taif, Saudi Arabia: 공무담당
#Single Women's Housing of King Faisal Hospital, Riyadh, Saudi Arabia: 입찰 및 공무담당
#Gygynya Hotel & 240 D.U. Housing, Sokoto, Nigeria: 입찰, 턴키설계 및 공무담당
#King Saud University Campus Facilities, Riyadh, Saudi Arabia: 공무담당

차 례

제1부
사람과 주거

제1장 배달-겨레의 주거 변천사

제2장 지구촌 주거유사

제6장 사람과 주택

제2부
빠리 씨떼

제1장 혁명의 도가니 빠리

제2장 빠리 공영 공동주택

부 록

제 1 부

사람과 주거

제 1 장
배달-겨레의 주거 변천사

1. 한반도의 자연환경과 주거문화

1) 기후 및 지형

유라시아 Eurasia 대륙 동쪽 끝자락에 위치한 한반도는 전국토의 75%가 구릉과 산지로 되어있으며, 기후는 연간 4계절의 구분이 명확하다. 연간 강수량은 1100~1200mm 이고 연간 기온차이는 극심하다. 중부이북 지방의 연평균 기온은 5℃~10℃ 이고, 중부이남 지방은 12.5℃ 이다. 겨울철에는 한랭 건조하고 여름철에는 고온 다습하다. 혹독한 추위가 지속되는 겨울철 북쪽 지방은 기온이 -30℃ 안팎까지 떨어지고, 고온 다습한 여름철 남쪽 지방은 기온이 30℃ 안팎까지 올라간다.

2) 주거 문화

(1) **민족성**

가. **자연**에 대한 **경외심**

한반도에 살아온 농경민족이었던 우리 선조들은 자연의 힘이 농사에 미치는 영향이 어떠했는지를 잘 알고 있었다. 우리 선조들은 연간 4계절에 따른 뚜렷한 자연 환경변화, 즉 가뭄, 홍수, 태풍, 폭설 등 불가항력의 자연의 힘을 주기적으로 느끼면서 생활해온 관계로 자연의 힘에 대하여 두려움을 느꼈다.

나. **자연환경**에 **순응, 동화**

우리 선조들은, 자연은 지배의 대상이라기보다는 인간이 자연

환경에 순응하면서 자연의 일부가 되어 동화되어야 한다는 의식이 강했다. 그런 연유로 우리 선조들은 자연 속에서 인간을 강조하기 보다는 인간을 자연의 일부라고 겸허하게 생각하여 자연주의를 바탕으로 하는 주거 공간을 만들어 냈다.

(2) **주거 공간 특성**

한반도의 전통 주거 공간은 자연 주의를 바탕으로 한 것으로, 우리 선조들의 주거공간은 외부에 대해서는 폐쇄적이지만 내부 공간은 개방적이면서도 차단성과 독립성을 갖춘 공간이었다.

가. **심리적 특성**

환경 친화적인 주거 공간의 심리적 특성은 친밀성, 다양성, 포용성, 소박성 및 관조성이다.

가) **친밀성**

우리 선조들의 전통적인 주거 공간에는 절제, 중용, 평범함에서 오는 친근감, 친소감 親疎感 등이 내재되어 있음을 알 수 있다. 자연 속에 숨어 있는 질서체계를 반영한 형이상학적인 미美 느끼게 하는 친밀감, 소박함 등이 내포된 것이다.

나) **다양성** 및 **포용성**

주거공간의 다양성을 인정하고, 그것을 모두 포용하여 한 차원 높은 경지로 승화된 주거 공간을 구성했다.

다) **소박성**

겉으로 드러나는 꾸밈, 즉 기교에 의한 외형적 가치보다는 내면의 본질을 중시하는 주거공간을 구성했다.

라) **관조성**

관조성이란 겉으로 드러난 꾸밈이 없어 한눈에 드러나지는 않지만, 자세히 볼수록 주거 공간의 본질에 대한 새로운 사실을 발견할 수 있는 특성을 말한다. 우리나라 전통가옥의 주거 공간은 언뜻 보기에는 텅 비어있고 매우 단순해 보이지만 자세히 보면 세밀한 부분에 마음을 담은 다양성이 있음을 알 수 있다.

나. **사회, 관습적 특성**

조선시대 말기 유교숭상 사조가 팽배하던 시대에는 남녀유별 男女有別, 남녀칠세부동석 男女七歲不同席 등의 사회 풍조 風潮 가 만연했다. 이와 같은 사회풍조에 따른, 주거공간 내의 사회적 공간과 주거생활 공간의 분할은 다음과 같다.

가) **사회적 공간**

전통적 주거 공간 내에서의 사회적 공간은 휴식 공간, 생활 공간, 작업 공간, 사회 공간 등으로 분할되었다.

(가) **휴식 공간**

주택 내부 공간에서 양반 兩班 들은 대체로 안채, 별당 등에서 휴식을 취했고, 머슴, 청지기, 노비 등은 행랑채에서 휴식을 취했다.

(나) **생활 공간**

생활 공간은 안 공간과 밖 공간으로 구분되며, 안 공간은 여자들의 공간이고, 밖 공간은 남자들을 위한 공간이다.

(다) **작업 공간**

작업 공간은 농사일의 보조 공간으로 농산물의 타작, 건조 등의 작업을 했던 공간이다. 이 공간에는 농산물의 보관 창고, 농기구 창고, 외양간, 마구간 등도 있다.

(라) **사회 공간**

사회 공간 또는 사교공간은 관혼상제를 위한 공간으로, 상 공간, 중 공간, 하 공간으로 세분된다. 하 공간은 머슴들의 공간인 행랑채이고, 중 공간은 청지기들의 공간인 중문간 행랑채이다. 그리고 상 공간은 양반들의 휴식 및 사교적 공간인 안채와 사랑채이다.

나) **주거 생활 공간**

조선시대 말기 전통적 주거생활 공간은 안채, 사랑채, 및 행랑채 등으로 분할되었다. 그러나 오늘날의 시각으로 보면, 주거 공간의 기능과 동선의 능률면에서는 개량할 점이 많다.

(가) **안채**와 **안마당**

가정생활의 중심 공간으로 비교적 폐쇄적인 공간이다. 이 공간은 방, 대청, 부엌, 광, 곳간 등으로 구성된다.

(나) **사랑채**와 **사랑마당**

집의 대문 가까운 곳에 위치한 공간으로, 가장 활동적이며 비교적 개방적이다. 이 공간에는 집주인의 거실, 서재, 손님맞이용 방 등이 있다.

(다) **행랑채**와 **행랑마당**

머슴, 청지기, 노비 등의 생활 및 휴식 공간으로, 그들의 거처, 마구간, 헛간 등이 있다.

(라) **사당**

선조들의 위패를 봉안, 제사를 지내는 공간으로 안채 뒤쪽 또는 옆쪽의 빈 공간에 독립적으로 존재한다.

(마) **별당**

집주인 가족들이 여가 餘暇 를 즐기는 공간으로 안채 뒤쪽 또는 옆쪽의 빈 공간에 독립적으로 존재한다.

(3) 온돌 문화

한반도의 대표적인 전통 주거 문화중의 하나가 온돌 溫突 문화이다. 온돌 난방 방식은 방바닥 밑에 불을 때어 방바닥을 뜨겁게 만들어 방 내부를 따뜻하게 하는 구조이다(그림 1-001).

그림 1-001: 온돌난방 구조

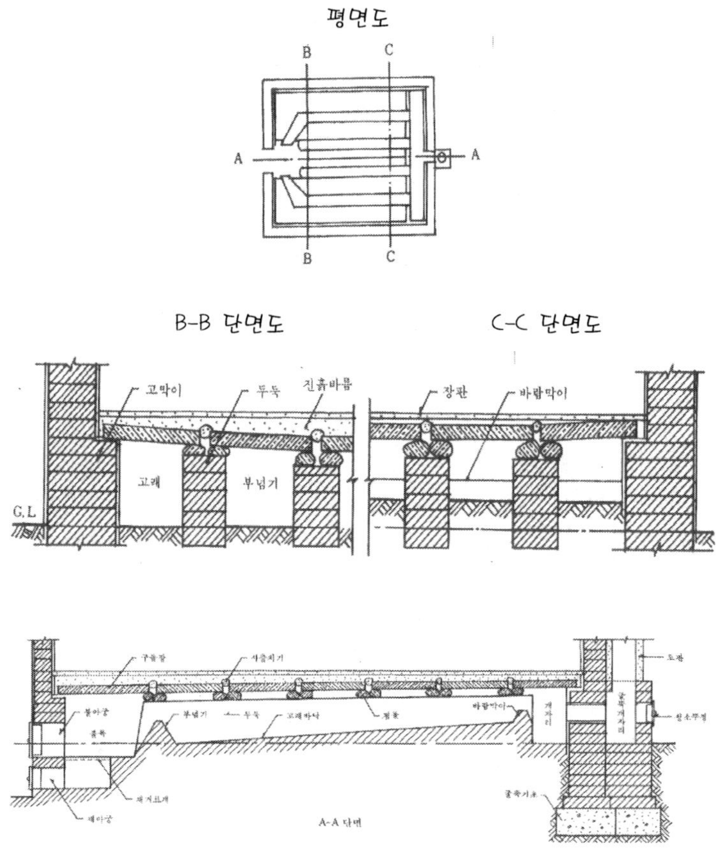

가. 온돌난방의 기원

한반도에서의 온돌난방의 기원은 고구려 초기 이전으로 본다. 온돌은 혹독한 추위가 지속되는 겨울철이 긴 한반도의 북쪽지역에서 오랫동안 활용된 난방 방식이었다. 고려시대에는 한반도 남부 지방까지 보급되었지만 한반도에서 온돌난방 방식이 보편화된 시기는 조선시대였다.

나. 온돌난방과 주거 공간

온돌난방은 부엌, 온돌방, 굴뚝을 일직선으로 연결하는 난방 체계이다.

가) 부엌의 특성

온돌난방 구조를 갖춘 민가의 부엌은 취사와 난방을 동시에 하는 공간이다. 부엌은 이들 기능을 원활하게 수행할 수 있는 넓은 공간을 필요로 했다(사진 1-001). 부엌에는 취사 및 난방을 위한 땔감의 일부를 쌓아둘 공간과 음식물 저장용 공간도 필요했다.

나) 난방 효율 증대 방안

(가) 불길의 상향 경사

온돌난방의 효율을 높이기 위해서는 열기 熱氣 와 연기의 흐름에 막힘이 없어야 한다. 열기와 연기의 통로에는 높낮이의 차가 있어야 하는 이유이다. 다시 말해서 불길이 시작되는 불아궁이 있는 부엌의 바닥은 앞마당의 바닥 보다 낮아야하고, 온돌방의 바닥은 앞마당의 바닥 보다 높아야 하며, 불길이 끝나는 굴뚝은 가장 높은 위치에 있어야하는 것이다. 이런 연유로 인하여, 전통주택 내부의 동선 動線 상에 높낮이가 서로 다른 공간이 함께 존재하게 되는 특이한 온돌문화가 생겼다.

사진 1-001: 전통 민가의 부엌 및 부뚜막

부엌에는 부뚜막과 난방 및 취사를 위해 땔감을 지피는 아궁이가 있다.

부뚜막 평면도

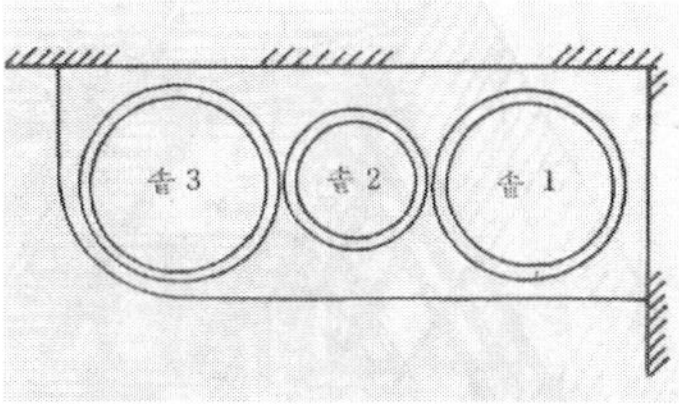

부뚜막 단면도

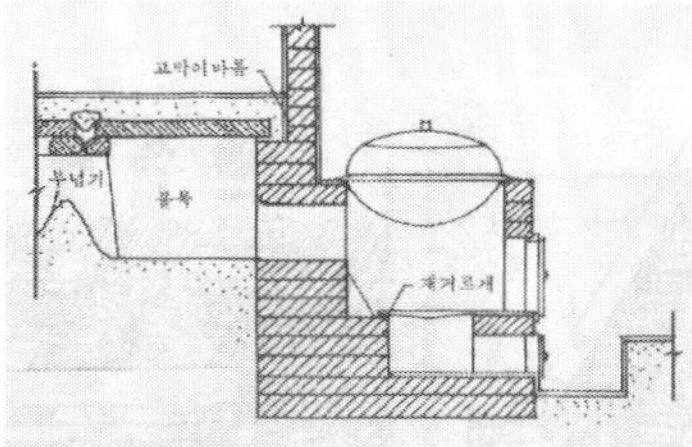

(나) 방의 규모와 배치

일반적으로 온돌난방은 취사의 여열 餘熱 로 난방을 하는 방식이다. 따라서 한정된 열량으로 효율적인 난방을 하기 위해서는 방의 규모를 작게 하고, 방과 방이 서로 붙어 있는 형태가 되도록 배치하는 것이 합리적이다. 주택은 방 배치 형태에 따라서 겹집과 홑집으로 분류되었다.

① 겹집

용마루 아래 방들이 전후, 좌우 두 줄로 맞붙어 배치되어 있는 집으로 기둥이 집 내부의 중앙에 있다.

② 홑집

용마루 아래 방들이 한 줄로만 맞붙어 배치된 집으로 방의 전후 또는 앞쪽에 툇마루가 있다.

(다) 낮은 천장 天障

전통 주택의 천장은 기둥 부재의 부족과 온돌방의 난방 효율을 높이기 위해서 비교적 낮게 만들었으며 연등천장과 우물천장으로 대별된다.

① 연등천장

연등천장이란 서까래가 노출된 천장을 말한다.

② 우물천장

우물천장은 격자형 반자틀, 소란 및 반자판 등으로 구성되는 천장이며, 그 종류에는 보개천장, 층단천장, 빗천장 등이 있다. 보개천장은 우물천장의 일부를 한단 높게 하고 용, 봉황 등으로 장식한 천장 이고, 층단천장은 단이 있는 우물천장이며. 빗천장은 경사진 천장이다.

(라) 굴뚝

온돌난방 체계에서 굴뚝은 불을 땔 때 연기가 수직방향으로 잘 빠져나가도록 만든 구조물이다. 전통초가의 굴뚝, 즉 앉은뱅이 굴뚝의 특성은 다음과 같다.

① 위치 및 형상

전통주택, 특히 초가 草家 의 굴뚝은 뒷마당에, 처마 밑에 보다 낮게, 야트막하게 자리한다(사진 1-002). 이런 형상의 굴뚝을 앉은뱅이 굴뚝이라고 한다.

사진 1-002: 전통 민가의 굴뚝

낮은 굴뚝에서 퍼져 나오는 연기와 열기가 주택 전체로 퍼지면서 해충과 벌레들을 몰아내고 주택 외피를 건조시키고 그으러 방부 및 살균 기능을 강화해준다. 실제로 낮은 굴뚝 주변에는 모기와 거미줄조차 없다. 출처: 우리 한옥

② 앉은뱅이 굴뚝의 특성

우리나라 전통초가의 앉은뱅이 굴뚝은, 지붕 위에 높이 솟아 있는 서양식 굴뚝과는 전혀 다른 기능을 갖는다. 서양식 주택의 굴뚝은 연기와 열기를 헛되이 공중으로 날려 보낸다. 반면 앉은뱅이 굴뚝은, 굴뚝에서 나오는 연기와 열기를 처마 밑에 모아, 부엌에서 나오는 열기와 연기에 더하여 집안과 밖 전체로 확산시켜 위생적으로 유용한 역할을 분담한다. 굴뚝에서 나오는 연기와 열기의 위생적 기능은 다음과 같다:

-해충 방제 防除 기능; 모기 등의 해충과 벌레들을 몰아낸다. 실제로 앉은뱅이 굴뚝 주변에는 거미줄조차 없다.
-방부 및 살균 기능; 주택 외피를 건조시키고 훈연 燻煙 시킨다. 즉, 벽이나 처마의 그을음은 해 害 보다는 익 益 이 크다.

3) 주택 형태

한반도의 주택은 가변성이 큰 기후에 대한 적응력이 강한 형태와 구조, 즉 겨울철 혹독한 추위와 여름철 고온 다습한 기후에 모두 적합하도록 발전되었다. 다시 말해서 한반도의 주택 형태는 소위 남방문화계 주택과 북방대륙문화계 주택의 절충형태로 발전했다.

(1) 자연 환경과 주택 형태

가. 남방 문화계 주택

남방 문화계 주택은, 적도에 인접한 고온 다습한 지역의 주택으로 그 형태 및 특성은 다음과 같다:

-지붕의 물매가 급하다.
-주택의 바닥은 통풍이 잘되도록 지면에서 일정 높이 떨어져 있다; 우기 雨期 에 집중되는 많은 강수 降水 와 높은 습도

를 해결하기 위한 수단이다.

-건축 구조 및 재료; 통풍이 잘되는 구조와 재료를 사용

-우리나라 전통주택의 대청; 남방계 주택의 특성

나. **북방 문화계 주택**

북방 문화계 주택은, 북극권에 인접한 한랭 건조 지역의 주택으로 그 형태 및 특성은 다음과 같다:

-주택의 체적에 비해 외피 면적이 작다.

-흙바닥, 즉 지표면 그 자체가 대개 주택의 바닥이다.

-몽골 서쪽, 알타이 지역 유목민 전통주택 Mongolian yourte 이나 에스키모의 전통주택 Eskimo igloo hut 등이 대표적이다.

-우리나라 전통주택의 온돌방; 북방계 주택의 특성

(2) **인문, 사회 환경**과 **전통 주택 형태**

조선 시대 말기 전통주택의 외형은 가구 架構 양식, 외벽 및 지붕의 재료, 즉 볏짚과 기와에 의해서 결정되었으며 그 상세는 다음과 같다.

가. **주택 지붕**

가) **초가 草家**

조선시대 말기 일반 백성들의 집인 초가의 형태는 지붕과 온돌 난방에 따른 평면 구조에 의해서 결정되었다. 초가 외형의 결정적 요소는 목재 골조 흙벽 위에 볏짚, 밀짚, 갈대 또는 억새 등으로 엮은 이엉을 둥글게 덮어 만든 지붕과 부엌, 온돌방, 굴뚝으로 이어지는 내부 공간의 구성이다. 둥근 모양의 초가지붕은 서력기원 전후의 시기에 나타난 것으로 추정되므로 그 역사가 2000년이 넘는 셈이다(사진 1-003). 초가지붕은 그 형태가 조금씩 다르기는 하지만 기후와 지리적 조건이 유사한 지역

이라면 세계 어느 곳에서도 찾아 볼 수 있는 지붕이다. 그 사례는 북아프리카(사진 1-004), 유럽 남부(사진 1-005), 동남아시아 섬나라(사진 1-006) 그리고 인도차이나 반도(사진 1-007) 등이다.

사진 1-003: 우리나라 전통 농촌 마을의 초가지붕

토속 건축재료, 즉 골조용 목재, 벽체용 점토 그리고 지붕용 볏짚을 사용했다.

사진 1-004: 북아프리카의 전통 초가지붕 셍-루이, 세네갈

세네갈 시골 마을의 전통주택, 토속재료, 즉 골조용 목재, 점토, 그리고 볏짚을 사용해서 집을 지었다.

사진 1-005: 유럽 남부지방의 초가지붕 부슈-뒤-르혼, 프랑스

남부 프랑스, 말 사육으로 유명한 까마르흐그 마을의 전통 주택. 토속 건축재료, 즉 점토를 짓이겨 만든 벽돌로 벽을 쌓고 그 표면에 석회를 발라 마감했다. 지붕은 갈대를 엮어 덮었다.

사진 1-006: 동남아시아 섬나라의 초가지붕 바스코, 필리핀

토속 건축재료, 즉 점토와 돌을 사용하여 벽을 쌓고 그 위에 갈대를 엮어 지붕을 덮었다.

사진 1-007: 인도차이나 반도의 초가지붕 메콩강, 칸토, 베트남
토속 건축재료, 즉 목재로 골조를 세우고, 그 위에 갈대를 엮어 지붕을 덮었다.

나) 기와집

조선 시대 말기 양반들의 집인, 전통 기와집의 형태는 기와지붕, 화방벽 그리고 온돌 난방에 따른 굴뚝 등에 의해서 결정되었다. 기와집은 화강석 기단 위에 세워진 굵은 기둥과 보, 부연을 단 깊숙한 처마, 중량감 있는 지붕과 아름다운 처마 곡선 등이 잘 조화되어 아담하고 친밀감 넘치는 분위기를 연출해 준다. 기와지붕은 기와를 이어 만든 지붕이다. 전통 건축물의 지붕재료인 흑색 黑色 기와는 점토를 빚어 모양을 만든 다음 가마에 구워 만든다. 우리나라 전통 기와집의 지붕은 대부분은 합각지붕이다(사진 1-008).

사진 1-008: 합각지붕의 전통 기와집

토속 건축재료, 즉 목재, 점토, 석회, 점토를 구워 만든 검은색 기와를 사용했다.

나. 주택 외벽

겨울철에 따뜻한 온돌방이 절대로 필요했던 한반도의 기후 특성상 주택의 외벽은, 잠열 潛熱 이 큰 재료를 이용하여 두껍게 만들었으며 외벽의 개구부, 즉 창은 작게 만들었다. 외벽의 종류는 다음과 같다.

가) 흙벽

잠열이 큰 흙벽은 점토를 바르고 새벽흙 또는 매흙으로 마무리한 벽이다. 새벽흙은 황토 빛깔의 차진 흙에 모래, 마분 馬糞, 여물 등을 섞어 반죽하여 만든 미장 재료이다. 새벽흙을 사벽토 砂甓土 라고도 한다. 매흙 畓土 은 논에서 파낸 미끈미끈한 질은 회색의 흙이다.

나) 나무벽 및 머름

머름은 나무벽의 일종이며, 나무벽은 나무 기둥을 세우고 인방을 걸쳐 뼈대를 만든 다음 널을 덧대 마감한 벽이다.

다) 화방벽

화방벽 火防壁 은, 방화 防火 목적의 벽으로, 흙벽 바깥쪽에 사괴석 四塊石 을 붙여 쌓아 만든 벽이다. 사고석이라고도 하는 사괴석은 네모진 돌로, 한 변의 크기가 20~30cm 인 입방체이다.

다. 가구 架構 양식

한반도의 주택, 사찰, 궁궐 등 전통 건축물의 구조적 특성은 목가구 木架構 양식 樣式 이다. 일반적으로 목조 소형 건축물은 도리가 3개인 3량 三梁 구조이고 중대형 건축물은 도리가 9개인 9량 九梁 구조이다. 그러나 한반도에 목재가 풍부한 것은 아니었으므로, 목재 절약을 위하여 목재 사용에는 철저를 기하면서도 조형미 창출에는 많은 노력을 아끼지 않았다:

-목재의 절약과 목재의 자연미를 그대로 살리기 위하여 목재 가공을 최소화

-자연미가 풍부하고 융통성 있는 목가구 木架構 부재를 외부에 그대로 노출, 부드러운 질감의 형태를 완벽하게 연출하는 조형미 창출

4) 조형 특성 및 착시현상

한반도에 있는 전통 건축물에서는 건축물 전체의 안정감과 조형 특성 造形 特性 을 창출하기 위하여 구조 부재나 건축물 형태의 착시현상을 교정했다.

(1) **지붕**의 **조형성**

우리나라 전통 기와집의 지붕 골조 부재, 즉 처마와 마루의 선은 착시현상 교정을 위한 현수선 懸垂線, catenary 이다. 현수선을 수곡선 垂曲線 이라고도 한다.

가. **처마** 및 **처마선**

처마는 우리의 전통 건축물 지붕에서 처마도리 밖으로 내밀려진 부분을 지칭하는 말이다. 깊은 처마는 겨울철에는 따듯한 햇볕을 만들고 여름철에는 필요한 그늘을 만들어 주며, 그 상세는 다음과 같다.

가) **처마**의 **분류**

전통 건축물의 지붕 끝 부분을 지칭하는 처마는 구성 부재에 따라서 홑처마와 겹처마로 대별된다,

(가) **홑처마**

홑처마는 처마서까래 한 개만으로 구성된 처마이다.

(나) **겹처마**

겹처마는 처마서까래 위에 부연, 즉 짧은 서까래를 덧얹어 만든 처마이다.

나) **처마 골조**

전통 건축물의 처마는 처마서까래, 부연, 공포 등의 골조 부재로 구성된다(그림 1-002).

그림 1-002: 처마 골조 상세 한국 전통 주택

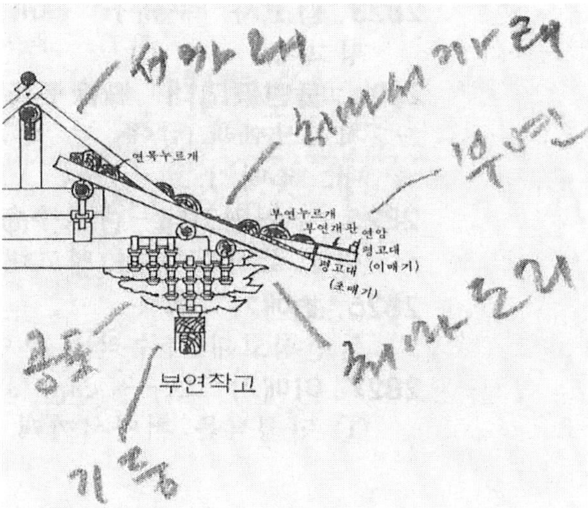

(가) **처마서까래**

처마서까래는 처마도리에 직각되게 걸쳐 처마도리 밖으로 길게 내민 처마 골조 부재이다. 기와집의 지붕 경사에 따라서 처마도리, 중도리, 또는 마룻대 위에 직각 방향으로 경사지게 걸쳐 대는 지붕 골조 부재를 일반적으로 서까래라고 한다.

(나) 부연 付椽

부연은 처마서까래의 끝 부분에 덧얹어 걸친 짤막한 서까래이다. 부연은 처마 깊이를 깊게 함과 동시에 처마를 약간 위로 들어 올림으로서 아름다운 곡선을 창출, 처마의 조형미를 돋보이게 하는 기능을 한다. 부연의 내미는 길이는 처마서까래 길이의 1/4~1/3 정도로 한다.

(다) 공포 栱包

공포 또는 포는 처마를 길게 내밀 수 있도록 하는 구조적 기능과 처마 밑 부분을 장식하는 조형 예술적 효과를 갖는 부재이다. 공포는 기둥머리 위에 장식 및 구조용 짧은 부재를 여러 개 겹쳐 짜 맞추어 만든다. 공포는 장식적 효과로 미적 호감을 유발하며, 지붕의 하중을 분산시켜 기둥에 전달하는 구조 역학적 기능을 한다(그림 1-003).

그림 1-003: 공포의 구조적 기능 한국 전통 주택

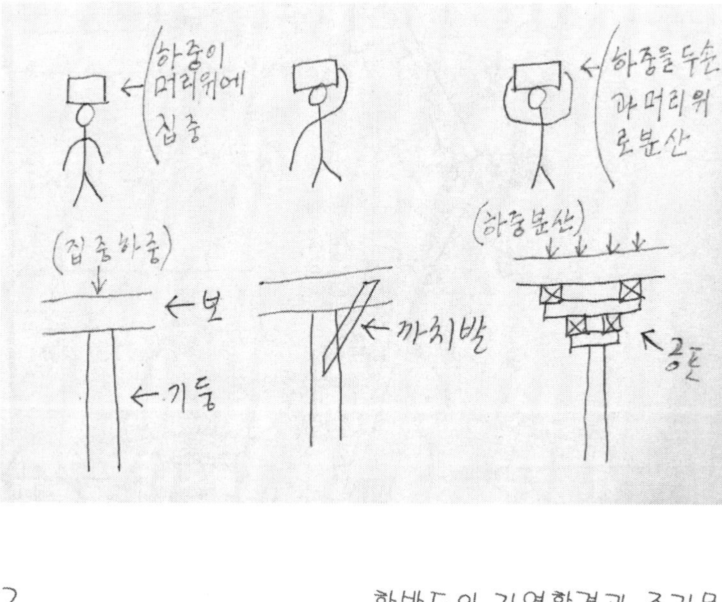

다) 처마 들어 올림

우리나라의 전통 건축물 기와지붕에서 처마를 약간 들어 올린 것은 다음과 같은 과학적 의미를 갖는다:

-아름다운 곡선미의 창출
-겨울철 채광 採光 량의 증대
-여름철 짙은 그늘의 창출

라) 처마선

우리나라 전통 기와지붕의 처마선은 후림과 처짐의 2차원 현수선으로 구성된다(사진 1-009). 후림과 처짐은 기와지붕 처마선의 착시현상을 교정하는 기법이다. 처짐을 "조로", 후림을 "안 허리" 라고도 한다. 이웃나라 중국의 처마선(사진 1-010)과 일본의 처마선(사진 1-011)은 우리와는 좀 다르다.

사진 1-009: 우리나라 전통 기와집 처마선 광화문, 서울, 한국

사진 1-010: 중국 기와집 처마선 다원, 항저우, 중국

사진 1-011: 일본 기와집 처마선 사찰, 토쿄, 일본국

(가) **처짐**

기와집 지붕의 입면도 상에서 볼 때 처마 선은 처짐 곡선으로 되어 있다. 처짐을 둠으로서 착시에 의하여 처마 양 끝을 수평으로 보이게 한다. 만일 처마 선을 직선으로 한다면, 착시 현상으로 처마 양끝 부분이 아래로 처져보이게 된다(그림 1-004). 다시 말해서 처마의 중간 부분이 위쪽으로 휘어져 보이게 된다. 이런 착시현상을 교정하는 기법을 처짐 또는 조로 기법이라고 한다.

(나) **후림**

기와집 지붕의 평면도 상에서 볼 때 처마 선은 안쪽으로 휘어진 곡선으로 되어 있다(그림 1-005). 만일 처마 선을 직선으로 한다면, 착시현상으로 처마 양끝이 안쪽으로 휘어져 보이게 된다. 이런 착시현상을 교정하는 기법을 후림 또는 안허리라고 한다.

그림 1-004: 처마의 처짐 기법 기와지붕 입면

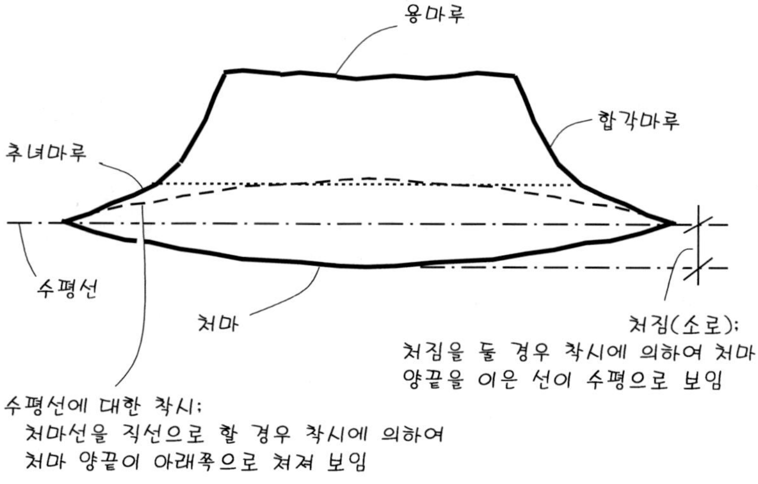

그림 1-005: 처마의 후림 기법 기와지붕 평면

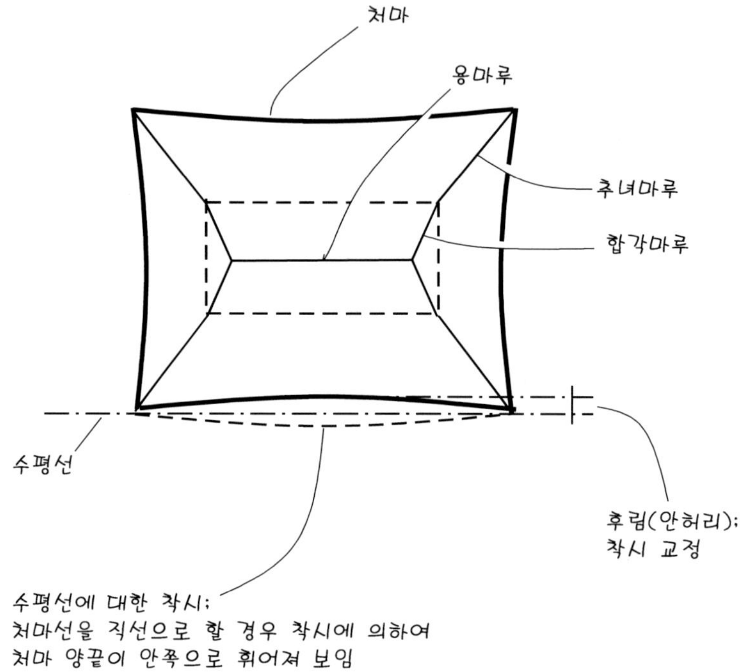

나. 지붕마루

지붕마루란 건축물의 지붕에서 두 개의 지붕면이 서로 만나서 이루는 등성이를 말한다. 지붕마루는 수평마루와 수직마루로 대별된다.

가) 수평마루

용마루는 대표적인 수평마루로서 건축물의 지붕 중앙부, 가장 높은 부분에 있는 마루이다. 용마루는 약한 현수선으로 되어 있는데, 이는 착시현상을 조정하기 위한 기법이다. 용마루를 수평으로 만든다면 용마루 선의 양쪽 끝은 처져 보이기 때문이다.

나) **내림마루**

내림마루는 건축물의 지붕 경사면을 수직 방향으로 따라 내려온 경사 마루의 총칭이다. 내림마루에는 박공마루, 합각마루, 추녀마루, 우진각마루 등이 있다. 지붕의 귀에 있는 추녀마루를 귀마루 또는 귀내림마루라고도 한다.

(2) **기둥의 조형성**

한반도의 전통 건축물은 기둥, 보, 도리 道里, 창방 昌枋, 평방 平枋, 인방 引枋, 서까래, 부연 등의 구조 부재가 그대로 노출된다. 목재 기둥을 주춧돌 위에 세울 때는 기둥 갓 둘레를 주춧돌에 꼭 맞추기 위하여 그레질한 다음 그레떼기 한다. 이런 목재 가공 기법을 그렝이라고 한다. 착시현상 교정을 위한 주요 구조 부재의 조형 방법 및 용어의 의미는 다음과 같다.

가. **흘림**

기둥 흘림 기법은 건축물 기둥의 착시 현상 교정, 미적 효과 증대 그리고 구조적 안전성을 확보하기 위하여 기둥의 굵기를 밑동에서 꼭대기까지 일정한 비율로 달라지게 하는 기법이다. 기둥 흘림 기법에는 민흘림 기법, 배흘림 기법 및 중배흘림 기법 등이 있다(그림 1-006).

가) **민흘림**

민흘림은 기둥밑동에서 꼭대기까지 직선으로, 일정한 비율로 가늘어지게 하는 기법이다.

나) **배흘림**

배흘림은 곡선을 이용하여 기둥의 중간 부분, 즉 밑동에서 1/3 지점을 가장 굵게 하고, 밑동과 꼭대기로 갈수록 일정 비율로 가늘어지게 하는 기법이다. 그러나 일반적으로 기둥밑동이 꼭대기 보다 굵다.

다) **중배흘림**

중배흘림을 배불림 entasis 이라고도 한다. 기둥의 밑동이 가장 굵고, 꼭대기로 갈수록 곡선으로, 일정한 비율로 가늘어지게 하는 기법이다. 중배흘림은 그리스 건축의 기둥 양식이다.

나. **안쏠림**

안쏠림은 착시 현상에 의한 수직선을 교정하는 기법이다. 건축물의 기둥 여러 개를 똑같은 간격으로 일직선상에 수직으로 세울 경우 양쪽 가장자리에 있는 기둥의 상단, 즉 주두 柱頭 는 밖으로 벌어져 보이는 착시현상이 발생한다. 이런 착시현상 교정을 위하여 기둥을 세울 때 양쪽 가장자리에 있는 기둥의 윗부분을 건축물 안쪽으로 약간 기울여 세운다. 이런 기법을 안쏠림, 또는 오금법이라 한다(그림 1-007).

그림 1-006: 기둥 흘림 기법

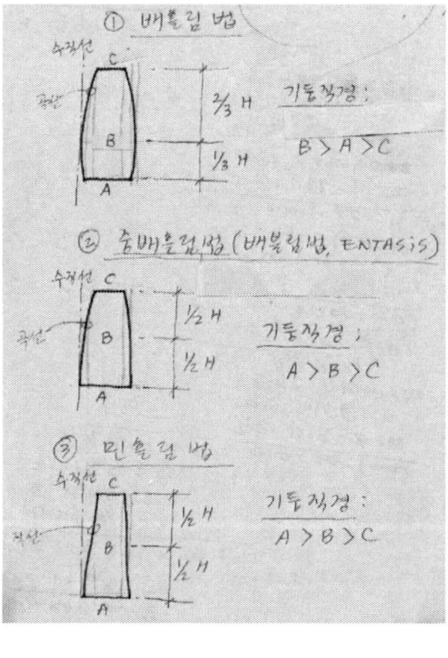

그림 1-007: 기둥 안쏠림 기법

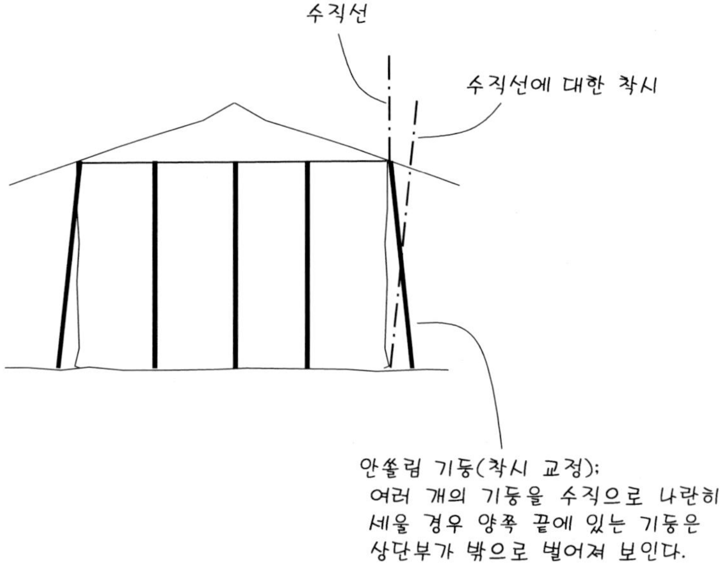

다. 귀솟음

귀솟음은 착시 현상에 의한 수평선을 교정하는 기법이다. 귀솟음이란 착시현상 교정을 위해서 건축물 귓기둥의 높이를 중간의 다른 기둥보다 조금 높게 꾸미는 기법이다(그림 1-008). 높이가 똑같은 기둥 여러 개를 일직선상에 배치할 경우, 귓기둥, 즉 양쪽 가장 자리에 있는 기둥은 실제와는 달리 중앙의 다른 기둥보다 낮아 보인다. 다시 말해서 실제 주두선 柱頭線 은 수평선이지만 착시에 볼록한 곡선으로 보인다. 따라서 건축물 전면에 기둥을 많이 세울 경우, 중앙의 기둥에서 좌우 귓기둥으로 가면서 점진적으로 기둥을 높이면 착시현상으로 기둥의 상단을 연결하는 주두선은 수평으로 보인다.

그림 1-008: 기둥 귀솟음 기법

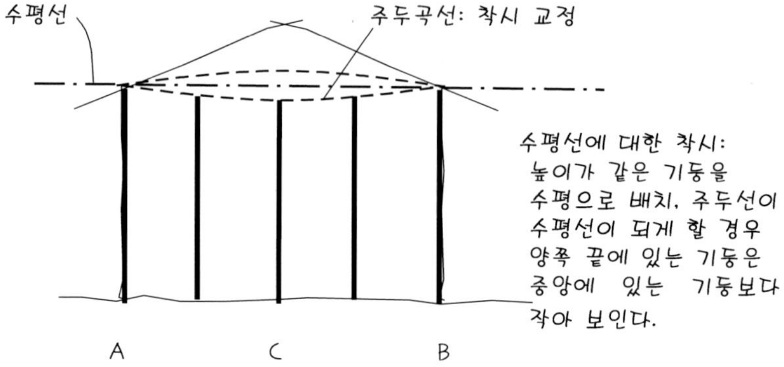

주두선이 수평선이 되도록 착시 교정된 기둥 높이: A = B > C

5) 전통주택 재료

한반도의 전통 건축물 건축용 재료는 목재를 기본 재료로 하고 점토, 돌, 점토벽돌, 볏짚 등을 부수 재료로 하였다. 양반가 주택 건설용 목재로는 소나무, 참나무, 전나무 등이 쓰였으나 이들 중 으뜸은 소나무, 즉 적송 赤松 이었다.

(1) 지붕 재료

전통 주택의 지붕 재료로는 기와, 짚, 너와, 글피, 청석 등이 쓰였다.

(2) 창호 마감 재료; 한지

주택의 개구부, 즉 창호의 마감 재료로는 한지 韓紙 가 주로 사용되었다. 한지는 닥나무 껍질과 닥풀로 만든 우리나라 전통

종이이다. 닥풀은 아욱과의 한해살이풀로 종이를 뜨는 원료로 사용된다. 한지를 참지 또는 조선종이라고도 한다. 한지는 건축물 창호의 마감재료 및 그림, 공예 또는 글씨, 심지어는 옷감의 재료로 활용된다. 한지의 전통적 제조 방법 및 순서는 다음과 같다:

① 닥풀 뿌리와 닥나무 껍질을 함께 찧어서 물에 담가 불려, 끈적끈적한 액체로 만든다. 이 액체를 닥풀액이라고 한다.

② 닥나무를 가마솥에 넣고 찐 다음 껍질을 벗긴다. 그 껍질을 하룻밤 물속에 담가 둔다.

③ 물에 불린 두꺼운 껍질의 겉껍질을 벗겨내고, 속껍질만 햇볕에 바래서 표백한다.

④ 표백한 속껍질을, 나뭇재로 내린 잿물과 함께 가마솥에 넣고 삶은 다음 맑은 물로 씻어낸다.

⑤ 맑은 물로 씻어낸 속껍질을 다시 표백, 방망이로 두들기면서 맑은 물에 씻어 잿물을 빼어내고 고운 섬유로 만든다.

⑥ 고운 섬유와 닥풀액을 섞어, 작대기로 잘 저어서 곱고 묽은 반죽 물을 만든다.

⑦ 반죽 물을 대발로 물질해서 한 장씩 떠내어 지대에 엎어 떼어낸 다음 통나무 둥굴대를 굴려 물을 빼낸다.

⑧ 위와 같은 제조 과정을 반복하여 300~400장정도 쌓아서 짐 틀에 옮긴 다음 큰 돌덩이를 올려놓아 물이 다 빠지면 한 장씩 떼어내어 말린다.

2. 한반도의 주거 변천 연대기

사냥, 과일 채취 및 물고기 잡이 등을 생계수단으로 삼았던 구석기 시대 이래 우리 선조들의 주거 형태는 동굴 및 자연의 지형 地形 을 활용한 천연의 은신처에서 시작하여 움집, 즉 수혈주거 竪穴住居, 귀틀집, 초가, 기와집 등을 거쳐 현대적인 주택, 특히 아파트 apartment 형태로 발전했으며, 그 연대기는 다음과 같다.

1) 구석기 시대

지금까지 발굴된 주거유적으로 미루어 볼 때 한반도에서 인간의 주거가 시작된 시기는 구석기 시대인 서기전 3만 년경으로 추정된다. 이 시기에 우리 선조들은 자연동굴을 그대로 이용하였거나 구덩이를 파고 나뭇가지, 나뭇잎, 또는 동물가죽 등을 덮어 만든 그야말로 새의 둥지나 동물의 굴과 다를 바 없는 거소 居所 에서 살았다. 이시기에는 현생 인류의 조상으로 추정되는 호모사피엔스가 덜 공격적인 야생 늑대를 길들여 사냥의 연합군으로 삼았던 것으로 추정된다. 이렇게 길들여진 늑대가 오늘날, 사람의 감정에 민감하게 반응하면서 정서적 교감을 나누는 개가 된 것이다.

2) 신석기 시대

사람들이 한반도에서 주거와 농경에 적합한 자연 환경을 찾아 정착생활을 시작했던 시기는 서기전 7000~4500년경의 신석기 시대로 추정된다. 서기전 2000년경에서 서기전 700년경까지의 시대에는 우리 선조들이 한반도에서 농경생활을 성립했던 시기로 추정된다. 자연 동굴 생활에서 벗어난 사람들은 정착 생활과 더불어 주변에서 쉽게 구할 수 있는 토속 건축 재료, 즉 나무줄기, 나뭇가지, 나뭇잎, 풀, 점토 또는 동물가죽 등을 사용하여 집을 짓기 시작했다. 물론 주택 구조의 기본인 기둥이나 벽 또는 지붕의 개념은 미약했다. 이시기에 등장한 집이 가장 원시적인 인간의 집인 수혈주거이다. 수혈주거의 평면은 대체로 원형이거나 모서리를 둥글린 방형 方形 이다. 수혈주거의 내부에는 불을 지폈던 불구덩이와 음식물을 보관했던 구덩이가 있다. 농경 시대 이후 한반도에서 발굴된 대표적인 주거 유적은 다음과 같다.

(1) 궁산리 주거지

평안남도 온천군 궁산리에서는, 농경 생활을 하던 시기에 있었던 것으로 추정되는 주거유적이 발굴되었다(그림 1-009). 이 주거유적은, 인간의 가장 원시적인 주거형태인 움집, 즉 원형수혈주거 圓形竪穴住居 였다. 움집의 직경은 5~6m, 깊이는 1m 이고, 바닥 한 가운데에는 원형의 불구덩이가 자리하고 있다. 이 주거 유적지에서는 좀 더 발전된 주거 부재인 기둥의 흔적도 보인다.

그림 1-009: 궁산리 주거지

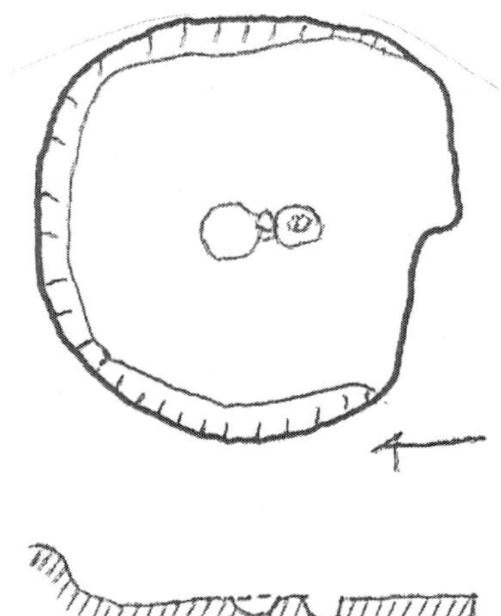

(2) 지탑리 주거지

궁산리 주거 유적과 같은 시대에 있었던 것으로 추정되는 주거 유적이 황해도 봉산군 지탑리에서 발굴되었다. 이 주거 유적은 한 변의 길이가 7m 정도인 4각형 평면이며, 수혈 竪穴 깊이는 40~50cm 였다. 경사지에 남아 있었던 주거 유적으로 미루어 볼 때 주거의 형태는 원추형이나 4각뿔형으로 추정된다. 기둥, 벽, 지붕은 나무줄기, 나뭇가지, 나뭇잎, 풀, 점토 및 동물의 가죽 등을 이용하여 만들었다.

3) 청동기 및 초기 철기 시대

한반도에서 우리 선조들이 농경생활을 하면서 청동기 문화를 꽃피웠던 시기는 서기전 1000년에서 서기전 300년까지의 시대로 추정된다. 한반도에서 맨 처음 청동기 문화가 시작되었던 곳은 서북쪽의 압록강과 청천강 유역 및 동북쪽의 두만강 유역이었다. 청동기 문화는 점차 남하하면서 경기도와 충정도 일대에서 꽃피웠으며 그 문화는 전라남도와 경상남도까지로 확산되었다. 이시기에는 최초로 지상 地上 에 집이 출현했다. 움집은 더욱 발전하였고, 지배 계층의 사람들은 귀틀집을 짓기 시작했다. 이시기에 한반도에 존재했었던 대표적인 주거 유적에는 함경북도 회령군 오동리 주거지, 경기도 여주 흠암리 주거지, 한강변 석촌동 주거지 및 두만강 하류 웅기 주거지 등이 있다.

(1) 오동리 주거지

함경북도 회령군 오동리에서는 서기전 700년경에서 서기후 1년 사이 있었던 것으로 추정되는 주거 유적이 발굴되었다. 구릉지 경사면에서 발굴된 이 주거지는 한 변의 길이가 4~7m 정도되는 정사각형 또는 직사각형 평면이었다(그림 1-010).

(2) 석촌동 주거지

한강변 석촌동에서는 수혈주거 형태의 고상 高床 귀틀집 흔적

그림 1-010: 오동리 주거지

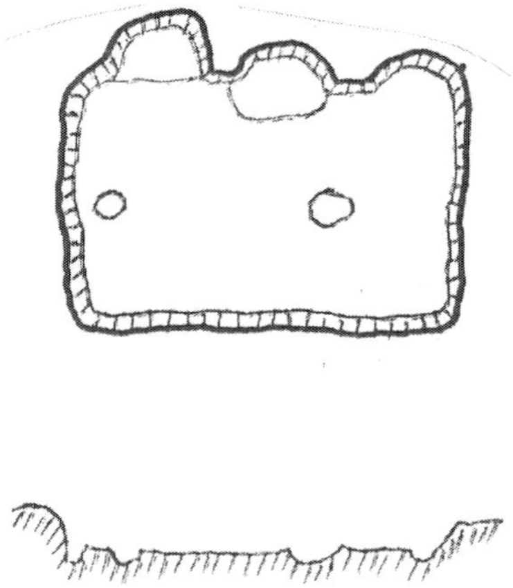

이 발굴되었다.

(3) **웅기 주거지**

두만강 하류 웅기의 수혈주거 유적지에서는 원시 형태의 온돌 흔적이 발굴되었다. 이로 미루어 볼 때 한반도의 온돌은 아주 오래된 난방 방식이었음을 알 수 있다. 온돌 난방 방식은 로마 제국의 주거 유적지에서도 볼 수 있는데. 로마 제국 시대의 경우는 바닥 난방이 아니라 벽 난방이었다.

4) 삼국 시대 및 고려 시대

(1) **고구려** 및 **백제 시대**

고구려는 서기전 37년부터 서기후 668년까지 705년 간 한반도의 북쪽에, 백제는 서기전 18년부터 서기후 660년까지 678년 간 한반도의 남서쪽에 존재했던 국가이다. 그러나 뿌리가 같은 고구려와 백제의 주거 양식은 근본적으로 같은 것이었다. 고구려 시대의 일반 서민들은 움집 및 귀틀집에서 발전한 초가삼간 草家三間 에서 살았으며, 귀족 계층의 사람들은 좀 더 규모가 큰 목구조 木構造 저택에서 살았다. 고구려 시대 주거 문화의 특성은 다음과 같다.

가. **주거공간**의 **분화**

고구려의 고분벽화에 의하면 고구려 시대의 주택에는 부엌간, 마구간, 고깃간, 헛간 등이 있었다. 다시 말하면, 고구려인들은 분화된 주거공간에서 다양한 주거생활을 누렸던 것으로 추정된다.

나. **입식 생활**

신발을 신고, 입식 立式 생활을 했던 고구려인들은 방의 한 구석만 온돌, 즉 쪽구들로 만들어 난방을 했다. 방의 나머지 공간에는 평상 平床 및 좌상 座床 을 두었다. 평상은 나무로 만든 침상 寢床 이고 좌상은 의자 椅子 이다.

(2) **신라 시대**

신라는 서기전 57년부터 서기후 935년까지 992년 한반도에 존재했던 국가이다. 신라 및 통일 신라 시대에는 건축기술이 발달하여 주택의 규모, 재료, 장식 등이 크게 발전했다. 신라 시대에는 겨울철에는 온돌방 생활을, 여름철에는 마루방 생활을 하였다. 신라 시대의 건축규제에 관한 내용은 삼국사기 옥사조 屋舍條 에 있으며 그 내용은 다음과 같다.

가. **주택 규모 규제**

골품제도를 실시했던 신라시대에는 사회적 신분에 따라서 주택의 규모를 엄격히 규제했으며 그 상세는 다음과 같다:

-성골계급; 규모나 장식에 대한 규제가 거의 없다.

-진골계급; 방의 한 변이 24자 尺 이하
-6두품; 21자 이하
-5두품; 18자 이하
-4두품; 15자 이하, 여기서 1자=30.3cm 로 추정된다.

나. **주택 장식 규제**

주택 규제는 방의 크기뿐만 아니라 장식용 기와, 돌계단, 담장, 단청 등에도 사회적 신분에 따라서 규제를 달리했다.

(3) **고려 시대**

단기 3251년, 즉 서기 918년에 개국해서 서기 1392년에 멸망한 고려에서는 고구려의 온돌구조와 신라의 마루구조가 전승되어 발전되었다. 고려 시대의 주택도 여전히 목구조였으며, 집을 짓거나 택지 宅地 를 선정할 때는 풍수지리 風水地理 를 고려했다. 즉 집은 동대문 東大門 남향집이어야 하고, 택지는 임수배산 臨水背山 이어야 한다는 원칙을 따랐다.

가. **주거생활 양식**

가) **지배 계층**

왕족, 승려 및 귀족들은 목구조 木構造 저택 邸宅 에서, 현재의 중화인민공화국 선조들처럼 입식생활 立式生活 을 했다. 저택의 방에서는 나무 침상, 의자 등을 사용하였다.

나) **서민 계층**

고려 사회의 서민들은 초가의 온돌 바닥에서의 좌식생활 座式生活 을 하였다.

나. **온돌난방의 확산**

고려 시대에는 한반도 남부 지방까지 온돌이 보급되었지만 당시 온돌난방은 사회적 신분이 낮은 계층에서 주로 활용하였다. 그런 연유로 신분상승을 바랬던 하층 서민들은 온돌난방을 기피했던 반면, 온돌난방의 효용성을 인지 認知 한 상류 계층의 사람들은 점차 온돌난방을 선호하게 되었다.

5) 조선 시대

단기 3725년, 즉 서기 1392년에 개국한 조선은, 끊임없는 당쟁과 명분싸움, 빈번한 외세의 침입 등으로 초토화된 끝에 1910년 멸망했다. 조선 시대엔, 일반 백성들은 초가 草家 에, 왕족과 양반들은 기와집에 살았으며, 주생활 住生活 의 기본이었던 온돌난방의 특성상, 방에서는 신발을 벗고 좌식생활을 했다. 조선시대의 건축법규는 경국대전 經國大典 과 대전회통 大典會通 에 기록되어 있으며, 세종 13년, 즉 1431년에는 신분에 따른 주택 규제가 제도화되었다.

(1) **주택 크기** 및 **면적 단위**

가. **주택 크기 규제**

엄격한 신분 사회였던 조선 시대에는 사회적 신분에 따라서 주택의 크기를 엄격히 규제했으며 그 상세는 다음과 같다:

-대군 大君 ; 60칸 間 이하
-군과 공주; 50칸 이하
-옹주와 종친 및 2품 이상 관리; 40칸 이하
-3품 이하; 30칸 이하
-일반 백성; 10칸 이하

나. **주택 면적 단위**

가) **칸** 間

칸 間 이란 도리칸 또는 보칸을 의미하며, 주택의 칸살을 세는 단위이다. 도리칸은 도리를 얹어 놓은 기둥과 기둥의 사이를, 보칸은 보를 얹어 놓은 기둥과 기둥의 사이를 말한다. 한 칸의 크기는 일반적으로 8자尺×8자尺, 즉 약 2.424m×2.424m≒5.88m² 이다. 그러나 한 칸의 크기는 6자×6자, 7자×7자, 8자×8자, 또는 10자×10자를 지칭하기도 한다. 일본의 경우 크기가 6자×3자인 다다미 たたみ 2장을 한 칸으로 한다.

나) 99칸 間 집

조선시대 말기엔 일반 백성중 상류계층의 주택 크기를 99칸까지 허용하였다. 99칸 집이란 한 칸짜리 방이 99개라는 뜻이다.

(2) 택지 조건

조선 시대 역시 고려 시대와 마찬가지로 집을 짓거나 택지 宅地, 즉 양택 陽宅 을 선정할 때는 풍수지리 風水地理 원리를 고수했다. 풍수지리에서 택지를 선정할 때는, 황룡 黃龍 을 중심에 두고 사신 四神 이 사방 四方 에 있는 지세 地勢, 즉 좌-청룡, 우-백호, 남-주작, 북-현무의 지세를 으뜸으로 하고, 배산임수 背山臨水 의 지세를 기본으로 했다. 사신은 천지의 사방, 즉 동, 서, 남, 북을 다스린다는 신으로 동의 청룡 靑龍, 서의 백호 白虎, 남의 주작 朱雀, 북의 현무 玄武 를 말한다. 18세기 조선 시대, 지리학에 정통했던 실학자 이중환 선생이 그의 저서 "택리지 擇里志", 즉 "팔역지 八域志" 에서 밝힌 제1의 택지 조건은 다음과 같다:

-지세 地勢, 즉 땅의 형세가 좋고,
-지기 地氣, 즉 땅의 기운이 왕성하고,
-아름다운 산과 물이 있고,
-인심이 좋은 곳이어야 한다.

(3) 온돌난방 문화의 정착

조선시대에는 민가 民家 는 물론이고 상류 계층과 궁궐에서도 온돌난방은 두루 사용되었으며, 제주도 지방까지에도 온돌난방이 보급되었다.

(4) 주택 분류 및 평면

조선 시대의 주택은 엄격한 사회 신분제도에 따라서 서민, 중류층, 상류층 주택으로 대별된다. 노비의 주택은 별도로 가람집이라 불렀다. 조선 시대 말기인 19세기 중반, 즉 근대 近代 의 반가 班家 및 민가 民家, 즉 일반 백성의 주택 평면의 종류 및 그 특성은 다음과 같다.

가. 양반 및 지주의 집

조선 시대의 왕족과 양반들은 주로 기와집에 살았다.

가) 서울 지역 양반가

서울 지역의 반가, 세칭 양반 兩班 들의 집은 대개 안채, 사랑채, 행랑채 등으로 이루어 졌다. 서울 무교동에 있었던 대지면적 624m², 방이 15개인 조선 시대 말기 양반, 신씨 집의 평면도는 그림 1-011 과 같다.

나) 중부 지방 대형 양반가

소위 말하는 99칸間 양반집이다. 여기서 1칸間 = 10자尺×10자尺 = 9.181m² 로 계산했다. 이 양반가는 대지가 9915m², 집은 모두 15채로 연건축면적은 909m² 이다. 양반의 집 내부에는 정자가 두 개 있으며, 벽과 굴뚝은 전돌 塼石 로, 담장은 사고석 四塊石 으로 쌓았다. 전돌은 점토로 구워 만든 검은 벽돌이다.

다) 중부 지방 중대형 농가

"ㄱ"자형 안채와 "ㄱ"자형 사랑채를 서로 마주 보게 배치하는

그림 1-011: 서울 양반가 평면도

단위: 척(尺)=자=30.3cm

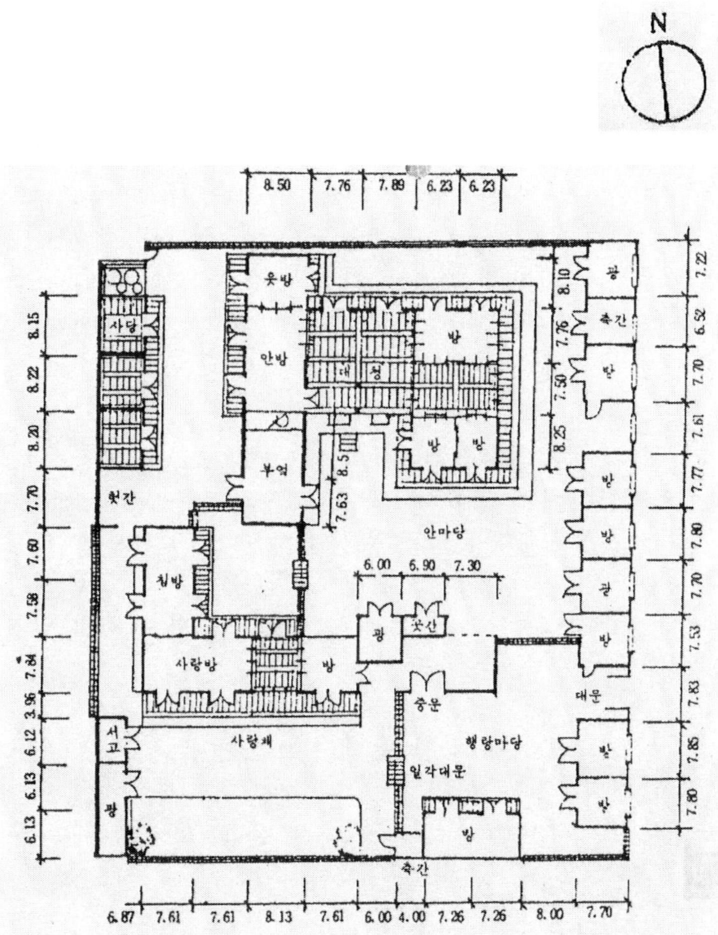

중부 지방 농가의 원형을 기본으로 한 중대형 농촌 주택이다. 연건축면적은 238m² 이다. 하인들이 거처하는 행랑채와 방앗간, 마구간을 골고루 갖춘 지주 地主 또는 선비의 초가 草家 이다.

라) **남부 지방 중대형 민가**

"ㄷ"자형 안채와 "ㄱ"자형 사랑채, "ㅡ"자형 광채와 문간채 등 4채의 집이 튼 "ㅁ"자형으로 배치된 전라도 지방, 무안 지역의 중대형 민가로, 연건축면적은 266m² 이다. 마루, 툇마루 그리고 누마루가 골고루 배치되었으며, 안채와 사랑채의 온돌방과 마루가 차지하는 면적의 크기는 서로 비슷하다. 누마루는 다락처럼 한층 높게 만든 마루이고 툇마루는 방이나 마루 바깥에 붙여 꾸민 좁은 마루의 총칭이다.

나. **일반 백성**의 **집**

조선 시대 일반 백성들, 즉 상민 常民 들은 주로 초가 草家 에 살았다. 한반도에 현존하는 민가 民家 나 농가 農家 는 대부분 초가 草家 이며, 이들의 대부분은 조선 시대 말기인 19세기 중반 이후에 건축된 것이다. 주남철 선생이 분류한 지역별 민가의 평면은 그림 1-012와 같다.

가) **민가 형태** 및 **양식 결정 요소**

어떤 시대의 한 지역에서 일반 백성들이 살고 있는 토속적이고 전통적인 주택을 민가 民家 라고 한다. 민가는 전통 및 관습적으로 전래되는 건축기술과 해당지역의 토속 재료를 활용하여 건축된다. 이런 연유로 민가는 토속적이고 전통적 성격이 강한 주택이 된 것이다. 민가는 해당 지역의 자연환경 조건과 사회적 요구에 부응하면서 발전, 변천해 왔다. 민가의 양식, 형태, 구조 또는 주거 공간 구성은 해당 지역의 지세 地勢, 지질 地質, 기후 등의 자연환경 조건과 사회제도 및 주민들의 인문, 사회적 조건, 즉 풍습, 생활 철학, 삶의 태도, 정신세계, 음식, 놀이 문화

그림 1-012: 조선시대 한반도 민가 평면도

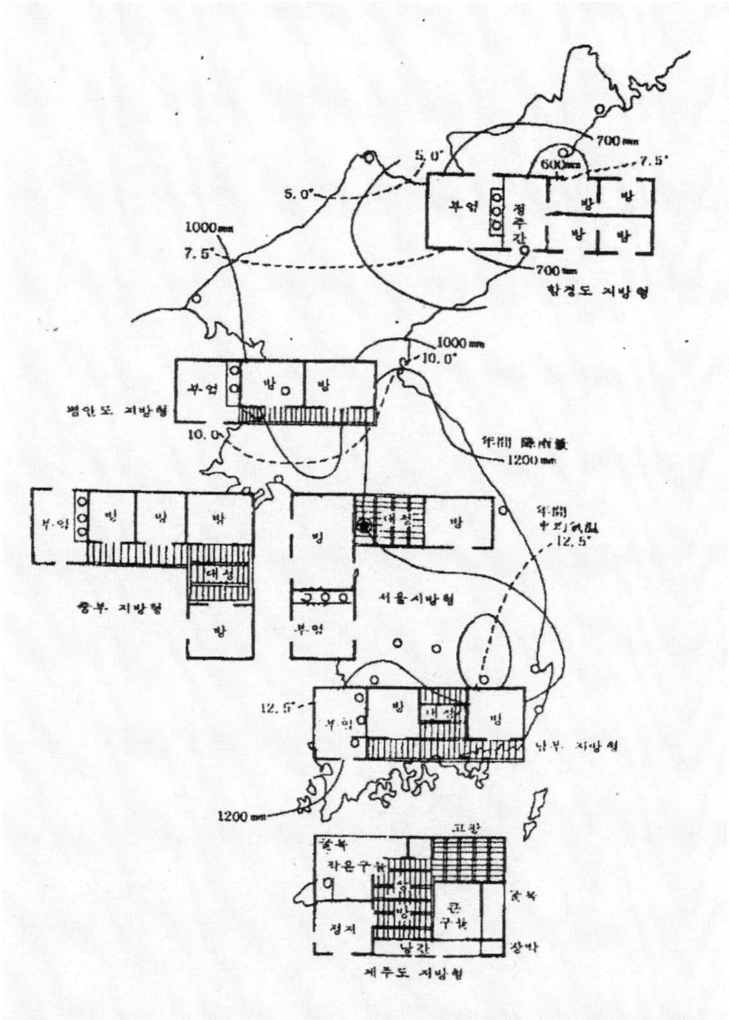

등에 따라서 달리 나타난다. 상민 常民 들의 주택인, 초가 草家의 결정적 특성은 목구조 木構造 에 볏짚을 엮어 덮은 둥근 모양의 지붕과 온돌 난방 구조이다.

나) 민가의 평면 구성

조선 시대 말기 이후 민가의 평면 형태는 온돌 난방 구조에 따라서 결정되었다. 민가의 평면은 지방에 따라서 그 모습을 약간 달리하면서 발전해 왔지만, 대체로 "ㅡ"자형, "ㄱ"자형, "ㄷ"자형, "ㅁ"자형, "田"자형 등이다.

(가) "ㅡ" 자형 평면 주택

"ㅡ"자형 주택은 가장 보편적인 소규모 주택 평면으로 일반 백성 주택의 기본형이라 할 수 있다. 부엌, 방, 마루 등을 한 줄로 연속 배치함으로서 이들 모두가 남향을 확보할 수 있다. 따라서 주택의 모든 실 室, 즉 부엌, 방, 마루 등이 쾌적하고 밝기는 하지만 규모가 큰 주택의 경우엔 동선이 길어지는 불편함이 따른다. "ㅡ"자형 주택은 평안도 지방과 남부지방에서 흔히 볼 수 있는 주택 평면이다.

① 평안도 지방

평안도 지방의 일반 백성의 소형 주택은 한 개의 용마루 아래 부엌, 안방 및 윗방이 한 줄로 맞붙어 있는 홑집이다. 평안도 지방의 주택에는 대청이 없고 방 앞쪽에 툇마루만 있다.

② 남부 지방

남부 지방, 즉 전라도 및 경상도 지방의 일반 백성의 소형 주택은 일반적으로 부엌, 안방, 대청, 건넌방이 한 줄로 맞붙어 있는 홑집이다. 남부 지방의 일반 주택에는 대청과 툇마루가 모두 있다. 남부 지방의 전형적인 소형, 중형 및 중대형 농가 및 민가의 특징은 다음과 같다.

㉮ 소형 농가

사랑채가 따로 없으며, 마루방이 안방과 건넌방 및 사랑방 사이에 있는 건축 면적 67m² 의 소규모 농촌 주택이다. 마루방과 건넌방은 벽으로 막혀있다. 툇마루가 골고루 배치되어 있는 남부 지방 특유의 개방성과 기능성을 갖춘 주택이다. 마루방은 바닥에 마루 널을 깐 방으로, 대청마루라고도 한다.

㉯ 소형 민가

남부 지방 특유의 "ㅡ"자형 집 두 채를 "ㄱ"자형으로 배치한, 건축면적 70m² 의 소형 주택이다. 수장 공간의 필요에 의하여 방을 두 개씩 붙여 놓은 것이 특징이다.

㉰ 중형 민가

남부 지방에서는 흔치않은 "ㄱ"자형 안채와 남부 지방 특유의 "ㅡ"자형 행랑채를 혼합 배치한 면적 94m² 의 주택이다.

㉱ 중형 농가

남부 지방 특유의 "ㅡ"자형 안채와 사랑채를 앞쪽과 뒤쪽에 평행으로 배치한, 건축면적 107m² 의 중형 농촌 주택이다. 유래 由來 있는 시골 선비 집으로 사랑채에 대청과 한 개의 큰방 그리고 두 개의 골방을, 안채에는 4개의 방과 찬간 및 감실을 배치했다. 찬간은 반찬을 만들거나 보관해 두는 작은 방이다. 찬간을 찬마루 또는 찬방이라고도 한다. 감실은 주택 안채에 있는 사당에 신주 神主 를 모시어 두는 장 藏 이다.

㉲ 중대형 농가

"ㅡ"자형 안채와 행랑채를 앞쪽과 뒤쪽에 평행으로 배치한 전라도 지방의, 건축면적 160m² 의 중대형 농촌 주택이다. 안채에는 방과 마루 공간이 많아 개방성을 띠었다. 행랑채에는 광이 많고 사랑방과 머슴방이 있다.

(나) "ㄱ" 자형 평면 주택

서울 지역과 중부 지방에서 흔히 볼 수 있는 "ㄱ"자형 주택은 "ㅡ"자형 주택을 개량한 주택양식이다. "ㄱ"자형 주택은 "ㅡ"자형 주택의 오른쪽 또는 왼쪽에 방 또는 부엌을 앞쪽으로 돌출시켜 배치한 주택이다.

① 서울 지역

서울 지역의 "ㄱ"자형 주택은 "ㅡ"자형 주택의 왼쪽에 부엌을 앞쪽으로 돌출시켜 배치한 양식이다. 안방, 대청, 건넌방을 일렬로 배치했다. 안방은 다른 방으로부터 독립되어 있어 사생활 privacy 은 보장되지만 남향의 확보가 어려워 일조에는 문제가 있다.

② 중부 지방

중부 지방이란 황해도, 경기도 및 충청도 지방의 일부 지역을 말한다. 중부 지방의 주택에서는 여름철 생활공간인 대청이 커진다. 중부 지방의 "ㄱ"자형 주택은 "ㅡ"자형 주택 평면의 오른쪽에 대청과 방을 앞쪽으로 돌출시킨 형태이다. 부엌, 안방, 건넌방을 일렬로 배치하여, 안방의 일조는 비교적 양호하나 건넌방과 접해있어 독립성은 손상된다.

㉮ 소형 농가

중부 지방 농촌에서 볼 수 있는 "ㄱ"자형, 건축면적 $48m^2$ 의 소규모 농촌 주택이다. 이 소형 농가에는 마루가 없으며, 방이 다른 방과 골방에게 붙어있다. 기능에 따라서 분할되어 있는 부엌은 집의 규모에 비해 넓은 편이다.

㉯ 중형 농가

중부지방 중형 농가의 안채는 서울 지역을 포함한 중부 지방 특유의 "ㄱ"자형의 건축면적 $74m^2$ 의 주택이다. 부엌 안에 칸을 막아 광을 설치한 점이 특이하다. 부엌에 연하여 안방을 두 개 연속 배치한 점이 서울 지역의 민가와 일맥상통한다. 외양간은 별도의 공간에 따로 설치했다.

③ 강원도 지방

강원도 지방의 "ㄱ"자형 주택은 "ㅡ"자형 주택 평면의 왼쪽에 샛방과 사랑방을 한 줄로, 그리고 대청을 안방 앞으로 돌출시킨 형태이다. 강원도 지방 주택에는 도장방, 즉 규방이 있으며. 부엌을 정지 鼎廚 라고 했다. 함경도 지방에서는 정지를 정주간 鼎廚間 이라고 하는데, 정주간은 부뚜막 안쪽을 확장해서 만든 작은 온돌방을 말한다. 부엌과 온돌방 사이에는 벽이 없다.

(다) "ㄷ" 자형 평면 주택

중부 지방에서 종종 볼 수 있는, 건축 면적 114m² 의 "ㄷ" 자형 중형 민가이다. 안방과 부엌을 일직선상에 배치하는 것은 경기도 지방의 공통양식이다. 대청과 툇마루가 있으며, 대문간 안쪽은 차단벽으로 되어 있어 집 내부의 프라이버시 privacy 가 확보된다.

(라) "ㅁ" 자형 평면 주택

북부지방, 즉 평안도 지방에서 볼 수 있는 건축 면적 156m² 의 중대형 주택은, 중부 지방의 일반형인 "ㄱ"자형의 안채와 "ㅡ"자형의 문간채 그리고 광채가 튼 "ㅁ"자형으로 배치된 주택이다. 남부 지방의 주택과는 대조적으로 마루나 마루방이 따로 없다. 부엌, 아랫방, 안방의 크기는 모두 같다. 부엌이 상대적으로 넓은 것은 겨울철을 대비한 저장 식품 보관용 공간이 필요하기 때문이다.

(마) "田" 자형 평면 주택

겨울철이 비교적 길고 추운 북부 지방의 민가 양식으로 온돌

난방의 효율성을 최대한 살린 주택이다. “田” 자형 평면 주택에는 대청이 없다. 겹집인 함경도 지방 주택의 경우, 방과 방을 두 줄로 붙여 난방 효율을 높였다. 난방 또는 취사를 위하여 불을 때는 장소인 부엌에는, 휴식을 위해 부뚜막 안쪽을 확장해서 만든 작은 온돌방을 추가했다. 부엌과 온돌방 사이에는 벽이 없다. 부엌 고유의 기능에 휴식공간을 더한 부엌을 정주간 鼎廚間이라한다. 정주간을 정지 또는 부엌방이라고도 한다.

함경도 지방에서 흔히 볼 수 있는 건축 면적 137m² 의 중형 농가는 방들을 정주간에 맞붙여 “田” 자형으로 배치, 5개의 방들이 벽을 공유케 함으로서 난방 에너지 효율을 높였다. 정주간과 맞붙어 있는 5개의 방들이 모두 부엌의 아궁이와 직결된 온돌 구조이다. 난방의 효율성만을 강조한 주택 평면이므로, 방들이 서로 붙어 있어 일조, 통풍, 동선, 프라이버시 privacy 등에 모두 문제가 있다. 함경도 지방의 주택에는 일반적으로 안마루나 대청은 없고, 툇마루 및 고방 庫房, 즉 바닥이 온돌로 된 창고가 있다.

(바) 울릉도 지방 주택

울릉도는 겨울이 길고 비, 바람, 눈, 습기가 많기 때문에 외벽을 이중으로 쌓고 너와지붕은 낮게 만들었다. 너와지붕은 너와, 즉 나무토막을 얇게 쪼개어 만든 판재로 이어 덮어 만든 지붕이다. 벽체는 토벽 또는 통나무 귀틀 벽으로 했다. 통나무 귀틀 벽은 통나무를 가로로 포개어 쌓고 그 틈새를 점토로 메워 만든 벽이다(사진 1-012). 건축 면적이 74m² 인 울릉도 농가는 방과 부엌을 일렬로 배치, 이어 붙인 “一”자형 주택이다. 부엌과 부엌에 접한 방의 외벽 주위에는 일정 공간을 두고 별도의 벽을 쌓아 이중벽을 만들었다. 이중벽으로 생겨난 통로에는 외부로 빠져나가지 못한 부엌의 열기와 연기가 가득 찬다. 이 통로의 열기와 연기는 방의 보온 효과는 물론이고 생선의 훈제, 감자, 곡물 등의 건조 및 방부에도 매우 유용하다.

사진 1-012: 울릉도 귀틀집의 이중벽 통로

(사) 제주도 지방 주택

제주도 지방은 대양의 바람, 눈, 비, 돌, 띠 茅草 가 많다. 집은 낮고 집의 3면은 제주 특산 돌 벽으로 둘러쌓고, 지붕은 밧줄로 단단히 엮었다(사진 1-013). 제주도의 주택은 비교적 온화한 기후로 집안에는 시원한 공간인 마루가 많고, 대문도 개방적이다(사진 1-014). 면적이 99m² 인 민가의 집안에는 난방 시설은 없고 취사용 아궁이도 부뚜막도 없다. 취사는 집밖 공지 空地 에 걸어놓은 솥을 이용했다. 제주도에서는 부엌을 정지, 방 대신사용하는 대청을 상방, 자녀 방을 작은구들, 부모 방을 큰구들, 툇마루를 낭간, 창고를 고팡 庫房 또는 곡방이라 한다. 고팡은 고방 庫房 의 제주도 방언인 것 같다.

사진 1-013: 밧줄로 엮은 초가지붕 제주도 민가

사진 1-014: 개방적 대문 재주도 민가

6) 근대 및 현대

한반도에 현대식, 즉 서양식 주택이 보급되기 시작한 시기는 20세기 초 조선의 개화기이다. 그러나 서구 문명의 유입과 함께 들어온 서양식 주택이 활성화되기 시작한 시기는 2차 세계대전 종전으로 일본제국의 강점기가 끝나고, 이어 발발한 한반도 내전 이후의 복구 작업이 시작된 다음부터이다. 서양식 주택의 활성화가 우리사회에 미친 영향은 다음과 같다.

(1) **가족제도**와 **생활관습**의 **변화**

가. **가족제도**의 **변화**

서양식 주택의 보급으로 우리의 전통적 가족제도는 크게 변했다. 다시 말해서 대가족 중심의 가족제도가 핵가족화 되었다.

나. **생활관습**의 **변화**

모든 주거 생활의 동선은 같은 높이의 평면상에 있으므로 이동이 편리해졌다. 생활관습에서의 가장 큰 변화는 물과 변소가 집안으로 들어온 것이다.

(2) **주택**의 **상품화**와 **슬럼**

가. **주택**의 **상품화**

철근, 철골, 콘크리트, 시멘트, 벽돌, 유리 등의 건축자재 생산이 공업화되면서 주택의 대량생산이 가능해져, 주택의 산업화와 상품화가 시작되었다.

나. **초고층 아파트**의 **출현**과 **슬럼**

20세기 이후 대표적인 현대적 주택이라 할 수 있는 고층 아파트는 대도시뿐만 아니라 지방의 중소도시에도 무분별하게 들어섰다(사진 1-015). 대도시의 초고층 아파트는 토지의 효율적 활용이라는 측면에서는 수긍이 가지만, 21세기 중반쯤에는 이들의 대부분이 노후화되어 슬럼 slum, 즉 빈민가 貧民街 가 될 것으로 우려되는 바 이에 대한 대책이 필요하다. 이런 우려가 현실화된 사례가 이미 미국, 뉴욕의 쎈트럴 파크 central park 북쪽 지역에서 나타나고 있다. 블랙 할렘 Black Harlem 과 이스트 할렘 East Harlem 이 그런 경우이다.

사진 1-015: 현대식 고층 아파트 여의도, 서울, 한국

제 2 장
지구촌 주거유사
住居遺事

1. 주거 변천 속성

인간의 주거는 오랜 세월동안 인간들의 종족번식의 터전이었다. 주거형태는 기후, 풍토, 지역, 문화, 미학 美學, 기술, 재료, 사회제도, 법규, 심지어 개인적 욕구 및 취향 등에 따라서 오랜 세월에 걸쳐 변천을 거듭해 왔다. 선사 시대 先史時代, 즉 문헌적 사료 史料 가 없는 석기 및 청동기 시대 이래 사람들의 주거는 그 외형, 내부 공간, 건축재료 등이 끊임없이 변천, 발전해 왔다. 개인들의 주택은 모든 건축 연구의 중심 과제임에도 불구하고 건축사 建築史 에 기록되어 있는 건축물은 왕궁, 신전 등의 기념비적 거대 건축물이 대부분이다. 각 시대의 왕권과 관련된 거대 건축물은 정치, 종교, 사상, 사회 및 경제적 변화에 민감하게 반응한 반면, 개인 주택은 그렇지 못했기 때문인 것 같다.

1) 도시 상류층 주택

동서고금 東西古今 을 막론하고 귀족이나 상류계층의 주택은 그런 대로 한 시대의 공통적 양식과 특성을 가지고 있으나, 중산층이하 서민들의 주택은 관련 자료가 부족하고 보존되지 않아 그렇지 못하다. 주택의 형태는 오랜 세월동안을 거쳐 형성되고 서서히 변형되었으며, 파생된 변형이 무수하다. 주택 형태는 주민들의 생활양식과 가치관의 영향을 많이 받기 때문에 그것이 변하지 않는 한 주택 모습 역시 크게 변하지 않는다. 다만 상류계층의 사람들은 서민계층의 사람들보다 변화하는 사회조류를 보다 빨리 민감하게 받아들이기 때문에 그들의 주택 역시 변화하는 사회조류에 빠르게 적응, 변화한 것이다.

2) 농촌 지역 주택

지난날에는 어떤 지역이나 문화권에서도 고유한 주택 형태는 매우 오랫동안 지속되었다. 이런 현상은 문화적으로 안정된 사회에서 더욱 두드러졌다. 특히 사회적 관습과 경제활동 등의 사회활동 유형이 비교적 변화가 덜한 농촌지역의 주택 형태는 수백 년 동안 변함없이 지속되고 있는 것이 일반적이다. 이탈리아, 프랑스, 스페인 등과 같은 라틴 문화권의 농촌 주택은 로마시대 때부터 물려받은 주택의 골격 형태를 산업혁명 이전까지 그대로 유지하고 있었다. 또한 중국이나 이슬람 문화권의 농촌 주택역시 서양 문명이 침투하기 이전까지 수천 년 동안이나 거의 같은 모습으로 남아 있었다.

2. 주거 형태 변천사 變遷史

인간 사회의 역사적, 정치적, 사회적 및 문화적 전환기를 중심으로 구분한 주거 변천사는 다음과 같다.

1) 구석기 시대 주거

서기전 70만~40만 년경 이래, 구석기 시대의 원시인들은 자연의 지세 地勢 를 활용한 임시 은신처에서 잠시 머물면서 떠돌이 생활을 했던 것으로 추정된다. 이 시기에는 사냥, 과일 채취 및 물고기 잡이 등이 생계수단이었다. 선사 시대 先史時代 의 사람들은 자연의 동굴이나 바위 밑에 생긴 천연의 은신처에서 살았다. 선사 시대 先史時代 란 사료 史料 가 없는 구석기 및 신석기 시대를 말한다. 그들은 나뭇가지 등을 이용하여 은신처의 출입구를 막아 찬바람을 차단하면서 맹수나 외부 적의 공격에 대비하였다. 그러나 그들의 은신처는 오늘날 우리가 말하는 의미의 주택은 아니다.

(1) 바위 밑 은신처

구석기 시대에 살았던 사람들은 바위 밑 은신처를 사냥 중 일시 머무르거나 계절 주거지로 활용하였다. 불의 사용법을 발견하기 이전의 원시인들의 일상생활은 대부분 동굴 밖, 비와 바람을 피하고 햇볕이 들어오는 커다란 바위 밑에서 이루어 졌다. 천연 동굴은 주거 이외의 다른 용도로 쓰였다. 바위 밑 은신처의 흔적은 프랑스 남부 바스크 지방 pays basque 의 사르 강변 au bord de la rivière Sare 에 남아있다(사진 1-016).

사진 1-016: 구석기인들의 바위 밑 은신처 바스크, 프랑스

(2) 천연 동굴 은신처

약 40만 년 전경, 불의 사용법을 발견한 구석기인들은 천연 동굴 깊은 곳까지 생활의 터전을 넓혔다. 구석기인들은 동굴 속에서 생활도구를 만들고 제례의식을 행하였으며, 위험이 닥쳐왔을 때는 피난처로 활용했다(그림 1-013). 천연 동굴 속에 살던 사람들의 생활 흔적은 동굴 속 벽화에 잘 표현되어 있다. 동굴 속 벽화에는 동물, 사냥도구, 사냥꾼 등의 모습이 그려져 있다. 동굴 바닥은 자갈을 깔고 잘 밟아 다진 다음 동물 가죽을 깔았다. 동굴 입구에서 불을 피워 맹수를 쫓고 고기를 구워 먹었다. 돌을 깨서 잘 다듬어 날카로운 돌칼, 돌도끼를 만들어 사냥 도구로 썼다. 날카로운 돌조각은 동물을 죽이고, 가죽을 벗기고, 고기를 자르고, 나무껍질을 벗기는데 썼다. 동굴 속에는 죽은 자를 남겨 두었던 장소와 죽은 자를 위한 양식을 모아 두었던 작은 구덩이도 있다. 죽은 자는 동굴바닥에 그대로 두고, 나뭇잎이나 꽃으로 덮어 두었다. 죽은 자의 옆에는 죽은 자가 사용하던 장식물이나 사냥도구를 그대로 남겨두었다. 원시 인류의 동굴 주거 흔적은 프랑스 멘-에-루아르흐 Maine-et-Loire France, 소뮈르흐 Saumur, 루아르 강 계곡 la vallée de la rivière Loire 에 남아있다(사진 1-017).

2) 원시 농경 및 축산 시대 주거

생계수단이 사냥과 식물 열매 채취에서 농경 및 축산으로 바뀐 신석기 시대의 원시인들은 동굴을 떠났다. 동굴을 떠난 원시인들은 처음에는 강가나 호수 위에 집을 지었다. 그러나 물가에 지은 집은 홍수 피해가 잦았기 때문에 사람들은 이내 물가를 떠나 비옥한 땅을 찾아 정착했다. 원시 주택의 형태는 원추형이거나 양쪽 물매의 박공지붕이었다. 평면은 처음에는 주로 원형이었으나 점차 사각형으로 변했다. 사각형 평면의 집은 원형 평면의 집보다 편리하고 기능적이다. 사람들은 나뭇가지를 엮어 집의 골격을 만들고 그 위에 갈대, 풀잎 또는 동물 가죽을 덮거나

그림 1-013: 원시 인류의 동굴 주거 상상도

그림 오른쪽이 동굴 입구이고, 왼쪽이 동굴 안쪽이다. 동굴 입구에서는 불을 피워 음식을 만들고 맹수들의 침입을 막았다. 동굴 안쪽에서는 동굴 바닥보다 조금 높은 동굴 벽면에 작은 구멍을 뚫고 죽은 사람들을 위한 식량을 저장했다. 사람이 죽으면 동굴 안쪽에 동굴 바닥보다 조금 깊게 구덩이를 파서 묻고, 그 위에 나뭇잎이나 꽃을 덮고, 장식물이나 무기로 둘러쌓아 경계를 만들었다. 동굴 안쪽에는 종유석도 있으며, 벽화도 있다.

사진 1-017: 동굴 주거지 루아르 계곡, 프랑스

점토를 이겨 발라 집을 만들었다. 바닥에는 자갈이나 동물의 가죽을 깔았다. 얼마 후 자연의 돌을 깨어 날카로운 칼과 도끼를 만든 다음부터는 좀 더 발달된 집을 지었다. 창살이 있는 문이나 창이 등장했으며 지붕에는 열을 차단할 목적으로 풀이나 짚을 두껍게 깔았다. 나무나 돌 등의 천연 재료와 함께 농업이나 축산의 부산물이 주요 건축 재료로 활용되었다.

(1) 강변의 집

고대 티그리스 강과 유프라테스 강 유역의 습지에는 왕갈대를 엮어 기둥을 만들고 작은 갈대와 풀을 엮어 벽과 지붕을 만든 집의 흔적이 남아있다(그림 1-014). 이런 유형의 강변 江邊 주택은 오늘날에도 전 세계 도처에서 볼 수 있다(사진 1-018). 또한 세계 어느 곳에서나 해변에는 주거 및 상업용 건축물이 있다(사진 1-019).

그림 1-014: 왕갈대 집 상상도 티그리스 및 유프라테스 강 습지, 이락

출처: Le livre des maisons du monde

사진 1-018: 강변의 집 메콩강 하류, 칸토, 베트남

사진 1-019: 해변의 집 타히티, 태평양

아름다운 열대풍물이 넘쳐나는 타히티 섬은 남태평양의 폴리네시아 민족 중심 거주지로서 독자적인 문화를 발전시켰다. 17세기 이후 찾아온 유럽인들은 이 섬의 이국적인 정취에 매료되어 이 섬을 "남해의 낙원" 또는 "비너스의 섬" 이라 불렀다.

(2) 호수 위의 집

소위 플레이트-폼 하우스 plate-form house 라 불리는 호수 위의 집은 오늘날에도 세계 도처에서 볼 수 있는 집의 형태이다. 오늘날 오스트레일리아 북쪽에 있는 섬나라인 파푸아뉴기니 Papua New Guinea 의 호수 위의 주택이나, 페루 Peru 띠띠까까 호수 Lago Titicaca 에 있는 인공섬 우로스 Uros 위의 주택과 배는 세계적인 관광자원이 되었다. 우로스 섬 자체와 주택과 배는 모두 갈대 줄기를 엮어 만들었다. 원시인들은 통나무, 나뭇가지, 갈대, 풀잎 또는 동물 가죽을 이용하여 호수 위에 집을 지였다. 통나무를 물 속 깊숙이 박아 넣고 물 위로 나온 기둥에 작은 나무줄기를 엮어 플레이트-폼을 만들었다. 바닥과 벽은 갈대, 골풀 등으로 엮은 다음 점토를 발라 마감했으며, 지붕은 볏짚, 밀짚 등으로 엮어 만들었다. 화재 예방을 위하여 조리용 화로는 집 밖에 두었다. 물 위에서의 이동 수단으로는 통나무를 깎아서 만든 배, 즉 카누 canoe 가 이용되었다. 카누의 바닥에는 진흙을 발라 방수했다.

(3) 이동식 집

전 세계 유목민족들이 찾아낸 전통적 주거형태는 이동식 주택이거나 이동 중 일시적으로 머무르는 곳에서 간단히 지었다가 떠날 때 다시 허무는 형태의 주택이었다. 유목 민족의 시조는 현재 러시아 남부 지역에 살던 스키티아 Scythes 사람들로 알려졌다. 이동식 집은 유목민뿐만 아니라 집시 Gypsy 나 산간 목동들의 일시적 거소 居所 이기도하다. 집시는 코카서스 인종에 속하는 유랑 민족으로 유럽 각지에서 방랑 생활을 한다. 집시는 초기에는 대형 마차를 개조해서 주택으로 사용했다. 목동들은 여름철 가축들과 함께 산위로 이동하기에 편리한 썰매 오두막을 만들어 거처로 활용했다. 목동들의 오두막은 그 안에서 잠자고, 염소젖을 짜 보관하고, 불도 피울 수 있을 만큼 넓게 지어졌다. 이동할 때는 여러 쌍의 황소가 끌고 다녔다.

중앙아시아와 유럽의 일부지역을 떠돌던 타타르인들 Tartares 이나 몽골인들 Mongols 은 스키티아인들 이후에 나타난 유목민족이다. 그들은 그들의 이동식 주택에 적합한 완벽한 생활 방식, 특히 방랑생활에 적합한 많은 요리법을 찾아냈다. 몽골인들은 목재로 골격을 만들고 그 위에 기름먹인 펠트를 덮어 게르를 만들었다. 지금도 몽골의 유목민들은 자신들의 전통적인 이동식 주택, 게르 짓기를 단 30분 만에 끝낸다.

3) 고대 古代 주택

(1) 지중해 북쪽 해안 지역

가. 고대 그리스 제국 지역

가) 고대 그리스 문명

서기전 1000년경부터 발상했던 그리스 고유의 고대 문명은, 나중에 메소포타미아와 고대 이집트 문명과 융합되면서 동서양을 어우르는 세계적 성격을 지닌 문명이 되었다. 그리스 문명은 프리헬레니즘 Prehellenism 과 헬레니즘 Hellenism 으로 구분된다.

(가) 프리헬레니즘 Prehellenism

프리헬레니즘은 서기전 1000년경부터 알렉산드로스 대왕이 사망한 서기전 323년까지의 고대 그리스 문명이다. 대왕은 미증유 未曾有 의 광대한 그리스 제국을 건설하면서. 후기 그리스 문명, 즉 헬레니즘 Hellenism 이 꽃피울 터전을 마련했다.

(나) 헬레니즘 Hellenism

헬레니즘은 알렉산드로스 대왕이 사망한 서기전 323년 직전인, 서기전 330년경부터 서기전 30년까지 300년 동안의 그리스 문명으로 향후 유럽 문명의 중심이 되었다.

나) 고대 그리스 도시

(가) 계획 신도시

정복 전쟁을 통해 식민지가 확장되면서, 그리스는 대제국의 위상에 걸 맞는 새로운 도시 건설이 시급 時急 했다. 그리스인들은 신도시 新都市 를 건설하면서 기하학적 도시계획 방법을 도입하였다. 다시 말해서 새로 건설하는 도시의 쭉쭉 뻗은 모든 길은 서로 직각으로 교차토록 계획했다. 대표적인 계획 신도시는 올린스 Olynthe 였다(그림 1-015). 새로운 계획도시는 열주회랑 중정이 있는 주택 동네와 중정이 없는 주택 동네로 구획되었다.

(나) 기존 도시

기존의 구도시 舊都市 는 시간이 흘러가면서 자연적으로 형성된 크기가 서로 다른 동네가 유기적으로 결합된 도시이다. 다시 말해서 신도시가 계획도시인데 반해, 기존의 도시는 자연 발생의 유기적 有機的 도시였다. 기존의 도시에 있는 모든 길과 동네 구획은 유기적으로 연결되었다. 고대 그리스의 절정기인 서기전 6세기~4세기 때의 도시 공화국, 아테네 Athènes 와 에게 해 海, 시클라드 Cyclades 제도 諸島 의 작은 섬 델로스 Délos 는 대표적인 자연발생 도시였다(그림 1-016).

도시는 공공지역과 신성한 분위기가 감도는 신전지역으로 나뉘어 있었다. 신전은 아크로폴 acropole, 즉 높은 도시라고 불리는 언덕 위에 있었다. 도시의 공공지역은 작업장 지역과 주거지역으로 분할되어 있었다. 공공지역에 있는 넓은 광장, 즉 아고라 agora 는 상업 활동을 위한 공간이었다. 물을 필요로 하는 작업장이 많았던 아테네에서는 건강에 해로운 오수 배출을 원활하게 하기 위한 하수시설이 있었다. 배수관은 도시 하수구에 직접 연결되었으며, 배수관은 깔때기 모양의 도자기 陶瓷器 관을 여러 개 끼워 맞춰 만들었다.

그림 1-015: 계획도시, 올린스 고대 그리스

큰길과 작은 길이 수직, 수평의 격자형으로 배치되었고 그 사이에 주택이 있다.
출처: *Le livre des maisons du monde*

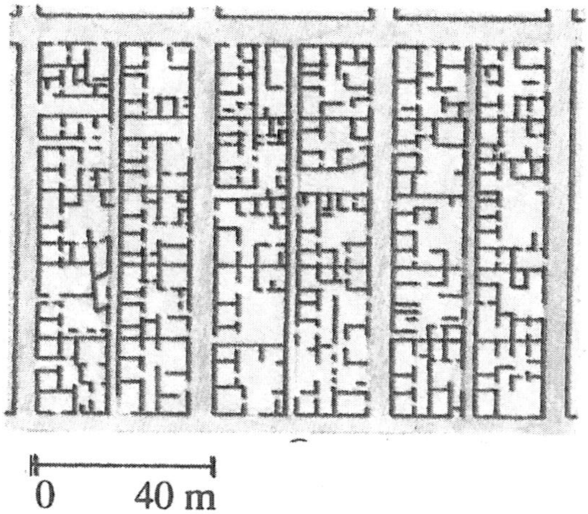

그림 1-016: 자연발생 도시, 델로스 시끌라드 제도, 에게해, 그리스

자연발생적으로 형성된 유기적 형태의 큰길과 작은 길 사이에 주택이 있다.
출처: *Le livre des maisons du monde*

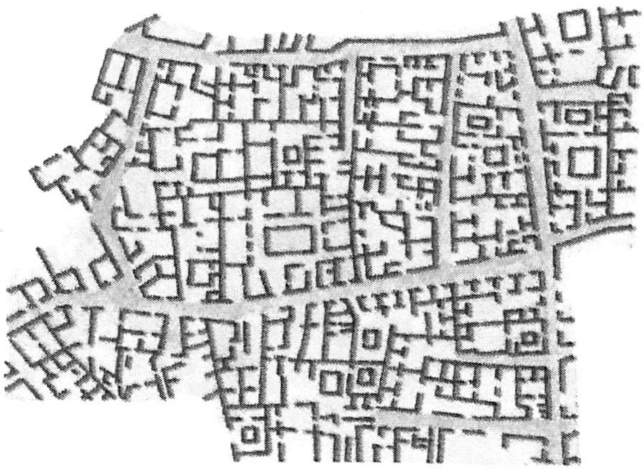

다) 주거 유적 및 주택

(가) 주거 유적

고대 그리스의 석조 石造 종교적 건축물, 즉 사원이나 신전 등의 유적은 많이 남아 있는 반면 주거 유적은 매우 드물다. 그러나 고고학적 문헌에는 수많은 주거 유적이 기록되어있다. 가장 완벽하게 복구된 주거 유적은 고대 도시 올린스 Olynthe 에 있다. 폐허에서 복구된 주택의 배치는 완벽한 도시계획에 의한 것이었다. 또한 고대 아테네 Athènes 서쪽, 인근 항구도시 르 피레 Le Pirée 와 에게 해 海 섬, 델로스 Délos 에는 고대 그리스 주거 유적이 있다. 아테네 동남쪽 150km 지점에 있는 델로스는 시클라드 Cyclades 제도 諸島 의 작은 섬 중의 하나이다.

① 르 피레의 주거유적

서기전 5세기경, 도시공화국 시절의 히포다모스 Hippodamos 가 설계한 소형 개인 주택 유적이다. 2층 주택 규모로, 크기는 모두 같고, 1층은 남자들의 공간으로 창고, 상점, 작업실, 침실, 거실, 부엌, 목욕실, 식당, 정원 등이 있다. 특히 상점, 창고, 작업실 등은 도로 쪽에 면해 있었다. 2층은 부인들의 공간으로 침실과 거실이 있다.

② 델로스 섬의 주거유적

서기전 125년경의 도서관 겸용 주거 건축물로서의 빌라 유적이다. 신전 건축양식으로 지은 빌라의 바닥은 석재를 가공한 모자이크 포장이었다. 빌라에는 서재, 소장품 회화 전시실, 손님용 침실, 부인용 거실 등이 있다.

(나) 주택 특성

고대 그리스인들은 중정 중심의 폐쇄적이고, 내향적인 주거생활을 했다.

① 주택 원형

서기전 5세기 그리스 주택 형태의 원형 原形 은, 고고학적 발굴과 고고학적 기술 記述 을 바탕으로 해서 밝혀졌다. 주택의 벽체는 구운 벽돌이나 돌로 축조되었으며, 지붕은 기와, 즉 오늘날의 그리스 식 기와로 덮었다. 주택에는 용도가 다른 여러 개의 방, 즉 생산 활동을 위란 방과 휴식을 위한 방이 있었으며, 특히 음식을 만드는 부엌은 어떤 경우에도 필수적인 방이었다. 부엌에는 식료품 저장실이 있었다. 조리용 調理用 화덕은 보통 지면 地面 으로부터 조금 높은 위치에 설치하고, 화덕 밑에는 땔감을 넣어 두었다.

② 주택 형태의 변천

고대 그리스 시대의 초기 주택 형태는, 메소포타미아와 이집트 시대와 같은 단순하고 간소한 중정 中庭 형태의 주택이었다. 그러나 헬레니즘 시대에 와서는 단순했던 중정은 열주현관 portico 과 열주회랑 列柱回廊, peristyle 이 있는 중정, 즉 열주회랑 중정으로 발전했다.

㉮ 서민 주택

고대 그리스의 서민 주택은 대부분 1층의 소형 주택이었다. 2층 주택인 경우, 사람들은 외부에 설치해둔 사다리를 이용해서 2층에 올라갔다. 주택 외벽은 목재, 속빈 벽돌 또는 자갈 등으로 축조했다. 벽돌이나 자갈로 외벽을 쌓아 올릴 때는 흙 반죽을 사용하였다. 흙 반죽은 점성이 있는 흙에 물을 타서 만든 접착재료이다.

㉯ 부유층 주택

부유층의 주택에는 열주회랑중정이 있다. 열주회랑은, 회랑과 중정의 한 면 또는 두~세면의 경계선에 여러 개의 석재 기둥을 나란히 세운 회랑이다. 회랑은 주택의 중요한 방을 비롯한 기타 여러 방들로 들어갈 수 있는 통로이다. 주택의 모든 방들은 모두 열주회랑중정을 중심으로 배치되었다. 주택의 중정은 일상생활의 중심이었으므로, 중정은 주택에서 가장 중요한 방의 남쪽에 배치되었다. 중요한 방과 중정 사이에는 주랑현관 portico 을 두었다. 고대 그리스의 계획도시에 있는 주택의 대부분에는 열주회랑중정이 있었다(그림 1-017).

그림 1-017: 고대 그리스, 주택 평면도 및 투시도

주택에는 중정과 열주회랑이 있다.
출처: *Le livre des maisons du monde*

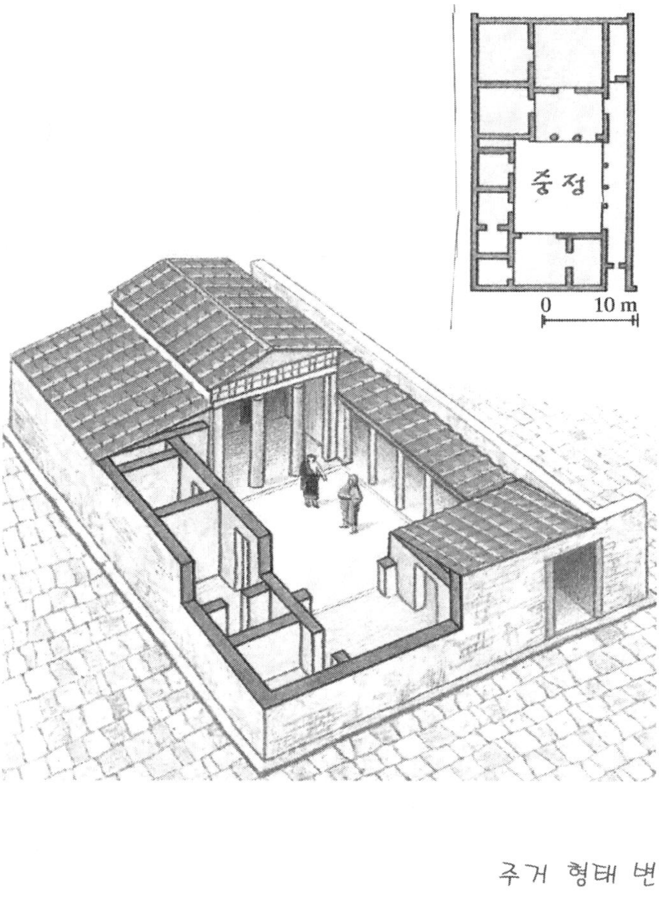

③ **주택 지붕**

주택의 기와지붕은 열주회랑중정, 즉 주랑중정 쪽으로 경사지게 하여 빗물이 중정으로 흘러내리게 하였다. 이 빗물을 모아서 생활용수로 활용하였다.

④ **건축 재료**

서기전 5세기에서 3세기까지, 도시 공화국 아테네 Athènes 를 비롯하여 현재 터키 지역에 있었던 사모스 Samos 와 같은 그리스 제국의 여러 도시 국가에는 석회석, 화강석, 대리석, 현무암, 편암, 조약돌 등의 천연석재를 비롯하여 석회, 점토, 목재, 짚, 골풀 등의 토속재료도 풍부하였다. 뿐만 아니라 깬돌, 벽돌, 기와 등과 같은 도자기 제품 가공재료도 생산했다. 따라서 이 지역에는 돌로 지은 집이 많았다. 당시 그리스 지역에는 다양한 건축 재료가 풍부하였으므로 건축 양식 또한 다양하였다.

나. 고대 로마제국 지역

가) 로마제국의 흥망성쇠

로마는 서기전 753년 4월 21일 쌍둥이 형제 로물루스와 레무스가 현재의 로마 Roma 테베레 Tevere 강가, 낮은 구릉지 丘陵地 에 건국한 도시국가이다. 로마라는 이름은, 형제간의 다툼으로 로물루스가 레무스를 죽이고 로물루스가 자신의 이름을 따서 나라 이름을 로마라고 했다는데서 기인한다고 전해진다. 쌍둥이 형제는 서기전 13세기에 멸망한 트로이의 왕족 아이네아스의 후손이었다고 한다. 쌍둥이 형제의 삼촌인 알바의 왕은 어린 그들을 강가에 버렸는데, 늑대가 그들을 물어다가 젖을 먹여 키웠다는 전설이 있다(사진 1-020).

도시 국가 로마는 서기전 2세기경부터 에트루리아 Etruria, 마케도니아 Macedonia, 카르타고 Carthago 등을 차례로 정복, 지중해 남북 전체지역을 완전히 장악하면서 대로마제국을 건설했다. 그러나 3세기 이후 서서히 붕괴되기 시작한 로마제국은 455년, 게르만족의 하나인 반달 Vandal 족에게 이탈리아 반도의 대부분을 점령당한 후, 마침내 476년 붕괴되었다. 그러나 로마제국의 일부는 330년 이래 비잔틴제국, 즉 동로마제국이라는 이름으로 1453년까지 현재의 터키 지역에 존재하다가, 오스만제국, 즉 현재의 터키에게 멸망당했다.

사진 1-020: 늑대와 로물루스, 레무스 형제 피사, 이탈리아

나) 로마의 주거문명

제국의 수도 로마는, 서기후 2~4세기경 로마제국의 전성기에는 인구가 폭증하면서 땅 값이 폭등했다. 서기후 138년경에 로마 인구가 벌써 120만 명에 달하면서 주택 문제가 심각해졌다. 주택은 소형화, 고층화 되었으며, 임대용 소형 아파트와 연립주택이 등장했다. 그러나 값싼 재료로 지어진 것으로 추정되는 연립주택은 문헌상으로만 존재하고 있다. 고대 로마제국의 주거문명은 그리스 헬레니즘을 기반으로 하여 발전하였다. 그러나 로마제국은 광대한 영토를 오랜 기간 동안 지배하면서 그리스와는 다른 고유의 주거문명을 창출했다. 제국의 수도 로마의 도시계획 및 주택 양식은 다음과 같다.

(가) 도시 계획

로마제국의 수도 로마에는 마차의 통행이 자유롭도록 격자형의 도로망이 건설되었다. 도로변을 따라서는 보도 步道 와 상하수도 시설이 완비되었다. 주택의 화장실과 도시의 공중변소 배수관은 도시의 하수구에 직결되었으며 도로변에는 공중 수도시설도 있었다. 고대 로마는 위생시설을 갖춘 도시였다.

(나) 주택 양식

로마제국은 그리스와는 상당히 다른 주택 양식을 창출했다. 로마의 초기 주택에는, 서기전 4세기 이탈리아 북부, 에트루리아 양식의 중정 Atrium 만 있었다. 그러나 서기전 3세기 이후에는 이탈리아 남부, 그리스 양식의 중정, 즉 열주회랑중정 列柱回廊中庭, peristyle 이 추가되어 중정이 두개인 주택 양식으로 발전했다(그림 1-018). 이런 대형 단독주택 양식은 로마제국 시대 상류 계층 주택의 기본 형태가 되었다. 이런 주택 양식을 도무스 Domus 라 불렀던 반면 일반 서민을 위한 임대용 소형 공동주택은 인슐라 Insula 라고 했다. 4세기경 로마에는 4만6600채의 인슐라와 1780채의 도무스가 있었다.

그림 1-018: 에트루리아 및 로마제국 주택 평면도

로마제국 초기 주택에는, 에트루리아 양식의 중정만 있었으나 서기전 3세기 이후에는 그리스 양식의 열주회랑중정이 추가되어 중정이 두개인 주택 양식으로 발전 했다.

BC 4 세기경(Etruria 식 중정: Atrium);

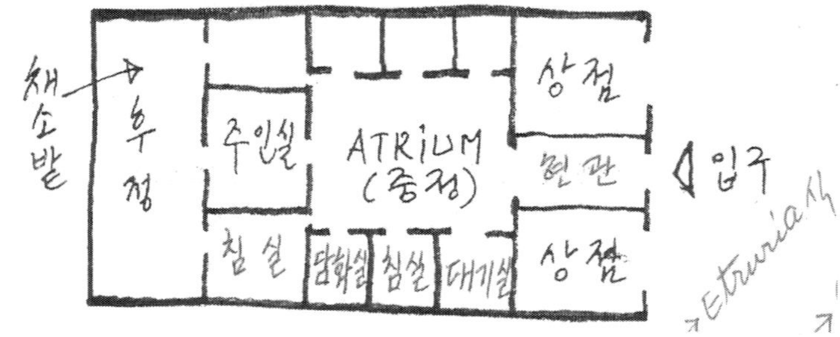

BC 3 세기 이후(Etruria+Greece 식 중정: Atrium+Peristyle): Domus;

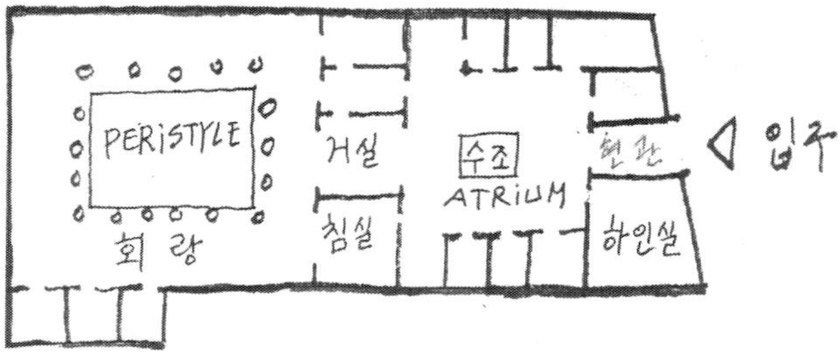

① 도무스

도무스는 1~2층의 주택이며, 대지면적은 600~1000㎡, 방 한 개의 면적은 30㎡ 정도였다(그림 1-019). 도무스의 에트루리아 양식 중정, 즉 아트리움 Atrium 은 손님 접대와 연회 등의 공적 공간 公的空間 이었으며, 그리스 양식 중정, 즉 열주회랑 중정 Peristyle 은 가족생활과 가사활동을 위한 사적 공간 私的空間 이었다. 중정에는 수조 水槽 가 있었다. 도무스는 상점과 주점을 갖춘 일종의 주상복합 저택이었다.

그림 1-019: 도무스 투시도, 입면도 및 평면도

서기전 3세기 이후 이탈리아 남부에 있었던 도무스에는 중정이 2개, 즉 에트루리아 양식과 그리스 양식의 중정이 있다.
출처: *Le livre des maisons du monde*

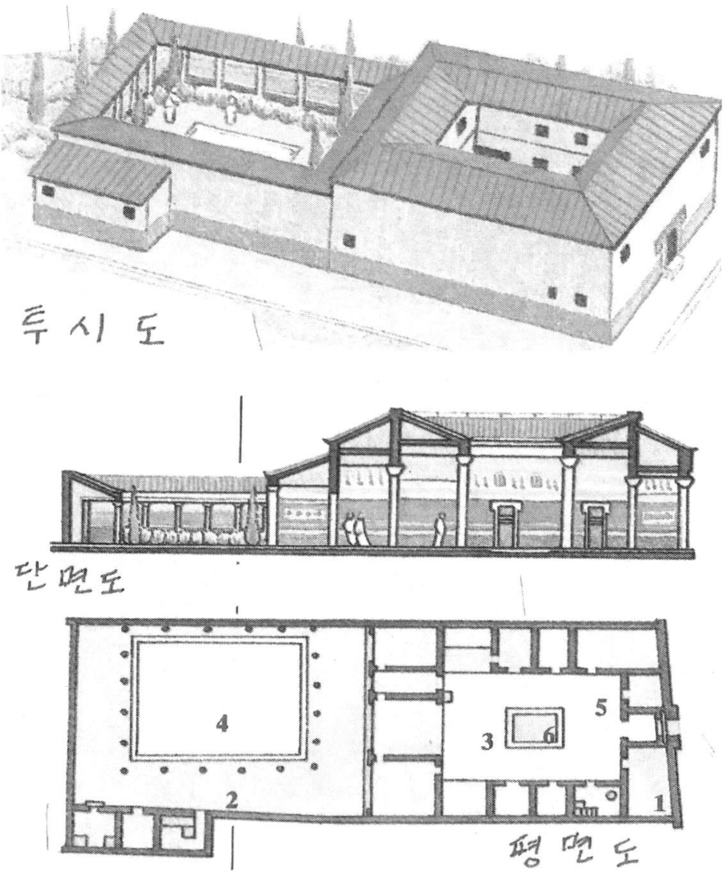

1. 하인 실, 2. 회랑, 3. 거실, 침실
4. 중정; 그리스 식, 5. 중정; 에트루리아 식, 6. 수조

② 인슐라

로마 인구가 120만 명에 달했던 로마제국의 전성기에는 일반 서민용 고층 공동주택 건설이 불가피했다. 공동주택은 보통 4~7층 규모였으며, 대개 20세대를 수용했다(그림 1-020). 이런 형태의 공동주택을 인슐라라고 했다. 인슐라의 1층은 주로 상점과 작업장이었으며, 2층에는 상점 주인용의 비교적 넓은 아파트가, 3층부터는 고용원이나 일반 노동자들의, 부엌과 침실뿐인 소형 아파트가 있었다. 각 세대의 아파트는 협소하고 비위생적이었으며 화재와 붕괴사고가 빈번했다. 결국 서기후 1세기 초부터 인슐라는 최고 높이가 23m로 제한되었으며, 화재에 취약한 목재의 사용이 금지되었다.

그림 1-020: 인슐라 투시도 서민 공동주택, 로마제국 전성기
출처: *Le livre des maisons du monde*

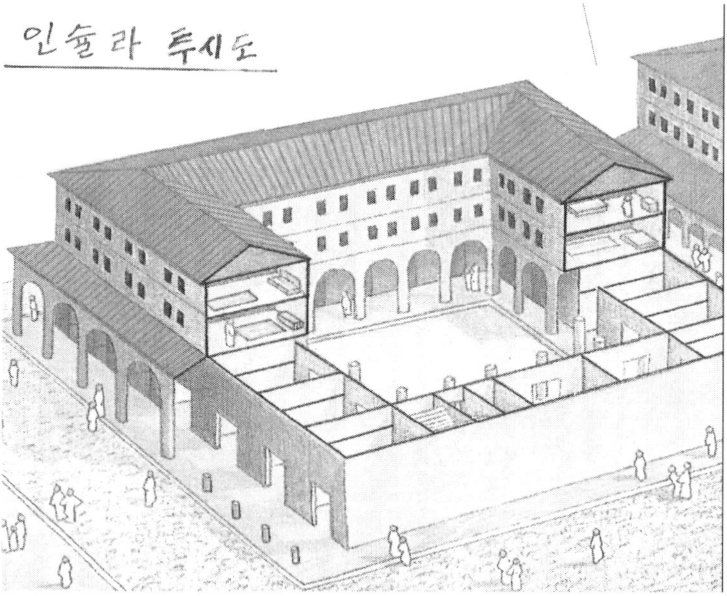

(다) 건축재료

로마 시대에는 석회석, 응회암, 벽돌, 천연콘크리트 등의 풍부한 천연재료를 건축 자재로 활용했다. 로마에서는 서기전 2세기경부터 천연콘크리트의 사용이 보편화되었으므로 고층 공동주택 건설이 가능했다. 천연콘크리트는 화산재와 석회를 혼합, 물을 부어 만든 반죽이다.

다) 폼페이 주거유적

(가) 폼페이 Pompeii 기원 및 역사

로마제국의 지방도시 폼페이의 기원 紀元 은 명백하지 않지만 서기전 7세기 말에서 6세기 전반 全般 에 걸쳐 소수의 다양한 민족이 거주하면서 형성된 도시로 추정된다. 폼페이는 베수비우스 화산의 남동쪽, 사르누스 강 하구, 해발 30m, 63.5ha 의 비옥한 평지에 건설된 항구 도시였다. 폼페이는 전략적 위치에 자리하고 있었던 관계로 해상 무역을 통하여 많은 부를 축적했다. 또한 폼페이는 비옥한 캄파니아 평야를 배경으로 농업과 상업의 중심지역으로 번창했다. 폼페이는 오랜 세월 동안 다양한 수많은 민족에 의해서 지배되었지만 처음에 폼페이를 지배했던 사람들은 이탈리아 서부에 살던 에트루리아 인 Etruscan 이었다. 그 후 폼페이의 주인은 그리스 인, 삼니트 인, 로마 인 등으로 바뀌었으며 그들이 건설해 놓은 폼페이는 다음과 같다.

① 에트루리아 인

서기전 5세기경, 에트루리아 인들은 폼페이 시 주변에 성곽을 쌓고 동서대로 decumanus 와 남북대로 cardo 를 건설했다. 도시의 중심은 두 대로의 교차점에 두었다.

② 그리스 인

에트루리아 인들로부터 폼페이를 빼앗은 그리스 인들은 히포다모스의 이론에 따라서 폼페이 동쪽을 개발 확장했다. 또한 그리스 인들은 사르노 계곡과 나폴리 바다를 시원스럽게 내려다 볼 수 있는 이곳에 다양한 그리스 문명을 품은 신화의 도시를 건설했다.

③ **삼니트 인**

나폴리의 진정한 주인이 된 사람들은, 서기전 421년에 그리스 인들로부터 폼페이를 빼앗은 삼니트 인들이었다. 이탈리아 남부에 살았던, 캄파니 족으로 알려진 삼니트 인들은 타원형으로 성벽을 쌓고, 지금도 볼 수 있는 도로, 구역, 공공건축물 등을 건설, 현재 폼페이의 기본 틀을 만들었다. 삼니트 인들은 거칠고 호전적이며, 잔인한 사람들이었다.

④ **로마 인**

폼페이는 서기전 343~290년 사이에 완전히 로마제국의 지배하에 놓이게 되면서, 서기전 80년부터는 로마제국의 속령 屬領이 되었다. 로마 인들은 에트루리아 인, 그리스 인, 삼니트 인들이 건설해놓은 폼페이를 계승 발전시켰다. 로마 인들의 폼페이 신도시 계획의 기본 방안은 에트루리아 인들의 동서, 남북 대로 체계에 그리스 히포다모스의 그물망식 도로체계를 접목하는 것이었다. 당시 인구가 2~5만 명에 달했던 폼페이는, 로마제국 귀족의 별장이 하나 둘씩 들어서면서 휴양지로 변모되었다. 로마제국의 지배 하에서 폼페이는 본래의 기본 틀을 유지하면서도 발전된 도시 문명, 즉 문화 시설 및 편의 시설을 빠른 속도로 흡수, 급속히 로마화가 이루어 졌다.

(나) **지진** 및 **화산 폭발**

이탈리아 남부 해안도시 폼페이 Pompeii 는 서기후 62년에 격렬한 지진으로 파괴되었으나 곧 복구되었다. 그러나 79년 8월 24일, 베수비우스 Vesuvius 화산 이 폭발하면서 나폴리 Naples 지역의 폼페이, 스타비 Stabie, 헤르쿨라네움 Herculanum 은 4~5m 두께의 용암, 화산재, 화산석, 진흙 등으로 뒤덮였다. 순식간에 지구상에서 사라진 폼페이, 스타비, 헤르쿨라네움은 1500여 년 동안 땅속에 잠들어 있었다. 땅속으로 사라졌던 고대도시 폼페이가 세상 밖으로 아름다운 자태를 드러내기 시작한 것은, 1594년 헤르쿨라네움의 폐허가 처음 발견되면서 부터이다. 그러나 조직적인 발굴 작업이 시작된 것은 1748년이었다. 현재 발굴된 폼페이의 모습은 전체 유적의 약 80% 정도로 추정된다. 폼페이는 지금도 발굴 작업이 계속되고 있다.

(다) 폼페이 도시계획 특성

폼페이는 로마 제국의 도시 중 도시계획과 건축물의 퓨전 fusion 양식이 돋보이는 대표적인 도시이다. 폼페이에는 큰길을 중심으로 각종 신전, 극장, 야외 원형극장 상점, 일반주택, 공중목욕장, 빵집, 선술집, 도자기 굽는 집, 빨래터, 검투사의 집, 공창가 公娼街 등 현재 우리들이 살고 있는 도시에 있는 거의 모든 시설이 다 있었다. 폼페이의 마차로 馬車路 및 보도 步道 체계 體系 는 오늘날 대도시의 보도 및 차도 시스템과 같은 것이었다. 보도와 마차로 사이에는 연석 緣石, 즉 경계석이 있으며, 보도와 마차로는 높이에 차등을 두었고, 건널목도 있었다. 보도는 돌로 포장된 마차로의 양쪽에 두었으며, 건널목에는 징검돌을 놓았다 (사진 1-021). 마차 바퀴는 징검돌 사이로 빠져 나갈 수 있다.

(라) 관광도시 폼페이

현재 폼페이 유적지에는 수많은 관광객들이 몰려들고 있다. 관광객들은 주출입구인 서쪽 해안 성벽 문 마리나 Porta Marina 를 통해서 유적지로 들어간다. 관광객들은 반드시 관광안내 자격증을 가진 현지인 가이드를 동반해야한다. 이 성벽 문은 현재 발굴된 약 3.2km 의 성벽에 있는 7개의 성문 가운데 바다, 즉 티레니아 해 海 쪽으로 통하는 가장 중요한 성벽 문이다. 이 성

사진 1-021: 마차로, 보도 및 건널목 폼페이, 이탈리아
보도는 마차로 양쪽에 있고, 마차로 중앙에 디딤돌이 있는 곳이 건널목이다.

벽 문은 응회암 블록, 홍토 모르타르 및 용암 조각 등으로 축조되었다. 현재 성벽 위에는 담장이 덩굴이 자라고 있다.

(마) 건축물 양식 및 건축 재료

폼페이의 성문, 성벽, 공공건축물, 주택 등의 건축 양식은 토속 양식에 에트루리아 및 그리스 양식이 혼재된 형태이다. 폼페이 건설에 쓰인 주요 자재는 용암 조각, 응회암, 석회석, 대리석, 벽돌, 타일, 기와, 블록, 천연 콘크리트 등이었다. 벽돌과 블록은 돌 또는 홍토 紅土 로 만들었고, 타일은 모래와 석회석 또는 홍토를 섞어 만들었다. 천연 콘크리트는 모래, 자갈 또는 용암 조각, 홍토 또는 석회 등을 섞어 만들었다. 폼페이의 주요 공공 건축물 및 주택 양식 상세는 다음과 같다.

① 공공건축물 및 도시 시설

폼페이 유적지에서 지금까지 발굴된 주요 공공건축물 및 도시 시설은 다음과 같다.

㉮ 공공행정청사

공공행정청사 Edificio Administrazione Pubblica 는 서기후 62년, 대지진 후에 복구되었다. 이 건축물은 용암 조각, 자갈 및 홍토 모르타르로 벽체와 기둥을 축조한 다음, 외부는 돌, 홍토벽돌, 타일 등으로 장식하였다(사진 1-022).

사진 1-022: 공공행정청사 폼페이, 이탈리아

㉯ 공회당 公會堂

공회당, 즉 바지리카 Basilica 는 재판을 하거나 상품을 거래하던 건축물이다. 장방형 평면의 건축물인 바지리카는 기둥과 벽체는 용암 조각 및 홍토 모르타르로 축조 되었으며 목재 계단은 흔적만 남아있다(사진 1-023).

사진 1-023: 바지리카 폼페이, 이탈리아

㉰ 아폴로 신전

아폴로 신전 Tempio di Apollo 은 서기전 575~550년경에 지어졌으며, 서기전 2세기부터 서기후 62년, 즉 지진이 일어날 때까지 지속적으로 보수 공사가 이루어 졌다(사진 1-024). 아폴로 신전의 주랑은 폼페이에서 가장 오래된 도리아식 주랑이다. 주랑을 구성하는 응회암 기둥의 몸통은 이오니아 양식이고 주두는 도리아 양식이다. 주랑 옆에는 활 쏘는 사람, 즉 사수 射手 의 형상인 아폴로 Apollo 와 다이아나 Diana 의 동상이 있다. 현장에 있는 동상들은 모두 모조품이며 진품은 나폴리 박물관 Museo di Naples 에 있다.

사진 1-024: 아폴로 신전 폼페이, 이탈리아

㉣ 아이시스 신전

주랑 柱廊 으로 둘러 싸여 있는 아이시스 신전 Tempio di Isise 은 이집트의 여신 아이시스를 위한 신전이다(사진 1-025). 이 신전은 정면의 계단을 통하여 들어간다. 아이시스는 의학, 결혼, 농업을 관장하는 신이다. 아이시스 신전은 서기전 2세기경에 건설되었으나 대지진때 붕괴되었다가 다시 원상 복구되었다. 이 신전의 주랑을 이루는 코린트 양식의 기둥은 회반죽으로 마감되었다. 신전의 벽 및 기둥 골조는 잔자갈과 홍토 모르타르로 구축한 다음 그 위에 다시 붉은 벽돌로 쌓아 석회로 장식했다.

사진 1-025: 아이시스 신전 폼페이, 이탈리아

㉤ 중앙 대광장

폼페이의 중심 지역에는, 공사 公事 집회용 또는 시장으로 쓰였던 중앙 대광장 Foro 이 있다(사진 1-026). 중앙 대광장에는 마차의 통행이 금지되었으며 광장 주변에는 종교, 정치, 경제 및 도시 행정관련 건축물들이 세워졌다. 현재 남아 있는 대광장의 열주 列柱 는 초기에는 응회암으로 축조하였으나 로마제국 시대에 백색 석회석으로 대체된 것이다.

사진 1-026: 중앙 대광장 폼페이, 이탈리아

㉳ 기타 건축물 및 도시 시설

폼페이 유적지에서 발굴된 기타 건축물 및 도시 시설은, 공동 목욕장 또는 온천장 terme, 성벽 문 및 성벽, 주피터 신전, 중량 및 척도 검사소, 모직물 가공공장, 빵공장, 아침 급식소, 대극장 및 소극장, 급수탑, 공공 수호신 성소 聖所, 일반시장, 과일 및 채소시장, 공창가 公娼街, 지하 공동묘지, 씨름장, 포도농장, 원형 경기장, 기념 아치 등이다.

② 주택 및 빌라

로마 속령 이전의 폼페이의 주택은, 그리스인들의 규격 주택이었으나 점차 규모가 커지면서 그 형태가 다양화되었다. 부자들은 대형 주택에, 가난한 사람들은 소형 주택에 사는 식이었다. 소형 주택에는 침실, 식당, 거실, 부엌, 작업실, 채소밭 등이 있었으나 욕실은 없었다. 공동 목욕장을 활용하였기 때문이다. 폼페이에 있었던 대형 주택의 외벽은 돌과 벽돌로 쌓은 다음 프레스코 화 fresque 로 마무리 되었다. 프레스코 화는 자연 풍광, 신화 神話 의 장면 등을 표현함은 물론이고, 심지어는 건축물 요소, 즉 기둥, 주두 柱頭 장식, 즉 코니스 corniches, 대문, 창문 등을 극사실화 極寫實畵 로 표현했다. 프레스코 화 장식은 납화법 蠟花法 으로 마무리되었는데, 이는 오랜 기간 동안 프레스코 화를 보존하기 위한 기법이다. 비용이 많이 드는 프레스코 화 마감 대신에, 좀 더 경제적인 기법인 회반죽 칠 마감이 종종 채택되었다. 벽면에는 창문이 거의 없었지만 아주 드물게 설치된 경우에도 창문은 매우 작았으며, 창문에는 쇠창살이 설치되었다. 창문의 쇠창살은 강도의 불법 침입을 막기 위함이다.

상업과 무역으로 많은 부를 축적한 폼페이의 부유한 사람들은 자신들의 집을 마치 왕궁처럼 꾸몄다. 살림이 넉넉한 폼페이 사람들의 주택에는 여러 개의 가게가 딸려있었다. 주택은 대개 1층이었으며 가게는 보통 보도나 마차로를 향해 있었다. 그러나 가게의 운영은 주로 고용된 외국인들이 했다. 지금까지 발굴된 당시의 주요 주택 및 빌라는 다음과 같다.

㉮ 디오메데 Diomèdes 빌라

1771년~1774년 사이에 발굴된 이 빌라는 도회지 都會地 풍을 흉내 낸 빌라이며, 빌라의 주인은 디오메데 M. Arrius Diomèdes 이다. 이 빌라에 있는 열주회랑중정 péristyle 은 라틴사람 건축가 비트루브 Vitruve 의 빌라 설계원칙을 따랐다(사진 1-027). 이 빌라에는 침실이나 서비스 실처럼 쓸 수 있는 온천이 있다. 식당에서 내려다보이는 정원과 먼 바다의 풍광은 장려하기 그지없다. 3면이 탁 트인 식당에는 음식이 잘 차려진 식탁이 각 면마다 배치되어 있다. 이 호화스런 빌라의 주랑중정 밑에는, 크립또뽀르티크 cryptoportique, 즉 "숨겨진 주랑정원" 으로 일컬어지는 포도주 저장 창고가 있으며, 이곳에는 계단을 통해서 들어갈 수 있다. 빌라의 대문은 주랑중정에서 멀리 떨어진 곳에 있다.

사진 1-027: 디오메데 빌라의 열주회랑 중정 폼페이, 이탈리아

㉯ 목양신의 집

이 주택의 중정 atrium 에 있는 연못에는 폰, 즉 목양신 Faune, 牧羊神 의 청동상 靑銅像 모조품이 있다(사진 1-028). 그런 연유로 이 주택을 목양신의 집, 즉 폰의 주택이라 했다. 서기전 2세기에 만들어진 것으로 추정되는 이 청동상의 진품은 현재 나폴리에 있다. 청동상이 있는 연못은 중정 지붕을 타고 흘러내리는 빗물로 채워진다. 폼페이에서 가장 큰 이 집은 옛 집터 위에 서기전 2세기에 건축되었으며, 그 면적은 2970m² 이다. 현재 주택의 모습은 지속적으로 변모해온 것이다. 이 집은 출입구, 연극 공연장 등의 공적 公的 구역과, 대문, 침실, 지붕이 있는 중정, 축사 畜舍, 변소, 온천, 주방 등의 사적 私的 구역으로 나뉘어져 있다. 이 주택의 출입구에 새겨놓은 라틴어 "*HAVE* ", 서기전 3세기~1세기 초 때의 벽화 양식의 그림이 있는 내벽, 작은 정사각형 대리석 타일이 깔린 바닥, 모자이크로 포장 鋪裝 된 출입구 등은 이 주택의 위엄성을 잘 보여준다. 이 주택은, 사실 지방 부호의 저택이라기보다는 로마 귀족의 저택, 즉 도무스 domus 에 가깝다.

사진 1-028: 목양신 청동상 폰의 주택, 폼페이, 이탈리아

㉰ 디오스뀌레 주택

디오스뀌레 Dioscures 주택은 폼페이 최후의 날 당시, 폼페이에서 가장 크고 가장 호화로운 주택 가운데 하나였다. 1828년~1829년 사이에 발굴된 이 주택의 명성은 수많은 벽화와 넓은 옥외 공간에 있다. 이 집의 벽화는 서기후 1세기 후반 때의 벽화 양식이다. 이 집에는 코린트 양식 corinthien 의 응회암 기둥 12개로 장식된 중정이 4개나 있다(사진 1-029).

사진 1-029: 중정의 응회암 열주 디오스뀌레 주택, 폼페이, 이탈리아

㉣ 빵 굽는 집

이 주택은 서기전 2세기에 건축되었지만, 서기후 62년의 대지진때 파괴 되어, 개수 改修 되었다. 집 주인은 이 집의 1층을 개조하여 빵공장을 만들었다. 주거용 방들은 모두 2층으로 옮겨졌다. 2층으로 올라갈 때는 중정에 있는 2층 출입구 오른쪽 계단을 이용하였다. 개수 공사는 서기후 79년 화산 폭발 순간까지도 끝나지 않았던 것 같다. 이 주택의 정원에는 밀가루 만드는 설비, 빵 만드는 설비, 빵 굽는 설비, 다시 말하면 수조 水槽, 즉 대형 물통, 원형천장화덕, 용암으로 만든 4개의 돌절구 등이 있다(사진 1-030). 그런 연유로 이 주택은, 화덕 주택 Maison du Four, 즉 빵을 구워 파는 집이 되었다. 이 빵공장 주택은 아주 오랫동안 폼페이에서는 찾아볼 수 없을 정도의 대형 빵공장으로 유일하게 남아 있었다. 현재 폼페이에는 35개의 빵공장이 있다.

사진 1-030: 빵 굽는 설비 빵 굽는 집, 폼페이, 이탈리아

㉮ 살루스트 주택

이 주택은 폼페이에서 가장 오래된 주택 가운데 하나이다. 이 주택은 서기전 3세기에 건축된 것으로 추정되는데, 유감스럽게도 1943년에 폭격으로 일부가 파괴되었다. 이 주택은 방이 아주 많고, 나중에 2층으로 증축된 점으로 미루어 볼 때, 아마도 시골의 주점 겸 여인숙으로 용도가 바뀐 것으로 추정된다. 이 주택은, 주택 정면 façade 에 새겨져 있는 글씨 살루스트 Salluste 때문에, 소유주가 로마역사가 살루스티우스 C. Sallustius 라고 알려졌으나, 소유주가 리바누스 A. Cossius Libanus 일수도 있다는 증거가 발견되었다. 1806년에 발견된 반지에 "리바누스" 라는 글씨가 각인되어 있기 때문이다. 이 집에는 석회석 기둥으로 이루어진 2개의 주랑현관이 있으며, 중정의 연못 가장자리에는 암사슴 청동상이 있다. 이 주택에는 서기전 3세기~1세기 초 때 벽화 양식인 호화로운 벽화의 일부가 보존되어있다(사진 1-031).

사진 1-031: 살루스트 주택의 벽화 장식 폼페이, 이탈리아

㉶ 외과 의사의 주택

이 집의 명칭은, 집터에서 발굴된 외과 의사 Chirurgien 용 철제 및 청동제 의료 기구, 즉 주입관 sondes, 겸자 鉗子, 소식자 消息子, 해부도 解剖刀 등에 기인한다. 이 주택은, 정면에 있는 4각으로 자른 석회석 덩어리와 내벽 돌 쌓는 기법으로 미루어보아 서기전 3세기에 건축된 것으로 추정되는, 폼페이에서 가장 오래된 주택 중의 하나이다. 이 주택의 평면은 정확한 사각형이며, 적어도 두 번 이상 계속해서 보수된 흔적이 있다. 최근의 연구에 의하면 응회암으로 만든 중정의 연못은 처음 건축할 때부터 있었던 것으로 추정된다(사진 1-032).

사진 1-032: 외과의사 주택의 중정 연못 폼페이, 이탈리아

㈔ 애인들의 집

이 주택의 명칭은, 한 방의 벽장식, 즉 얇은 금판 위에 있는 낙서, "귀여운 애인들 Petits Amours" 에 기인한다. 이 금도금 낙서는 현재 나폴리 박물관에 있다. 이 벽의 낙서는 집주인 아비투스 Cn Poppaeus Habitus 를 표현한 것 같다. 아비투스는 로마 네로 Néron 황제의 두 번째 부인 포뻬 Poppée 의 인척이었다. 열주회랑중정이 있는 이 주택은 서기전 3세기에 건축되었으나 서기후 1세기까지 보수공사가 지속되었다. 귀족 부인들의 접견실 벽은, 서기전 20년에서 서기후 50년까지의 벽화양식의 벽화로 장식되었다. 접견실의 바닥에는 흑색과 백색 모자이크 타일로 장식한 커다란 원형 초상화가 있다. 중정은, 자연계 自然界 나 디오니소스 Dionysos, 즉 그리스신화 주신 酒神 의 세계를 나타내는 대리석 돋을새김과 조각 彫刻 으로 장식되었다(사진 1-033). 중정의 조각은 가끔 분수의 물 분출구로 사용되었는데, 이는 시골저택의 분위기를 흉내 내려는 취미에 기인한 것 같다.

사진 1-033: 애인들의 집 열주회랑 중정 폼페이, 이탈리아

㉵ 체치리오 치오콘도 주택

체치리오 치오콘도 Cecilio Giocondo 주택은 서기전 3세기 말에서 2세기 초에 건축되었다(사진 1-034). 이 주택의 벽체는 사르노 Sarno 강가의 석회석으로 쌓아올렸으며, 장식용 재료로는 응회암을 썼다. 이 주택이 유명해 진 것은 두 개의 돋을새김 장식, 즉 도둑맞은 것과, 창고에 처 박혀 있는 가족의 수호신 라르 Lare 를 모신 제단의 장식이다. 폼페이의 공공 건축물에 있었던 라르 제단은 62년의 격렬한 지진 때 다수가 파괴되었다.

사진 1-034: 체치리오 치오콘도 주택 중정 연못, 폼페이, 이탈리아

㉶ 치타리스트 주택

치타리스트 Cithariste 주택은 서기전 1세기에 개수공사와 새로운 장식공사를 하면서 기존에 주변에 있던 많은 주택을 포함시켜, 그 면적이 2700m² 나 되는 주택 단지 pâté de maisons 가 되었다. 주택단지의 많은 부분을 차지하는 이 주택의 이름은, 열주회랑중정에서 발견된 청동상 靑銅像, 아폴론 치타리스트 Apollon Cithariste 에서 나왔다. 이후에 이 주택에서 발견된 모든 동상은 현재 나폴리 박물관에 있다. 이 주택 단지의 내부에는 여러 개의 온천이 있으며, 주택 단지 중앙에 있는 열주회랑중정 연못에는 아름다운 동물들의 청동상이 있다(사진 1-035). 동물 청동상의 입에서는 물이 뿜어져 나온다. 이 주택단지에 붙어 있는 빵공장, 제과점, 음식점 등은 이 단지의 부속 시설로 추정된다.

사진 1-035: 연못가의 동물 청동상 치타리스트 주택, 폼페이, 이탈리아

㉲ 메난드르 주택

이 주택의 이름이 메난드르 Ménandre 가 된 것은, 이 주택의 열주회랑중정에 있는 한 벽감 壁龕 의 그림에, 그리스 드라마 작가인 메난드르라는 글씨가 있기 때문이다. 이 주택은 서기전 3세기에 건축되었지만, 서기전 2세기에서 서기후 1세기 사이에 개수공사를 하면서 그 면적이 1800m² 로 확장되었다. 이 주택의 주인은 포빠에이 Poppaei 인 것 같은데, 그는 로마 네로 Néron 황제의 두 번째 부인 포뻬 Poppée 의 인척이었다. 이 주택의 토스카나식 toscan 중정에는 대리석으로 만든 연못, 서기후 1세기 후반 벽화양식의 그림, 작은 사당 祠堂 등이 있다. 토스카나식 중정이란 중정의 지붕을 기둥과 보로 떠받치는 중정을 말한다(사진 1-036). 작은 사당에서는 가족의 수호신, 라르 Lare 와 가장 家長 의 생명 수호신, 제니우스 Genius 에게 제사를 지낸다. 이 주택의 중정 쪽으로 열려있는 "초록 사교실 salon vert" 에 있는 한 프레스코화의 포도원의 포도덩굴 사이에도 “귀여운 애인들 petits amours” 이라는 글씨가 있다.

사진 1-036: 토스카나식 중정 메난드르 주택, 폼페이, 이탈리아

㉶ 옥타비우스 까르티오 주택

이 주택은 보통 로레이우스 티부르티누스 Loreius Tiburtinus 의 주택이라고 불린다. 그러나 이 주택의 실제 주인은 옥타비우스 까르티오 D. Octavius Quartio 이다. 이 주택의 출입구 근처에서 발견된, 낙인이 찍혀있는 반지가 그 사실을 입증하기 때문이다. 이 주택에는 서기전 2세기 때의 원래 모습의 일부가 그대로 보존되고 있다. 이 주택의 방들과 식당은, 이 집의 중심인 중정을 향하고 있다. 이 집의 한 쪽에 있는, 푸른 나무와 연못에 파묻혀 있는 정원에서는 원형경기장이 내려다보인다. 원형 경기장은 62년 지진으로 파괴되었으나 곧 복구되었다. 이 주택은 농촌주택을 모방해서 지었다. 당시에 유행하던 "농촌 주택에서의 생활 vie en villa" 이라는 풍조에 따른 것이다. 주택의 중앙에 있는 정원에는 산책길이 있다. 산책길은 둥근 지붕으로 덮여 있으며, 산책길에는 3개의 연못과 한 개의 분수가 있다(사진 1-037). 연못에는 물고기가 있다.

사진 1-037: 정원의 산책길 옥타비우스 까르티오 주택, 폼페이, 이탈리아

(2) 아열대 건조 기후 지역

아라비아 반도 남부 및 아프리카 대륙 북부 그리고 북아메리카 대륙 서남쪽의 건조한 사막지역에 있는 주택 형태는 지리적으로 서로 멀리 떨어져 있지만, 매우 유사하다. 다시 말해서 기후와 지리적 환경이 유사한 곳에서는 지역에 관계없이 유사한 형태의 주택이 존재했다. 주택의 형태를 결정하는 요소는 지역보다는 기후와 토속재료임이 증명된 것이다.

가. 예멘의 흙집

아라비아 반도 남단 사막지역, 예멘 Yemen 유목민의 흙집의 외벽은 아주 두껍고, 외벽의 창은 아주 작지거나 대개는 전혀 없다. 이런 흙벽의 구조는 뜨거운 햇볕 차단을 위한 것이다. 사막에는 돌이 거의 없어 흙으로 집을 지었으며, 집의 바닥은 흙바닥 그 자체이다. 5층으로 지은 흙집도 있으며 위층으로 갈 때는 나무 사다리를 사용하였다.

나. 말리의 흙벽돌집

아프리카 대륙, 사하라사막 남부지역, 말리 Mali 공화국의 흙벽돌집의 지붕은 평지붕이다. 평지붕은 커다란 나뭇가지를 엮어 골격을 만든 다음 점토를 발라 마감했다. 곡물 창고의 원추형 지붕은 조나 벼의 짚을 엮어 만들었다. 나무 사다리는 커다란 나뭇가지를 다듬어서 만들었다.

다. 미국의 흙벽돌 집

미국 중서부 사막지역 애리조나, 뉴멕시코, 콜로라도 등지에서는, 집을 지을 때 점토를 성형해서 햇볕에 말린 흙벽돌, 즉 아도베 adobe 를 주요 건축 재료로 활용했다. 콜로라도 주의 국립공원, 메사 베르데 Mesa Verde 의 거대한 암벽岩壁 동굴에는 고대에 약100여명의 가족이 살았던, 흙벽돌 집 촌락 村落, pueblo 흔적이 있다. 이 촌락의 최초 주민들은 약 1만2000년경 전에 이곳에 살았던 몽고인 사냥꾼들로 추정된다. 촌락은, 가로 100m, 세로 37m, 높이 20m 의 자연동굴 절벽에 형성되었으며, 촌락에는 약 200개의 방이 있었다(사진 1-038).

사진 1-038: 미국의 흙벽돌집 촌락 메사베르데, 콜로라도, 미국

(3) 소아시아 지역의 동굴 주택

"소아시아" 라는 말은 지난날의 아나톨리아 Anatolia 반도, 즉 현재 아시아 대륙의 서쪽 끝, 터키 중남부의 광활한 산악 지대를 지칭하는 고대 古代 명칭이다. 아나톨리아 반도는 흑해, 에게해 및 지중해에 둘러싸여있다. 아나톨리아 반도의 중남부지역인 카파토키아 Cappadocia 는 약 300만 년 전 화산폭발과 지진 활동으로 생겨난 응회암으로 형성된 지역이다. 오랜 세월에 걸친 풍화작용으로 침식된 응회암 지역에는 괴이한 형상을 한 수 천 개의 암석 기둥들이 생겨났다. "카파토키아" 는 페르시아어로 "아름다운 말 馬 이 있는 곳" 이라는 뜻이다. 카파토키아의 천연동굴에는 구석기 시대부터 사람들이 살았던 것으로 추정된다. 서기 4세기경에는 로마의 종교적 박해를 피해 흘러 들어온 초기 그리스도 교인들이 수도 없이 많은 천연동굴을 정비하여 수도원과 교회를 만들어 신앙생활을 했다. 그들은 기이한 암석에 굴을 파서 거처를 만들어 살았다(사진 1-039). 카파토키아의 전성기는 11세기경으로 추정된다. 카파토키아의 천연동굴에는 지금도 사람들이 살고 있다.

4) 중세 中世 주택

로마제국 붕괴이후 이민족의 침략에 의한 도시 파괴와 도시 주민의 이탈 현상은 14세기 초까지 지속되면서 제국의 도시 대부분은 황폐화 되었다. 이 시기를 소위 중세의 무법천지, 암흑시대라고 한다. 서기전 27년부터 서기후 476년까지의 로마 제정시대 帝政時代 에 건설되었던 수많은 로마제국의 도시들은, 게르만계의 반달족 Vandal, 튜턴계의 고트족 Goth, 북서부 아프리카계의 무어족 Moor, 시리아와 아라비아 유목민계의 사라센족 Saracen 등 수많은 이민족들의 끊임없는 침입, 약탈, 점령으로 황폐화 되었다. 그 결과 주민들이 농촌이나 산간으로 이주, 도시의 인구는 급속히 감소되고 도시는 황폐화되어 空洞化 되었다. 로마제국 전성기의 로마 인구는 120만 명에 달했으나 제국 붕

사진 1-039: 응회암 원뿔형 기둥 주택 카파토키아, 터키

괴 후 500년경에는 겨우 4만 명만이 남았다. 중세에는 로마뿐만아니라 유럽의 중부 지역 도시에서도 빈번한 외세의 침공, 창궐하는 전염병 그리고 굶주림 등으로 많은 사람들이 탈출, 농촌으로 이주했다. 특히 10세기말에는 프랑스에서도 꺄르롤링거 Carolingiens 왕조 말기에는 대도시의 인구 감소가 극심했다. 정치가 극도로 혼란했던 중세 유럽의 주택형태는 문예부흥 운동 이전까지 거의 변화 없이 그대로 유지 보존되었다. 중세의 주택특성은 다음과 같다.

(1) 중부 유럽

가. 주택 유형의 분류

중세 중부 유럽의 도시 주택 유형은 라틴 Latin 계와 게르만 German 계 주택으로 대별된다. 이런 주택 유형은 산업혁명 시기, 즉 18세기 말에서 19세기 사이까지 계속된다. 주택의 형태와 배치는 그 지역의 기후, 풍토, 토속재료 등의 자연환경과 사회구성의 역사적 배경에 기인한다.

가) 라틴계 주택

(가) 지역 및 기후

라틴계 주택이 존재하는 지역은 로마제국의 영향권 아래 있었던 이탈리아, 프랑스 남부 및 스페인 등이다. 이들 지역은 기후가 온화하고 석재가 풍부한 석재 건축 문명권이다.

(나) 역사적 배경

라틴 문명권은 오래전부터 강력한 고대 도시 사회가 형성되었던 지역으로 장기간 도시 주거 문화를 향유했다.

(다) 주택 특성

라틴계 문명권에서는 로마시대의 공동주택 인슐라를 계승 발전시켜 도시의 일반 서민용 공동주택으로 정착시켰다. 이런 형태의 공동주택은 오늘날까지도 라틴계 국가의 대도시에서 흔히 볼 수 있다. 라틴계 주택의 지붕은 경사가 완만하고 지붕의 처마선이 도로나 보도와 평행을 이룬다(사진 1-040). 대도시 도로에 접하고 있는 고층 공동주택의 1층은 상점이나 작업장 atelier 으로 쓰이고, 2층부터가 주거용이다.

사진 1-040: 라틴계 주택 프로방스 농촌 주택, 프랑스

경사가 완만한 지붕의 처마선이 도로나 보도와 평행을 이룬다. 프로방스의 농촌 지역에는 16세기부터 19세기에 이르기까지 독립적으로 지어진 주택들이 많다.

나) 게르만계 주택

(가) 지역 및 기후

게르만계 주택이 존재하는 지역은 로마제국의 영향권 밖에 있었던 독일, 스위스, 오스트리아 등이다. 이들 지역은 겨울철에 많은 눈이 내리고 목재가 풍부한 목재 건축 문명권이다.

(나) 역사적 배경

게르만 문명권에서는 고대 도시 주거 문명 없이 바로 중세 봉건사회로 넘어갔다. 다시 말해서 이 지역에는 강력한 도시 국가가 존재하지 않았으므로 도시 주거 문화를 향유하지 못했다.

(다) 주택 특성

중세 초기의 게르만 문명권의 주택은 도시와 농촌의 주택형태가 구별되지 않는 단순한 기능의 생활공간이었다. 게르만계 주택의 지붕은 경사가 급한 소위 뾰족지붕이며, 지붕의 박공 면이 도로나 보도와 평행을 이룬다(사진 1-041).

나. 주택 설비

가) 주택 난방

중세 초기의 유럽 주택에는 화로를 거실의 한가운데에 설치했으나 점차 개선되어 벽난로와 굴뚝으로 대체되었다. 처음에는 화로의 굴뚝을 목재로 만들었기 때문에 화재가 빈번하였다. 따라서 굴뚝을 만들 때는 목재 사용이 금지되고 벽돌 등의 내화재료를 사용해야했다(그림 1-021).

나) 주택 창문

중세 초기 유럽 주택의 창문은 최소한의 통풍과 채광을 위한 것이었으므로 크기가 매우 작았다. 창문에는 반투명의 기름 먹

사진 1-041: 게르만계 주택 스위스와 노르웨이

게르만계 주택은 경사가 약간 급한 지붕의 박공 면이 도로나 보도와 평행을 이룬다. 사진 상; 그린델빌트의 주택, 스위스 알프스, 사진 하; 베르겐의 주택, 노르웨이 피요르드 입구

그림 1-021: 중세 농촌주택 난방 단면 상상도

그림 상; 중세 초기, 유럽 농촌 마을 풍경, 그림 하; 주택의 벽난로와 굴뚝 난방, 주택 1층은 가축우리와 농기구 보관 창고였다. 난방 열기로 인해 뜨겁고 건조해진 2층 주방 들보에는 소금에 절여 걸어놓은 고기들이 있다.
출처: la Maison

인 종이나 천을 발랐으며, 창문 외부에는 나무 덧문을 설치했다. 창문에 유리가 보편적으로 쓰인 시기는 15세기 이후였다. 그러나 당시의 작은 창문틀에 끼운 유리는 오늘날과 같은 대형 판유리가 아니고, 여러 개의 유리조각을 붙여서 만든 것이었다.

다) 덤웨이터

중세 말기인 14세기 유럽의 거상 巨商 들은 수레바퀴와 밧줄을 이용하여 만든 수동식 덤웨이터 dumbwaiter, 즉 일종의 화물 운반용 소형 엘리베이터를 5~6층 주택의 내부에 설치했다. 거상들은 1층의 무거운 화물을 5~6층의 창고로 올리거나 내릴 때 덤웨이터를 사용했다(그림 1-022).

그림 1-022: 중세 도시주택 덤웨이터

중세 말기, 유럽 상인들의 도시주택 내부에는 상품을 운반, 보관하기 위한 화물 운반용, 수동 소형 엘리베이터, 즉 덤웨이터가 설치되었다.
출처: *La maison*

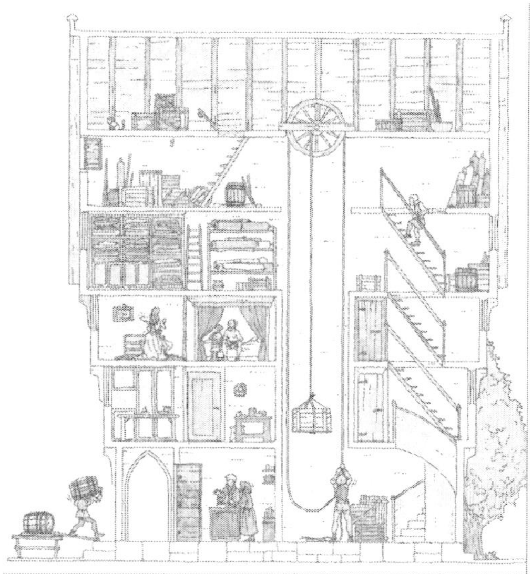

다. 주택 형태

서기후 1000년경 중세 시대의 농촌에는 도시 주민들이 몰려들어와 다수의 농촌 주택은 본래의 농촌 생활 기능을 상실하고 상인, 수공업자들의 용도에 적합한 형태로 변화되었다.

가) 농촌 마을 주택

(가) 일반 농민 주택

도시인들이 농촌으로 유입되기 이전에는 유럽의 농민들은 칸막이로 분할된 넓은 침실, 동물우리, 건초 및 곡식 저장용 다락방 등이 있는 넓직한 주택에서 살았다. 북부 독일의 목구조 木構造 , 갈대 지붕 농가에는 칸막이가 되어있는 침실, 거실, 부엌, 작업실 등이 있었다. 그러나 농촌으로 사람들이 몰려들면서 농촌에서는 더 이상 농촌의 이점 利點 을 누릴 수가 없게 되었다. 도시인들의 대량 유입으로 농촌의 경작지는 쑥대밭이 되었다. 국토의 대부분이 여전히 넓은 옥토와 울창한 숲으로 뒤덮여 있었던 프랑스조차도 가난하고 믿을 만한 것이 거의 없었다. 도시에서 이주해온 사람들은, 안전이 걱정되어 봉건 영주 領主 의 성채 城砦 주위로 몰려들어, 마을을 건설했다. 중세 사회는 엄격한 계급사회였다. 영지 領地 는 지속적으로 부를 창출할 수 있는 유일한 수단이었다. 대부분의 경작지는 영주의 재산이었다.

도시에서 이주해온 일반 농민들의 가족은 방이 하나뿐인 집에서 살았다. 집안에 있는 가구란 것이 한 개의 식탁과 걸상 몇 개, 그리고 짚을 넣어 만든 매트 몇 개뿐이었다. 난로는 주로 방 한구석에 두었다. 농민의 집이란 것은 가축우리와 별반 다를 것이 없었다. 농민과 가축은 한 공간에서 함께 살았으며, 집과 가축우리 사이에는 나무를 엮어 만든 칸막이가 있을 뿐이다. 식량인 빵을 굽는 화덕은 마을 사람 모두가 공동으로 사용했다. 농민들의 집에는 창문이 거의 없지만, 창문이 있는 경우 그 창문은 나무판자나 직물로 덮어 두었다. 유리는 매우 귀하고 값이 비쌌다. 유리는 교회의 색유리 제조에나 쓰이는 재료였기 때문이다.

(나) **봉건 영주 주택**

중세 유럽의 봉건 영주의 주택, 즉 성채 城砦 주택은 중세 유럽을 상징하는 또 다른 형태의 주택이다. 영주의 농지에서는 농노 農奴 를 비롯한 다양한 신분의 노예들과 자유농민들이 일했다. 자유농민들은 때로는 작은 농토를 소유하기도 했지만, 대개는 영주에게 고용되어 주어진 농사일을 수행했다. 영주는 모든 사람들에게 있어서 보호자이고 사법관 司法官 이었다. 농민들에게 있어서 영주는 모든 분쟁을 해결하는 유일한 재판관이었다.

나) **도시 주택**

중세 유럽의 도시에는 고딕 gothic 건축의 상징, 즉 뾰족 아치 pointed arch 기술을 적용한 건축물이 출현했다. 뾰족아치, 즉 첨두홍예 기술은 둥근 천장의 구조적 균형 문제를 해결하였으며, 좀 더 넓은 성당 건축을 가능하게 하였다. 당대 當代 의 성채와 주택의 건축에도 변화가 왔다. 성채와 주택은 각각 뚜렷한 특징을 갖기 시작했다. 섬세하게 조각된 창문, 뾰족 지붕, 각이진 탑, 목골 木骨 의 샛기둥 등이 건축물에 나타났다.

최초의 고딕양식 주택이 나타난 시기는 12세기 초였다. 집을 지을 때 일정한 크기로 다듬어진 돌과 조각된 목재를 사용했다. 1층은 돌로 짓고 2층부터는 목재로 지었다. 1층에는 현관, 음식 조리실, 하인 거주실, 물품 보관 및 저장실, 아이들 놀이방, 사무실 등이 있었고, 2층에는 가족의 거실 및 침실이 있었다. 그러나 빈민가의 어린이 놀이터는 길거리였다. 인구가 증가하면서 주택은 부족하게 되었고, 성벽에 갇혀있던 비좁은 도시는 새로운 공간이 필요했다. 보행로는 너무 비좁았으며, 서로 마주하고 있는 공동주택의 맨 위층은 거의 맞닿아 있었다. 위층으로 올라가면서 벽이 점점 돌출되는 형태의 주택이 출현했기 때문이다.

공동주택 상층부의 창문은, 햇볕을 최대한도로 받아들이기 위해서 크기가 두 배로 커졌다. 물론 중세 시대에는 오늘날과 같은 창문 개념, 즉 창문이 채광, 전망을 위한 것이라는 개념은 없었다. 창문은 창틀에 밀랍을 바른 직물이나 기름 먹인 종이를 발라 만들었기 때문에 필요할 때 열어서 채광을 하고 바람이 통하도록 하는 채광 및 공기의 통로였을 뿐이다. 주택 창문에 유리를 사용하기 시작한 시기는 18세기였다. 그 이전에는 아주 작은 색유리 조각으로 장식된 작은 크기의 색유리창이 있었으나 그 마저도 아주 드물었다.

13세기부터 15세기까지는 산업과 상업이 완만한 발전을 이룬 시기였다. 이슬람교도 원정에 나섰던 십자군 병사들은 지금까지 알지도 못하고 보지도 못했으며 써본 일도 없는 기술과 제품을 가지고 돌아왔다. 그런 기술과 제품들, 즉 나선형 계단, 창문용 유리 등은 주택의 모습을 바꿔 놨다. 당시까지만 해도 유럽에서는 나무판재로 만든 덧문, 반투명 천, 늘려 편 가죽, 린네르 종이 등이 창문용 재료로 활용되었을 뿐이었다. 유리는 부유한 사람들의 저택 또는 오로지 손님 접견용으로 쓰이는 방의 작은 창에나 사용되는 귀한 재료였다. 십자군 원정을 떠났던 병사들은 이슬람교도들이 유리를 아주 흔하게 사용하는 것을 보고, 돌아올 때 유리를 챙겨왔다. 중세 유럽 도시의 특이한 주택 형태는 다음과 같다.

(가) **비장스 꽁스땅티노플**의 **주택**

프랑스어 "비장스 꽁스땅티노플 Byzance Constantinople" 은 비잔틴 제국 Empire Byzantin 의 수도 콘스탄티노플 Constantinople 이라는 뜻이다. 콘스탄티노플은 현재, 터키의 이스탄불 Istanbul 이다. 로마제국은 324년에 로마제국의 동쪽 끝에 있던 콘스탄티노플로 수도를 이전했다. 콘스틴티노플의 로마제국은 330년부터 비잔틴 제국, 즉 동로마 제국 Empire romain d'Orient 이 되었다. 비잔틴 제국은, 476년 로마제국의 전 前 수도 로마가 붕괴된 이후에도 1453년까지 존재하다가 오스만 Osman 제국에 의해 멸망당했다. 그리스도교는 313년 밀라노 칙령 Edit de Milan 에 의해서, 국교로 공인되면서 그리스도교 문명을 꽃피웠다. 그러나 303년에는 로마 황제 디오클레티아누스의 그리스도교도 박해 명령 칙령 Edit de Dioclétien 에 의해서 수난을 당하기도 했다. 그리스도교는 484년에서 518년 사이에 분립 分立, 즉 로마 교회 eglises romaines 로부터의 비잔틴 동방교회의 분립 schisme d' Orient 이 일어났다.

당시 비잔틴 콘스탄티노플은 문명의 도가니였다. 콘스탄티노플에는 그리스의 유산과 로마, 동양 및 유대인들의 전통 문명, 그리고 그리스도교 문명이 융합되어 있었다. 이 도시의 절정 시기인 6세기에는, 인구가 넘쳐흘렀으며, 작은 주택들로 도시는 꽉 찼다. 도시는 초보적인 위생 설비도 갖추었다. 특히 황궁에는 완비된 상하수도 설비를 통해서 물이 공급되고 배출되었다. 주택의 벽돌 벽은 대리석과 회반죽으로 장식되었다. 이들 장식 재료는 주택에 미묘한 색감을 주었다. 로마제국 시절부터 있었던 아치 벽 구조는 상층부로부터 내려오는 중량, 즉 하중 荷重 부담이 가능하므로 주택의 고층화가 가능했다. 이 지역의 온화한 기후 덕분에, 주택에는 높은 기둥으로 떠 받혀진 대형 테라스가 있었다. 테라스는 일 년 내내 주택의 거실로 활용되었으며, 테라스의 지붕은 넓은 공간을 확보하기 위하여 격자천장으로 만들었다(그림 1-023).

(나) 탑 주택

탑 塔 형태의 주택은 13~14세기경 이탈리아 중서부, 토스카나 Toscana 또는 Tuscany 지역을 중심으로 하여, 중북부, 북동부 지역에 존재했던 고딕 양식의 요새화된 건축물이다. 당시 탑형 주택의 크기는 소유자의 부와 권력의 상징이었다. 그러나 궁전과도 같은 개인의 탑형 주택은 가족의 거주용일뿐 상업용은 아니었다.

그림 1-023: 주택의 테라스 콘스탄티노플, 비잔틴, 터키

그림 상; 높은 기둥으로 떠 받혀진 대형 테라스가 있는 저택. 넓은 공간을 확보하기 위하여 테라스의 지붕을 격자천장으로 했다. 그림 하; 주택 투시도. 2층에는 퍼고라, 3층에는 테라스가 있다.
출처: *La maison*

① **출현 배경**

이탈리아의 중북부는 12~13세기경 수공업과 상업이 발달하고 외국과의 상거래가 빈번해지면서 거상 巨商, 사제, 관료 등의 신흥 세력이 등장했다. 이들 신흥 세력은 자치 도시를 만들어 기존의 봉건 영주에 대항하면서 자신들의 세력을 과시하고 지켰다. 봉건 영주와의 치열한 세력 다툼은 결국 전쟁으로 이어졌다. 전쟁이 빈번해지자 신흥 세력들은 봉건 영주의 침입을 높은 곳에서 감시하기 위하여 탑 형태의 주택을 건설했다. 14~15세기 르네상스 Renaissance 의 중심도시였던 피렌체 Firenze 의 거상 巨商 가문은 우베르티 Uberti, 필리뽀 스트로찌 Filippo Strozzi, 메디치 Cosimo dé Medici, 지오바니 루셀레 Giovanni Rucellai, 피띠 Pitti, 안티노리 Antinori, 빠찌 Pazzi, 곤디 Gondi 등이었다.

② **현존 탑형 주택 지역**

탑형 주택은 현재, 이탈리아 중서부, 토스카나 Toscana 또는 Tuscany 지역의 루카 Lucca, 피렌체 Firenze 또는 Florence, 산 지미냐노 San Gimignano, 시에나 Siena, 중북부 지역 볼로냐 Bologna, 스포레토 Spoleto, 그리고 북동부 지역 파두아 Padua 등지에 100여 채가 남아 있다. 그러나 지난 날 탑형 주택 건설이 활발했던 시절에는 루카에 700여 채, 피렌체에 150여 채, 볼로냐에 180여 채가 있었던 것으로 추정된다.

③ **탑형 주택**의 **규모** 및 **재료**

탑형 주택의 평면은, 정방형이고 밑변의 길이는 6~12m 였으며 높이는 45~95m 였다. 시에나에 남아있는 탑형 주택의 높이는 95m 나 되었으며, 피렌체에서는 그 높이를 70m 로 제한하기도 했다. 탑형 주택의 외벽은 녹색 또는 백색의 대리석으로 쌓고 목재 창문은 작게 만들었으며, 창문에는 통나무로 만든 덧문을 설치했다. 탑 꼭대기에서는 침입하는 적을 감시하고 공격할 수 있는 시설을 했다. 그러나 주택 내부는 목재로 건축되었고 지붕의 경사는 완만했다. 주택 내부는 중이층 中二層 구조로 만들어 위층은 고용원들의 휴식, 식사용 공간 및 숙소로, 아래층은 생활 용품의 임시 보관 창고로 활용되었다.

(다) 다리 위의 주택

중세 유럽에서는 강의 다리 위에 2~3층 집을 짓고 살았다. 다리 위의 판자 주택 및 소규모 가게는 중세 유럽 도시에서는 흔히 볼 수 있는 유형의 건축물이다. 다리 위의 작업장과 구멍 가게들은 점차 도심 거리 쪽으로 영업 영역을 확장했다. 도심 거리 끝에 대문을 설치하고 다리를 통과하는 모든 상품에 대해서 통행세를 징수했다.

① 아르노 강

이탈리아 프로렌스 Florence 의 아르노 Arno 강 위의 베치오 다리 Ponte Vecchio 위에는, 1345년부터 1593년까지 무두장이, 푸주한, 직물상인, 야채상인 및 대장장이 등이 장사를 하면서 살았다. 그러나 1593년, 페르디난드 1세 Ferdinand Ier 는 합법적으로 그들을 몰아내고 금은 세공 상인과 보석 세공 상인들에게 상점을 다시 임대해 주어 장사하게 했다.

② 센 강

프랑스 빠리히 센강의 목재 다리 위의 주택은 대부분 목조 주택이었으며, 수차례에 걸친 홍수와 해빙기 얼음덩이에 떠밀려 떠내려간 다음 철거, 보수를 반복했다. 센 강의 다리 중 가장 약했던 생-미셸 다리 pont Saint-Michel 는 1407년과 1616년 두 차례나 보수공사를 했다. 해빙기에 센 강에 떠내려 오는 얼음덩이에 휩쓸려 떠내려갔기 때문이다. 1436년부터, 노트르담 다리 pont Notre-Dame 위의 집, 68채에는 조각 장식을 하고 번호를 새겨 넣었다. 마리 다리 pont Marie 위의 집들을 모두 나무로 지은 집들이었다. 그들 중 튼튼하지 못했던 22채의 집이 1658년 겨울 해빙기에 와르르 무너져 떠내려갔다.

앙리히 4세 Henri IV, 1589~1610 는, 1607년에 준공된 센강 최초의 돌다리 뽕-뇌프 Pont-Neuf 위에 주택을 건축하는 것을 반대했다. 뽕-뇌프 위에 집을 지으면 루브르 궁전의 조망을 가리고 통풍을 방해하기 때문이라고 했다. 당시 뽕-뇌프 위에서는 잡화상인, 고약장수 그리고 이빨 뽑는 사람 등의 상인들이 이동식 좌판을 차려 놓고 장사를 했다. 낮에는 요술쟁이, 어릿광대, 길거리 가수 등이 나타나 수많은 어중이떠중이들에 둘러싸여 공연을 했지만 밤에는 사기꾼, 강도, 소매치기 등이 활개치고 다녔다. 1785년 9월 7일, 루이 16세 Louis XVI, 1774~1793 는, 원활한 교통을 위해서 다리 위에 지은 모든 집들을 철거하라는 칙령을 발표했다.

(2) 북부 유럽

중세 알프스, 노르웨이, 러시아 등의 유럽 북부 지역에서는 돌 기초 위에 통나무집을 지었으며, 유럽 중부 지역에서는 점토와 일반 목재로 지은 주택이 많았다. 주택의 창에는 도난 방지와 보온용 목재 덧창을 설치했으며, 덧창은 소박한 그림으로 장식되었다. 스칸디나비아 사람들이나 러시아 사람들은, 자연 그대로의 순박한 꽃 그림으로 통나무 주택을 장식했다. 생기 넘치고 발랄한 색으로 그려진 꽃은 당시 사회에서 가장 화제가 되었던 일을 나타낸 것이다. 주택의 외벽에는 성스러운 글자를 써넣거나 어떤 상징물들을 조각해 놓았는데, 이런 것들이 가족과 집을 악령이나 침입자들로부터 보호해준다고 생각했기 때문이다. 북부 유럽의 통나무 주택 및 바이킹 주택의 특징은 다음과 같다.

가. 러시아 주택

러시아의 전통적인 통나무집은 오랜 세월 동안 그 구조나 형태가 거의 변하지 않았다. 집 전체가 전부 통나무로 된 러시아의 전통 통나무집은 보온이 뛰어나고, 수개월 지속되는 긴 겨울 동안 지붕 위에 겹겹이 쌓이는 눈과 얼음에 의한 하중을 지탱할 수 있는 구조였다. 통나무집은, 4각형으로 제재 製材 하지 않은 온전히 둥근 통나무 그 자체를 직각으로 교차되게 겹겹이 쌓아 올린 다음 그 틈새를 널빤지로 다시 덮는 방식으로 건축되었다. 전통 통나무집에는 일반적으로 돌로 쌓아 올린 지하 창고가 있는데, 그 창고가 주택의 기초가 되었다. 4각형 평면인 통나무주택의 1층은 두 부분, 즉 주거용 공간과 출입용 공간으로 분리되었다. 예전의 주택에는 가구, 집물 什物, 심지어 의자조차도 붙박이로 되었었다. 방의 한가운데에는 구운흙 또는 도기 陶器 로 만든 난로가 있으며, 그 난로 위에 침대를 올려놓았다. 오늘날에는 주거용 방은 이층에 있고, 난로는 방 한 구석에 두는 경우가 많다.

나. 스칸디나비아 주택

스칸디나비아 사람들의 주택은, 기본적으로 사각형 방 하나와 현관 하나로 구성되었다. 예전 주택의 단순한 현관과 출입용 공간은 점차 넓어지다가 마침내는 칸막이로 막힌 방이 되었다. 새로 생긴 방에는 우유제품과 식량 등을 넣어 두었다. 예전 주택의 단순한 현관은 외부로 직접 열려 있었으며, 출입용 공간은 추위와 휘몰아치는 비바람과 눈보라로부터 주인 방을 보호해주는 역할을 했다. 여기서 주인 방이란, 동시에 거실로도, 부엌으로도, 침실로도, 심지어 작업실로도 쓰는 다목적 방을 말한다. 방의 기능이 세분되지 않았던 시절에는 하나의 방에서 모든 일을 다 했기 때문이다. 이 집의 여주인은 이 방에서 옷이나, 모포 또는 장식용 벽걸이 융단을 만드는데 필요한 천을 짰다. 난로는 방 한가운데에서 위용을 자랑했다. 이처럼 방 하나에서 온 가족이 조리하고 먹고 자고 생활하는 일은 오늘날에도 동남아시아나나 아프리카의 최빈국 最貧國 빈민가 貧民街 에서는 흔히 볼 수 있는 현상이다.

스칸디나비아 사람들은 살림집 이외에 식량 창고를 별도로 가지고 있었다. 식량 창고는 살림집에서 아주 가까운 곳에 있으며 살림집 보다 더욱 정교하게 지어졌다. 식량 창고는 대개 2층 목조 건축물로 되어있으며, 1층은 농기구, 식량, 작업복 등을 보관하는 창고로 쓰였다. 2층에는 집 주인의 딸들과 여성 고용인들의 방들이 있다. 이들은 2층에서 값비싼 식기, 의복 등을 정리 정돈하거나, 손수건, 앞치마, 홑이불 등에 정교하게 수를 놓는 일을 했다. 수를 놓은 리넨 linen 제품은 집주변 상점에 내다 팔았다.

다. **바이킹 주택**

바이킹 Viking 은 서기후 700년에서 1100년 사이에 유럽의 해안을 휩쓸고 다니면서 약탈과 강탈을 일삼던 해적이었다. 바이킹들의 주택 형태는 그들의 전설 傳說 과 그들이 남긴 주거 유적지에서 확인할 수 있다. 바이킹의 전설에는 그들의 항해, 미지의 세계 개척이야기가 있다. 약탈과 살인으로 두려움의 대상으로만 알려졌던 바이킹들은 실제로는 정교한 금속 기술을 가진 장인 匠人 들이었다. 특히 그들은 철제 방패와 양날이선 칼은 물론이고 호화로운 금은세공품을 만들어내는 뛰어난 숙련 기술자들이었다. 바이킹의 신천지 개척 및 주택 건축 이야기는 다음과 같다.

가) **신천지 개척**

스칸디나비아에서 내려온 것으로 추정되는, 뛰어난 항해사 航海士 인 이들의 흔적은, 아이슬 랜드와 그린 랜드는 물론이고 멀리 바다건너 아메리카 대륙 북쪽, 뉴펀들랜드 섬에서도 발견된다. 이런 사실로 미루어 보아 이들은 콜럼버스, 즉 크리스또발 꼴론 Cristóbal Colón 보다 적어도 4세기 전인, 11세기경에 아메리카 대륙에 도착했던 것으로 추정된다. 뉴펀들랜드 섬의 한 주거단지 유적에서는 주택, 대장간, 숯 굽는 집의 흔적이 발굴되었다. 철제 못, 구리조각, 돌 저울 등도 발굴되었는데, 이들은 모두 서기후 1000년경 바이킹들이 사용하던 것이었다. 따라서 이곳 주거 단지는 현지의 에스키모나 원주민의 것이 아님은 물론이고 고래 사냥꾼들의 계절 기지조차도 아님이 입증된 것이다.

나) 주택 건축

뉴펀들랜드 섬의 주거단지 유적에서는, 타원형 평면의, 길이가 약 20m 인 목재 주택을 비롯하여 여러 채의 건축물 흔적이 발굴되었다. 이 주택의 형상은 마치 그들이 타고 다니던 배의 모습과 비슷했다. 주택의 모든 골조는 현장에서 베어낸 커다란 통나무를 제재 製材 하여 세웠다. 통나무와 제재목을 조립, 견고한 주택을 짓기 위하여 그들은 철제 꺾쇠, 쐐기, 못 등을 비롯하여 구리 못도 사용하였다.

집을 지을 때는 우선 지을 집의 둘레에 커다란 통나무 말뚝을 땅속 깊숙이 나란히 박아 경계 표시를 했다. 그 다음에 먼저 박은 통나무 말뚝의 안쪽으로 일정한 간격을 두고 나란하게 작은 목재 말뚝을 박아 집 둘레에 통로를 만들었다. 나란히 박은 두 말뚝 사이에 생기는 통로 위에는 보첨 補檐, 즉 외벽에 덧붙여 매단 처마를 만들었다. 작은 목재 말뚝에는 널빤지를 붙여 외벽을 만들고 그 위에 지붕을 얹었다. 외벽 상단에는 작은 창문을 만들고 덧문을 만들어 덮었다. 지붕은, 목재 큰 보와 작은 보로 구성되는 목골조 木骨組 위에 나무 판재를 덮어 완성했다. 주택의 내부에는, 칸막이벽을 설치하여 여러 개의 방, 즉 식당, 부엌, 거실, 침실 및 마구간 馬廐間 등을 만들었다.

(3) 중남미 대륙의 주택

아메리카 대륙의 중부 및 남부에는, 16세기 스페인 식민 통치 시절에 세상에 알려진 마야, 아스떼까, 잉까 문명의 주거 유적이 있다. 발굴된 주거 유적은 대부분 파괴되었지만 현재 발굴 중이거나 아직 발굴되지 않은 유적은 무궁무진한 것으로 추정된다. 중남미 대륙의 대표적인 건축기술은 석재 축조 기술이다. 현존하는 유명한 주거 유적은 현재 페루, 꾸스꼬 근교, 안데스 산속 우루밤바 Urubamba 계곡 끝에 숨겨져 있었던 잉까의 계획 도시 마추 삑추 유적 Machu Picchu 이다.

5) 근세 近世 주택

근세는 중세의 엄격한 교리에서 벗어나 인본주의 人本主義 로 나아가려는 시도가 시작되는 14세기말부터, 산업혁명이 일어난 18세기 중엽까지의 시기이다. 근세 주택의 형태는 산업혁명 전까지 수백 년 동안 변화 없이 유지되었다.

(1) 르네상스 운동과 주거 형태

르네상스 Renaissance 는 부흥, 재현 등 다시 태어난다는 뜻을 가진 프랑스 말이다. 르네상스 운동, 즉 문예부흥 운동은 예술과 학문상의 사회 혁신운동이다.

가. 문예부흥 운동의 발발 원인

중세의 억압적이고 암울한 신 神 의 구속, 즉 종교적 교리의 구속으로부터 탈출, 사람이 모든 것의 중심이 되는 세상을 만들어야 한다는 생각의 싹이 14세기 말부터 움트기 시작했다. 즉 인간 중심의 세계관을 지향하는 인본주의 人本主義, 즉 휴머니즘 humanism 이 보편화되고 합리적 계몽사상이 대두되면서 사회의 구제도 舊制度 는 붕괴되었다.

나. 초기 주도 세력과 주된 내용

신이 지배하는 암울한 세상에서 벗어나 사람이 중심이 되는 세상을 만들려는 생각에서 촉발된 사회혁신 운동은 14세기 말 이탈리아 북부의 중심도시, 피렌체 Firenze 또는 Florence 를 중심으로 해서, 이탈리아의 여러 도시에서 상인, 공업인 및 시민 계층에 의해서 주도되었다. 문예부흥 운동의 주된 내용은 인간성의 존중, 개성의 해방 및 고전 문화의 부활이다. 이런 문예부흥 운동은 16세기부터는 유럽각국은 물론 멀리 대서양 건너 북미 대륙으로 전파되어 17세기 중반까지 지속되었다.

다. 건축에 미친 영향

문예부흥 운동으로 인하여 건축에서, 고딕 gothic 건축의 상징, 즉 뾰족 아치 pointed arch, 뾰족 탑, 섬세한 창문 양식 등이 사라지고, 단순한 장식과 반원 아치, 정간 천정 井間天井, 둥근 천정 등이 나타난다. 문예부흥 시대 주택의 평면에는, 좌우대칭이나 기하학적 비례 기법이 도입되었다. 그러나 이런 변화는 상류계층의 주택, 특히 주택 외형에서만 나타날 뿐 일반 서민들의 주택에서는 변화를 거의 찾아볼 수 없다. 주택 형태의 변화가 주택 외형에 치우치다보니 17세기에 들어서면서는 바로크 양식 Baroque 이 생겼으며, 이어 18세기에는 더욱더 화려한 양식, 즉 로코코 양식 Rococo 이 등장했다. 바로크 양식은 프랑스와 이탈리아에서, 로코코 양식은 프랑스에서 크게 유행한 그림, 건축, 조각, 문학, 음악, 장식미술 등의 한 양식이다. 프랑스 빠리 근교의 베르사유 Versailles 궁전은 대표적인 바로크 양식의 건축물이다.

(2) 근세 주택 형태의 변화

가. 유럽의 주택

가) 일반 농장주 주택

유럽의 부유한 농장주 農場主 의 일반적인 전통 농가 農家 는 15세기에서 19세기에 존재했다. 전체 유럽을 통해서 볼 때 서로 멀리 떨어져 있는 여러 지역의 농장 주택은, 해당지역에 사는 건축가가 설계했음에도 불구하고 주택의 특성은 모두가 같았다. 농장의 주요 주택인 농장주의 주택은 대부분 맨땅 또는 아주 드문 경우이기는하지만 잘 다져진 땅위에 지었다. 농장주의 주택은, 농장에서 일하는 농부들의 여러 주택들에 의해서 둘러싸여 있는 것이 일반적인 형상이었다. 농장 주택의 외관은 대체로 아름다웠으며 그 평면은 정확한 직사각형이었다.

지붕의 재료는 주로 기와 또는 천연 슬레이트였으나, 지붕의 크기와 형태는 기후 제약에 따라서 현저하게 달라졌다. 벽체는 일정한 크기로 다듬은 돌, 천연석 또는 벽돌로 축조했다. 천연석, 즉 건축용 석재는 불규칙한 천연석이지만 경량이고 가공이 용이한 돌이다. 창문의 수와 크기의 선택은 해당 지역의 일조량과 집중 호우의 강도에 따라서 결정된다. 농장주 농가의, 창문 석재 상인방 上引枋 에는 꽃무늬 조각 彫刻 장식이 있고, 대문의 상인방 중앙에는 대체로 조각 석판이 있다. 조각 석판에는 농장주의 관념학적 또는 종교적 신념을 나타내는 조각이 있다. 농가의 외형과 크기는 지난날에 비해 많이 발전되었지만 난로는 오랜 세월동안 유일한 난방도구였다.

나) 안드레아 팔라디오 빌라

안드레아 팔라디오 Andrea Palladio, 1508~1580 는, 16세기말 이탈리아 베네치아 Venezia 의 르네상스 말기에, 개인 토지에 토지 소유주의 농사일에 적합한 저택, 즉 안드레아 팔라디오 빌라 Villa 를 설계했다. 라틴어 빌라는 농촌 주택을 의미한다. 이 빌라는 주택과 자연환경, 즉 농사일과의 관계를 숙고하여 십자형 평면으로 설계했다. 3층으로 된 전형적인 농촌 주택인 이 빌라는 농장주의 주거 및 농사에 대한 새로운 욕구를 충족할 수 있는 저택이었다.

이 저택의 1층은 고용된 농부들의 숙소, 농기구 및 농산물 창고 등으로 쓰였다. 그러나 1층의 숙소나 창고는 외부에는 잘 들어나지 않았다. 그들은 2층의 중앙홀로 올라가는 동서남북 4개 방향에 있는, 서로 대칭을 이루는 대형 계단과 열주 列柱 현관의 밑에 있기 때문이다(그림 1-024). 이런 주택 형태는 고대 로마

그림 1-024: 안드레아 팔라디오 빌라 16세기말 농촌저택, 이탈리아

출처: *La maison*

및 그리스의 고전 건축 양식, 즉 열주 현관에서 영감을 얻은 것이었다. 모임지붕 위에는 둥근 천장과 채광용 천창을 설치했다. 이 빌라는 18세기에 확고하게 자리했던 건축양식, 즉 신고전주의 양식의 전형이다.

다) 프랑스 성채 주택

프랑스의 소규모 성채 城砦 주택, 즉 쁘띠 샤또 petit château 는 원래는 중세 프랑스 농촌 귀족들의 저택이었다. 쁘띠 샤또, 즉 소성 小城 은 일반적으로 정원, 경작지, 숲 등으로 둘러싸여 있었다. 숲은 성주 城主 들의 기분전환을 위한 사냥터였다. 기하학적 형태의 정원은 화단 가장자리에 심은, 전정 剪定 된 회양목으로 장식되었다. 그러나 현존하는 수많은 프랑스 왕궁 및 소성 小城 은 17세기에 복원 되었거나 신축된 것이다. 소성은 대부분 바로크 스타일이며, 귀족 및 일부 부유한 개인들의 별장이나 저택으로 쓰였다. 17세기 이후에는, 건축물의 수직선과 장식은 매우 간소화 되었는데, 이런 경향은 시대적 요구에 부응하는 것이었다. 소성에 설치된 대형 유리 창문은 르네상스 시대 귀족의 저택 유리 창문과 같은 것이었다. 소성의 기둥과 지붕 정면의 박공은 그리스와 로마의 고전 건축물의 그것과 유사하다. 경사가 급한 점판암 slate 지붕과 높은 굴뚝은 중세시대의 그것을 보는듯한 느낌을 갖게 한다. 4개면으로 되어있는 지붕에는 채광창을 설치했다. 이런 형태의 지붕이나 다락방을 망사르 mansard 라고 한다. 망사르는 프랑스 건축가 망사르 Mansart 의 이름에서 유래했다. 지붕 밑 다락방은 하인들의 거처였다. 프랑스의 한복판에 위치한 일-드-프랑스 Ile-de-France 와 루와르 계곡 Vallée de la Loire 에 현존하는, 14세기~17세기의 프랑스 주요 소성 小城 저택은 다음과 같다.

① 당피에르 소성

당피에르는 1675년에서 1683년까지 쥘 아르뒤엥-망사르

Jules Hardouin-Mansart 가 복원 공사를 한 소성 小城 이다. 당피에르는 베르흐사유 Versailles 와 랑부이에 성 다음가는 유명한 성이다. 이 성의 외관은 빨간 벽돌과 청록색 돌이 조화를 이룬다. 이 성의 외관은 매우 단조롭지만 내부는 매우 호화롭다. 특히 왕실과의 만찬이 열리는 축제홀의 내벽은 프레스코 화법으로 장식되었다. 이 성은 빠리 근교 78번 도 道, 이브린 Yvelines 의 당피에르-앙-이브린 Dampierre-en-Yvelines 에 있다(사진 1-042).

사진 1-042: 당피에르 성 이브린, 일-드-프랑스, 프랑스

당피에르는 규모가 작은 작은 성이지만, 왕궁 베르사유와 랑부이에 성 다음가는 유명한 성이다. 이 성의 외관, 빨간 벽돌과 청록색 돌은 좋은 조화를 이룬다. 이 성의 외관은 매우 단조롭지만 내부는 매우 호화롭다. 특히 왕실과의 만찬이 열리는 축제 홀의 내벽은 프레스코 화법으로 장식되었다.

② **랑부이에 소성**

랑부이에는 14세기에 건축된 중세 시대의 소성이다. 랑부이에 성에 인접해 있는 랑부이에 숲은 한때 왕실의 사냥터였었다. 빨간 벽돌로 쌓아 올린 이 성의 외벽은 담쟁이덩굴로 뒤덮여 있다. 이 성의 내부에 있는 방들은 오크나무에 에나멜 칠을 하여 마감했다. 빠리 근교 78번 도 道, 이브린 Yvelines 의 랑부이에 Rambouillet 에 있는 이 성은 1987년부터 대통령의 공식 여름 별장으로 쓰이고 있다(사진 1-043).

사진 1-043: 랑부이에 소성 이브린, 일-드-프랑스, 프랑스

③ 보-르-비꽁트 소성

보-르-비꽁트 Vaux-le-Vicomte 는 루이 14세 시대의 막강한 실력자 중의 한사람인 니꼴라 푸제 Nicolas Fouget 의 소성, 즉 저택이다(사진 1-044). 푸제는 유명한 건축가, 실내 장식가 및 정원 조경사를 동원해서 17세기 프랑스 최고의 화려한 성을 짓고 최고 아름다운 정원을 꾸미는데 성공했다(사진 1-045). 이 소성 내부의 연회장은 프레스코화, 벽토세공에 금도금을 한 장식품으로 치장되었다. 그렇지만 왕궁 보다 크고 너무 화려한 성과 당대 최고의 섬세하고 아름다운 정원은, 결국 왕의 분노와 그의 대신들의 비난을 받았다(사진 1-046). 그 결과 푸제는 모든 재산을 몰수당하고 체포되면서 몰락했다. 보-르-비꽁트는 일-드-프랑스 지역, 77번 도 道, 센-에-마르흔 Seine-et-Marne 의 멩시 Maincy 에 있다.

사진 1-044: 보-르-비꽁트 소성 센-에-마르흔, 일-드-프랑스, 프랑스

사진 1-045: 보-르-비꽁트 전경 센-에-마르흔, 일-드-프랑스, 프랑스

사진 1-046: 보-르-비꽁트 정원 센-에-마르흔, 일-드-프랑스, 프랑스

④ **소뮈르 소성**

소뮈르는 앙주 Anjou 의 루이 1세 Louis Ier 가, 14세기에 건축을 시작했지만, 공사도중 그대로 버려진 후 100년이 지난 다음, 그의 손자인 르흐네 René 왕 이 다시 개조한 소성이다. 이 성은 49번 도 道, 멘-에-루아르 Maine-et-Loire 의 소뮈르 Saumur 에 있다(사진 1-047).

사진 1-047: 소뮈르 성 멘-에-루아르, 소뮈르, 프랑스

⑤ 아제-르-리도 소성

1518년에 건축된 아제-르-리도 소성은 전체적으로 뛰어난 고딕 양식에 르네상스 양식이 가미된 성이다(사진 1-048). 이 성은 프랑스 중서부 루와르 계곡에 있는 성 가운데, 가장 우아하고 아름다우며, 여성스러운 분위기가 나는 성이다. 아제-르-리도 소성은 37번 도 道, 엥드르-에-루와르 Indre-et-Loire 의 아제-르-리도 Azay-le-Rideau 에 있다.

사진 1-048: 아제-르-리도 성 아제-르-리도, 엥드르-에-루와르, 프랑스

⑥ 슈농소 소성

르네상스 양식의 슈농소는 16세기 르네상스 시대부터 조금씩 증축, 개축해온 소성이다(사진 1-049). 이성의 주인은 대대로 여성, 즉 왕족과 귀족의 부인들이이었기 때문에 이 성을 여인들의 성이라고 부른다. 이 성은 1512년에 르네상스 양식으로 처음 건축되기 시작해서, 성주 城主 가 바뀔 때 마다 조금씩 증축, 개축되었다. 1533년에는 왕궁이 되었다가, 1547년에는 왕의 정부 情婦 가 성주가 되었다. 1789년의 성주 뒤팽 부인은 프랑스 대혁명 때 파괴될 위기에 처한 이 성을 지켰으며, 1863년에는 플루즈 부인이 복구공사를 하여 성을 원래의 모습으로 복원했다. 1913년에는 개인 사업가가 이 성을 사들여 현재까지 소유하고 있다. 이 성은 37번 도 道, 엥드르-에-루와르 Indre-et-Loire 의 슈농소 Chenonceau 에 있다.

사진 1-049: 슈농소 소성 슈농소, 엥드르-에-루와르, 프랑스

라) **빠리**의 **석재** 및 **벽돌 주택**

(가) **석재 주택**과 **보즈 광장**

① **보즈 광장**

보즈 광장 Place des Vosges 은 빠리Paris 제3구와 제4구의 경계선 오른쪽 끝, 지점에 있다. 르 마르Marais Le Marais 지구에 있는 이 광장은, 빠리Paris에서 가장 아름다운 광장 square 이다. 1605년 앙리Henri 4세는, 당시 말 시장 horsr-market 이었던 이곳을 왕가의 별장 Place Royale 으로 만들 구상을 한 후, 1612년에 착공했다. 현재의 보즈 광장은 당시 왕가 별장의 중정 中庭 이었다. 당시 이 중정은 귀족들이 가장 선호하는 결투 장소이기도 했다. 1615년 이 중정에서 루이 13세가 결혼식을 올린 이후에는 이곳은 빠리Paris 상류 사교계의 가장 훌륭한 산책길이 되었다. 당시 이곳에서는 루이 13세의 결혼을 축하하는 마상 馬上 결투가 벌어지기도 했다. 그런 연유로 보즈 광장의 중앙에는 루이 13세의 대리석 기마상이 세워졌다(사진 1-050). 이 기마상은 프랑스 시민 대혁명 때 파괴되었다가 1818년에 복원되었다. 왕가의 별장 안마당이 현재의 "보즈 광장" 같은 평범한 명칭을 갖게 된 것은, 당시의 보즈 도 Department of Vosges 가 최초로 왕가의 별장과 관련된 모든 세금을 혁명정부 Revolutionary Government 에 납부하면서 부터이다. 당시 왕가의 별장이라고 불렸던 이곳은 오늘날에도 여전히 빠리Paris에서 가장 호화스러운 주거지역의 하나로 남아 있다. 완벽한 대칭 구조로 고전적인 조화를 이룬 현재의 보즈 광장은, 르 마르Marais 지구를 대표하는, 그림처럼 아름다운 4각형 정원 gardens of the square 이 되어, 어린이들의 평화로운 놀이터가 되었다. 이광장의 4변은 서로 연결되어 있는 4층 건축물로 꽉 채워졌다. 한 변에 9개씩 모두 36채의 저택들이 광장을 둘러싸고 있다(사진 1-051). 붉은 벽돌 red-brick 에 석고 장식을 한, 미묘함을 느끼게 하는 이들 저택들 pavillons 의 정면 façades

은 박공지붕, 창문, 4개의 아치형 출입구 arch-way 등으로 구성되었다(사진 1-052). 현재 이들 저택의 1층, 아케이드 arcade는 골동품 상점, 기념품 상점, 까페 café 등의 상업시설로 가득 채워져 있다.

사진 1-050: 루이 13세 기마상 보즈 광장, 빠리, 프랑스

사진 1-051: 보즈 광장과 저택 빠리 제3구와 4구, 프랑스

보즈 광장은 현재, 빠리에서 가장 아름다운 광장이다. 완벽한 대칭 구조로 고전적인 조화를 이룬 현재의 보즈 광장은, 르 마르헤 지구를 대표하는, 그림처럼 아름다운 4각형 정원이 되어, 어린이들의 평화로운 놀이터가 되었다. 이광장의 4변은 서로 연결되어 있는 4층 건축물로 꽉 채워졌다. 한 변에 9개씩 모두 36채의 저택들이 광장을 둘러싸고 있다. 아래 2장의 사진은 각각 4각형 모퉁이에 있는 건축물의 모습이다.

사진 1-052: 저택 입면 상세 보즈 광장 주변, 빠리, 프랑스

② 석재 주택

석재 주택을 지을 때는, 자른 돌 pierre de taille 또는 막돌 moellons 을 쌓아 지었다. 집을 지을 때는 접착 재료 또는 겉칠 재료로 석고 Plâtre 또는 석회 반죽 mortier de chaux 를 사용했다 (사진 1-053). 빠리히 제4구에 있는 보즈 광장 Place Des Vosges 주변이나, 프랑스 빠리히 센강의 다리, 뽕 뇌프 Pont Neuf 에서 보이는 도핀 광장 Place Dauphine 에는 17세기에 건축된 석재 주택들이 많이 남아있다(사진 1-054). 석재 또는 벽돌 벽의 일부분에 치장을 할 때도 역시 백색이나 유색의 석고 또는 석회 반죽을 사용했다. 사람들이 집을 지을 때 돌을 사용한 역사는 인류의 건축 역사만큼이나 오래되었다. 신석기 시대의 마을 주거 유적, 이집트, 마야 및 잉까의 피라미드 및 신전, 중세의 성곽 및 고딕 양식의 성당 건축물, 르네상스 시대의 프랑스 및 이탈리아의 호화스런 건축물 등의 건축에도 모두 돌, 즉 자연석이나 다듬은 돌을 사용하였다.

사진 1-053: 석재 주택 벽 쌓기 양식 도핀 광장 입구, 빠리, 프랑스

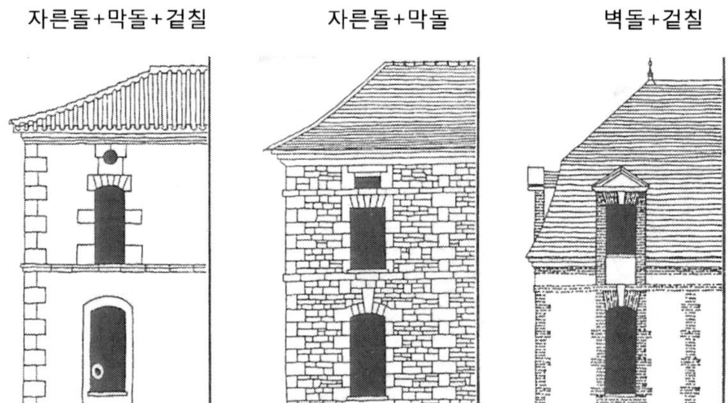

그림 1-054: 도핀 광장 입구 석재 주택 빠리, 프랑스

사진 상; 17세기 석재 주택 투시도, 사진 하; 1910년경의 석재 주택

(나) 벽돌 주택

중세에 프랑스 남동부와 독일 북부에서 건축된 대부분의 종교 건축물에는 구운 벽돌이 사용되었다. 벽돌을 쌓아 집을 지을 때는 석재 공사 때와 마찬가지로 석고 또는 석회 모르타르를 접착재료로 사용했다. 벽돌 벽의 일부분을 치장할 때 역시 백색 또는 유색의 석고 또는 석회 반죽을 사용했다. 사람들은 아주 오래전부터, 채취와 운반이 어려운 자연석을 대체할, 돌처럼 단단한 건축재료, 즉 벽돌을 만들기 시작했다. 인류 역사상 최초로 햇볕에 말린 벽돌을 만든 사람들은, 서기전 3000년경에 메소포타미아 지역에 있었던 수메르인 Sumérien 이었다. 이어서 바빌로니아의 칼데아인 Caldéen 과 아시리아인 Assyrien 들도 벽돌을 개량, 발전, 즉 불에 구운 벽돌과 유약을 바른 벽돌을 만들었다. 아시리아인의 후손들은 서기전 550년경에 청, 록, 분홍색의 에나멜 벽돌 enameled brick, 즉 유약을 바른 벽돌을 사용한 유적을 남겼다. 그러나 유약을 바른 벽돌이 처음 등장한 시기는 서기전 1000년경으로 추정된다.

마) 네덜란드 박공지붕 주택

네덜란드의 운하 변 주택은 처음에는 모두 목재 주택이었다. 그러나 화재가 발생하면 한 지역 전체가 모두 불타버리는 일이 잦아지자 건축 재료를 벽돌로 대체했다.

(가) 암스테르담 운하 변 주택

암스테르담은 운하로 둘러싸인 섬의 중심부에 있다. 운하의 가장자리에는 나무를 심고, 주택을 지었다. 주택은 갯벌에 말뚝을 박고 건축한 목조주택이었다. 16세기 암스테르담의 운하 변 주택은, 모두가 주택 정면이 운하, 즉 수로 水路 나 도로를 향하고 있다. 주택 정면의 지붕은 계단 모양의 박공 면, 즉 계단식 삼각 면으로 되어 있다. 주택의 지붕은 경사가 매우 급하고 지붕 밑 다락방은 매우 넓다. 이런 지붕 형태는 전형적인 게르만계 주택의 특징이며, 암스테르담뿐만 아니라 독일의 뤼벡 Lübeck, 폴란드의 그단스크 Gdańsk 등 북유럽 대부분의 도시에서도 볼 수 있다.

(나) 주택 정면과 세금

암스테르담에서 운하를 향하고 있는 주택 정면의 폭은 매우 좁은데, 이는 좋은 조망의 독점을 막기 위하여 주택의 세금을 운하에 면한 주택의 입면 면적의 크기에 따라 부과하였기 때문이다. 당시 암스테르ㅎ담의 부유한 상인들은 교외의 저택에서 살지 않고, 운하를 내려다 볼 수 있는 비좁은 주택에서 살았다. 운하 변의 주택이 주택 주인의 부를 과시할 수 있었기 때문이다. 부유한 사람들은 가끔은 건축물 외벽에 그림을 그리기도 했는데, 이런 것들은 언제나 정교한 기하학적 동기에 가치를 둔 것이었다. 다시 말해서 작은 아치와 개구부는 모두 대칭이었다.

바) 그리스 거상 巨商 의 주택

그리스 북부에 있었던 부유한 그리스 모피상인 毛皮商人 들의 바로크 양식의 주택은, 비잔틴 제국 Empire byzantin 의 수도, 비장스 꽁스땅티노플 Byzance Constantinople 의 유산과 비잔틴 예술 art byzantin 의 영향을 받았다. 17세기에서 18세기에 이르는 동안 요새화된 거상들의 주택은 안전과 편안함의 동명사였다. 이 주택의 몸통이라 부르는 기초와 1층은, 마치 커다란 돌을 쌓아 만든 성벽 城壁 과 같았다. 다시 말해서 이 주택의 몸통은 중요한 방어벽이었다. 이들 주택의 지붕은 완만한 경사의 기와지붕이었다. 주택의 몸통 위에는 경량의 목구조로 1개 층 또는 2~3개 층을 내밀어 지어 주거면적을 넓혔다. 내밀어진 부분은 목재를 둥글게 깎아 만든 지지대로 장식 되었다. 주택 몸통 돌 벽의 두께는 대체로 1m 나 되는데, 이것은 1층에 있는 우물과 식량, 포도주 그리고 탄약 등의 군수물자 軍需物資 를 보관 하는데 쓰이는 방들을 외부의 침입으로부터 보호하기 위한 것이었다.

겨울철에 사용하는 방들은 중이층중 中二層 에 있는데, 이방들에는 호화스런 벽난로가 설치되어 있고, 쇠창살이 있는 작은 창을 통해서는 햇볕이 잘 들어오도록 했다. 중이층에 있는 겨울철 주거공간은 추위뿐만 아니라 적들의 침입으로부터 가족을 보호해 주도록 건축되었다. 여름철 주거공간과 손님 접견실은 중이층 상부에 있다. 이 주거공간과 접견실의 정면은, 최대한의 채광과 조망을 위하여 거의 대부분이 유리창으로 장식되었다. 접견실은 목공예로 장식되었으며, 벽 상단에는 벽화를 걸었다. 접견실에는 긴 안락의자도 비치되었다. 접견실은 집주인이 개최하는 호화스런 축제의 본부로 쓰였다. 그러나 부인들의 축제 참여는 허용되지 않았다. 부인들은 그저 문구멍을 통해서 축제의 환희를 구경하는 것으로 만족해야했다.

사) **베네치아**의 **수상** 水上 **주택**

이탈리아 Italia 의 북동부 끝자락에 위치한 베네치아 Venezia 는 아드리아 해 海 에 접해있는 항구도시이자 운하의 도시이다. 베네치아는 서기후 5세기경부터 일단의 도시 주변들이 야만인들의 침략에 쫓겨, 해변에 피난처를 건설하면서 생겨난 도시이다. 주변인들은 간석지 함수호의 섬 위에 피난처를 건설했다. 함수호 섬의 대부분은 바닷물에 의하여 휩쓸려온 쓰레기 더미가 개펄 위에 쌓여 형성된 연약하고 불안정한 지층으로 되어 있었다. 따라서 쓰레기 더미에 불과한 함수호 섬의 지반은 건축물을 짓기에는 부적합했다. 그러나 이 섬의 개척자들은 연약 점성토 지반에 수백만 개의 나무 말뚝을 일렬로 촘촘히 박고 그 사이에 널빤지를 깔아 뗏목처럼 엮은 다음, 그 위에 자갈, 돌덩이 등을 깔고 다졌다. 다져진 자갈, 돌덩이 위에 흙으로 성토하여 인공섬을 완성했다. 개척자들은 인공 섬의 개량된 지반 위에 베네치아 고딕양식에서 바로크양식에 이르기까지 매우 다양한 양식의 수많은 건축물들을 건축했다. 건축물과 건축물을 연결하는 운하 역시 헤아릴 수 없을 만큼 많다. 운하를 오가는 운송 수단인 곤돌라 gondola 는 주택의 현관까지 도착한다(사진 1-055). 주택기초는 나무말뚝이며, 주택에는 대형 유리창이 있고, 굴뚝은 모자 모양이다(그림 1-025). 모자 모양의 굴뚝은 수시로 변하는 바람의 방향에 따라서 회전하여 연기 배출을 용이하게 한다.

사진 1-055: 베네치아 주택과 곤돌라 이탈리아

그림 1-025: 베네치아 주택의 굴뚝 이탈리아

출처: *La maison*

아) **에게 해 섬마을 주택**

그리스와 터키 사이에 있는 에게 해 海 에는 수천 개의 크고 작은 섬이 있는데, 이들 섬의 무리를 시클라드 Cyclades 제도 諸島 라고 한다. 여름철 몇 달 동안 북쪽에서 불어오는 바람이, 뜨거운 햇볕을 완화시켜 시클라드 제도를 시원하게 만들고, 섬에 점점이 늘어선 수많은 풍차의 날개를 돌린다. 마을의 주택 주변에는, 교회와 그들의 종탑 鐘塔, 편암이나 돌로 포장된 비좁은 골목길, 오렌지나무를 심어 놓은 작은 광장 그리고 박하식물, 자스민, 인동덩굴 등이 지천 至賤 으로 널려 있다. 시클라도 제도의 수많은 백색 白色 주택들은, 여름철 강렬한 햇볕이 내려 쪼이는 곳, 즉 깎아지른 절벽 위의 언덕 옆구리에 서로 다닥다닥 걸려있다(사진 1-056). 주택의 형태는 육면체 이고 지붕은 테라스, 즉 평지붕이다. 지나치게 뜨거운 여름철 햇볕의 열기를 방사 放射 하기 위하여 주택 외피, 즉 외벽과 지붕에는 석회석을 섞은 백색 페인트를 칠한다. 반면에 겨울철에는 햇볕의 열기를 최대한 흡수하기 위하여 주택 외피에 다시 회색 페인트를 칠한다. 주택의 창은 폭이 좁은 장방형이고, 주택의 내부는 언제나 백색 페인트로 장식되어있다. 이 섬에는 샘이나 우물이 거의 없어 민물이 부족하기 때문에 주택의 평지붕을 개조하여 빗물을 받아 넓은 수조 水槽 에 보관 할 수 있도록 했다.

자) **이슬람 문명권 주택**

이슬람 문명 Civilisation musulmane 은 7세기 사우디아라비아의 메카 Mecque 에서 싹텄다. 이슬람 세력은 시리아에서 북아프리카의 마그레브 Maghreb, 즉 모로코, 튀니지, 알제리까지 그리고 이어서 스페인 남부 그라나다 Grenade, 터키, 이락, 이란, 인도 까지 뻗어 나가면서 문명을 전파했다. 이슬람 문명권 주택의 특징은 중정 中庭 이지만, 사실 이 중정은 고대 그리스, 로마 시대의 주택에도 있었다. 다만 그리스, 로마 시대의 중정이 개방적이었던데 비하여 이슬람의 그것은 폐쇄적이다. 이슬람식 주택 건축

사진 1-056: 푸른 돔 지붕의 백색 주택 시클라드, 에게해, 그리스

산토리니 Santorini 섬을 상징하는 이미지는 푸른 돔 지붕에, 어렴풋이 빛나는 백색의 벽을 가진 건축물이다. 이들 건축물들은, 화산 활동으로 생긴, 칼데라 caldera 의 절벽에 걸쳐 있는 듯한 느낌을 자아내게 한다.

에서 제일 중요하고 근본 적인 일은 중정에 수조를 만들거나 우물을 파는 일이다. 중정 한 가운데 낮은 곳에는, 지붕으로부터 흘러내리는 빗물을 받아 모아 두는 커다란 수조 水槽 가 있다. 수조에 모인 물은 세탁할 때 사용된다. 세탁물은 역시 중정에서 건조시킨다. 중정의 바닥은 땅을 다져 단단하게 만들거나 타일을 깔아 만들었다.

소위 "스키파 skifa" 라고 불리는 중정의 주된 용도는 주택 내부에 시원한 바람을 일으키는 것이다. 중정의 수조에 있는 빗물이 증발하거나 분수에서 물을 뿜어낼 때 발생하는 기화열은 주위를 선선하게 만들기 때문이다. 주택의 모든 방들은 중정을 향하도록 배치되었다. 특히 방문 房門 이 없는 "비 Bit" 라고 불리는 이 호화로운 방의 내부는 중정에 직접 노출되어 있다. 이 방에는 연회용의 긴 쿠션 의자가 있으며, 호화롭게 장식된 이 방은 주로 손님 접견용이나 가족 모임용으로 쓰인다. 외부로 노출된 주택의 정면 외벽에는 최소한의 개구부만 있다. 벽면에는 돌출된 격자창이 있는데, 이 또한 이슬람 건축의 특징이다. 격자창은 목재를 격자형으로 조각 彫刻 하여 만든, 차폐용 장식 창이다. 이 격자창은 강한 빛을 걸러주고 불쾌한 외부의 시선을 차단해준다. 이슬람 주택에서 집주인의 부와 사회적 지위를 보여줄 수 있는 것은 호사스러운 장식과 거드름이 넘치는 출입문뿐이다.

나. 북미 대륙의 통나무 주택

17세기의 북아메리카 대륙의 동북부, 즉 현재의 미국과 캐나다에는 유럽에서 벌떼처럼 몰려온 수많은 이주자 移住者 들, 즉 독일인, 폴란드인, 영국인, 프랑스인, 네덜란드인, 아일랜드인 등으로 북적였다. 그들은 현지의 나무꾼이나 모피 상인과 같은 토착민 土着民 마을 가까이에 자리를 잡고, 그들로부터 살아가는 방법을 배웠다. 초기 이주자들은 유목민들처럼 계절에 따라서 주거를 옮겨 다니면서 생활했다. 그들은 겨울 내내 내륙 內陸 이곳저곳을 두루 돌아다니면서 여기저기에 통나무 오두막을 짓고 마을을 형성했다. 내륙에서는, 통나무는 언제라도 손쉽게 사용할 수 있는 유일한 재료였다.

17세기 초에, 이주자들이 처음지은 원시적이고 단순한 수준의 통나무 주택은 1층 귀틀집이었다. 이런 귀틀집들이 이곳저곳에 급속히 증가하면서 소규모 가족 기업 농장이 생겨났다. 같은 시기에 나무꾼들은 마을을 건설하고, 이어서 강가에 도시를 건설했다. 강은 뛰어난 통나무 운송수단이었기 때문이다. 그들은 봄마다 거대한 통나무 뗏목을 만들어 강물에 띄워, 통나무를 손쉽게 바닷가까지 운반했다. 17세기 말에는 2층 목조 주택이 등장했다. 초기 2층 목조 주택의 경우는 2층 바닥이 1층 외벽에서 돌출된 형식이었다. 2층 집의 크기나 방의 배치는 이주자들이 지켜온 전통, 즉 실용주의적인 특성을 온전하게 반영한 것이었다. 그러나 농장주들은 규모가 큰 2층 주택을 지으면서, 나란히 세워 노출시킨 기다란 목재 기둥이 넓은 지붕을 떠받치게 하였다. 이런 건축방식은 마치 자신들의 집을 고대의 신전처럼 보이게 하기 위한 것이 아닌가하는 생각이 들게 한다. 기후 조건, 즉 통풍이 필요한 지역에서는 기후에 적응할 수 있도록 주택의 널빤지에 수많은 구멍을 뚫어 바람이 잘 통하도록 했다.

6) 근대 近代 주택

근대 주택의 출현은 18세기 중엽 영국에서 일어난 산업혁명 이후이다. 암흑기의 중세 Moyen-âge 와 르네상스 Renaissance 시대를 거쳐, 1760년대 영국에서 일어난 산업혁명은 유럽 각국에 파급되어 산업사회에 일대 변혁을 일으켰다. 그러나 프랑스는 사실 史實 에 입각해서 산업혁명의 원조 元祖 는 자신들이라고 주장한다. 실제로 프랑스는 영국보다 26년이나 앞선 1745년에 자동 직조기를 발명하고, 비단공장의 생산 공정을 자동화했다. 그러나 자동 직조기는, 자신들의 일자리를 잃을 것을 두려워한 기존의 수공업자 조합원들에 의해서, 금세 공장에서 철거되어 불태워졌다. 혁신적인 발명품이 국내외에 전파되기도 전에 자취를 감춘 것이다. 자동 직조기 발명가 자크 드 보깡송은 죽을 때까지 살해 협박에 시달리면서 아무 것도 하지 못했다. 이것이 어떤 전문가도 프랑스의 산업혁명 기원론 起源論 을 인정하지 않는 이유이다. 프랑스가 산업혁명에서 영국에 뒤처진 것은 자업자득이다. 반면 영국의 에드먼드 카트라이트가 수력 방적기를 내놓고 상업화에 성공한 시기는 1771년이다. 산업현장에 기계가 도입되어 일어난 산업혁명은 19세기 내내 지속되었으며, 그 결과 19세기는 경제 및 사회의 대혁신의 무대가 되었다.

(1) 산업혁명의 영향

가. 인문, 사회적 환경의 급변

영국에서 시작, 유럽의 거의 전 지역에 파급된 산업혁명 이후에는 어느 특정 지역을 대표하는 형태를 갖는 주택은 점차 사라지면서 매우 다양하고 복잡하게 발전했다. 기계의 등장으로 촉발된 산업혁명은, 이전의 소량생산 가내 家內 수공업체계의 산업을 대량생산의 공장체계산업으로 발전시키면서 인간사회에 일대 변혁을 일으켰다. 과학 기술이 발달하자 인간이 자연을 통제하려는 과욕이 생겨 환경파괴라는 재앙을 초래했다.

나. 인구의 도시 집중

산업이 공업화됨으로서 사람들이 도시로 집중, 도심에는 고층주택의 대량 수요가 발생, 대도시는 고밀도화 되었다. 사회에는 자본가가 생겨나고 시민계급, 즉 도시빈민이 나타났다. 대도시에는 슬럼 slum 이 생기고 전염병이 만연하였다. 이어서 도시빈민의 소요발생하고, 주택문제는 마침내 정치, 사회적 문제가 되었다. 도시빈민은 교외로 밀려나면서 도시 규모는 확장되었다.

다. 주택 형태 및 생산

가) 산업혁명 이전

(가) 고유 형태의 주택 존재

산업혁명 이전의 특정 지역에는 그 지역을 대표하는 고유의 특정 형태 주택이 존재했다. 산업혁명 이전 사회는 교통, 통신의 불편으로 지역 간의 교류가 활발하지 못했고 건축 기술이나 재료도 한정적이었기 때문이다. 따라서 특정 지역에 사는 같은 계층의 사람들은 같은 재료와 기술로 단순한 형태의 서로 비슷비슷한 주택을 짓고 살았다. 로마제국의 영향권에 있었던 이탈리아, 프랑스 남부 및 스페인 등지에 라틴계 주택이 존재했던 것이 좋은 사례이다.

(나) **자급자족 형식**의 **주택 생산**

산업혁명 이전 사회의 주택은 지역 주민들에 의해서 자급자족 형태로 생산되었다. 토속 건축 재료를 사용하고 전통적 건축기술을 답습했기 때문에 가능한 일이었다. 다시 말해서 건축가라는 전문가도 없었고 전문가의 필요성도 없었다. 지역 주민들은 새로 집을 지을 경우 주택의 평면구성과 형태를 앞사람들이 했던 그대로 따라했다. 따라서 새로 지은 주택일지라도 그 형태와 평면구성이 기존의 주택과 크게 다르지 않았다. 이런 관습이 오랫동안 지속되었기 때문에 주택의 모습은 오랫동안 변하지 않았던 것이다.

나) **산업혁명 이후**

(가) **지역 간 주택 형태**의 **장벽 붕괴**

산업혁명 이후 교통, 통신, 공업의 발달로 인적 교류가 활발해 지면서 건축기술, 건축자재 등의 교환이 용이해져 지역 간 주택 형태의 장벽이 붕괴되었다. 주택의 거실과 침실은 규모가 커지고, 부엌은 독립 공간으로 발전했다. 욕실과 화장실의 주택 내 설치가 시작되었다. 따라서 사람들의 생활방식은 달라졌으며, 생활공간 역시 크게 발전하기 시작했다.

(나) **주택 생산 방법**의 **변화**

주택생산은 자급자족의 가내 수공업적 생산에서 공장 대량생산 방식으로 변했다. 즉 주택의 상품화가 시작된 것이다. 주택의 규모는 커지고 형태는 다양화 되었다. 또한 강도가 큰 건축자재가 생산되고 건축기술이 발달하면서 넓은 공간을 갖는 주택이 생산되었다. 따라서 주택 건축은 전문기술을 갖춘 건축가들의 전유물이 되었다. 건축가들은 열악했던 당시의 주거환경 개선에 강한 자신감을 갖게 되었다. 건축가들은 의욕을 가지고 새로운 사회욕구와 위생문제 등에 적극적으로 대처하여 사회의 변화에 부응하는 주택생산에 일조하였다. 그러나 급격한 변화를 가져온 주택의 형태는 사회관습의 역사적 연속성의 단절을 가져와 새로운 주택문화에 길들여질 과도기적 시간을 필요로 했다.

다) **주택 건축**에 **미친 영향**

19세기 중반 이후에는 공업 생산 기술의 발달로 철근, 형강 形鋼, 시멘트, 석재, 벽돌, 유리 등의 고강도 건축자재가 공장에서 대량으로 생산되었다. 또한 건축자재의 조립기술도 발달하여 단시간 내에 고층 주택의 대량생산이 이루어 졌다. 다시 말해서 주택생산의 공업화가 가능해 진 것이다.

(2) 노동자 공동주택

19세기 동안 산업의 지속적인 공업화로 농촌의 노동자들이 대도시 근교의 공장이나 탄광 주변으로 몰려들면서 새로운 주거지역이 우후죽순 雨後竹筍 격으로 생겨났다. 철도역은 도시생활의 중요한 거점 據點 이 되었다. 제품 원료가 도착하고 공장 생산품이 출발하는 중요한 원점인 철도역 주변은 언제나 사람들로 부쩍였다. 공장이 들어선 농촌이나 탄광촌은 급속히 도시화되었고, 기존의 도시는 상업이 번창하면서 급속히 팽창했다. 이처럼 사람들이 도시로 몰려들면서 포화상태가 된 대도시에는 슬럼 slum, 즉 빈민가 貧民街 가 생기고, 노동자들에게는 주택 위기가 닥쳤다. 이런 주택 위기는 마침내 사회 소요사태로 번졌다. 결국 도시 노동자들의 주택 문제는 사회문제로 비화되어, 짧은 기간 안에 대량의 주택을 건설해야할 필요성이 대두되었다. 즉, 주택 생산의 공업화가 필요했다. 런던, 빠리, 베를린, 빈 등의 대도시에서는 슬럼에 대한 비판이 시작되었다. 저렴한 건축자재를 사용하여 인간의 존엄성에 합당한 주택건설에 대한 논의가 시작되었다. 이런 주택 문제를 해결하기 위해서 등장한 것이 사회 공공 임대주택이다. 산업혁명의 중심지였던 런던, 빠리, 베를린의 당시 노동자 공동주택의 실상은 다음과 같다.

가. 런던

가) 검은 나라와 슬럼

(가) 검은 나라

19세기 동안에는 산업이 더욱 발전하여 도시에는 더욱 많은 공장 노동자들이 모여 들었다. 공장이 밀집되어 있는 대도시 주변에는 오늘날의 아파트와 같은 노동자 공동주택이 급속히 늘어났다. 노동자 공동주택이 밀집되어 있는 지역은, 길은 비좁고 햇볕은 거의 들지 않았다. 매연이 햇볕을 가리고 온갖 건축물들이 매연에 그을리고, 일조량 부족으로 식물이 자랄 수 없을 정도로 그 지역의 주거환경은 심각하게 오염되었다. 주택 굴뚝에서 나오는 난방 및 취사용 땔감의 연기에 인근 공장 굴뚝에서 나오는 연기가 더해져 하늘을 뒤덮어, 햇볕을 차단하고 주택의 벽과 지붕을 검게 물들였다. 도시 전체가 검게 물드는 소위 검은 나라 black country, pays noir 가 탄생한 것이다.

(나) 런던의 슬럼

런던의 노동자 밀집 지역에 슬럼 slum, 즉 빈민가 貧民街 가 생기고 주거 환경이 불량해지자 콜레라 cholera 가 만연했다. 주거 환경의 위생 상태는 엉망이었으며 변소는 공용이었는데, 그나마 숫자가 턱없이 부족했다. 사람들은 생활 쓰레기와 배설물을, 좁은 골목길 중앙에 있는 도랑에 쏟아 버렸다. 협소하고 하찮은 안뜰에는 햇볕이 들지 않아 채소도 심을 수 없을 정도였다. 따라서 슬럼의 비위생적이고도 불량한 주거 환경의 개량 문제가 사회 문제로 대두 擡頭 되었다. 당시 런던 슬럼의 비위생적인 주거 환경은 다음과 같다:

-단칸방에서 여러 가구의 노동자들이 함께 살았다.
-3m×4m 의 방 하나에서 부모, 4~5명의 자녀, 심지어는 할머니, 할아버지와 함께 살았다.
-가족 모두가 출타하는 주간에는 빈방을 야간 근로자에게 임대 하였다.
-공동 화장실은 언제나 만원이었다.
-오염된 웅덩이의 물을 생활용수로 사용하였다.
-비위생적인 비포장 도로, 오염된 물 및 오물 구덩이는 질병 발생의 원천이었다.

나) 사회 공공임대주택

19세기 중반 영국 대도시 주변, 공장 노동자 공동주택은 1~2인 가족용이었다. 그러나 인구과잉으로 보통은 침실 하나에 여러 식구가 함께 살았으며, 심지어 가족이 아닌 사람과도 같은 침실에서 생활했다. 그러므로 런던 공장 노동자들의 주택 문제는 심각한 사회 문제로 떠올랐다. 주택의 대량 생산 공급은 필연적 과제가 되었으며, 국가와 자선단체의 개입이 불가피 해졌다. 영국 최초의 사회 공공 임대주택은, 런던 서쪽으로 약 180km 떨어져 있는, 소도시 바스 Bath 에 건설된 소규모 공동주택이었다. 그 이후 런던에도 163세대를 수용할 수 있는 최초의 시영 공동임대주택이 건설되었지만 그 결과는 참담했다.

나. 빠리

가) 민영 공동주택 단지

프랑스 최초의 노동자 공동주택 단지 cité ouvrière 는, 1834년 프랑스 북부 탄광촌, 블랑지 Blanzy 에서 한 기업인이 자신의 회사 노동자들의 숙식을 위해서 건설했던 것이다. 1836년에는 프랑스 중동부, 독일 및 스위스 국경 부근의 도시 뮐후즈 Mulhouse 에 프랑스 최초의 노동자 독립주택 maisons ouvrières 이, 1859년에는 빠리 북부 기즈 Guise 에 공동주택단지가 건설되었다. 그 무렵엔 푸르ㅎ니에 Fournier 의 공동체 주택단지 설계안이 발표되기도 했다. 얼마 후에는 빠리ㅎ 제1구, 뽕 뇌프 부근, 센 강변과 제18구, 몽마르ㅎ트르ㅎ Montmartre 지구에도 노동자들을 위한 공동주택이 세워졌다(사진 1-057). 공동주택의 외벽은 석재로 쌓고, 지붕은 함석, 즉 아연도금 철판으로 만들어 덮었으며, 지붕에는 수많은 난방용 굴뚝이 돌출돼 있었다(사진 1-058).

(가) 기즈의 공동주택 단지

기즈의 공동주택 Familistère de Guise 단지는 1859년 프랑스 빠리 북부, 기즈에 건설되었다. 이 단지는 도심지 주택단지의 모델이었으며, 20세기 초 건축가들의 이상향이었던 "정원 庭園 - 도시" 의 시조가 되었다. 3개의 단지로 구성된 이단지에는 각각 4 층짜리 공동주택이 한 동씩 있었으며, 유치원, 학교, 극장, 공동목욕실, 사무실, 작업실, 놀이실, 식당 및 닭장도 있었다. 이 단지는, 그 지역의 공장주, 쟝-밥티즈 고뎅 Jean-Baptise Godin 이 자신의 대지를 노동자들에게 유상 증여해서 조성되었다.

(나) 공동체 주택단지 계획안

프랑스의 사회주의자 샤르흘 푸르ㅎ니에 Charles Fournier, 1772~1837 는, 사회적 신분이 다른 1620명이 함께 살 수 있는 공동체 주택단지 계획안을 내놓았으나 실현되지는 않았다. 이 주택단지는 성인들의 생활공간, 아이들의 공동생활 공간, 손님들을 위한 공동침실 등으로 구획되었다.

사진 1-057: 빠리 노동자 공동주택 몽마르트르 지구, 빠리 제18구

사진 1-058: 건축물 지붕의 돌출 굴뚝 빠리, 프랑스
사진 상; 제10구, 북역 주변, 사진 하; 제1구, 레알 지구 센 강변 뽕 뇌프 주변

(나) **공영 임대 공동주택**

붉은 벽돌로 지은, 저가 임대 공동주택 H.L.M.; Habitation à Loyer Modéré 이 처음 나타난 시기는 1920년대이다. 이 시기에 빠리시 주택국 Office d'habitation de la Ville de Paris 은 빠리 외곽 순환도로 Boulevard Périphérique 를 따라서 수많은 공영 임대 공동주택 단지를 건설했다. 그러나 이들 공동주택 단지들은 2차 세계대전 때 상당부분이 파괴되어 보수공사를 해야 했다. 보수 공사를 통해서 다시 태어난 이들 공동주택은 대규모 주택 단지로 변모되었으며 이어서 신도시로 발전했다. 대규모 주택 단지에는 주택뿐만 아니라 상업시설, 문화시설, 학교, 심지어는 종교시설도 있었다. 실제로 빠리 근교의 대규모 공영 임대 공동주택 단지인, 사르흐셀 Sarcelles 에 사는 주민은 3만 명이나 되었다. 그러나 이들 대규모 공동주택 단지는, 약간은 경멸적인 의미가 담긴 "잠자는 도시 cités-dortoirs" 라는 별칭을 얻었다. 이들 주택단지에 사는 사람들의 대부분은 낮에는 빠리 도심 都心 에 가서 일하고 밤에는 돌아와서 잠만 잤기 때문이다. 실제로 대부분의 대규모 공영 임대 공동주택 단지는 대도시 주변이나 심지어는 교외의 전원 지역을 훼손하면서까지 건설되었다.

다. 베를린

1871년 당시 독일제국의 수도였던 베를린에는 82만3000명이 살았으나 2차 세계대전 직전인 1939년에는 인구가 폭증하여 무려 430만 명이 되었다. 그러나 전쟁이 끝났을 때는 베를린 시민의 3분의 1이 노상 거주를 했다. 당시 베를린에 건축된 공동주택단지의 경우 단지 앞쪽부터 부유층이 거주했다.

(3) 부유층 주택

가. **빠리**의 **주상복합 주택**

19세기 빠리 상류계층의 사람들은 거주 및 임대용 주택을 건설했다. 입주자들의 사회적 신분은 몇 층에 거주하는지에 따라서 드러났다. 도로에 면한 1층은 대개 상점이고, 큰방이 있는 2층에는 부자들이 거주했고, 작은 방들이 있는 3~4층에는 일반 서민들이 살았다. 발코니 balcony 도 없는 맨 꼭대기 층, 즉 지붕 밑 다락방에는 가난한 노동자, 문인, 예술인, 노인, 하인들이 살았다. 공동주택 건축물에는 문겸 창이 있는 발코니와 베란다 veranda 가 있었다(사진 1-059). 생필품 공급을 위한 계단은 별도로 설치되었다. 그러나 20세기 초까지만 해도 집안에 물이 들어와 있는 경우는 드물었으며, 전기 및 개스 공급시설은 처음에는 1층에만 설치되었다. 건축물 전체 층에 물, 전기, 개스가 공급된 것은 19세 말경이다. 19세기 당시 빠리의 거주 및 임대용 주택에는 집주인의 신분을 나타내는 조각 기둥을 설치하도록 했다. 제1계층의 신분인 사람은 반드시 여인상 주 女人像柱, 즉 여인상 기둥을 설치해야했다. 여인상 주는 그 집에 살고 있는 저명인사의 전신 조각상 기둥이다(그림 1-026). 제2계층 신분인 사람의 경우에는 여인상주 대신에 흉상 胸像 만으로도 용인되었다. 제3계층의 신분과 그 이하의 신분인 사람들은 조각상 彫刻像 대신에 좀 더 저렴한 장식물로 대체했다.

사진 1-059: 문 겸용 창의 발코니 비쉬, 프랑스

그림 1-026: 여인상 기둥 19세기, 빠리, 프랑스

출처: le livre des maisons du monde

나. 미국 부유층의 주택

19세기 중반 북아메리카대륙, 특히 미국에서는 부유층 주택 건축에서도 개척자 정신이 확고하게 나타나고 있음을 알 수 있다. 넓은 땅위에 보통 2층으로 지어진 넓은 주택의 일층에는 거실, 부엌, 욕실 등이 있고, 2층에는 침실이 있다. 이중 경사의 지붕은 대게 매우 높았는데, 이것은 지붕 밑에 다락방을 두었기 때문이다. 지붕은 강도가 큰 널빤지로 만들어 덮었다. 목재 주택의 주요 골조는 작은 벽기둥이고, 외벽은 방수 처리한 널빤지로 덮고, 바닥에는 널빤지를 깔았다. 가끔은 주택 정면에, 대형 유리창이 있는 베란다 véranda 가 있는 주택도 있다. 다만 기초와 지하 창고는 목재가 아닌 벽돌로 쌓아 만들었다. 거실에는 주철제 鑄鐵製 난로, 굴뚝과 같은 난방시설이 있고 부엌에는 주철제 조리기구가 있다. 난방과 조리용 연료는 모두 목재였다. 그러나 모든 주택이 이처럼 넓고, 쾌적하고 안락한 것은 아니었다. 특히 인구가 밀집되어 있는 대규모 공업단지에 접해 있는 노동자들의 주택은 영국 런던의 슬럼가에 있는 노동자들의 집단 주택과 크게 다를 바가 없었다.

7) 현대 주택

현대 주택 형태의 변천, 발전은 19세기말부터 불기 시작한 다양한 건축 및 예술운동의 결과이기도 하다. 현대 주택의 핵심 요소는 초고층 주택, 자연 친화형 주택 및 정보화 주택이다. 20세기에 들어서면서 공업의 발달이 가속화되어, 철근, 철골, 콘크리트 등의 공업화 건축 자재의 사용이 보편화 되었다. 그러나 20세기 초반에는 1차 세계대전 1914~1918 이, 중반에는 2차 세계대전 1939~1945 이 일어나 많은 것이 폐허가 되어 복구 작업이 필요했다. 21세기에 들어서면서부터는 정보통신 기술이 비약적으로 발전하면서 주택의 정보화도 가속도가 붙었다. 인터넷과 인공지능의 발전으로 주택 형태에 일대 혁신이 일어났다.

(1) 1차 세계대전 1914~1918 이후의 주택

1차 세계대전 이후 전쟁으로 많은 주택이 파괴된 나라에서는 인간적 수준의 주택단지 조성운동이 일어났다. 값싼 재료를 사용하여 인간의 존엄성을 살릴 수 있는 주택 건설을 시도하였다. 주요 건축 자재였던 벽돌이 콘크리트 판재로 대체되면서 고층 공동주택 건설이 가능해졌다. 유럽의 여러 도시에는 도시 근교에 정원 庭園 도시도 다수 등장했다. 네덜란드의 로테르담과 독일의 슈트트가르트의 연립주택 단지 건설 사례는 다음과 같다.

가. 키프호에크 연립주택 단지

1925년에 건축된 네덜란드 로테르담의 키프호에크 Kiefhæk 연립주택 단지는 정부가 공사비를 지원한 최초의 사례로서, 자녀가 많은 가족을 위하여 조성되었다. 이 주택단지는 1990년에 재건축 되었다. 이 주택 단지의 주택 건축에서는 기존의 전통적 주택 형태, 즉 급경사 박공지붕과 붉은 벽돌 벽을 평지붕과 흰색을 칠한 콘크리트 판재로 대체하였다. 2층 집인 이 주택의 1층에는 거실, 부엌, 수세식 화장실 등을 배치하고, 2층에는 3개의 침실을 두었다. 이 주택단지의 설계는 건축가 J.J.P. Oud 1890~1963 가 맡았다.

나. 바이쎈호프 연립주택 단지

독일제국은 1925년~1927년에 자녀가 많은 노동자 가족을 위하여 정부 지원으로, 슈트트가르트에 바이쎈호프 Weißenhof 연립주택을 건설하였다. 이 주택단지는 한 가족을 위한 다양한 형태의 다세대 주택과 단독주택으로 구성되었다. 각 세대별로 욕실, 수세식 화장실 등이 설치된 이 주택단지는 현대적 연립주택 단지 중의 하나로 손꼽혀 왔다. 그러나 이 주택단지는, 저렴한 건축 재료, 평지붕, 단순한 형태의 창문 등 싸구려 이미지 때문에 “떠돌이들의 마을” 이라는 별칭을 얻고 실패한 주택단지로 전락했다. 이 주택단지 건설에는 건축가 루드비히 미스 반 데어

로에 Ludwig Mises Van Der Rohe 의 감독 아래 많은 건축가들이 동참했다. 이 연립주택 단지는 1981년~1987년에 원래의 모습대로 복원 공사를 했다. 다만 부엌과 욕실은 현대적으로 개조했다.

(2) **2차 세계대전** 1939~1945 **이후**의 **주택**

독일은 20세기 중반에 발발한 2차 세계대전을 일으킨 나라이자 전쟁의 최대 피해국이었다. 독일을 비롯한 유럽 전역의 전쟁 피해 국가들은 단기간 내에 대량의 저렴한 주택 공급이 절실했다. 따라서 유럽 전역에 장식을 배제한 단조로운 조립식 주택 건설이 유행했다. 조립식 주택 공급이 가능했던 것은 규격화된 건축자재의 공장 대량생산과 주택 조립기술의 발전 덕분이었다. 전후 세계의 대도시에서는 초고층 아파트 apartment 가 넘쳐나면서, 초고층 아파트는 대도시 주택의 전형 典型 이 되었다. 1960년대부터는 시각적 변화가 있는 주택이 등장하기 시작했으며 그 사례는 다음과 같다.

가. **마르키쉐 주택 단지**

1963년에 착공, 1976년에 완공된 베를린의 거대 주택 도시 마르키쉐 비르텔 Markische Viertel 에는 1만7000세대, 약 5만 명이 거주했다. 최고 18층에 달하는 다양한 층수의, 다양한 채색을 한 수많은 공동주택 건축물들은 자연 발생적 형태로 배치되었으며, 각기 불규칙한 느낌의 다양한 창문과 발코니를 갖췄다. 녹지 속의 이 주택단지는 베를린의 베드타운 역할에는 충실했으나 독립된 자급자족 도시로서의 기능은 미미했다.

나. **루도프 전원주택 단지**

베를린 남부 교외에, 1995년에 착공하여 1997년에 완공한 전원주택 단지 루도프 Rudow 의 주택은 평지붕에 흰색 외관을 하고 가로 방향의 장방형 창문을 갖고 있다.

다. **포츠담 광장 복원공사**

2차 세계대전 이후 방치되었던 베를린의 포츠담 광장주변은 1994년부터 본격적으로 복원 공사가 시작되었다(사진 1-060). 포츠담 광장 주변의 건축물들은 주거, 상점, 사무실, 취미생활 공간이 모두 같은 곳에 있는 다목적 융합형 건축물로 개발 되었다. 이들 건축물들은 겉으로 보기에는 일반 사무실 건축물과 구별이 되지 않으며, 그 사례는 다음과 같다:

-다임러 벤츠 단지; 600세대 주택
-소니 쎈터; 다세대 아파트
-A&T 단지; 호화 아파트 및 하우스

사진 1-060: 포츠담 광장 복원공사 현장 베를린, 독일

(3) 예술 운동과 주요 건축가

근대 및 현대 주택 형태의 변천, 발전은 19세기말부터 불기 시작한 다양한 건축 및 예술운동에 참여했던 건축가와 예술가들의 노력의 결과이기도 하다. 근현대 주택 건축에 많은 영향을 끼친 대표적인 건축, 예술운동과 건축가들은 다음과 같다.

가. 국가별 건축 및 예술 운동

-유겐스틸 Jugendstil, 독일
-도이체 베르크분트 Deutscher Werkbund, 독일
-바우하우스 Bauhaus, 독일
-세제씨온 Sezession, 오스트리아
-아르 누보 Art Nouveau, 프랑스
-데 스티일 De Stijl, 네덜란드
-시카코 스쿨 Chicago School, 미국

나. 주요 건축가 출생 연도순

-안토니 가우디 이 꼬르네 Antoni Gaudí i Corner, 1852~1926
-루이 설리반 Louis H. Sullivan, 1856~1924
-프랭크 로이드 라이트 Frank Lloyd Wright, 1869~1959
-오귀스트 페레 Auguste Perret, 1874~1954
-발터 그로피우스 Walter Graupius, 1883~1969
-루드비히 미즈 반 데 로에 Ludwig Mises Van Der Rohe, 1886~1969
-르 꼬르뷔지에 Le Corbusier, 1887~1965
-알바 알토 Alvar Alto, 1898~1876

(4) 주요 건축가의 아파트 및 주택

20세기에 활약한 주요 건축가들이 설계, 시공한 주택, 공동주택 및 기타 건축물은 다음과 같다.

가. 발터 그로피우스 주택

독일 건축가 발터 그로피우스 Walter Graupius 는, 1925년 자신과 자신의 가족을 위한 2층집을 설계, 건축했다(그림 1-027). 그의 주택 형태는, 합리적 공간 활용의 욕구를 완벽하게 구현하는 정육면체와 평행육면체의 조합이었다. 2층은 1층위로 돌출된 형태이며, 1층은 지표면에서 약간 위로 올려서 건축되었다. 2층에는 몇 걸음 걸을 수 있는 주랑 柱廊 과 넓은 테라스가 있다.

그림 1-027: 발터 그로피우스의 주택 투시도 1925년 자신의 주택

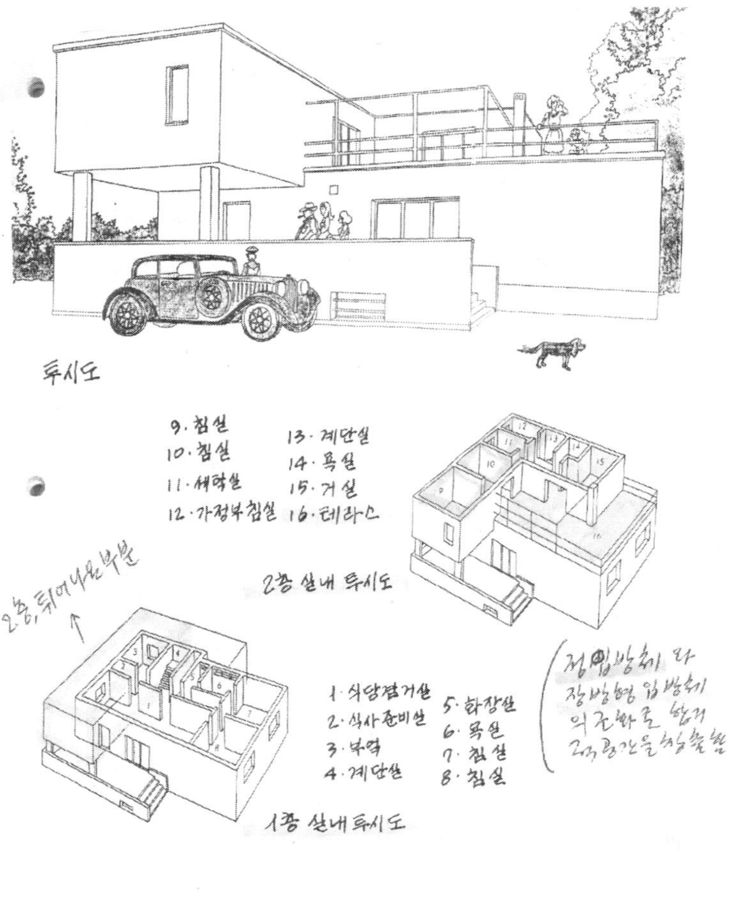

나. 르 꼬르뷔지에의 건축물

르 꼬르ㅎ뷔지에 Le Corbusier 는, 1887년 스위스 즈네브 Genève 에서 태어나 일생의 대부분을 프랑스 빠리에서 활동한 건축가이다. 그의 본명은 샤르ㅎ레 에두아르ㅎ 쟌느레헤 Charles Edouard Jeanneret, 1887~1965 이다. 그는 1908년 오귀스트 페레 Auguste Perret 회사, 즉 "페레 형제 철근콘크리트 Perret frères béton armé" 에 취직해서, 거기서 철근콘크리트 거장 巨匠 의 솜씨를 배웠다. 그 후 그는 베를린 Berlin 으로 이주, 한동안 머무르면서 발터 그로피우스 Walter Graupius, 미즈 반 데 로에 Mises Van Der Rohe 등과 교류했다. 그 후 서너 달 동안 그리스 Grèce 를 여행했다. 현대 건축의 아버지라 불리며, 주거 住居 혁신을 이루었다는 찬사를 받던 르 꼬르ㅎ뷔지에는 1965년 9월1일, 프랑스 빠리 루브르ㅎ Louvre 궁전 宮殿 에서 국장 國葬 으로 치러진 장례식을 끝으로 영면에 들어갔다. 프랑스 롱샹 성모마리아 성당 Notre dame du haut, Ronchamp France 을 비롯한 그의 작품 17점은 유네스코 세계문화유산에 등재되었다.

가) 건축 철학과 모듈러

(가) 건축 철학

르 꼬르ㅎ뷔지에의 건축 철학은 "저비용 低費用 의 작은 공간에서 사람들이 함께 살아가는 것" 이었다. 실제로 르 꼬르ㅎ뷔지에는 자신의 철학이 담긴 많은 공동주택, 즉 아파트를 설계하였으며, 말년에는 스스로 자신의 건축 철학에 따라서 값싸고 작은 주거공간에서 여생을 보냈다.

(나) 모듈러

르 꼬르ㅎ뷔지에는 공동주택의 설계에 자신이 고안한 "인체의 황금분할 표준치수 règle d' or de corps humain" 즉, "르 모듈러 Le Modulor" 를 적용했다(그림 1-028).

그림 1-028: 르 꼬르뷔지에의 모듈러
출처: *The Modulor*

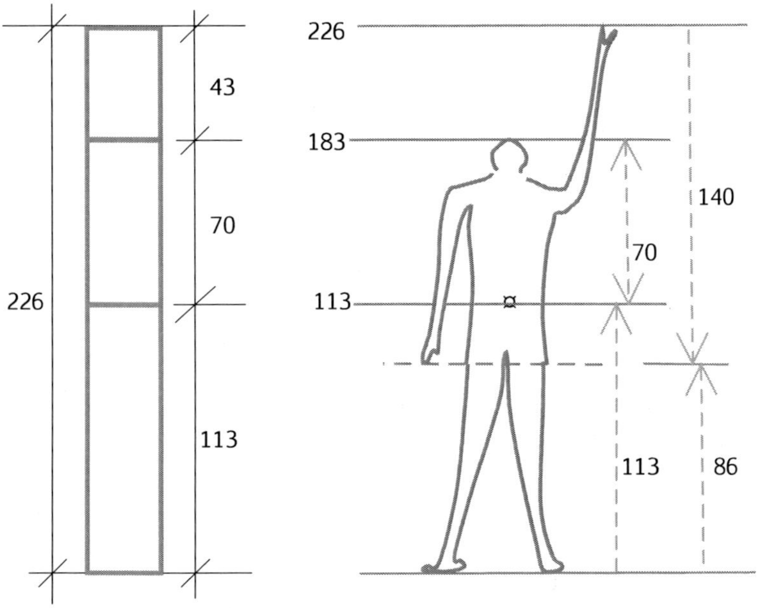

나) 주요 건축 작품

(가) 롱샹 성당

롱샹 성당은 르 꼬르흐뷔지에가 도미니꾸스회 신부인 알랭 꾸뛰리에의 의뢰를 받고 그의 조언을 받아들여 설계하고 시공한 성당이다. 이 성당은 1950년에 착공되어 1955년에 준공되었다. 이 성당은 프랑스 중동부 보쥬 산맥 기슭, 롱샹 Ronchamp, Haute Saône 에 있다. 롱샹은 프랑스와 스위스의 국경지역에 있는 탄광촌이다. 그런 연유로 사람들은 이 성당을 "롱샹 성당" 이라 부른다. 이 성당의 정식 명칭은 "롱샹 성모마리아 성당 Nôtre Dame du Haut, Ronchamp" 이다.

① 지붕과 투구게

둥글넓적한 방패 모양의 롱샹 성당 지붕은, 르 꼬르ㅎ뷔지에가 평소 좋아하던 투구게의 껍질 형상에서 영감을 얻은 것이라 한다(사진 1-061). 그러나 일각에서는 지붕은 소라껍질을 본따서 만든 것이라고 주장하기도 한다. 실제로 성당의 동남쪽에서 올려다본 노출 콘크리트 지붕의 형상은 마치 공중에 떠있는 울퉁불퉁하게 제 멋대로 생긴 소라껍질 같은 느낌을 주기 때문이다.

㉮ 콘크리트 지붕 골조

육중한 투구게 껍질 형상을 한 롱샹 성당의 지붕 골격은 두께 60㎜ 의 노출철근콘크리트 판과 7개의 큰 보 및 360개의 작은 보로 구성되었다.

사진 1-061: 롱샹 성당의 동남향 입면 롱샹, 프랑스

㉯ 투구게

투구게는 4억4000만 년 전부터 지구상에 생존해 온 것으로 알려져 있지만, 현존하는 투구게의 모습은 그들의 조상들이 살았던 쥐라 Jura 기 시대의 그 것과 거의 같은 형태를 유지하고 있다. 쥐라기는 지질 시대의 중생대 中生代 를 이루는 세 기 紀 중 둘째 기로서, 약 1억 7500만 년 전에서 1억 4000만 년 전까지의 3500만 년 동안을 말한다. 그래서 사람들은 투구게를 살아 있는 화석이라 부른다. 절지동물 節肢動物 인 투구게는, 사실 게가 아니라 게의 아주 먼 친척일 뿐이다. 파란 피를 가지고 있는 투구게는 특별한 응고 능력이 있어 출혈로는 죽지 않는다. 투구게는 바다에서 살면서 알을 낳을 때만 육지에 올라온다. 현재 미국 델라웨어만 동부해안에서는 어둠이 깔리면 수십만 마리의 투구게가 달가닥 소리를 내면서 육지로 기어 올라와 집단 산란에 나선다. 산란을 마친 투구게들은 해가 완전히 떠오르기 전에 일제히 바다로 돌아간다.

② 성당 내부 빛의 조화

성당 내부 예배 실의 크기는 길이 25m, 너비 13m 정도이다. 성당의 남쪽 벽면 내부에는 크기와 위치가 서로 다른, 색 유리 창이 있다(사진 1-062). 새벽부터 황혼까지 색 유리 창을 통해서 들어오는 햇빛은, 성당 내부에서 빛의 변화에 따라서 감응하는 변화무쌍한 빛의 예술을 창조해 낸다.

③ 벽체와 예배 실

성벽을 쌓아올리듯 축조된 성당의 육중한 돌 벽은. 하단 두께가 4.5m, 상단 두께가 1.5m, 높이가 10m 이며, 회반죽 뿌림으로 마감되었다. 벽을 쌓을 때 사용된 돌은 성당이 세워진 자리에 있었던 로마 시대의 태양신전 및 중세의 성모 마리아 순례사원의 유적지에 버려져 있었던 것이다.

사진 1-062: 성당 남향 벽 및 내부 빛의 예술 롱샹, 프랑스

사진 상; 성당의 남향 입면, 창의 크기가 매우 다양, 사진 하단 좌측에 사람들이 있는 곳이 출입문이다. 사진 하; 남향 벽 내부의 빛의 조화

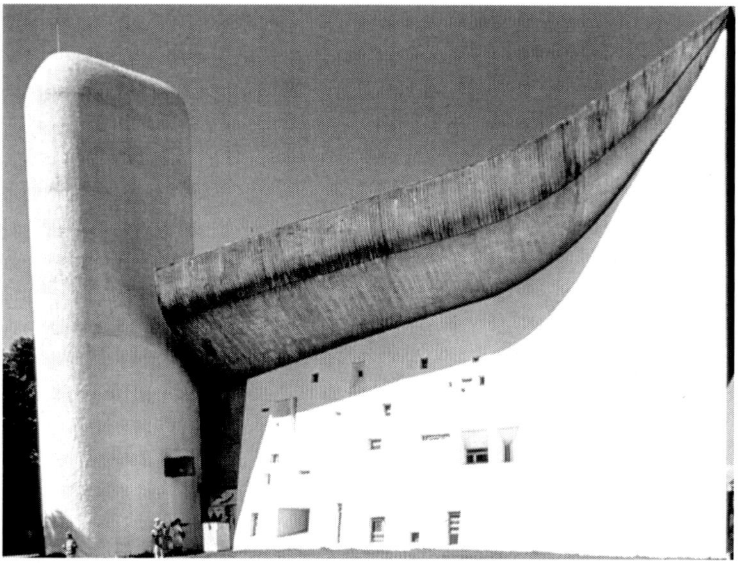

㉮ 벽체 예배 실

롱샹 성당의 외벽에는 높이가 서로 다른 반원기둥 위에 돔 형태를 한 예배 실이 3개 있다(사진 1-063). 남쪽 벽면의 한쪽 끝에 있는 큰 예배 실은 높이가 22m 이고, 북쪽을 향해 있다. 북쪽 벽면에 있는 두 개의 예배 실은, 높이가 15m 로 같지만, 아침 예배 실은 동쪽을 향해 있고, 저녁 예배 실은 서쪽을 향해 있다.

사진 1-063: 동향 및 북향의 예배실 아침, 저녁 예배실, 롱샹, 프랑스

㉯ 성당의 동쪽 벽

성당의 동쪽 벽면에는 성모 마리아 상을 안치한 벽감과 성가대 좌석이 있다. 성모 마리아 조각상은 성당 안팎에서 모두 볼 수 있다. 벽면의 외부에 설치된 성가대 석에는 내부의 성가대 석으로 통하는 문이 있다. 벽면의 외부, 지붕의 처마 밑에는 옥외 성찬대, 연단 등이 설치되어 있어 성당에 들어가지 못한 신도들이 성당 밖 잔디밭에서도 예배를 볼 수 있도록 했다.

㉰ **성당의 남쪽 벽**

곡면으로 되어 있는 성당의 남쪽 벽은 빛의 벽이라고 불린다. 남쪽 벽에는 크기와 모양이 서로 다른 창이, 햇빛의 변화에 상응하도록 배치되어 있다. 창의 배치와 크기는 르 꼬르흐뷔지에 자신이 고안한 "르 모듈러 Le Modulor" 를 적용한 것이다. 남쪽 벽면의 한쪽 끝에는 행렬의 출입을 위한 대형 철문이 있다.

(나) **공동주택, 빛나는 도시**

르 꼬르뷔지에는 프랑스 남부 항구도시 마르흐세유 Marseille, 낭트 Nantes, 브리에-앙-포르헤 Briey-en-Foret 및 독일 베를린 Berlin 등지에 대형 주거 공동체 communauté d' habitation, 즉 대형 아파트를 설계, 시공했다. 새로운 건축 기술과 건축 재료의 발달로 인하여 공동주택은 대형화 되었다. 현대적 의미의 공동주택, 즉 아파트의 원조라 할 수 있는 대형 주거용 건축물이, 마르흐세유 제8구, 미슐레 대로 大路, Boulevard Michelet, 기 드 모빠상 로 路 Rue Guy de Maupassant 에 건축되었다. 대도시에 이런 대형 공동주택이 출현할 수 있었던 것은, 거대 도시화를 지향하는 당대의 사회풍조, 즉 현대 문명의 필요에 의한 것이었다. 이런 공동주택은 당시로서는 일종의 실험 주거 laboratoire de l' habitat 였다. 사람들은 이 공동주택을 빛나는 도시 la Cité Radieuse 또는 주거단위 unité d' habitation 라고 부른다. 여기서 "씨떼 cité" 는 일반적 의미의 "도시" 라기 보다는 "집합주거단지" 라는 의미가 더 강하다. 르 꼬르흐뷔지에의 건축 철학이 담긴, 마르흐세유의 공동주택, 즉 아파트 설계의 논리적 배경은 토지의 효율적 사용, 통풍과 일조의 확보, 공공 서비스의 집약적 제공 등이다. 실제로 한 건축물 내에 여러 가지 공공 서비스 시설, 상업시설 및 교육시설 등을 담아 입주민들은 건축물 밖으로 나가지 않고도 일상생활을 할 수 있도록 했다. 그런 연유로 사람들은 이 공동주택을 "씨떼 cité", 즉 도시라고 부르는 것이다. 이 공동주택의 상세 내역은 다음과 같다:

-공사 기간; 1946~1953

-건축물 정면 Façade; 가늘고 긴 개구부 측벽에 빨강, 파랑, 노랑 등의 색상을 칠함

-골조; 철근콘크리트, 지상 1층 개방 open, "브이 V " 자 형의 "피로티 pilotis" 구조(사진 1-064)

-층수 및 높이; 18층, 56m

-길이 및 너비; 165m, 24m

-세대수 및 수용인원; 337세대, 1600명

-주거단위 unité d' habitation ; 23개 타입(1인~8인 가족용)

-1층; 건축물 및 엘리베이터 출입구, 관리인 사무실

-3층; 상점 거리 La rue marcande, 강아지 미용실 등

-18층, 옥상층; 탁아소, 놀이터, 정원 등의 편의시설, 어린이 150명 수용

(다) 빌라 사브와

빠리 근교에 있는 빌라 사브와 Villa Savoye 는 보험회사 중역이었던 피에르 사브와의 주말 주택이다(사진 1-065). 이 빌라는 빠리 서북쪽 약 25km 지역, 이브린 Yvelines 도 道, 쁘와시 Poissy 시에 있다. 건축주 사브와는 1928년 건축가 르 꼬르흐뷔지에게 설계를 의뢰, 1929년에 착공, 1931년에 이 빌라를 준공했다. 이 빌라는 높이 3.5m 의 피로티 pilotis 형태의 주택으로 네 벽면에는 길게 난 수평 창이 있다. 피로티 공간은 정원이나 통행로로 활용되며, 평지붕은 옥상 정원으로 활용된다. 이 빌라는 세계3대 명품주택으로 평가되고 있지만, 실제 이 빌라에서 살았던 집주인의 입장에서 보면 부실 주택의 대명사였다. 집주인은 단열이 잘되는 아늑한 집을 원했지만, 사방으로 난 수평 창은 단열이 않되 겨울철에는 추위에 시달렸으며, 여름철에는 습기가 차 곰팡이와 함께 살았다. 고통 속에서 살던 집주인은 2차 세계대전이 일어나자 집을 비우고 떠난 이후 돌아오지 않았다. 적어도 이 빌라는 집주인이 생각하는 사람이 살기에 적합한

사진 1-064: "빛나는 도시"의 피로티 구조 마르세유, 프랑스

사진 1-065: 빌라 사브와 이브린, 쁘와시, 프랑스

피로티 형태의 빌라 사브와에서는 피로티 공간을 정원이나 통행로로 활용하였으며, 평지붕은 옥상 정원으로 활용되었다.

주거 공간은 아니었다. 현재 사람이 살지 않는 이 빌라는 관광객들이 보러오는 모델 하우스로 전락했다.

다. 오귀스트 페레와 철근콘크리트

프랑스 현대 건축의 아버지라고 칭송 받는 오귀스트 페레 Auguste Perret 는 1874년 브뤼셀 Bruxelles 에서 태어났다. 기업가였던 그의 아버지는 빠리히 꼬뮌 la Commune de Paris 이후에 브뤼셀로 망명했다. 빠리히 꼬뮌은 1789~1795년 및 1871년의 빠

리히혁명정부의 명칭이다. 페레는 아버지의 사업을 다시 일으키려고 자신의 나이 겨우 16살에 회사, 즉 "페레 형제 철근콘크리트 Perret frères béton armé"를 설립하고, 디쁘 Dieppe 시 市 근교에 최초 사업인 주택을 건축했다. 페레는 아주 일찌감치 콘크리트와 철근을 섞어 만든 철근콘크리트를 사용했다. 디쁘 시는 빠리히 북동쪽 150km 지점에 있는 해변도시이다. 그 후 페레는 건축공부를 위해 미술학교 l' Ecole des Beaux-Arts 에 입학했다.

라. 안토니 가우디의 주택, 까사 밀라

까딸루냐 Cataluña 출신 건축가 안토니 가우디 이 꼬르네 Antoni Gaudí i Corner 는 스페인 동북부 대도시, 바르셀로나 Barcelona 에 까사 밀라 Casa Milà, 참회의 성가족 성당 Templo expiatorio de la sagrada familia, 구엘 공원 Parque Güell 등과 같은 불후의 명작을 남겼다. 가우디의 건축물은 당대의 다른 건축물보다는 훨씬 더 독창적이고 생기가 넘치는 건축물이었다. 가우디는 1852년 6월 25일, 바르셀로나에서 서남쪽으로 100여 km 떨어져 있는 소도시, 레우스 Reus 에서 대장장이의 아들로 태어나, 1926년 6월 7일 바르셀로나에서 74세를 일기로 세상을 떠났다. 공동주택인 까사 밀라의 상세는 다음과 같다.

가) 건축 년도 및 위치

까사 밀라는 1906년에 착공하여 1912년에 완공한 공동주택, 즉 아파트이다. 스페인어 까사 Casa 는 집이란 뜻이고, 밀라는 건축주이자 기업인인 페레 밀라 Pere Milà 의 이름이다. 매우 기괴한 형태를 하고 있는 이 6층의 아파트는 스페인 동북부 까딸루냐 자치 지역 수도, 바르셀로나 Barcelona 의 황금 광장 Quadrat d' Or 근처에 있다(사진 1-066). 까사 밀라는 1984년 유네스코 세계문화유산으로 등재 되었다. 바르셀로나에서는 "까사 밀라" 라는 명칭 대신에 "라 페드레라" 라는 명칭으로 통용되고 있다.

사진 1-066: 까사 밀라 전경 바르셀로나, 스페인
바르셀로나 황금 광장 근처 4거리 모퉁이에서 두 개의 도로에 면하고 있다.

나) 건축 양식 및 장식

아르-누보 Art-nouveau 양식의 건축물인 까사 밀라, 즉 라 페드레라는 당시 주변에 있었던 화려한 모습의 까사 깔베 Calvet와 까사 바뜨요 Batlló 와는 달리 매우 간결하고 중량감을 느끼게 하는 외관을 가지고 있다(사진 1-067). 도로에 면하고 있는 이 건축물의 외벽 및 정면 façade 은 밝은 크림색 석재 creamy white stone 로 마감되었다. 이 건축물 외벽의 구불구불한 모습은 마치 지중해의 넘실거리는 물결을 연상케 한다. 또한 단일 색상과 질감을 갖는 석재로 마감된 이 건축물의 외관은 마치 코끼리의 피부와도 같은 간결한 모습이다. 이 건축물의 베란다, 내부 및 외부에는 단철 wrought iron 제품인 검정색 난간들이 여러 개 있다.

사진 1-067: 까사 밀라 정면 상점 출입구 바르셀로나, 스페인
아르 누보 풍의 3층 베란다, 난간은 검은색 단조 철재 장식, 바닥은 유리 장식

베란다의 바닥은 단철 및 반투명 유리로 장식되었다. 특히 베란다에 설치된 단철 제품의 장식용 난간들은 지중해의 해초를 연상하게 한다. 이 단철 난간의 원형 圓形 디자인은 바디아 형제 the Badia brothers 가 고안 한 것이다. 독창적인 색채와 현란한 모습이 특징인 라 페드레라의 곡선 외벽 장식에는 당시 유행하던 실내 꽃 장식, 식물 모양 장식 등이 채택되었다. 또한 가우디는 돌과 세라믹으로 장식된 벽돌을 외벽에 사용했다. 가우디는 8세기에 스페인을 침략했던 무어 Moor 인들의 전통 건축양식에서 영감을 얻었으며, 건축공부를 한 이후에는 중세 고딕양식 Gothic 과 17세기 바로크 양식 Baroque 의 영향을 받았다.

다) **까사 밀라**의 **별칭**

까사 밀라 준공 당시, 바르셀로나 시민들은 이 건축물의 무미건조한 겉모습을 보면서 바르셀로나 북방 20km 지점에 있는 바위산, 산 미구엘 데 페이 San Miguel de Fay 를 연상하였다. 그런 연유로 시민들은 이 건축물을 그 산에 있는 채석장, 즉 라 페드레라 La Pedrera 라고 불렀다. 스페인어 "페드레라" 는 채석장이라는 뜻이다. 현지에서는 지금도 "라 페드레라" 라는 별칭이 통용되고 있다. 현지 관광지도나 도로 표지판에는 모두 "라 페드레라" 라고 쓰여 있다.

라) **까사 밀라**의 **용도**

6층 건축물인 까사 밀라는 당시 바르셀로나 지역의 대기업인 大企業人, 8세대가 살던 공동주택, 즉 아파트였다. 이 건축물의 5층까지는 주거용 마파트로, 6층은 창고로 쓰였다. 현재 라 페드레라는 상점, 사무실 및 관광객을 위한 전시용으로 쓰이고 있다. 관광객용 전시 공간으로 쓰이는 아파트 한세대에는 당시 거상 巨商 들의 주거생활 모습을 그대로 재현해 놓았다. 라 페드레라의 내부에는 하늘로 열린 타원형의 중정이 있으며, 중정에서는 하늘을 직접 볼 수 있다(사진 1-068).

사진 1-068: 까사 밀라 중정 바르셀로나, 스페인
아르 누보 풍의 계단 및 중정, 계단은 1층에서 2층으로 통하는 통로이다.

마) **까사 밀라의 지붕**

까사 밀라, 즉 라 페드레라의 거의 모든 부분은 곡선으로 구성되었지만 그 중에서도 가장 환상적이고 꿈과 같은 공간은 지붕 테라스 roof terrace 이다. 이 건축물의 지붕 위에는 환상형 環狀形 의 오솔길이 있는데, 그 오솔길은 굴곡과 높낮이가 심하여 여러 개의 계단으로 연결 되었다(사진 1-069). 이 오솔길 위에는 괴상하고 신비스러운 모습을 하고 있는 굴뚝과 환풍구 ventilation ducts 들이 점점이 배치되어있다(사진 1-070). 굴뚝과 환풍구 중 일부는 타일 또는 깨진 유리조각 등으로 장식되었다. 이들 굴뚝과 환풍구들이 아침, 저녁에 만들어내는 그림자들은 마치 불안한 상태로 헬멧을 쓰고 있는 인간들의 불안정한 느낌을 불러일으킨다.

사진 1-069: 지붕의 오솔길 계단 까사 밀라, 바르셀로나, 스페인

평지붕 위의 오솔길엔 계단, 굴뚝 및 환풍구가 있다. 사진 하단 오른쪽은 도로에 면한 경사 난간 지붕, 멀리 보이는 것은 공사 중인 참회의 성가족 성당

사진 1-070: 지붕의 굴뚝 및 환풍구 까사 밀라, 바르셀로나, 스페인

평지붕 위의 굴뚝 환풍구 및 중정을 향한 경사 지붕, 지붕엔 천창이 있다.

바) **건축가**의 **생각**

가우디는 라 페드레라의 바위와도 같은 중량감과 굵은 곡선을, 바르셀로나 시내에서 멀리 보이는 산맥들, 즉 꼴세로라 Collcerola 와 티비다보 Tibidabo 의 형상과 일맥상통하는 것이라고 설명했다. 지구상의 거대한 산맥에서 뿜어져 나오는 강력한 토지의 힘을 건축물에서도 느낄 수 있도록 하였다는 것이다. 다시 말해서 이 건축물을 접하는 사람들로 하여금 동식물왕국, 광물왕국 등과 교감을 얻도록 했다는 것이다. 가우디는 직선은 인간의 것이고 곡선은 신의 것이라고 생각했다.

사) **건축주**와 **건축가**의 **충돌**

가우디는 원래 라 페드레라의 정면에 성모 마리아 Virgin Mary 에 대한 존경심을 표현하려는 의도를 가지고 있었다. 아기 예수를 팔에 안고 있는 성모 마리아의 모습이라든지, 지상 출입구 위쪽에서 상부 층으로 올라갈수록 파형이 작아지는 형태를 취하여 겹겹이 밀려오는 지중해의 파도가 성모마리아 발밑에 도달해서 소멸되는 모습 등을 표현하려했다. 그러나 불행하게도 종교와 무관한 건축주인, 기업인 개인들의 집에 종교적인 상징적 의미를 가하려하자 이에 반대하는 세력들이 폭동을 일으켰다. 1909년 7월의 폭동으로 50여 점에 이르는 종교적 상징물들이 불태워져 소멸되었다. 건축주의 사전 동의를 받지 못한 건축가의 종교적 과욕이 불러온 참사였다. 가우디는 성모 마리아에 대한 존경심을 표현하려 했던 자신의 의도가 좌절되자 건축물에 대한 흥미를 잃었다. 가우디는 라 페드레라의 잔여 공사를 자신의 제자인 젊은 건축가 요셉 마리아 유욜 Josep Maria Jujol, 1879~1949 에게 부탁하고 공사현장을 떠났다. 가우디는 죽은 다음에 카토릭교회의 성인 반열에 오를 만큼 신앙심이 두터운 신자였다.

마. **프랭크 로이드 라이트**의 **주택**

세계3대 명품 주택 중의 하나인, 작은 폭포 위의 집 Maison sur la cascade, 일명 낙수장 落水莊 은 미국 피츠버그의 백화점 사장이었던 카우프만의 집이다(사진 1-071). 카우프만은 건축가 프랭크 로이드 롸이트 Frank Lloyd Wright 에게 설계를 의뢰, 1936년에 미국 펜실베이니아 Pennsylvania, 베아른 런 Bearn run 의 작은 개울의 폭포 위에 집을 지었다. 작은 언덕의 개울 위에 걸쳐진 이 주택에서는 흘러 떨어지는 물, 즉 낙수를 직접 만날 수 있다. 주택의 내부 계단이 직접 개울에 연결되는 구조이기 때문이다. 이 주택은 계절의 변화에 매우 섬세하고 발랄하게 감응한다. 이 주택의 수평선, 수직선 및 대각선이 서로 결합되어 조화를 이루면서 만들어낸 주택 전체의 볼륨 Volume 은 주위 자연 환경과 완전한 통합을 이룬다. 롸이트 는 북미 초원 주택 건축의 창시자이며, 현대건축 운동의 선구자이다. 또한 그는 1920년대 미국 아르-누보 Art-nouveau, 즉 신예술의 거장이기도 하다. 주택에 대한 롸이트의 본질적인 생각은 주택이 주변의 자연환경, 자연의 유동성 그리고 공간의 다양성 등에 동화하도록 하는 것, 즉 주택이 주위 자연환경과 하나가 되도록 하는 것이다. "낙수장" 은 건축가의 위와 같은 철학이 잘 반영된 주택이었지만 정작 그 집에서 살았던 카우프만은 밤낮없이 들리는 물 떨어지는 소리를 들어야하는 고통 속에서 살다 집을 떠났다. 건축가의 이상론과 집주인의 주거 공간 현실이 충돌 한 것이다. 이집 역시 현재는 사람이 살지 않는 관상용이 되었다.

바. 루드비히 미스 반 데어 로에의 주택

현대건축의 아이콘으로 불리는 건축가, 루드비히 미스 반 데어 로에 Ludwig Mises Van Der Rohe 는 건축이란 질서 ordre 이고, 진실 sincérité 이며, 엄격 rigueur 이고 아름다움 beauté 이라고 했다. 그는 건축 설계를 위한 그물망 trame, 즉 바둑판 모양의 그림틀 quadrillage 을 처음으로 만들어 냈으며, 그것을 공간 계획할 때 사용하였다. 독일 벽돌공의 아들로 태어난 그는, 미국 시카

사진 1-071: 낙수장, 작은 폭포 위의 주택, 펜실베이니아, 미국
사진 상; 겨울철 풍광, 사진 하; 여름철 풍광

고 일리노이 공과대학교 건축대학 교수로 일하면서, 현대건축이 나아갈 방향을 제시했다. 그는 학생들에게, 선의 순수성과 형태의 우아함을 가르쳤으며, 건축물 외피의 경량 재료에 특별한 관심을 보였다. 특히 그는 건축물 외피로부터 일체의 장식물을 제거했으며, 건축이란 단순하면 단순할수록 더욱더 아름다운 것이라고 생각했다. 그는 자신의 건축물에서 극도의 단순성을 표현하기위해서 벽돌과 유리를 사용했으며, 건축물의 골조 재료로는 강재 鋼材 만을 사용했다. 이와 같은 건축가의 철학이 잘 녹아있는 대표적인 주택은 "판스워스 하우스" 이다(사진 1-072). 세계 3대 명품 주택인 이집에도 역시 사람은 살고 있지 않다.

사진 1-072: 판스워스 하우스 현대건축의 아이콘, 시카고, 미국

제 3 장
사람과 주거공간의 개념

사람과 주거의 관계에서 대두되는 문제, 즉 사람과 주거 사이에서 갈등이 생기는 원인은;

- 사람은 언제나 욕구 충족을 갈망하고,
- 주거는 어쩔 수 없이 기술적, 경제적, 법률적 제약을 받기 때문이다.

일반적으로 주거라는 개념은 집합적 의미가 강하다. 예를 들면 원시인들의 동굴, 알프스 산속 스위스 사람들의 산장, 집시나 방랑자들의 큰 마차, 에스키모 인들의 겨울 얼음주택 이글루, 현대인들의 아파트 등, 시공을 초월하는 모든 형태의 사람의 주거에서는 집단적으로 사람의 욕구를 충족시키려는 시도가 있었다. 현대적인 주거의 편리함이란 불과 수십 년 전의 사람들은 상상조차도 할 수 없는 것이었다. 오늘날 도시 사람들의 주거형태는, 안락하고 편리한 주거생활의 극치인 아파트가 주류를 이루고 있다. 사람과 주거의 개념을 설명하는데 쓰이는 용어의 정의는 다음과 같다.

1. 용어 정의

1) 인간 人間

인간이란 넓은 의미로 사람 또는 인류 그 자체를 의미하거나 사람이 사는 세상을 지칭하는 말이다.

2) 사람

사람은 지능이 높고, 서서 걸으며, 말, 연모, 불을 사용하면서 문화를 만들어 내고, 사유하는 능력을 지닌 가장 진보된 고등동물이라고 구체적으로 정의된다. 사람이란 용어는 매우 다양한 의미로 쓰이며, 법률적, 사회적, 출신, 인격, 불특정 지칭 등을 나타내기도 한다.

3) 가족 家族

가족이란 혈연과 혼인관계로 이루어진 사람들의 집단이다.

4) 가구 家口 또는 세대 世帶

가구 또는 세대란 혈연관계와는 무관하게 주거와 생계를 같이 하는 생활 집단을 세는 생계단위 이다. 가구는 세대를 한 개의 단위로 세는 의미, 즉 세대의 셈 단위로도 쓰인다.

5) 주거 住居

(1) 사전적 정의

주거란 사람이 일정한 장소에 자리 잡고 머물러 사는 일 또는 일정한 장소 그 자체를 의미한다.

(2) 사회 통념

사회에서 일반적으로 통용되는 주거의 의미는, 사람이 자주 들리고, 돌아다니고, 먹고, 일하고, 쉬고, 기분전환하고, 잠자는 모든 장소이다.

(3) 생태학

프랑스 한림원 Académie française 翰林院 은, 생태학적 관점에서 볼 때, 주거란 "모든 동식물의 생존에 알 맞는 지리학적 환경" 이라고 정의 하고 있다. 여기서 말하는 지리학이란 지표상의 여러 현상을 사람과 자연의 상호작용을 통하여 지역적으로 연구하는 학문을 말한다.

(4) 풍수지리 風水地理

풍수설 風水說 또는 풍수사상 風水思想 은 우리민족이 갖고 있는 가장 현저한 땅의 논리이기는 하지만, 서양적 사고인 합리성과 분석력을 바탕으로 하는 뚜렷한 과학적 증좌가 부족해서 정통 지리학으로 자리 잡지 못하고 여전히 풍수설 또는 풍수지리 등으로 존재하고 있다. 그러나 우리 역사를 뒤돌아 볼 때, 신라 말과 고려 초, 고려 말과 조선 초의 풍수사상가들은, 생기 生氣가 충만한 땅을 찾기 위해서 거시적, 대국적 大局的 관점으로 국토를 개관 概觀 하면서 국가 경영에 나섰던 것 또한 사실이다. 오늘날 풍수사상가를 학자나 사상가가 아닌 풍수술가 風水術家로 폄하하는 것은 서양적 사고 일뿐이다. 오늘날, 살아있는 사람의 거소 居所 를 다루는 양기풍수 陽基風水 에서 말하는 주거, 즉 "주 住" 는 살림을 하며 사는 곳이며, "거 居 " 는 일시 머무는 장소를 말한다.

6) 주택 住宅

(1) 사전적 정의

주택이란 "사람이 들어가 생활할 수 있도록 지은 건축물" 을 말한다. 따라서 주택은 좁은 의미의 주거라 할 수 있다. 주택은 사람의 생로병사 生老病死 를 위한 가장 중요한 무대이다. 대부분의 사람은 적어도 생애의 반 정도는 주택에서 보낸다. 따라서 주택은 모든 자연적, 인위적 위험으로부터 사람생활을 보호해 줄 수 있는 안전한 구조로 되어야 한다. 또한 주택의 내부는 사람들이 쾌적하고 안락한 생활을 누릴 수 있도록 설계돼야 한다.

(2) 법령의 정의

주택관련 법, 시행령에는 주택을 "세대원 世帶員 이 장기간 독립된 주거생활을 영위할 수 있는 구조로 된 건축물" 이라고 정의 한다. 그러나 주택관련 법령상의 주택 명칭의 종류 및 정의는 당시의 정치, 사회, 경제적 여건에 따라서 수시로 수도 없이 변하면서 생겼다가 사라지는 것이 전 세계적인 공통사실이다.

오늘날 우리나라에서 정치, 사회적 목적에 따라서 남발되고 있는 주택의 명칭으로는, 단독주택, 다중주택, 다가구주택, 다세대주택, 연립주택, 아파트, 기숙사, 국민주택, 생애최초주택, 행복주택, 매입임대주택, 기업형민간임대주택, 도시형생활주택, 노인복지주택, 청년전세임대주택, 역세권청년임대주택, 보금자리주택 등등 수도 없이 많다.

7) 주택보급률(%)

건축 법령에서 말하는 주택보급률은 다음과 같다:

$$\frac{주택수}{가구수} \times 100$$

2. 사람과 주거공간

1) 사람의 감각 및 지각과 주거공간

(1) 사람의 감각

가. 특수 감각

특수 감각이란 사람이 가지고 있는 각각의 감각기관을 통해서 받아들이는 느낌으로, 사물의 가치나 변화 등을 알아내는 정신적 능력을 말한다. 사람은 눈, 코, 귀, 혀, 살갗 등의 감각기관을 통하여 오감 五感, 즉 시각, 청각, 촉각, 후각, 미각 등의 감각을 받아들이고 느낀다.

나. 체성 體性 감각

체성 감각이란 사람이 감각기관을 통하지 않고, 육체가 느끼는 감각이다. 다시 말해서 압력, 진동, 온열, 통증 및 관행적 고유 감각 등이 체성 감각이다. 관행적 고유 감각이란 습숙효과, 즉 계속된 반복학습으로 숙달되는 감각으로, 어두운 자기 방에서 보이지 않는 물건 찾기나 컴퓨터 자판을 보지 않고 때리기 등을 말한다.

(2) 사람의 지각과 주거공간

사람은 주거공간에서, 감각기관을 통하여 외부의 사물을 인식하고, 그 인식 작용을 통하여 사물의 이치 理致 를 분별하는 능력, 즉 지각이 있다. 사람이 주거환경에서 접하는 지각 작용은 다음과 같다:

- 시 환경 視 環境 : 사물의 형태, 색채, 미관
- 음 환경 音 環境 : 소음, 고요
- 열 환경 熱 環境 : 추위, 더위. 쾌적
- 공기 환경 空氣 環境 : 악취, 향기, 청정, 미세먼지

2) 주거공간의 특성

(1) 일반 특성

가. 넓은 주거공간

넉넉한 감정이 생기는 반면, 넓은 공간에 대한 경외심 때문에 위축감을 느낄 수 있다.

나. 좁은 주거공간

개인 공간의 범위를 확인 할 수 있어 친근감, 안정감을 느낄 수 있다.

(2) **주거공간의 설정 기준**

가. **주거공간의 넓이**

침실, 거실, 주방 등, 각각의 공간에서, 사람의 거동에 불편함이 없을 정도의 넓이를 확보한다.

나. **주거공간의 높이**

주거공간의 높이, 즉 천장의 높이는 키가 큰 사람이 똑바로 서서 위쪽으로 한 팔을 쭉 뻗었을 때 손끝이 미치는 범위를 약간 상회하는 높이로 한다. 우리나라 건축 관련 법령에서는 반자가 없는 경우의 최소 층 높이는 2.4m, 반자가 있는 경우는 최소 반자 높이 안목치수 2.2m 를 기준으로 삼고 있다.

(3) **개방성, 폐쇄성** 및 **상징성**

가. **물리적 개방성**

주거공간의 높은 천장이나 넓은 평면은 여유감과 개방감을 주는 반면 광장 공포증을 유발할 수도 있다.

나. **물리적 폐쇄성**

낮은 천장에 좁은 평면, 하수도관을 연상하게 하는 낮은 천장에 넓은 평면, 깊은 우물을 생각나게 하는 높은 천장에 좁은 평면 등과 같은 주거공간은 압박감과 폐소 閉所 공포증을 유발한다. 공간의 폐쇄성을 완화하는 방법에는, 시각적으로 공간의 용적을 확대, 즉 착시효과를 노릴 수 있는 유리벽, 유리천장, 또는 유리거울 벽 및 천장 등을 설치하는 방법이 있다.

다. **공간**의 **상징성**

성당, 왕궁, 신전 등에, 신성함과 권위를 상징하기 위한 공간 조형 수법, 즉 높은 천장을 만들거나 넓은 광장을 만드는 등의 수법을 활용한다.

3) 사람, 비례 규준과 주거공간

(1) 사람과 비례 규준

사람은 사람이 필요로 하는 물건을 만들 때, 그 물건의 크기를 인체 각 부분의 크기에 상응하도록 만들었다. 따라서 옛날에는 인체의 각 부분은 어떤 물체를 측정하는 측량 도구로 쓰였다. 손가락의 끝마디는 약 25mm, 손가락의 폭은 약 20mm, 팔꿈치에서 손가락 끝까지의 길이는 약 500mm, 발의 길이는 약 324mm 였다. 심지어는 사람의 키나 머리의 크기도 측량 단위로 활용하였다.

(2) 고대 및 근대 사회의 비례 규준

가장 오래된 인체 비례 규준의 흔적은 기원전 3000년경 멤피스 Memphis 근처의 피라미드 Pyramides 에서 발견되었다. 멤피스는, 최초의 통일국가 이집트의 수도였으며, 현재 이집트 수도인, 카이로 Cairo 남쪽 22km 지점에 있다. 이런 흔적의 발견을 계기로 많은 학자와 예술가들은 인체 비례 규준 연구에 몰두 했으며 그 결과는 다음과 같다.

가. **폴리크레트 규준**

기원전 5세기경 그리스 조각가 폴리크레트 Polycrète 의 규준이다. 폴리크레트는 휴식중인 육상 선수들의 조각 작품을 많이 남겼으며, 인체 비례 계산에 관한 그의 이론을 코드화하여 근대 조각 예술에 지대한 영향을 끼쳤다.

나. 프토레메 규준

이집트가 그리스에 점령당했을 시절, 그리스 출신 이집트 왕 소테 프토레메 Sŏtèr Ptolémée, BC 360~ BC 283 가 재위하던 시절 BC 305~ BC 283 의 이집트 규준이다.

다. 유클리드 규준

기원전 3세기경 그리스 수학자 유클리드 Euclide 의 황금비 규준이다. 황금비 작도법은 그림 1-029와 같다.

그림 1-029: 황금비 작도법

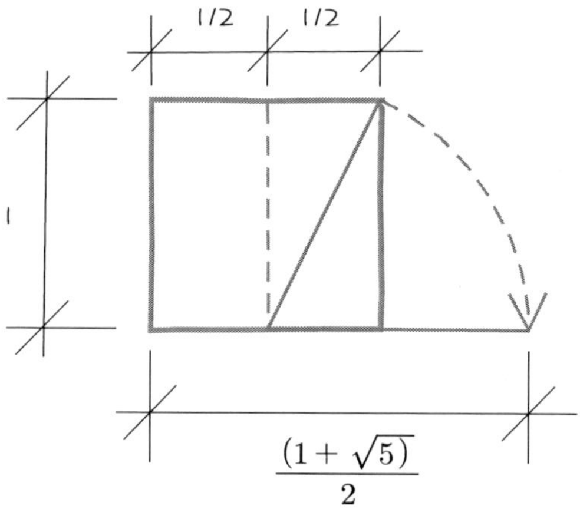

라. 비트루비우스 규준

기원전 1세기, 로마의 건축가이며 엔지니어였던 비트루비우스 Marcus Vitruvius Pollio 의 규준이다. 비트루비우스는 건축십서 建築十書 의 저자이다.

마. **알베르티 규준**

이태리 건축가, 조각가, 음악가 및 인문 학자이었던, 레온 바티스타 알베르티 Leon Battista Alberti, 1404~1472 의 규준이다.

바. **다 빈치 규준**

이태리 화가, 조각가, 엔지니어, 건축가 및 학자이었던, 레오나르도 다 빈치 Leonardo da Vinci, 1452~1519 의 규준이다.

사. **뒤레어 규준**

독일의 화가이며 판화가였던 알브레흐트 뒤레어 Albrecht Dürer, 1471~1528 의 규준이다.

아. **미켈란제로 규준**

이태리 조각가, 화가, 건축가이며 시인이었던 미켈란제로 부오나로떼 Michelangelo Buonarrote, 1475~1564 의 규준으로, 현대 건축예술에 많은 영향을 끼쳤다.

자. **피보나치 수열**

13세기 이태리 수학자 레오나르도 피보나치 Leonardo Fibonacci, 1175~1240 의 규준이다. 본명은 레오나르도 피사노 Leonardo Pissano, 이며, 레오나르드 드 삐즈 Léonard de pise 라고도 불리는 피보나치는 북 아프리카에서 정수론을 연구하였으며, 아랍과 그리스 수학을 서방 세계에 알렸다. 수열 1-1-2-3-5-8-13-21-34-55-89-144- - - 은 피보나치의 연구 결과이며, 한 쌍의 토끼가 번식하는 비율로 알려져 있다. 이들 수열의 각각의 수는 직전 두 개의 수의 합이며, 수열상의 인접 두 수의 비 값은 황금비 1.618 와 유사하다. 이들 수열 중 가장 황금비에 근접한 비 값은 55:89 이다.

차. **르나르 급수**

19세기에는, 프랑스 육군 공병 대위이며 비행기구 飛行氣球 연구가였던 샤르흘르 르흐나르흐 Charles Renard, 1847~1905 가, 1877년에서 1879년까지 3년 동안 비행기구를 연구하다가 정수급수인 10-16-25-40-63-100 으로 구성된 급수를 발견하였다. 이들 급수의 비 값 역시 황금비 1.618 와 유사하다. 1890년에는 상기의 급수에 따라서 제작한 최초의 탐측기구 探測氣球 를 발진시켰다. 이들 급수는 2차 세계대전 이후 국제표준화기구 ISO: International Standardization Organization 회원국들의 공업제품, 특히 기계공업제품 생산의 표준화작업의 기본이 되었다.

카. 황금비와 금강비

이집트인이나 그리스인은 황금분할 黃金分割, 즉 황금비 黃金比, 1.618 는 물론이고, 수많은 비례 규준에 대해서도 잘 알고 있었다. 황금비는 그들의 예술이나 건축 등에 자주 나타난다. 이집트 기자의 피라미드, 그리스 아테네 아크로폴리스 언덕 위의 파르테논 Parthenon 신전이나 바새 신전 Bassae Temple 과 같은 주요 건축물에도 황금비는 존재한다. 그러나 이들 황금비는 꿰어맞춘 것이라는 비난도 있다. 또한 그리스 및 로마 신화의 미와 사랑의 여신상인 비너스에도 황금비는 있다. 그러나 누군가에 의해서, 황금비라는 명칭이 쓰이기 시작한 것은 아마도 1803년 이후라고 추정된다. 한편 우리 조상들은 건축물이나 예술품에 서양의 황금비가 아닌 금강비 $1:\sqrt{2}$, 즉 1:1.414 를 적용했다. 그 흔적은 사찰 건축물인 석굴암, 무량수전 등에 남아 있으며, 심지어 선사시대의 주거지 평면에서도 엿볼 수 있다.

가) 자연 생태계의 황금비

황금비는 동식물의 번식이나 구조의 주제 motive 를 이루고 있다. 즉, 나무 잎사귀의 배열, 세포 성장, 솔방울과 해바라기의 모습 등 자연 생태계의 생존 질서에서도 신비한 황금비는 나타나고 있다.

나) **황금비 직사각형**

구형 矩形 , 즉 직사각형의 가로대 세로의 비는 용도에 따라서 매우 다양하게 나타나고 있다. 그러나 그 중에서도 예술 및 건축 분야에서 가장 선호되는 직사각형은 황금비의 직사각형이다 (표 1-001). 이런 사실은 실제로 많은 조사 및 분석 보고서에서의 결론으로 입증 되고 있다. 그러나 황금비 직사각형이 생활용품이나 건축자재의 규격에서 매우 활성화 된 것은 아니다. 건축자재의 표준 규격화를 통한 건축생산의 공업화를 제일 먼저 시도한 국가는 독일이다. 독일은 2차 세계대전 중에 벽돌, 타일, 판넬 등의 건축자재를 규격화 했지만 모두가 황금비 직사각형인 것은 아니다.

표 1-001: 직사각형 형태의 선호도

가로 : 세로	형 태	선호도(%)	비 고
1 : 1		1.5	-
1 : 1.31		13.2	책, 신문, 잡지, 카드
1 : 1.618		48.3	황금비
1 : 1.732		31.9	플라토 Plato 비 1: $\sqrt{3}$
1 : 2		5.1	-

다) **인체의 황금분할**

자연 생태계에 존재하는 모든 동식물의 생존 질서에 황금비가 존재한다는 사실로 미루어 볼 때, 자연 생태계의 일부인 사람의 몸, 즉 인체에도 분명 황금분할은 존재 할 것이라는 가정아래 인체의 황금분할에 관한 연구가 활발해 졌다. 인체의 황금분할에 관한 연구는 19세기에는 자이징 A. Zeising 과 뫼셀 E. Moessel 에 의해서 지속되었다. 20세기 중반, 즉 1945년에는 르 꼬르ㅎ뷔지에 Le Corbusier 가 인체를 황금분할 한 모듈, 즉 "르 모듈러 Le Modulor" 를 만들었다. 르 꼬르ㅎ뷔지에는 자신이 만든 모듈을 실제 자신의 건축설계에 반영하였다.

(3) 주거공간의 비례와 균형

영국의 대런던 공영주택평의회 GLE: Greater London Council 의 주택 배치계획 자료 중, 주거 공간의 폭 W 과 높이 H 에 관한 설계지침 design guide 인, 비례와 균형 scale and proportion 은 그림 1-030 과 같다:

그림 1-030: 주거공간의 폭과 높이의 비례

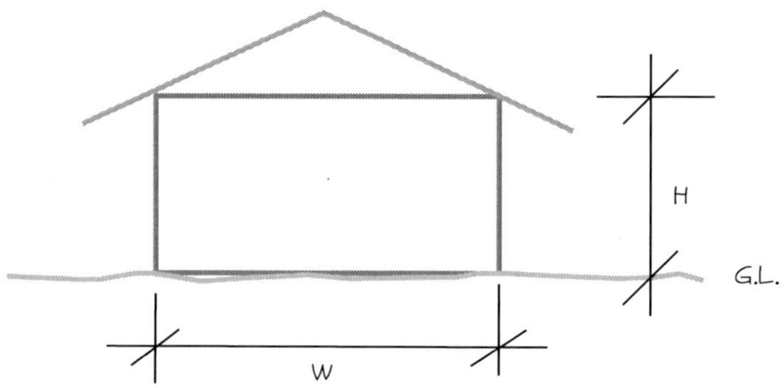

$\frac{W}{H} < 1$: 폐소 공포증 유발, $1 \le \frac{W}{H} \le 2.5$: 정상

$\frac{W}{H} > 2.5$: 개인 공간감 상실, 심리적 불안감 유발

제 4 장
사람 심리와 주거 형태

1. 주거 형태의 생성 요인

1) 자연적 요인

주택의 형태는 기후, 식생, 지형 등의 자연 환경적 요소에 따라서 달라진다.

2) 인문 사회적 요인

주택의 형태는 사람의 사회적 관습 및 제도, 산업의 발전 등에 따른 영향을 받는다.

3) 원초적 原初的 요인

(1) 사람의 자궁

사람을 포함한 모든 포유동물은 세상에 나오기 전에 일정기간 모체 母體 의 자궁 속에 머문다. 즉, 자궁은 사람들의 원초적 주택인 셈이다. 사람들은 보통 모체 의 자궁 속에서 266일을 머문 다음 세상으로 나온다. 그러므로 사람의 잠재의식 속에는 늘 모체의 자궁형태가 남아 있다. 따라서 무의식 적으로 자궁 형태를 선호하게 되는 것이며, 그렇게 함으로서 심리적 안정감을 얻는다. 둥근 공 모양의 자궁 형태는 주택의 원초적 형태이다.

(2) 어린이들의 거동

가. 낙서 落書

어린이들이 장난삼아 무심코 아무데나 그리는 그림의 형태는 십중팔구는 무정형 無定型 의 원형이나 나선형이다. 이런 행태는 사람의 잠재의식 속에 남아 있던 자궁 형태가 무의식적으로 표출되는 것이다. 어린이들의 낙서는 원시주거의 원형 평면이나 원추형 지붕 또는 반구형 지붕 형태로 진화했다.

나. 놀이

어린이들은, 본능적, 무의식적으로 주로 작은 상자 속이나 둥근 통 속으로 기어 들어가, 웅크리고 앉아서 놀기를 좋아한다. 실제로 우리들의 일상생활에서 어린이 들이 세탁기 속이나 큰 주전자 속으로 기어 들어갔다가 나오지 못하는 소동을 흔히 본다. 어린이들은 삶의 원초적 고향인 모체의 자궁 속으로 돌아가고 싶은 본능을 느끼며, 그렇게 함으로서 마음의 안정과 평온을 얻는다.

다. 잠자는 모습

어린이들의 잠자는 모습은 보통, 모체의 자궁 속에서처럼 웅크린 모습을 재현하는 경우가 많다.

(3) 일상생활 속의 흔적

원초적인 주거 공간인 모체의 자궁 형태, 즉 원형과 나선형은 사람들의 잠재의식 속에 존재하고 있다가, 일상생활 속에서 무의식적으로 표출되며 그 흔적은 다음과 같다.

가. 원형+나선형

뉴질랜드 원주민, 마오리 전사 戰士 들의 얼굴 문신에 나타나 있는 원형 및 나선형은 자궁형태의 표출이라 할 수 있다.

나. 나선형

가) 식품 가격표

알제리 Algeria, 모로코, 튀니지 Tunisa 등, 북아프리카 프랑스어 사용권 francophonie 국가의 도시 노점상 채소 가격표에 나타나 있는 나선형은 자궁 형태를 연상시킨다(사진 1-073).

나) **동굴 벽화**

남아메리카, 대지의 여신을 위해 헌납한 신선한 동굴의 벽화 속에서 발견되는 나선형은 자궁 형태를 그린 것이다.

사진 1-073: 노점상 채소 가격표 프랑코포니 국가, 북아프리카

노점상 가격표에는 남부 지방산 고추, 긴호박이 kg 당 2프랑이라고 쓰여 있다. 숫자 2를 나선형으로 표시했다.

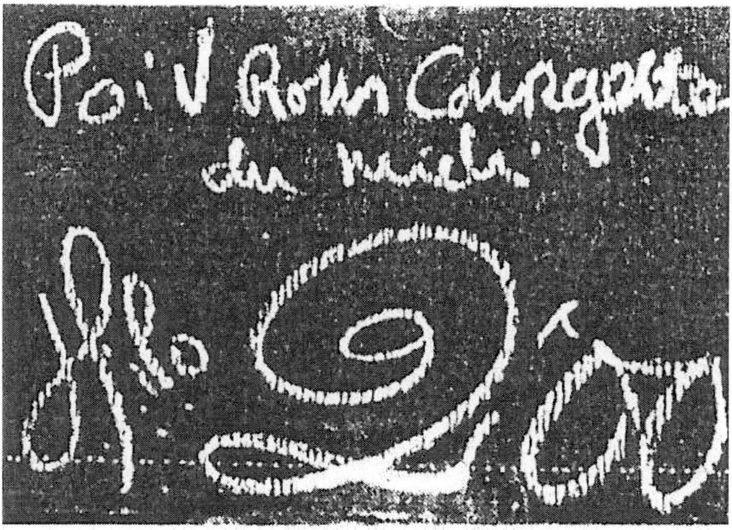

2. 주거 환경과 심리적 영향

1) 색채와 심리적 반응

사람들은 시각적으로 익숙하지 않은 색이나 고정관념과 다른 분위기에 대해서는 거부반응을 일으킨다. 예를 들어 현실과 다르게 남자 화장실을 분홍색으로 칠하거나, 반대로 여자 화장실을 청색으로 치장하면 많은 사람들은 일시적으로 거부 반응을 일으킬 것이다. 그러나 세월이 지나면 그런 거부감은 서서히 사라진다.

(1) 황색 및 적색

고명도 高明度 색인 황색과 적색은 전진, 팽창, 따뜻함, 정열, 흥분, 위험, 폭발 등을 나타낸다. 특히 상반되는 심리적 반응을 보이는 붉은 색은, 열정, 사랑, 낭만 등의 긍정적 의미를 나타내는가 하면, 두려움, 폭력, 희생 등의 부정적 의미도 갖는다. 가장 강렬한 붉은 색의 이미지는 이데올로기 시대의 희생물로서, 부정적인 핏빛 이미지를 나타내는 공산당, 간첩, 빨갱이 등이다.

(2) 청색

저명도 低明度 색인 청색은 후퇴, 수축, 우울, 차가움 등을 나타낸다.

(3) 흑색

검은 색은 죽음, 암흑, 부정을 나타낸다.

2) 주거 환경과 생리적 반응

(1) 색채 와 생리적 반응

색은, 사람의 호흡, 순환, 소화기능 등을 조절하는 교감신경계를 자극하여 반응을 일으키게 한다. 색에 따라 일으키는 생리적 반응은 다음과 같다.

가. **황색** 및 **적색**

따뜻한 색인 황색이나 적색은 자율신경을 자극, 심리적 흥분 상태를 만들어 혈압상승, 호흡수 증가, 눈 깜박임 빈도를 상승시킨다. 자율신경에는 교감신경과 부교감신경이 있으며 상호 반대되는 작용을 한다. 심리, 생리학 측면에서 볼 때, 붉은 색은 교감신경계에 작용하여 집중력을 높여주고, 맥박과 호흡을 증가시킨다. 또한 붉은 색에서 나오는 파장은 뇌하수체를 자극해 남성 호르몬의 분비를 촉진시킨다. 이 경우 에너지와 집중력은 증가하지만 적대심과 공격성이 증가한다. 빨간색 유니폼, 매니큐어, 립스틱 등이 표출하는 에너지는 심리, 생리학적 효과가가 크다.

나. **청색** 및 **녹색**

찬색인 청색 및 녹색은 자율신경을 자극치 아니하므로 사람을 심리적으로 안정시켜 호흡수를 감소시키고 각성도 覺醒度 를 높인다.

(2) **극한 기후** 와 **생리적 반응**

가. **열대 지역**

브라질 북부, 인도네시아, 아프리카 중서부 등의 적도지역, 습지대 濕地帶 이다. 연평균 기온은 28℃, 강수량은 2313mm 이다. 이 지역에 사는 사람들은 대개 체구가 작고 피부색이 검다.

나. **사막 지역**

사하라 북부 및 남부, 사우디아라비아 중부, 미국 남서부, 오스트레일리아 남부 및 북부, 아프카니스탄, 예멘, 인도, 파키스탄 등의 사막지대이다. 사막지역의 대부분은 모래와 암석으로 되어 있으며, 강수량이 거의 없고 연평균 기온이 35℃~18℃ 이다. 자연 상태의 식생은 거의 불가능하다. 일년 내내 햇볕이 내려 쪼이는 사막 지역에 사는 유목민들에게는 햇볕은 기피의 대상이다.

다. 한랭 지역

카나다 북부, 러시아 북부 시베리아 및 스칸디나비아 지역이다. 연평균 기온은 여름철 18℃, 겨울철 -13℃ 이며, 강수량은 460mm 이다. 한랭 지역에 사는 사람들은 대개 체구가 크고, 금발에 푸른 눈이며, 피부색은 희다.

라. 북극 지역

북극해 연안지역으로 연평균 기온은 여름철 10℃, 겨울철 -30℃, 강수량은 278mm 이다. 일 년의 반을 어둠속에서 생활하는 북극지역 주민들에게는 햇볕은 기다림의 대상이다. 이 지역에 사는 에스키모 인들의 혈액 순환 속도는 온대지역 주민의 2배이다.

3) 주거공간과 심리적 반응

(1) 공간 규모의 심리적 판단 척도

공간이 크다, 작다, 넓다, 좁다 등에 대한 판단 기준은 사람의 변화무쌍한 감정 및 심리상태에 따라 결정된다.

(2) 주거공간 규모와 가족수

가. 넓은 주거공간

가족의 수에 비해서 지나치게 넓은 주거 공간은, 가족 상호간에 접촉 기회가 적어 정서불안 과 고독감을 유발한다.

나. 좁은 **주거공간**

생활이 불편할 정도로, 가족의 수에 비해서 주거 공간이 좁은 경우에는 정신적이나 육체적으로 병적 病的 현상이 일어나 탈출 심리를 유발한다. 주중에 직장에서 열심히 일한 가장이 주말에 집에서 편히 쉴 공간이 없어 외출하는 것은 좋은 사례이다.

4) 착시현상과 주거공간 교정

착시현상 optical illusion 은 사람의 시각적 특성이다. 다시 말해서 착시현상은 사람의 시각적 문제, 즉 물건을 보는 신경의 작용으로, 주변에 있는 어떤 물체 때문에 보려고 하는 물체의 모양이나 빛깔 등을 실제와는 다르게 느끼거나 생각하게 하는 시각적 현상, 즉 착각 錯覺 에 의한 현상 現象 이다. 시각 視覺 은 사람의 오감 五感 중 하나로서 물체의 모양이나 빛깔 등을 분간하는 눈의 감각이다. 착시의 교정은 건축물이나 예술품의 창작에서 흔히 활용하는 기법으로, 착시를 교정함으로서 실제와는 다른데도 실제처럼 보이게 하는 것이다. 사람들이 착시를 일으키는 주요 요인들은 다음과 같다.

(1) **명암**에 의한 **착시**

가. **실제**

검은색 사각형 및 원의 크기는 실제로는, 흰색 사각형과 원의 크기와 같다.

나. **착시**

검은색 사각형 및 원의 크기는 주위의 명암에 의한 착시로 인해 흰색 사각형과 원의 크기보다 작게 보인다.

다. **교정**

건축물이나 예술품 창작에서 창작물을 실제 크기처럼 보이게 하기 위해서는 창작물의 크기를 실제와 다르게 교정해야 한다.

(2) **주위 사물**의 **크기**에 의한 **착시**

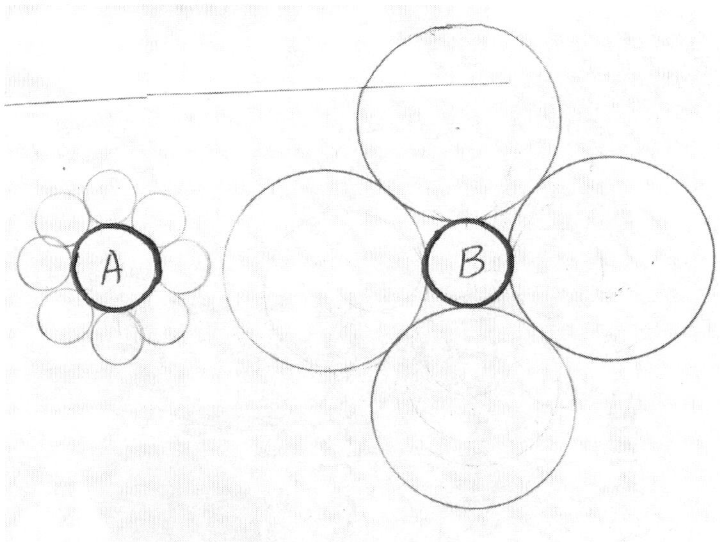

가. **실제**

원 A 와 원 B 의 실제 크기는 같다.

나. **착시**

자신 보다 큰 원으로 둘러싸인 원 B 는, 자신보다 작은 원으로 둘러싸인 원 A 보다 작게 보인다. 즉, 주위의 사물에 의한 착시가 생긴 것이다.

다. **교정**

건축물이나 예술품 창작에서 창작물의 실제 크기처럼 보이게 하기 위해서는 창작물의 크기를 실제와 다르게 교정해야 한다.

(3) **수평선** 및 **수직선**의 **중복**에 의한 **착시**

가. **실제**

얼룩말 줄무늬와 유사한 수직선과 수평선의 중첩으로 만들어진 사각형의 크기는 같다.

나. **착시**

직선의 방향에 따른 착시로, 수직선 중첩이 만드는 사각형의 폭은 수평선 중첩이 만드는 사각형의 폭보다 넓게 보인다. 반면 수평선 중첩이 만드는 사각형의 높이는 수직선 중첩이 만드는 사각형보다 높게 보인다.

다. **착시 활용**

건축물을 좀 더 높게 보이려면 외벽을 수평 줄무늬로 처리하고, 건축물의 폭을 더 넓게 보이려면 외벽을 수직 줄무늬로 처리하면 된다. 또한 키가 크고 마른 사람은 수직선 줄무늬의 옷을, 키가 작고 뚱뚱한 사람은 수평선 줄무늬의 옷을 입으면 신체 보정 효과가 크다.

(4) **사선 중첩**에 의한 **착시**

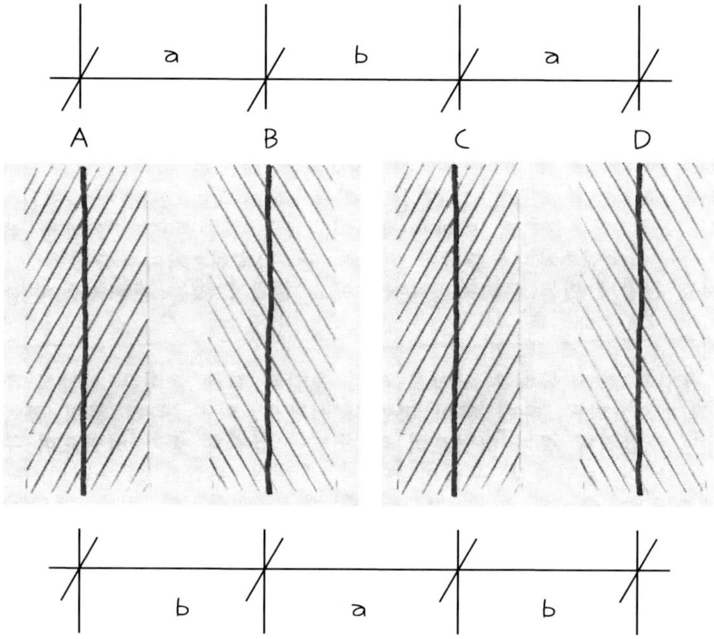

가. **실제**

수직선, 즉 기둥 A, B, C, D 는 크기와 그 간격이 같으며 서로 평행을 이룬다.

나. **착시**

방향이 서로 다른 사선에 의한 착시로 기둥 A 와 B 및 기둥 C 와 D 의 상단과 기둥 B 와 C 의 하단은 간격이 넓어 보이고, 기둥 B 와 C 의 상단과 기둥 A 와 B 및 기둥 C 와 D 의 하단은 간격이 좁아 보인다. 다시 말해서 기둥 A 와 B 의 하단은 안쪽으로 쏠려 보이고, 상단은 밖 쪽으로 벌어져 보이는 착시가 발생한다. 이들은 실제로는 간격이 같은 곧은 기둥이지만 착시로 인해서 기울어진 기둥으로 보인다. 기둥 C와 D도 마찬가지다. 실제의 기둥 간격은 a=b 이지만 착시로 a>b 처럼 보인다.

다. 교정

건축물 외벽에 기둥이 여러 개 나란히 있는 건축물의 경우, 양쪽 끝에 있는 기둥은 그 상단을 안쪽으로 약간 기울여 곧게 서 있는 기둥처럼 보이게 한다. 만일 양쪽 끝의 기둥을 똑바로 세운다면 착시에 의해서 기둥은 밖으로 벌어져 있는 것처럼 보이기 때문이다. 실제의 사례는 그리스 아테네에 있는 파르테논 신전이다(사진 1-074).

사진 1-074: 파르테논 신전 아테네, 그리스

유네스코 세계문화유산 1호. 기원전 447년에 착공, 기원전 438년에 준공. 그리스 신화에 나오는 아테나 파르테노스에게 봉헌된 이 신전 정면의 가로와 세로의 비는 황금비이고, 기둥 높이와 간격의 비는 9:4 이다. 모든 기둥은 착시현상을 교정하기 위하여 배불림 기법을 사용하였으며. 양쪽 가장자리에 있는 기둥은 상단을 약간 안쪽으로 기울여 똑바로 선 것처럼 보이게 했다.

(5) **도형**에 의한 **착시**

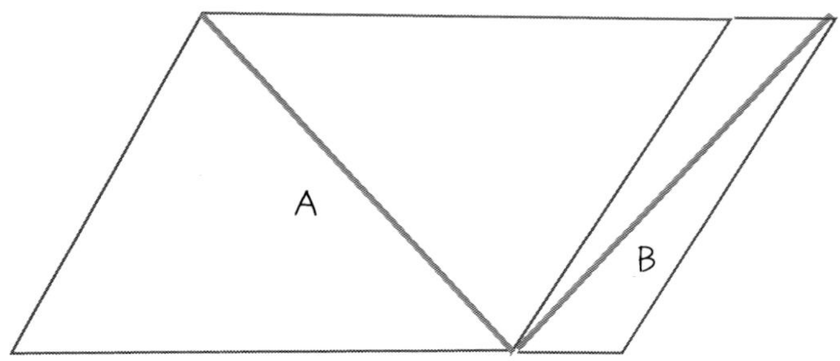

가. **실제**

사선 A 와 B 의 실제 길이는 같다.

나. **착시**

사선 A 와 B 는 주변의 평행 4변형의 크기에 따른 착시로 사선 A 가 사선 B 보다 길어 보인다.

다. **교정**

건축물이나 예술품 창작에서 창작물의 실제 크기처럼 보이게 하기 위해서는 창작물의 크기를 실제와 다르게 교정해야 한다.

(6) **화살표 방향**에 의한 **착시**

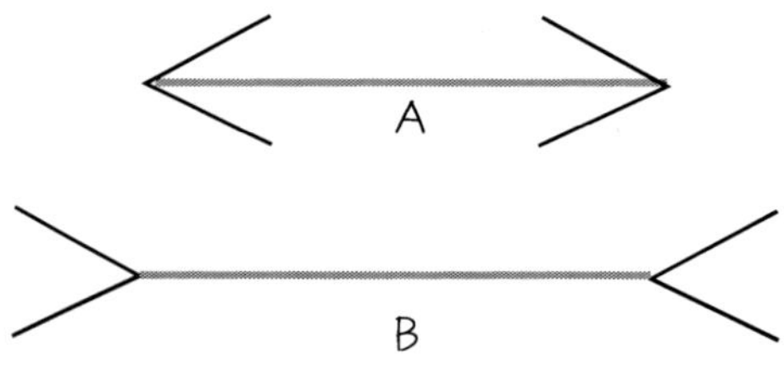

가. **실제**

직선 A 와 직선 B 의 실제 길이는 같다.

나. **착시**

직선 양 끝에 있는 서로 상반된 화살표 방향에 의한 착시로 직선 B 의 길이가 직선 A 의 길이보다 길어 보인다.

다. **교정**

건축물이나 예술품 창작에서 창작물의 실제 크기처럼 보이게 하기 위해서는 창작물의 크기를 실제와 다르게 교정해야 한다.

3. 고소 주거 高所 住居 와 심리적 영향

1) 심리적 불안감

직립보행 直立步行 을 하는 사람은 지표면으로부터 멀리 떨어지면 심리적으로 불안감을 느낀다. 따라서 고층 아파트에서 생활 하는 사람의 경우 심리적 불안감으로 인하여 여러 가지 병적 病的 현상이 유발 되는 것으로 조사되고 있다. 일본국의 사례 연구 보고 내용의 요약은 다음과 같다.

2) 병적 현상

(1) 자연 분만률

5층 이하 아파트 주부의 자연 분만률이 70% 인데 비해, 11층 이상 아파트 주부의 자연 분만률은 40% 에 불과하다.

(2) 성인병 발병률

일반적으로 중년기 이후에 많이 나타나는, 동맥경화, 당뇨병, 암, 심장병, 고혈압 등 소위 성인병의 이병률 罹病率 은, 11층 이상의 아파트에 사는 주민이 5층 이하의 아파트에 사는 주민보다 높은 것으로 조사되었다.

(3) **어린이들의 정서불안**

어린이들의 정서불안은, 11층 이상의 아파트에 사는 어린이가 5층 이하의 아파트에 사는 어린이보다 심한 것으로 조사되었다.

3) 지구 자기 磁氣 의 영향

지구 자력 磁力 의 세기가 사람의 몸에 어떤 영향을 끼치는지에 대해서는 아직 과학적으로 입증된바 없다. 그러나 풍수지리에서는 지기 地氣 가 부족할 경우 사람이 여러 가지 질병에 더 잘 걸린다는 주장이 있다. 다시 말해서 사람은 땅의 기운을 받고 살아야 건강하다는 논리이다. 땅의 기운이란 심리적으로는 느낄 수 있으나 눈으로 볼 수도 없고 과학적으로 입증되지도 않은 자연현상이다. 다만 지구 자기력의 세기가 풍수지리에서 말하는 땅의 기운, 즉 지기 가 아닌지 추측해 볼뿐이다. 지구자기는 독일인 물리학자 가우스 Gauss 가 발견하였으며, 지구 자기력의 세기는, 전자단위 電磁單位 가우스 G 로 나타낸다. 고도와 지역에 따라서 달리 나타나는 지구 자기력의 실제 측정값은 다음과 같다:

-일반지표; 0.5 가우스
-10m 지상; 0.25 가우스
-극지방 지표; 46 가우스

4. 주거 형태의 변천

1) 주거 형태의 진화

어린이들이 무의식적으로 표출한 모체의 자궁 형태에서 진화한 주거 형태는 그림 1-031 과 같다.

그림 1-031: 주거 형태의 진화

출처: *psychology of the house*

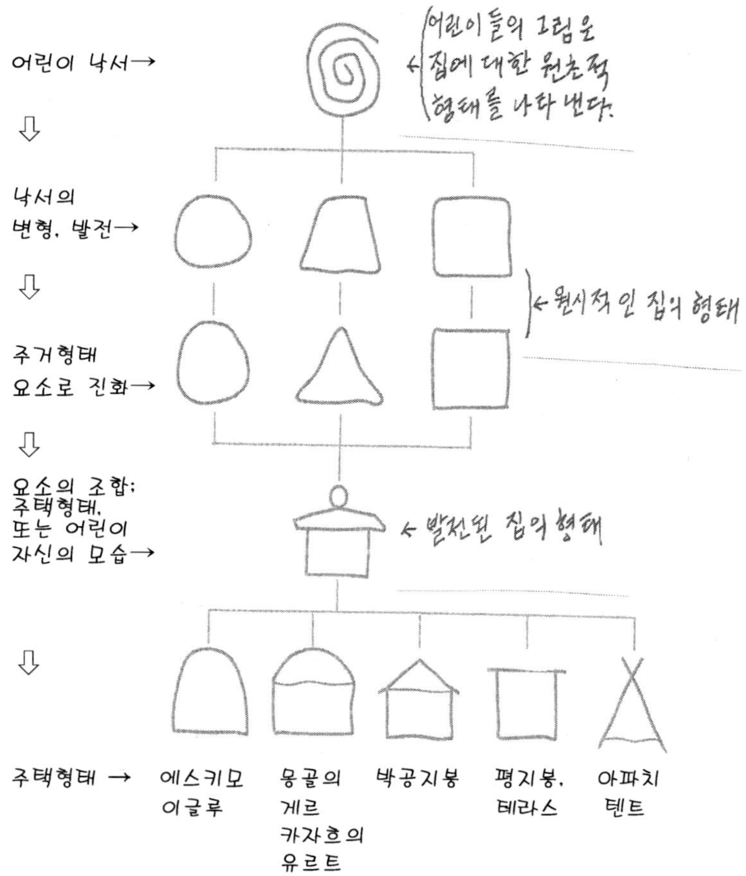

2) 주택 구성 요소의 변천

(1) **주택의 출입문**

주택의 출입문 형태는, 자궁문 → 타원형 → 원형 → 직사각형의 순으로 변천, 발전하였으며 그 사례는 다음과 같다:

-타원형; 어퍼 볼타 Upper Vol-ta 의 원주민 토속주택 출입문, 출입문은 자궁의 문과 매우 유사하며, 개구부 자체는 조잡하지만 그 틀에는 매우 세심한 장식을 했다.

-반타원형; 아프리카 말리 및 네팔 원주민 토속주택 출입문, 자궁문의 변형으로 문의 중요성을 강조하기 위하여 세밀한 장식을 했다.

-원형; 고대 중국 위나라, 수나라 주택의 출입문, 월문 月門, 즉 문-도어 moon-door 라고 부르는 원형이다. 또한 선사시대, 지중해 동쪽의 옛 국가 팔레스타인 Palestine 지역의 무덤의 문 또한 원형이다. 원형의 문 역시 자궁문의 변형이다.

(2) **주택의 지붕**

가. **원초적 진화**

주택 지붕의 형태는, 자궁의 내부형태 → 반구형 半球形 → 각추형 → 원추형의 순으로 변천, 발전하였다. 특히 원추형 지붕은 종교적 의미, 즉 하늘 높이 올라 신에게 좀 더 가까이 가려는 사람들의 간절한 소망 素望 의 표출이다. 지붕의 진화 進化 사례는 다음과 같다:

-반구형; 몽골의 전통 이동주택 게르의 지붕, 콩고의 원주민 주택 지붕, 예멘의 원주민 주택 지붕, 자궁 모습을 연상하게 하

는 반구형 지붕은 주택 안에 있을 때는 자궁 내부에 있는 기분을 느끼게 한다.

-각추형; 사우디아라비아의 유목민 텐트, 아메리카 인디안 아파치 Apache 족의 텐트, 아파치 족의 텐트는 원추형 직전단계의 텐트로서 원추형과 유사하다. 사우디의 유목민 텐트는 벽과 지붕의 구별이 없는 가장 단순한 주택형태의 텐트이다.

-원추형; 알제리 Algeria 의 유목민 텐트, 이탈리아 알베로벨로 Alberobello 주택의 지붕, 알제리 유목민 텐트는 둥근 평면위에 벽을 세우고 그 위에 각角 이진 원추형 지붕을 올렸다.

나. **근대** 및 **현대**의 **지붕**

근대 및 현대의 일반 건축물이나 주택의 지붕 형태는 해당 지역의 기후, 건축재료, 건축기술, 사회적 관습 등에 따라서 달라진다. 우리가 흔히 볼 수 있는 지붕의 종류는 다음과 같다:

가) **모임지붕** 또는 **우진각 지붕**

모임지붕은 지붕면이 4개, 즉 건축물 4면에 지붕면이 있고 귀마루, 즉 내림마루가 용마루에서 만나는 지붕이다. 이 지붕을 우진각 지붕이라고도 한다.

나) **합각지붕** 또는 **팔작지붕**

합각지붕은 지붕 용마루 부분 양 측면에 까치박공, 즉 3각형의 벽이 있는 지붕이다(사진 1-075). 이 지붕을 팔작 八作 지붕이라고도 한다.

사진 1-075: 합각지붕 또는 팔작지붕

사진 상; 한국 전통 기와집 합각지붕의 까치박공, 사진 하; 태백산 정암사 건축물의 팔작지붕 정면

다) **박공지붕** 또는 **맞배지붕**

박공지붕은 2개의 경사 지붕면이 용마루에서 만나, 건축물 측벽에 삼각형을 만드는 지붕이다(사진 1-076). 이 지붕을 맞배지붕이라고도 한다.

사진 1-076: 박공지붕 애틀랜타 주택단지, 조지아, 미국

라) **삿갓지붕** 또는 **네모지붕**

평면이 정방형인 건축물의 지붕으로, 4개의 추녀마루가 지붕 꼭대기에서 만난다.

마) **평지붕**

건축물에 평평한 지붕면이 1개인 지붕이다. 겨우 빗물이 흘러나갈 수 있을 정도의 아주 약한 물매를 갖는다.

바) **솟을지붕**

건축물의 지붕위에 또 다른 지붕의 일부를 한층 높게 올린 지붕이다(사진 1-077).

사진 1-077: 솟을지붕 전통 기와집 솟을대문, 한국

사) **외쪽지붕**

건축물에 한 개인 지붕면을 한쪽으로 물매를 잡아 경사지게 만든 지붕이다.

아) **눈썹지붕**

용마루에서, 크기가 다른 2개의 지붕면이 만나 삼각형을 이루는 지붕이다. 2개의 지붕면 중 하나는 크고 다른 하나는 작다.

자) **망사르드 지붕**

망사르드 mansarde 지붕은 건축 벽면 1개당 물매가 다른 지붕면, 즉 이중 물매의 지붕면이 있는 지붕이다. 이 건축물에는 모두 8개의 지붕면이 있다(사진 1-078). 망사르드는 프랑스 건축가의 이름이다.

사진 1-078: 망사르드 지붕 주거용 호텔, 비쉬, 프랑스

차) **꺾인지붕**

건축물의 지붕면이 4개이며, 물매가 이중으로 된 지붕이다. 망사르드지붕의 일종이다.

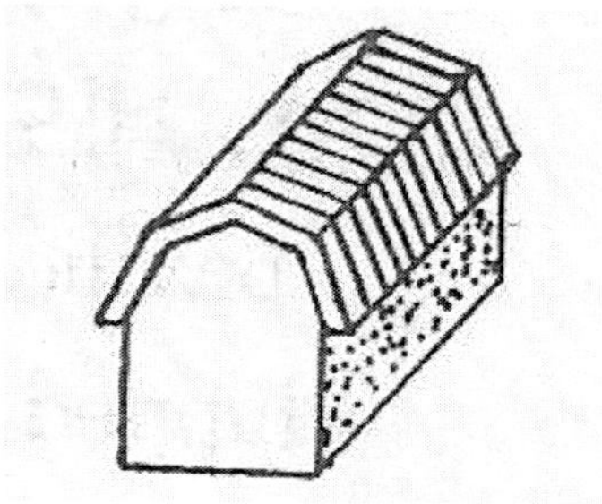

카) **버터플라이지붕**

지붕 생김새가 마치 나비, 즉 버터플라이 butterfly 가 날아다니는 모습을 한 지붕이다.

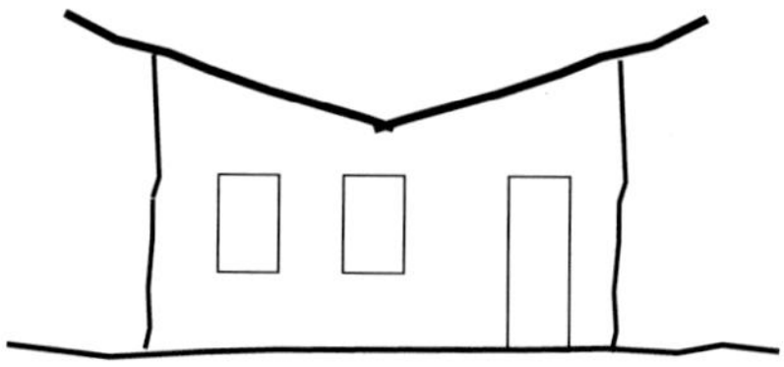

타) **톱날지붕**

지붕 형태가 톱날처럼 생긴 지붕으로, 주로 공장 건축물의 지붕으로 쓰인다.

파) **돔지붕**

반구형 半球形, dome 으로 된 지붕이다(사진 1-079).

사진 1-079: 돔지붕 대성당의 세례당, 피사, 이탈리아

하) **쉘지**붕

쉘 shell, 즉 조가비 형태의 지붕이다(사진 1-080).

사진 1-080: 쉘지붕 오페라 하우스, 시드니, 오스트레일리아

프리캐스트 콘크리트 갈비뼈 골조에 백색 타일을 붙여 쉘 모양으로 만들었다. 사진 상; 시드니 시내를 향한 오페라 하우스 정면, 사진 하; 바다를 향하고 있는 오페라 하우스 후면

갸) **볼트지붕** 또는 **반원통지붕**

볼트 vault 지붕 또는 반원통 半圓筒 지붕이란 원통을 반으로 잘라낸 형상의 지붕이다(그림 1-032).

그림 1-032: 볼트지붕 리조트 호텔, 이까, 뻬루

뻬루, 이까 ICA 에 있는 리조트 호텔, "라스 두나스 Las Dunas: 모래언덕" 의 객실 배치도. 객실 지붕이 볼트지붕이다.

냐) 비정형 지붕

현대 최신식 건축물들은, 과거 정형 지붕 양식을 벗어나 3차원 모델링 기술을 이용한, 지금까지 보지 못했던 괴이한 형태의 지붕을 갖는다(사진 1-081).

사진 1-081: 비정형 3차원 지붕 구겐하임 미술관, 빌바오, 스페인

제 5 장
자연환경과 주거 특성

1. 지구, 태양 및 우주

1) 우주 및 지구 대기 大氣

(1) **우주**의 **정의**

천문학에서 개괄적으로 정의하는 우주란 천체 天體 를 비롯한 만물을 포용하는 물리학적 공간을 말한다. 여기서 천체란 우주 공간에 떠 있는 온갖 물체, 즉 항성, 행성, 위성, 혜성, 성운 星雲, 우주먼지 등을 통틀어 이르는 말이다. 좀 더 좁은 의미, 즉 지구 표면으로부터의 고도를 기준으로 우주를 정의 한다면, 국제항공연맹 FAI; Fédération Aéronautique International 은 고도 100km 인 "카르만 라인" 을 넘어선 공간을 우주라고 했다. 카르만 라인이란, 미국의 물리학자 "시어도어 폴 카르만 1881~1963" 이 1950년대에 제시한 라인, 즉 대기가 희박하여 비행기가 날수 없는 고도를 말한다. 한편 미국항공우주국 NASA; National Aeronautics and Space Administration 과 미국 공군에서는 고도 80km 이상을 비행한 조종사를 우주비행 조종사로 인정한다. 현재 우주에 떠있는 국제우주정거장은 약 400km 상공에서, GPS Global Position System 위성은 약 2만km 상공에서 그리고 정지궤도 위성은 약 3만6000km 상공에서 지구를 공전하고 있다.

(2) **지구 대기**와 **우주**의 **경계**

지구 대기와 우주의 경계를 명확하게 나누는 기준은 없지만 많은 과학자들은 비행기가 하늘을 날 수 있는 한계 고도, 즉 지표로부터 100km 상공의 경계면을 지구 대기와 우주의 경계로 구분한다. 비행기가 하늘을 날 수 있는 원인은 날개 주변에서 대기의 저항으로 발생하는 "양력 揚力" 때문이다. 그러나 고도가 점차 높아지면서 대기가 희박해지면, 양력이 거의 발생하지 않아 비행기는 날 수 없다. 그러나 만일 대기의 존재 여부로 지구 대기와 우주의 경계선을 정한다면 그 경계선은 1000km 까지 올라간다.

(3) 우주 공간 과 우주 속도

우주 공간이란 항성 또는 행성 사이의 공간으로, 모든 일반 비행기가 날 수 있는 한도 보다 높은 공간을 말한다. 한편 우주 속도 宇宙速度 란, 인공위성이 지구 표면에서 우주 공간으로 날아가는데 필요한 속도를 말한다.

가. 제1우주속도

인공위성이 지구 주위를 도는데 필요한 속도로, 초속 7.91km 이다.

나. 제2우주속도

제2우주속도란 인공위성이 지구인력을 벗어나는데 필요한 속도로, 초속 11.19km 이다.

다. 제3우주속도

제3우주속도란 인공위성이 태양계를 벗어나는데 필요한 속도로, 초속 16.65km 이다.

2) 지구 대기층 및 지구 구조 構造

(1) 지구 나이

지구의 나이에 대해서는 서기전부터 현대에 이르기까지 수많은 철학자. 신학자, 과학자들 간에 수많은 논쟁이 있었다. 서기전 4세기 철학자 아리스토텔레스는 무한대라 했고, 서기전 1세기 철학자 루크레티우스는 지구의 나이는 아주 짧을 것이라 했다. 17세기의 신학자이며 대주교였던 제임스 어셔는 성경 해석에 따라 지구의 나이를 6천여 년이라 했다. 19세기에 등장한 과학자들은 1억년이라 했고, 생명의 진화과정을 생각한 찰스 다윈은 수억 년은 된다고 했다. 1950년대 중반 미국 시카고 대학의 클레어 패터슨은, 운석의 방사능 연대 측정법, 즉 애리조나 주에 떨어진 운석에 남아있는 우라늄과 납의 양을 측정해 지구의 나이는 45.5억년이라 했다.

(2) 지구 대기층

대기층 大氣層 이란 지구 표면 위로 대기 大氣 가 겹겹이 싸여 있는 층을 말한다. 이고, 대기는 지구 인력에 끌려 지구의 표면을 둘러싸고 있는 기체이다. 소위 우리가 말하는 공기 空氣 는 지구 대기층의 하층 부분을 이루고 있는 무색, 투명한 기체로서 산소와 질소를 주성분으로 하여 소량의 아르곤, 헬륨 등 불활성 가스와 이산화탄소를 포함하고 있다. 대기층, 다시 말해서 대기권 大氣圈 은 대류권, 성층권, 중간권, 열권으로 분류된다.

가. 대류권

대기층의 최하층 부분으로 지표면으로부터 9km 높이, 또는 16km 높이까지의 공간을 대류권이라 한다. 이 권역에는 지구 전체 대기 질량의 80%가 집중되어 있으며, 대기현상, 즉 기온 변화, 강수량, 바람 등이 발생한다.

나. 성층권

성층권은 대기층 중 비교적 안정된 공기층으로, 지표면으로부터 높이 10km 에서 55km 까지 사이의 대기층을 말한다. 대기가 안정되어 있는 성층권은 비행기의 항공로이다. 일반 여객기의 항공로는 대개 고도 10km 정도이다. 성층권에는 오존 ozone

을 많이 포함하고 있는 오존층도 있다. 오존층은 대개 지표상에서 20~25km 사이의 대기층에 형성되어 있다. 오존층은 사람을 비롯한 모든 생물에 해로운 태양의 자외선을 반사, 흡수한다.

다. 중간권

중간권은 지표면으로부터 50km 또는 55km 이상, 80km 또는 100km 까지의 대기층이다. 중간권에서는 높이 올라갈수록 대기가 희박해져 기상현상이 발생하지 않을뿐더러 양력도 점차 감소하여 비행기의 정상적인 비행도 불가능하다.

라. 열권

열권은 지표면으로부터 100km 이상 1000km 까지의 진공에 가까울 정도로 대기가 희박한 대기층이다. 오로라 현상이 발생하는 대기층도 열권이다.

(3) 지구 구조 構造

지구는 대기층, 지각, 맨틀 mantle 및 핵 등으로 구성되며 그 상세는 다음과 같다(사진 1-082).

가. 지각 地殼

지각, 즉 지구 껍질이란 지구 표면을 뒤덮고 있는 단단한 암석층을 말한다. 지구 껍질의 두께는, 깊은 바다 속 바닥에서의 두께는 6~7km, 대륙에서의 평균 두께는 32km, 알프스 산맥의 높은 산봉우리에서는 100km 에 이르기 까지 매우 다양하다.

나. 맨틀 mantle

지구의 지각과 핵 사이에 있는 중간층으로, 지표면으로부터 100km~2900km 깊이에 있다. 맨틀 층 내부의 온도는 3700℃ 이고, 성분은 82% 가 흙이다. 맨틀 층은 다음과 같이 3개 층으로 구성 된다:

사진 1-082: 지구 구성 요소

1. 지각, 2. 연성체 층 맨틀, 3. 점이암 층 맨틀
4. 고형체 층 맨틀, 5. 액상의 외핵 층, 6. 고형체 내핵

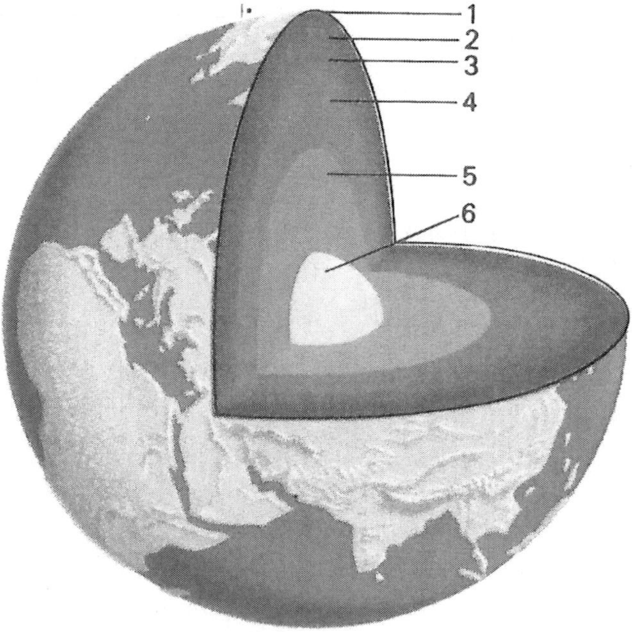

가) **연성체 층** 軟性體 層

지표면에서 100km~250km 사이, 가소성 可塑性 이 있는 연성 물질로 된 맨틀 층이다.

나) **점이암 층** 漸移岩 層

지표면에서 250km~700km 사이, 경성과 연성의 중간물질로 된 맨틀 층이다.

다) **고형체 층** 固形體 層

지표면에서 700km~2900km 사이, 경성 물질, 즉 고체로 된 맨틀 층이다.

다. 핵 核

지구의 중심인 핵은 유동체와 고형체로 되어 있으며, 내부 온도는 4300℃ 이다. 지구 핵의 주요 구성 물질, 즉 원소는 철 Fe 이며, 핵 중량의 대부분, 즉 90.8% 를 차지한다.

가) 외핵 外核

지구 중심, 즉 핵의 밖 쪽을 둘러싸고 있는 층으로서, 액체 상태인 연성 軟性 물질, 즉 유동체로 되어 있다. 지표면으로 부터 2900km~5000km 사이에 있다.

나) 내핵 內核

지구 중심 그 자체로서. 경성 硬性 물질, 즉 고형체로 되어 있으며, 지표면에서 5000km~6371km 사이에 있다. 지금 까지 프랑스에서 측정된 지구의 적도 반경은 6371km 이다. 반면 우리나라에서 통용되는 지구 적도 반경은 6378.4km 이다. 기원전 273년~192년에 생존 했던, 에라토스테네스가 측정한 지구 직경은 12,631km, 즉 반경은 6315.5km 였다.

3) 태양계 및 태양

(1) 우주 및 태양계

우주는 헤아릴 수 없을 정도로 많은 은하계로 이루어 졌으며, 또한 은하계는 수많은 태양계로 이루어졌다. 태양계 太陽系 는, 태양을 인력중심 引力中心 으로 하여 운행하고 있는 천체의 집단이다. 지구가 속한 태양계는 8개의 행성과, 이에 딸린 32개의 위성 및 1600개 이상의 소행성, 혜성, 유성 등으로 구성되어 있으며, 초속 217km 의 맹렬한 속도로 은하계 공간을 날아간다.

또한 우주에는 이론상으로만 존재했던 블랙홀도 있다. 모든 빛을 흡수하여 촬영이 불가능하다고 생각했기 때문이다. 그러나 전 세계 13개국 연합의 블랙홀 탐사 프로젝트팀의 200여명의 과학자들은 하와이, 미국 애리조나, 멕시코 시에라네그라, 칠레, 남극, 스페인피꼬벨레따 등지에 있는 8대의 전파망원경을 동시에 작동, 2017년 4월5일부터 14일까지 10일 동안에 블랙홀 관측에 성공했다면서, 2019년 4월10일 국제학술지 "천체물리학저널레터스"에 블랙홀의 실제 모습을 공개했다(사진 1-083). 블랙홀의 이미지는 알고리즘 algorism 을 통해 데이터를 서로 맞추고 합성해 도출했다고 한다. 블랙홀은 지구에서 5500만 광년 떨어진 거리에 있고, 질량은 태양의 65억 배이며 그 크기는 380억km 라고 했다.

사진 1-083: 블랙홀 이미지

아인슈타인은 1915년 무거운 천체가 자체 중력에 의해 수축, 블랙홀이 된다고 주장, 1916년에는 블랙홀 주변에서는 시공간과 빛이 휘어지고, 그 중심은 검은 형태로 남게 된다는 일반상대성이론 발표, 이 이론은 1919년 개기일식 때 태양 주위에서 빛이 휘는 것이 관찰되어 실험적으로 입증 되었다. 사진은 2019년에 발표한 블랙홀 주위에서 빛이 휜 모습이다.

(2) **태양계의 태양**

지구가 속한 태양계의 전부라고 할 수 있는 태양은, 138억년 전 우주 대폭발 big bang 로 생겨났다고 한다. 태양의 질량은 태양계에 있는 모든 행성, 위성, 소행성, 운석 등의 총질량의 500배이며, 지구 질량의 100만배, 지름은 달의 4백배이다. 태양은 거대한, 고온 가스 덩어리로 자체의 에너지로 스스로 빛을 낸다. 태양의 중심부에서는 1초당 약 5억 톤의 수소가 핵융합 반응을 일으키면서 막대한 양의 열을 방출한다. 태양이 1초 동안 방출하는 열에너지는 지구상의 모든 사람이 100만년동안 쓰는 에너지양과 같은 것이다. 태양의 중심, 즉 태양 핵의 온도는 1500만℃, 표면의 온도는 5500℃ 로 측정되었다. 그런데 이상한 것은 태양열이 표면을 떠나 코로나 corona, 즉 태양의 대기 속으로 진입하면 그 온도가 급격히 올라가는 것이다. 가스 gas 층인 코로나의 온도는 1만℃ 에서 수백만℃ 이며, 그 두께는 수백만 km 에 달한다. 사람들은 이런 자연 현상의 원인을 아직까지 밝혀내지 못하고 있다.

4) 지구 자전 및 공전

지구는 항성 恒星 인 태양을 중심으로 자전 自轉 과 공전 公轉 을 한다. 태양은 우주 속에서 일정한 위치에 고정되어 있으며, 지구는 우주 속에서 한줌도 안 되는 태양계에 속하는 행성 行星 이다. 지구의 자전 및 공전 상세는 다음과 같다.

(1) **지구 자전**

지구는 지축 地軸 을 회전축으로 하여 자전한다. 지축의 남쪽 끝이 지리학적 남극점, 즉 진남 眞南 이고 북쪽 끝은 북극점, 즉 진북 眞北 이다. 지구의 자전축은, 지구의 공전궤도 수평면 쪽으로 23도 27분 기울어져 있다(그림 1-033). 지구의 자전 주기, 즉 지구가 스스로 한 바퀴 도는데 필요한 시간은 23시간 56분 4.0905초 이다. 지구 자전과 관련된 용어는 다음과 같다.

그림 1-033: 지구 자전축 및 자북, 자남

지구 자전축은 지리학적 남극점 眞南 과 북극점 眞北 의 연결선이고, 나침자오선은 나침반의 자북 磁北 ,N극 과 자남 磁南, S극 의 연결선이다. 현재 지구 자북의 위치가 갈수록 빨리 이동하면서 지구 자기장에 변화가 일어나고 있음이 확인되었다. 자북의 이동으로 지구자기장이 요동치면서 선박 등의 항해에 영향을 주고 있다.

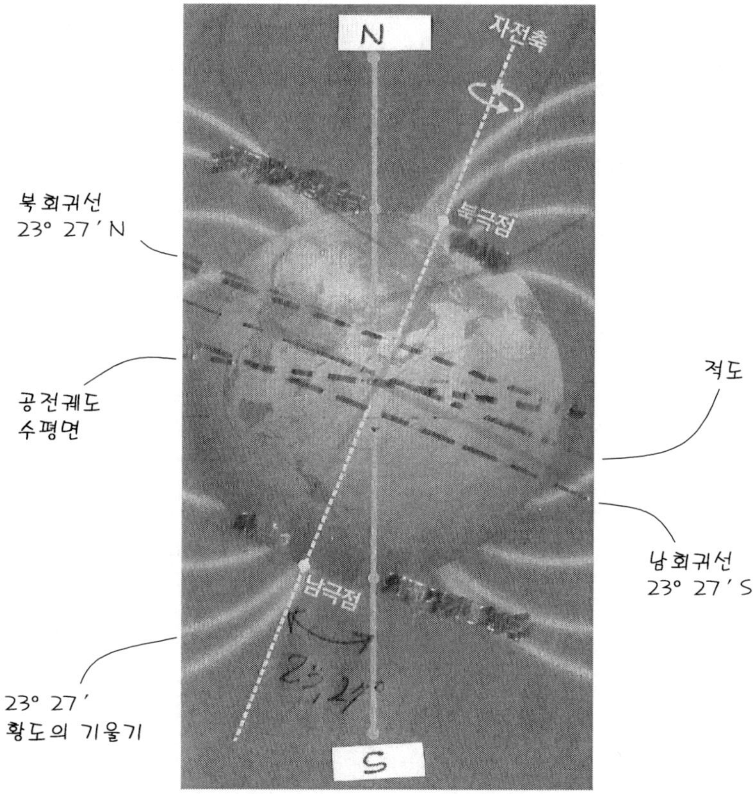

가. 법선

지구가 공전할 때 태양 빛이 지구 표면에 수직으로 떨어지는 범위는 북회귀선과 남회귀선 사이이다. 이처럼 태양광선이 지표면에 만나는 점으로부터 그 면에 수직으로 그은 선을 법선 法線 이라고 한다.

나. 남회귀선

남회귀선 南回歸線, 즉 동지선 冬至線 은 남위 23도 27분의 위선 緯線 이다. 태양 빛이 수직으로 동지선에 떨어지는 때를 북반구 北半球 에서는 동지 冬至, 남반구에서는 하지 夏至 라고 한다.

다. 북회귀선

북회귀선 北回歸線, 즉 하지선 夏至線 은 북위 23도 27분의 위선이다. 태양 빛이 수직으로 하지선에 떨어지는 때를 북반구에서는 하지, 남반구에서는 동지라고 한다.

라. 적도

위도 緯度 가 0 인 곳이 적도 赤道 이다. 적도는 지구의 중심 重心 을 지나는 지축 地軸 에 직각인 평면과 지표가 교차되는 선이다. 적도 지역은 지표면에 수직으로 떨어지는 태양 빛의 강도가 가장 큰 지역이다.

마. 황도

황도 黃道 는 지구에서 본 태양의 왕복궤도이다. 그러나 태양은 항성이므로 왕복운동을 한다는 것은 착각에 의한 것이다. 실제로 황도는 지구가 자전 및 공전을 함으로서 생기기 때문이다. 지구의 자전 및 공전으로 인하여, 수직의 태양 빛은 남회귀선에서 출발하여 적도를 지나 북회귀선에 이른 후, 다시 적도, 북회귀선으로 돌아가는 왕복운동을 반복한다. 이때의 태양 빛의 왕복운동 경로를 황도라고 한다.

바. 태양광도

지구 표면에 수직으로 떨어지는 태양 빛의 강도를 태양광도 太陽光度 라고 한다.

사. 지구촌의 낮과 밤

지구의 자전과 공전으로 인하여 지구촌에는 지역과 계절에 따라서 길이가 서로 다른 낮과 밤이 생긴다. 지구가 자전할 때 지구 표면이 태양 쪽을 향해 있을 때는 낮이고, 그 반대의 경우는 밤이다.

아. 제트기류 및 난기류

태양열을 받아 더워진 지구는 자전하면서 제트기류 jet stream 를 만들어 낸다. 제트기류는 태양의 열기와 지구의 자전으로 인해 만들어지는, 구불구불한 띠 모양의 강한 기류 氣流 이다. 이 기류는, 지구의 중위도 中緯度 상공, 즉 대류권 상층부인 지상 8km~10km 사이의 공간에서, 좁고 강한 기류로 발달하며, 그 풍속은 시속 100km~250km 이다. 제트 기류는 극지방의 찬 공기와 열대지방의 더운 공기가 만나 만들어 진다. 제트기류는 지구 자전 방향에 따라, 항상 서쪽에서 동쪽으로 부는 편서풍이다. 제트기류는, 극지방의 빙하가 빨리 녹거나 지표면이 뜨거워지면 약화된다. 제트기류의 약화는 대기의 이동을 막아 고기압 블럭킹 blocking 현상을 유발한다. 다시 말해서 제트기류는 기상이변, 즉 이상 異常 한파나 초여름 폭염을 일으키는 원인이기도 하다. 우리가 비행 도중 가끔 만나는 난기류 turbulence 도 제트기류에 의해서 발생한다. 물론 맑은 날 생기는 청천 晴天 난기류는, 강한 기류가 높은 산맥을 넘을 때 생기지만, 난기류는 보통 대류권과 성층권의 경계면 interface 에서의 강한 제트 기류로 인해 주변의 공기가 교란될 때 나타난다.

자. 지구 자기장

지구 자기장 磁氣場 이란 지구의 자력 磁力, 즉 지구 자석의 힘이 작용하는 공간이다. 지구의 자력은 지구 핵 중량의 대부분을 차지하는 액체상태의 철에서 나온다. 액상 液狀 의 철은 지구가 자전할 때 생기는 회전력으로 자력 磁力 을 뿜어내어 지구 자기장을 만든다. 자력은 지자기축의 북쪽 지표면 끝, 즉 자북극

磁北極 에서 뿜어져 나와 남쪽 끝, 즉 자남극 磁南極 으로 빨려 들어간다. 즉 지구 자기장 북극과 지구 자기장 남극 사이에서, 자석의 S극과 N극이 서로 끌어당기는 것과 같은 힘이 작용하는 것이다. 이때 생성되는 자력선에 의한 힘의 공간을 자기장이라고 한다.

가) **자기장**의 **역할**

지구 자기장은 태양풍 太陽風 을 막아 지구에 대기와 물을 생성하게하고 우주방사선의 방패역할을 한다. 지구 자기장은 태양, 또는 태양계 밖으로부터 침투해오는 고에너지 방사선 입자를 차단하여 지구 생명체를 보호해준다. 그럼으로, 자기장을 만들어 주는 철은 지구 생명의 근원이라 할 수 있다. 태양풍은 태양으로부터 방출되는 자기장이 딸린 프라즈마 plasma 의 흐름이다. 프라즈마는 고도로 전리 電離 되어 있는 기체상태의 전기적 중성을 띤 거대한 입자 집단이다.

나) **자기장**의 **활용**

자기장의 자료 data 는, 선박이나 항공기의 항로나 위치를 파악하는 항법 시스템이나 지구상의 위치를 파악하는 시스템, 즉 GPS Global Position System 에 활용된다.

다) **자기장 변동**

자기장은 지구 외핵에 있는 액상인 철의 움직임에 따라서 발생하는데, 이 움직임에 오차가 생겨 자기장이 급변하는 일이 발생하고 있다. 다시 말해서 1900년에 북위 70도 선에 위치하던 자북이 2000년에는 북위 80도선으로, 그리고 2020년에는 북극해를 지나 시베리아로 향할 것으로 예측된다. 현재의 연간 이동속도는 55km 이지만, 이 속도는 30년 전보다 3배나 빨라진 것이다. 이런 현상이 지속된다면, 향후 1000년 이내에 지구의 S극과 N극이 서로 뒤바뀔 가능성도 제기되고 있다. 지구의 S극과 N극이 뒤바뀌면, 항법 시스템이나 GPS 가 먹통이 되고, 철새 등의 귀소 본능에도 문제가 생긴다.

라) **자기장 교란**과 **재난 발생**

자기장이 교란되어 태양풍을 막지 못한다면, 대규모 정전 사태가 발생하고 전류의 흐름에 이상이 생겨, 전자 장비를 갖춘 차량이나 각종 전자 기기가 오작동을 일으키거나 파손된다. 더욱이 지구의 자기장이 소멸되면 지구로 침투해오는 우주방사선을 차단하지 못하므로 지구 대기가 소멸되어 지구 생물은 멸종된다.

(2) **지구 공전**

가. **지구 공전 주기**와 **사절기**

지구는 자전하면서, 동시에 공전 公轉, 즉 태양의 둘레를 일정한 주기로 한 바퀴 돈다. 지구 공전궤도에서의 태양과 지구 사이의 거리는 최장 1억5천200만km, 최단 1억4천700만km 이다. 즉, 지구의 공전 궤도는 원형에 가까운 타원형이다. 지구는 이런 궤도를 따라 평균 365일 6시간 9분 9초마다 반복해서 태양의 둘레를 돈다. 그러나 태양년 tropical year 의 평균 태양일은 365.242195일, 즉 365일 5시간 48분 45.5초이다. 이 태양일은 지구가 태양의 둘레에 원형궤도를 그리면서 같은 속도로 태양을 한 바퀴 돈다는 가정아래 산정한 것이다. 지구의 자전 및 공전에 따르는 사절기의 특성은 다음과 같다.

가) **춘분** 및 **추분**

매년 춘분 春分 때와 추분 秋分 때는 일 년 중 낮과 밤의 길이가 꼭 같아진다. 이때 태양의 지구표면, 즉 적도의 입사각은 직각이다. 지구 북반구에 있는 우리나라에서 춘분은 매년 3월21일 전후이고, 추분은 매년 9월 23일 전후이다.

나) **하지**

북반구에서 하지 夏至 는 여름철인 매년 6월 21일 전후이다. 이때 태양의 지구표면, 즉 북회귀선의 입사각은 직각이다. 그러나 이때가 겨울철인 남반구에서는 동지 6월 21일~24일 이다. 하지 때는 북반구에서 연중 낮의 길이가 가장 긴 날이다. 이때 북극 지방의 5월~7월에는 백야 白夜 가 지속되고, 남극 지방에서는 극야 極夜, 즉 해가 보이지 않는 어둠이 계속된다. 하지 때부터 북반구의 지구 표면은 태양으로부터 가장 많은 열을 받는다. 열을 받아 달구어진 지표면 때문에 몹시 무더운 여름을 맞이하게 되는 것이다.

다) **동지**

북반구에서 동지 冬至 는 겨울철인 매년 12월 21일 전후이다. 이때 태양의 지구표면, 즉 남회귀선의 입사각은 직각이다. 그러나 이때가 여름철인 남반구에서는 하지이다. 동지 때는 북반구에서는 연중 밤의 길이가 가장 긴 날이다. 이때 북극 지방에서는 하루 종일 어둠이 계속되는 극야가, 남극 지방에서는 백야가 지속된다.

나. **지구촌**의 **사계**

온난 기후 지역의 지구촌 사람들은 지구의 자전과 공전으로 생기는 사계 四季, 즉 봄, 여름, 가을, 겨울을 체험한다. 다시 말해서 사절기 四節氣, 즉 춘분, 하지, 추분, 동짓날 의 변화를 느낄 수 있다(그림 1-034). 지구촌 북반구에서는 춘분 및 추분 때는 수직의 태양 빛이 적도에 머무르며, 하지 때는 북회귀선에, 동지 때는 남회귀선에 머무른다. 그러나 남반구에서는 그 반대다.

그림 1-034: 지구의 자전 및 공전 궤도

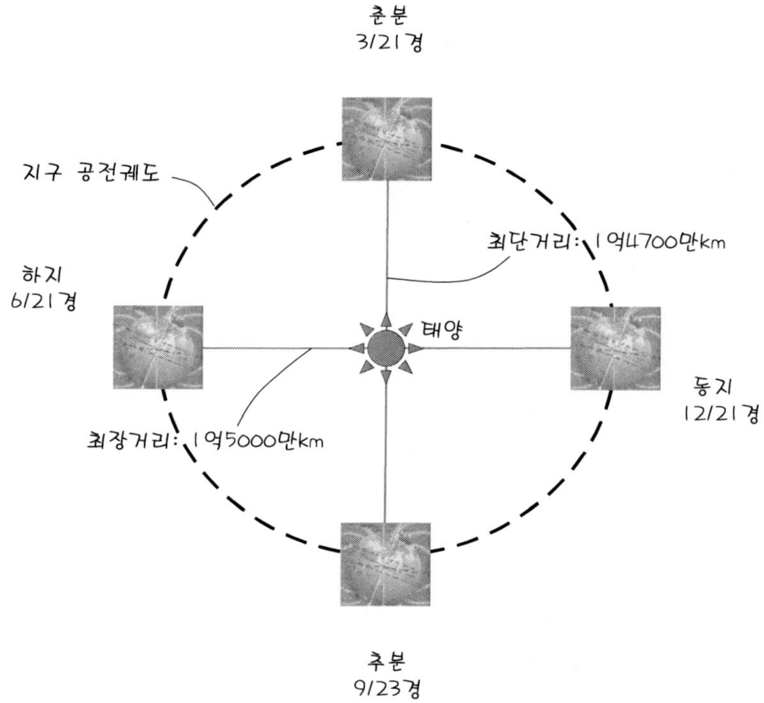

5) 지구 위성, 달

(1) **달의 생성**

지구의 위성인 달 Moon 은 약45억 년 전 우주공간을 떠돌던, 화성 크기의 떠돌이 천체가 지구에 충돌하면서 튕겨져 나간 파편들로 형성되었다고 한다.

(2) **동주기 자전** 및 **궤도**

지구 주위를 도는 달의 공전 궤도는 타원이며, 달은 자전 및 공전주기가 같은, 이른바 "동주기 자전 同週期自轉" 위성이다. 달의 공전주기를 27.32일로 계산한 경우도 있으나, 고대 이슬람 세계에서는 달의 변화주기, 즉 만월에서 만월까지의 기간을 29.53059일로 계산했다. 달은 공전 및 자전주기가 같기 때문에 지구촌 사람들의 육안 肉眼 으로는 항상 달 표면의 앞면, 정확히 말하면 전체 달 표면적의 59% 만을 볼 수 있으며 뒷면 41%는 볼 수 없다. 달은 지구 주위를 돌면서 자전 및 공전의 순간 속도가 달라지고, 지구 자전축에 따라서 계절마다 상하좌우로 진동한다.

(3) **달**의 **별칭** 別稱

달은 지구촌 사람들이 맨눈으로 볼 수 있는 가장 큰 천체이다. 달은 지구에서 가장 가까운 거리, 즉 지구로부터 평균 38만 4400㎞ 떨어진 우주 공간에 있다. 그러나 달은 스스로는 빛을 내지 못한다. 사람들이 볼 수 있는 달은 햇볕을 받아 밝게 반사되는, 빛의 산란에 영향을 받는 달의 반쪽 구면 球面 이 변화하는 모습이다. 달의 모습은 지구의 자전과 공전 및 달의 공전에 따라서 주기적으로 달라지지만 사람들은 언제나 달의 반쪽 면만 볼 수 있을 뿐이다. 사람들은 주기적으로 변하는 달의 모습을 차례대로 초승달, 상현달, 보름달, 하현달, 그믐달이라 불렀다. 초승달은 음력 陰曆 매월 초 며칠 동안 보이는 달이고, 상현달은 음력 7~8일경, 보름달은 음력 15일, 하현달은 음력 22~23일경에 그리고 그믐달은 음력 매월 맨 마지막 날에 보이는 달이다. 사람들은 상현달과 하현달을 반달이라 불렀다. 특히 보름달은 색깔과 크기에 따라서 블루 문, 블러드 문, 수퍼 문, 미니 문 등으로 불렀다(사진 1-084).

사진 1-084: 블루 문과 블러드 문
왼쪽 아래쪽 달이 블루 문이고 오른쪽 위쪽 달이 블러드 문이다.

가. 블루 문

태양력 太陽曆 에서, 아주 오랜만에 한 달에 두 번 뜨는 보름달을 블루문 blue moon 이라 한다. 보름달이 한 달에 두 번 뜨는 경우는 19년에 7번, 즉 2~3년에 한 번꼴이다. 이런 현상은 태양력에서 2월을 제외하면, 한 달은 30~31일인데 반하여 달의 변화주기, 즉 음력의 한 달 평균은 29.53059일이기 때문에 일어난다. 보름달은 한 분기 分期 에 세 번 뜨는데 원래는, 이 세 번째 뜨는 보름달을 블루 문이라고 했었다. 그런데 어떤 특정 분기에는 보름달이 네 번 떴기 때문에 혼돈이 생긴 것이다. 아주 오랜만에 한 달에 두 번 뜬 보름달을 블루 문이라 한 것이다. 이 경우, 블루문은 문자 뜻 그대로 푸른빛을 띠는 달 또는 우울한 달이라는 의미는 아니고 매우 오랜만에 뜨는 달이란 뜻이다. 블루 blue 는 푸른, 우울한 이라는 뜻 이외에도, 매우 오랜 기간의, 포르노 porno 의, 빨간 머리의, 배신의 뜻 등 매우 다양한 의미를 갖는다. 한편 블루문이 문자 뜻 그대로 푸른 달인 경우도 있다. 화산 폭발이나 대형 산불이 발생하여 연기와 재가 하늘을 뒤 덮었을 때는 실제로 달은 오랜 기간 동안 푸른빛을 띠었다는 기록이 있다. 달에 얽힌 이야기는 동서고금 東西古今 을 막론하고 무척 많다. 특히 보름달에 대한 동양 사람들의 인식은 풍요의 상징이지만, 서양 사람들에겐 보름달은 늑대인간을 떠올리는 불길함의 상징이다.

나. 블러드 문

블러드 문 blood moon 은 문자 뜻 그대로 달이 붉게 보이는 자연 현상이다. 개기월식 皆既月蝕 이 일어나 지구 그림자가 달을 완전히 가리면 달은 보이지 않고 깜깜해야한다. 그럼에도 불구하고 달이 붉게 보이는 이유는, 태양빛이 완전히 차단되지 않고 대기층에서 산란 현상을 일으키기 때문이다.

다. 수퍼 문과 미니 문

수퍼 문 super moon 은 보름달 중에서도 가장 크고 밝게 보이는 달이다. 달의 공전궤도가 타원이기 때문에 생기는 천체의 현상이다. 달이 지구와 가장 가까이 있을 때 보이는 수퍼 문의 실제 크기는, 가장 멀리 있을 때의 미니 문 mini moon 보다 14%가량 더 크고, 밝기는 30%정도 더 밝다고 한다.

2. 기후대, 식생대 및 주거 특성

1) 기후대 氣候帶

지구 기후대는 강수량, 기온, 일조량, 대기습도, 바람 등의 기후 조건에 따라서 5가지 기본 기후대로 분류된다. 이런 기후 조건들은 사람의 생리작용과 주거 생활에 직접적인 영향을 끼친다. 지구의 5가지 기본 기후대는 다음과 같다.

(1) 극지 極地 기후대

남극 및 북극 대륙 지역, 겨울철 평균기온은 영하 30℃, 여름철은 10℃ 이다. 연평균 강수량은 278㎜ 이다.

(2) 한랭 기후대

캐나다와 러시아 북부, 그리고 스칸디나비아 지역이다. 겨울철은 평균 영하 13℃, 여름철은 18℃ 이다. 연평균 강수량은 460㎜ 이다.

(3) 온난 기후대

가. 해양성 기후대

캐나다, 미국 대서양 연안, 뉴질랜드 남섬, 칠레 남부, 서부유럽 등지이다. 겨울철 평균기온은 5℃, 여름철은 16℃ 이고, 연평균 강수량은 1048㎜ 이다.

나. 대륙성 기후대

동유럽, 미국 동부, 극동 지역 등이 여기에 해당한다. 겨울철 평균기온은 영하 9℃, 여름철은 평균 22℃ 이다. 연평균 강수량은 805㎜ 이다.

다. 반건조 기후대

미국 서부, 러시아 남부 지역이다.
겨울철 평균기온은 0℃, 여름철은 22℃ 이다. 연평균 강수량은 346㎜ 이다.

라. 건조 기후대

중국 북부와 몽골 지역이 여기에 해당한다. 겨울철 평균기온은 영하 5℃, 여름철은 30℃ 이다. 연평균 강수량은 96㎜ 이다.

(4) 아열대 기후대

가. 다습 多濕 기후대

아르헨티나, 우루과이 동부, 중국, 미국 동남부 지역이다. 겨울철 평균 기온은 15℃, 여름철은 26℃ 이다. 연평균 강수량은 1135㎜ 이다.

나. 지중해성 기후대

유럽 남부 및 아프리카 북부의 지중해 연안 지역이다. 겨울철 평균기온은 12℃, 여름철은 26℃ 이다. 연평균 강수량은 512㎜ 이다.

다. 반건조 기후대

아프리카 남부, 남아메리카 남부, 북아프리카의 지중해 연안, 이락, 이란 등의 지역이다. 겨울철 평균기온은 10℃, 여름철은 32℃ 이다. 연평균 강수량은 140㎜ 이다.

라. 건조 기후대

사하라 사막 북부, 미국 남서부 사막, 오스트레일리아 남부사막, 아프가니스탄 사막, 사우디아라비아 중부 사막 지역이다. 겨울철 평균기온은 18℃, 여름철은 35℃ 이다. 강수량은 거의 없다.

(5) 열대 기후대

가. 여름철 다습 기후대

남아메리카 중동부, 아프리카 중남부, 동남아시아, 오스트레일리아 북부 지역이다. 겨울철 평균기온은 15℃, 여름철은 22℃이다. 연평균 강수량은 835mm 이다.

나. 적도 기후대

브라질 북부, 인도네시아, 아프리카 중서부 지역으로 사계절 구별이 거의 없는 상시 여름철 지역이다. 연평균 기온은 28℃이며, 연평균 강수량은 2313mm 이다.

다. 건조 기후대

사하라 사막 남부, 오스트레일리아 북부 사막, 예멘 사막, 인도 사막, 파키스탄 사막 지역이다. 겨울철 평균 기온은 18℃, 여름철은 35℃ 이며, 강수량은 거의 없다.

2) 식생대 植生帶

지구는 식물의 생장 生長 특성에 따라서 8개의 생물, 즉 동식물 지리학적 지역으로 분할된다. 대규모 식물군 植物群 은 국지기후 局地氣候 의 원인이 되며, 사람의 주거 환경에도 많은 영향을 끼친다.

(1) 툰드라 tundra 및 산악 식생대

고산지대나 극지방, 즉 북극해 연안의 동토 凍土 및 늪지대의 식물군으로 이끼, 지의류 地衣類, 선태식물 등이 여기에 속한다. 지의류는 수분이 적은 나무껍질이나 바위 등에 붙어서 산다. 이 식생대는 일 년 내내 거의 얼음으로 뒤 덥혀 있지만, 여름철에는 잠시 일부 지표면만이 녹는다(사진 1-085).

(2) 사막 식생대

강수량이 거의 없는, 모래와 바위로 이루어진 식생대로 식물의 식생은 거의 불가능하다(사진 1-086).

사진 1-0085: 툰드라 및 산악 식생대

사진 1-086: 사막 식생대

(3) 프레리 prairie 식생대

북미의 미시시피 강 연안 식생 지역이다(사진 1-087). 강수량은 적지만. 연중 고른 강수량과 계절에 따른 기온차가 있어 땅이 비옥하므로 광활한 목초지가 조성된 지역이다. 경작과 목축에 적합하다.

(4) 사바나 savanna 식생대

아프리카 서부에서 남부에 이르는, 열대와 아열대의 비가 적은 광활한 초원이다(사진 1-088). 프레리 식생대보다 큰 목초가 밀생하며. 관목도 점점이 자란다.

(5) 북반구 한랭 식생대

북부 유럽, 시베리아 중부, 캐나다 북부 등의 아한대 지역에 분포하는 한랭 침엽수로 이루어진 삼림지대이다. 즉, 타이가 taiga 식생대 이다. 타이가는 여름이 짧은 반면, 겨울은 길고 혹독하다(사진 1-089).

사진 1-087: 프레리 prairie 식생대

사진 1-088: 사바나 식생대

사진 1-089: 북반구 한랭 식생대

(6) **열대림 식생대**

적도 지역인 브라질의 아마존 강 유역, 아프리카의 자이레 강 유역, 인도차이나 및 인도네시아 등지의 식생대로, 고온 다습한 기후의 열대 밀림 습지대이다(사진 1-090).

(7) **온대림 식생대**

유럽, 중국, 미국 동부 등 대부분의 지역이 주거지와 농경지로 개발된 식생대 이다(사진 1-091).

(8) **지중해 지역 식생대**

일 년 내내 대체적으로 온난한 기후가 지속되는 식생대로, 포도와 올리브가 잘 자란다(사진 1-092).

사진 1-090: 열대림 식생대

사진 1-091: 온대림 식생대

사진 1-092: 지중해 지역 식생대

3) 기후 및 지역에 따른 주거 특성

기후는 지리적, 물리적 원인에 따라서 달라진다. 기후는 생물의 지리적 분포에 영향을 끼치며, 기후 요소, 즉 기온, 강수량, 바람 등은 사람의 주거 형태에 영향을 끼친다. 기후와 지역에 따른 주거 특성은 다음과 같다.

(1) **극지** 및 **한랭기후 지역**

가. **기후환경 특성**

가) **겨울철**

극지 및 한랭기후 지역의 겨울철은 매우 길고 혹독하다.

나) **여름철**

극지 및 한랭기후 지역의 여름철은 아주 짧다.

나. **주거 특성**

극지 및 한랭기후 지역에서, 열손실을 최소화하기 위한 주택 형태는 다음과 같다:

-반구형; 주택 체적에 비해 외피 면적이 최소
-창문과 문; 크기 및 수량 최소화, 열손실의 주요 통로
-지붕; 둥근 형태, 열손실 최소화에 유효

(2) **온난기후 지역**

가. **기후환경 특성**

가) **겨울철**

온난기후 지역의 겨울철은 한랭기후 지역처럼 매우 춥고 건조

하다.

나) **여름철**

온난기후 지역의 여름철은 다습기후처럼 매우 덥고 습하다.

나. **주거 특성**

온난기후 지역에서는 겨울철과 여름철이 매우 상반되는 기후를 갖기 때문에 주택 형태의 최적화가 어렵다. 이 지역에서는 여름용 주택과 겨울용 주택을 별도로 짓는 것이 최상이겠지만 현실적이지 못하다. 우리 조상들의 주택, 즉 여름철 생활공간과 겨울철 생활공간이 함께 있는 전통한옥의 형태는 이런 기후에 최적이다. 온난기후 지역에서는 주택 주변에 나무를 심거나 채양을 설치하여 열환경을 조절하는 것이 합리적이다. 이 지역에서 적합한 주택 형태는 다음과 같다:

-여름철; 환기가 잘되고, 열의 방사가 용이한 형태
-겨울철; 열 熱 획득이 용이한 형태

(3) **건조** 및 **반건조 기후 지역; 아열대** 및 **열대**

가. **기후환경 특성**

가) **겨울철**

아열대 및 열대기후 지역 중, 건조 지역 및 반건조 지역의 겨울철은 짧고 온난하며 강수량이 적다.

나) **여름철**

아열대 및 열대기후 지역 중, 건조 지역 및 반건조 지역의 여름철은 길고 건조하며 타는 듯한 더위가 지속되지만 강수량은 적다.

나. **주거 특성**

아열대 및 열대기후 지역 중, 건조 지역 및 반건조 지역에 적합한 주거 형태는 다음과 같다:

-지붕; 평지붕, 강수량 적음

-외부 벽체; 매우 두껍고, 외부 표면에는 흰색 페인트 칠, 태양의 복사열 방사

-안뜰; 분수 및 연못 설치, 물이 기화 氣化 하면서 주위의 열을 빼앗아 집안 서늘

(4) **다습** 및 **적도 기후 지역; 아열대** 및 **열대**

가. **기후환경 특성**

아열대 및 열대기후 지역 중, 다습 지역 및 적도 지역은 일년 내내 온도가 높고 습기가 많으며 강수량이 많지만 자연통풍은 거의 안 된다.

나. **주거 특성**

아열대 및 열대기후 지역 중, 다습 지역 및 적도 지역에 적합한 주거 형태는 다음과 같다:

-주택 지붕; 높고 물매 급함, 많은 열기와 강수량에 대비

-주택의 1층 바닥; 지표면에서 일정 높이 떨어지게 설치, 습기 방지, 자연 환기 필요

-벽과 지붕; 통풍성이 우수한 재료 필요

-동쪽과 서쪽 창; 폭이 좁은 직사각형 수직 창, 햇볕의 침투는 억제하고 햇빛의 침투는 충분하게

-남쪽과 북쪽 창; 다소 큰 직사각형 수평 창을 벽의 위쪽에 설치, 방안의 열기 상승 후 배출 되게 한다.

3. 자연과 사람 및 주거 환경

1) 자연과 주거 환경

사람을 비롯한 모든 생명체가 존재하는 공간은 자연 및 사회 환경의 제약을 받는다. 사람의 주거공간은 주어진 자연, 인문 사회적 환경의 제약 속에서 지속적으로 계승 발전해 왔다. 사람의 주거공간인 주택의 외부 및 내부 공간은 자연 환경의 제약을 받는다.

(1) 주거공간의 제약 요소

사람의 주거공간은 자연의 열, 빛, 음 에너지 및 인문, 사회적 환경에 따라서 제약을 받는다.

가. 자연환경 제약 요소

가) 기후 요소

기후 요소, 즉 기온, 기압, 바람, 습도, 구름, 강수 등은 주거 공간의 형태에 많은 영향을 끼친다. 특히 사막지대의 모래 바람에 의한 소음과 먼지, 중국에서 불어오는 편서풍을 타고 오는 황사와 미세먼지, 프랑스 남부 지중해 연안 지역의 겨울철 알프스 산맥을 타고 내려오는 건조하고 강한 바람 mistral 등은 주거 공간의 형태를 결정짓는 주요 요인이다.

나) 지리적 요소

지리적 요소, 즉 위도, 경도, 고도, 지형, 해류, 수륙의 분포 등은 기후 요소를 좌우하는 기후 인자이며, 이들은 주거 공간의 방향, 형태 등의 결정에 영향을 끼친다.

나. 인문, 사회 환경 요소

사람의 생리, 심리, 관습 등에 따라서 유발되는 인류 문화, 즉 오락, 위생, 교육, 그리고 교통, 상공업 시설 등의 사회적 제약 요소에 따라서 주거 공간의 형태는 달라진다.

(2) 주거 환경 조절

가. 기후 요소의 조절

사람은 넓고 큰 위대한 자연 속에서, 기후 요소를 감지한다. 그러나 그런 요소들을 감지하는 강도는 사람의 거주 지역 및 심리 상태에 따라서 달라진다. 예를 들어, 일 년 내내 햇볕이 내려 쪼이는 사막에 사는 유목민들에게는 햇볕은 기피의 대상이지만, 일 년의 반을 어둠 속에서 사는 북극 지역의 주민들에게는 햇볕은 기다림의 대상이다. 쾌적한 주거 환경 조성을 위한 기후 요소의 조절은 지역과 사람에 따라서 달라진다.

나. 자연 및 인문, 사회 환경 요소의 조절

사람의 주거 환경은 물리적 자연 환경과 인문, 사회적 환경인자, 즉 사람의 심리 및 생리 등을 적절히 조절하여 개선 할 수 있다. 특히 자연 환경 인자, 즉 열, 빛, 음, 바람, 습기, 진동, 조망 등의 조절을 통해서 주거 환경을 개선 할 수 있다.

가) 열, 빛, 음 환경의 조절

열 환경은 건축물의 외피, 일조량, 식생, 온도, 습도 등을 조절하여 개선 할 수 있고, 빛 환경은 인공조명, 자연채광 등의 조절 등을 통하여 개선 가능하다. 끝으로 실내 소음, 소음 원, 소음의 특성 등을 연구하여 소음을 감소시킴으로서 쾌적한 소리 환경을 창출 할 수 있다.

나) 자연 환경과 주택 내부 공간의 조절

주거 공간 내부의 편안함과 안정감은 사람의 정신적, 심리적 상태를 지배하며, 자연 환경은 사람의 육체적 생리작용 生理作用

을 지배한다. 주택 내부 공간을 제약하는 인문 및 사회적 인공환경은 인위적으로 조성된 교통, 문화, 오락, 위생, 상업, 공업 시설 등이다. 주택 내부 공간의 질, 즉 쾌적함과 편리함을 결정하는 요소는 실내 장식 및 가구, 가전제품 등의 각종 생활 집기 什器 가 조화를 이루는 적절한 배치와 온도, 습도, 조도, 소음 등의 적절한 조절이다.

다) **자연환경**과 **주택 외부 공간**의 **조절**

주택 외부 공간을 제약하는 자연 환경은 자연 상태 그대로의 기후, 식생 植生 및 지세 地勢 , 즉 땅의 생긴 형세 등이며, 이들을 조절, 쾌적한 주거환경을 만들 수 있다.

2) 사람의 욕구와 주거공간

사람과 주거공간의 관계는 지각적 知覺的 문제로서, 물리적, 사회적 주거공간 속에서 어떤 행위를 하거나, 감각 기관을 통해서 자극을 받음으로서 주거 공간에 대한 반응이 나타난다. 주거공간에 대한 만족할 만한 반응은 그 속에서 사람이 생리적 욕구, 안전에 대한 욕구, 심리적 욕구 등을 충족 했을 때 나타난다.

(1) **생리적 욕구**

사람의 생리적 욕구란 식사, 수면, 호흡, 배설, 휴식 등에 대한 바램이다. 주거공간은 사람의 생명활동에 필요한 생리적 욕구를 충족하기에 필요하고도 충분한 조건을 갖춰야 한다.

(2) **안전** 및 **심리적 욕구**

안전에 대한 욕구는 환경오염으로 부터의 안전, 사고로 부터의 안전 등에 대한 사람의 바램이다. 심리적 욕구란 사람의 봉사 활동, 사교, 육체적 운동, 자기 존재의 확인, 사생활의 확보 등에 대한 바램이다. 주거 공간은 인간의 안전 및 심리적 욕구를 충족시킬 수 있어야 한다.

3) 도시와 주거 환경

좋은 주거 환경은 건강한 육체를 만들고, 건강한 육체는 건전한 정신을 낳는다. 쾌적한 주거 환경이란 자연적 조건과 인문사회적 조건이 잘 조화된 환경이다. 아름다운 산과 물이 있어야 하고 생리 生理, 즉 생 生, 노 老, 병 病, 사 死 의 생명 현상이 좋고, 인심이 좋아야 좋은 주거 환경이다. 그러나 오늘날 대도시 주거 환경은 대기오염, 수질오염, 소음, 일조권 침해, 조망권 침해, 전파방해, 진동 등의 환경 공해로 가득 차있다. 쾌적한 도시 환경을 만들기 위해서는 공해 방지는 물론, 상하수도, 전기, 가스등의 공급 시설과 교육, 문화, 상업, 서비스, 위락, 위생, 녹지, 도로 등의 시설도 완비해야 한다.

4. 열환경과 주택 형태

1) 열 획득 및 손실

열은 고온에서 저온으로 이동하며, 그 현상은 다음과 같다.

(1) 전도 傳導

전도는 열이 물질의 한 부분으로부터 점차 다른 부분으로 옮겨가는 현상이다. 다시 말해서 고온의 고체 물질 분자로부터 저온의 고체물질 분자로 열이 전달되는 현상이다. 쇠막대에서의 열의 이동은 좋은 실례이다.

(2) 대류 對流

대류는 열기 熱氣 로 인해서 유동체 流動體, 즉 물이나 공기 등이 아래위로 뒤바뀌면서 열이 움직이는 현상이다. 온돌 난방이나 목욕탕 물 데우기는 대류의 좋은 실례이다.

(3) 복사 輻射

복사는 열이 물질의 한 부분으로부터 사방으로 내쏘여지는 현상이다. 다시 말해서 서로 떨어져 있는 두 물체, 즉 고온의 물체 표면으로부터 저온의 물체 표면으로, 공간을 통해서 열이 전달되는 현상이다. 태양이나 난로 표면으로 부터의 열방사 熱放射는 좋은 실례이다.

2) 주택 면적, 체적과 열적 특성

주택의 열 획득 및 손실을 적절히 조절하기 위하여 우선적으로 고려해야 할 사항은 주택의 외피면적, 즉 표면적과 체적이다. 주택의 열 손실이나 획득의 조절은 주택 주변에 열 조절에 적합한 나무를 심는 방법으로도 해결 가능하다.

(1) **주택 표면적**과 **체적**

체적이 같은 주택이라면 외피 면적이 작은 주택이 열 손실이이나 획득의 영향을 적게 받는다. 반면 그 반대인 경우에는 열 손실이나 획득의 영향을 크게 받는다.

가. **체적**에 비해 **외피 면적**이 작은 **주택**

열 보존이 잘되는 주택으로 복사 및 대류에 의한 열 손실이나 획득의 영향이 적다. 극지방에 적합한 주택 형태이며 온난 기후 지역에서는 겨울철 별장용으로 적합하다.

나. **체적**에 비해 **외피 면적**이 큰 **주택**

열 보존이 잘 안 되는 주택으로 복사 및 대류에 의한 열 손실이나 획득의 영향이 크다. 열대 및 아열대 지방에 적합한 주택 형태이며 온난 기후 지역에서는 여름철 별장용으로 적합하다.

(2) **주택 형태**와 **외피 면적**

주택의 체적이 모두 동일하다고 가정할 경우에, 직육면체 형태 長方形 주택, 정육면체 형태 正方形 주택 및 반구 형태 半球形

주택의 체적 V_1, V_2, V_3 및 표면적 S_1, S_2, S_3 는 각각 다음과 같이 계산 된다:

가. **직육면체 형태**

$V_1 = 20m \times 10m \times 5m = 1000m^3$

$S_1 = 2 \times \{(10m \times 20m) + (10m \times 5m) + (5m \times 20m)\} = 700m^2$

나. **정육면체 형태**

$V_2 = 10m \times 10m \times 10m = 1000m^3$

$S_2 = 6 \times (10m \times 10m) = 600m^2$

다. **반구 형태**

$V_3 = \frac{1}{2} \times (\frac{4}{3} \times \pi r^3) = 1000m^3$,

여기서 $r \fallingdotseq 7.8173m$

$S_3 = \{\frac{1}{2} \times (4 \times \pi r^2)\} + \pi r^2 = 3\pi r^2 \fallingdotseq 576m^2$

(3) **주택의 외피 면적 비**

가. **피로티** pilotis **형태**

피로티 형태, 즉 고상식 高床式 주택은 바닥이 지표면에서 일정 높이에 떠있어, 주택의 외피가 모두 대기에 노출되는 경우이다. 위의 계산에서 반구 형태 주택의 외피 면적을 100이라고 가정하면 직육면체 형태 주택 및 정육면체 형태 주택의 외피 면적의 비는 다음과 같다:

외피 면적 $S_1 : S_2 : S_3 = 700 : 600 : 576$
$= 122 : 104 : 100$

따라서 열 손실을 최대한 억제해야하는 실용적 주택 형태로는 정육면체 형태의 주택이 바람직하다. 따라서 직육면체 형태는 여름철 별장용 주택에 적합하고, 정육면체 형태는 겨울철 별장용 주택에 합당하다. 이론상 최적의 에너지 절약형 주택은 반구 형태이지만 실용성이 떨어진다.

나. 접지 接地, slab-on-grade 형태

주택의 바닥면이 지표면에 접착되는 경우이며, 바닥면은 인공 단열재를 사용하여 시공하므로 열 손실이 매우 적다. 이 경우 직육면체 형태 및 정육면체 형태 주택의 외피 면적은 같아지므로 반구 형태 주택이 효율적이다. 주택 외피 면적에서 바닥 면적을 제외하는 경우의, 직육면체 형태, 정육면체 형태 및 반구 형태 주택의 외피 면적 비는 다음과 같다:

외피 면적 비 $S_1 : S_2 : S_3$

$$= (700-200) : (600-100) : (576-192)$$
$$= 500 : 500 : 384$$
$$= 130 : 130 : 100$$

그러나 온전한 반구형은 현실적으로는 실용성이 떨어지므로, 반구 형태 주택은 5각형과 6각형 조각을 구형 球形 으로 짜 맞춘 형태, 즉 지오데식 geodesic 구형으로 개발되어, 실용화 되었다. 그 종류는 8분의3 구형, 2분의 1 구형 그리고 8분의5 구형 등이다.

(4) 식생 植生 과 주택의 열환경

가. 지표면의 잔디

지표면이나 평지붕에 잔디를 심어 여름철에 지표면으로부터 방사되는 복사열을 감소시켜 주택의 열 환경을 조절한다.

나. **낙엽활엽수**

주택 주위에 낙엽활엽수를 심어, 잎이 무성한 여름철에는 햇빛을 차단, 그늘을 만들어 양지와 음지가 생기게 한다. 양지와 음지가 생기면 대기가 이동하여 바람이 일어 주위가 시원해진다. 반면 잎이 떨어지는 겨울철에는 햇볕을 통과시켜 열 획득이 가능하게 한다.

제 6 장
사람과 주택

1. 주택건설 전문화 및 형태

1) 주택건축 업무의 역사적 분화

사람의 생활공간, 즉 주택을 건축하는 주체는 역사적 사건에 따라서 다음과 같이 분화되었다.

(1) **고대 사회**

고대 사회에서는, 사람들은 자신들이 필요로 하는 집을 스스로 건축했다. 집은 작고, 평면과 구조는 단순하였으므로 주택 건축 전문가가 필요하지 않았다. 고대 사회에서는 생활공간 형태의 범화 汎化 가 지속되었으며, 그들이 서로 도와 가면서 주변에서 구할 수 있는 천연의 토속 재료를 사용해서 건축한 주택을 토속주택 또는 자급자족주택이라 한다.

(2) **산업혁명 전후**의 **사회**

산업혁명은 1760년 영국에서 시작되어, 19세기 전 기간을 통하여 네덜란드, 프랑스, 독일 등 거의 전 유럽을 휩쓴 다음 전 세계로 퍼져 나갔다. 이 시기의 산업사회는, 산업현장에 기계가 등장 하여 이전의 가내 소규모 생산의 수공업 체계에서 대량 생산이 가능한 자본주의적 공장 체계로 변했다. 사람의 생활방식은 달라졌으며, 생활공간 역시 진보, 발전했다. 주택 건축에는, 강도가 크고 품질이 우수한 공장 생산 건축자재가 사용되었으므로 주택의 규모는 커지고 양식은 다양화 되었다. 따라서 주택 건축은 더 이상 일반인이 감당할 수 있는 일이 아니었다. 전문 기술을 갖춘 규범적 건축가의 활동이 시작되었으며, 주택 건축은 그들의 전유물이 되었다.

(3) 현대 사회

현대사회에서는, 전자 매개체의 등장으로 각종 정보는 넘쳐나고, 주택 건축 전문기술도 보편화되었다. 사람의 가치관이 다양해지고, 복잡해짐으로서 주택 공간이 개성화되고 분화되면서, 주택 건축에는 건축가와 건축주가 함께 참여하게 되었다.

2) 주택의 기능

주택은 사람의 집단인 가족이 일정기간 집합적으로 머물러 사는 건축물로서 그 중요한 기능은 다음과 같다:

- 맹수나 적으로부터 가족 보호
- 비, 바람, 추위, 더위 등의 혹독한 자연조건으로부터 가족 보호
- 가족 간의 공동체 의식 고취와 단란 도모
- 부부생활 및 자녀양육
- 휴식 및 노동력의 재충전
- 가사활동의 터전
- 재택근무용의 사무실 대용

3) 주택 형태의 다양화

사람의 생활공간 형태는 기후, 지리적 환경 및 인문, 사회적 환경의 제약을 받으면서 다음과 같이 다양화 되었다:

- 원시인들의 동굴 주거, 수상 水上 플랫폼 platform
- 알프스 Alps 산간 지대의 오두막 chalet
- 집시의 포장마차 gypsy van
- 양자강, 메콩강 등의 거룻배
- 에스키모의 겨울 집 이글루 iglou 및 여름 집 투피그 tupig

-북미 北美 아파치 텐트 Apache tent
-아랍인들의 사막용 천막
-몽골 Mongolian 유목민의 게르
-몽골 서쪽 알타이 지방, 카자흐 유목민의 유르트 yourte
-고대 중국인들의 나무 위의 집
-현대의 테라스 주택 terrace house, 아파트 및 오피스텔
-우주인의 우주 정거장 등

2. 주택공간의 분할

사람의 생활 목적, 양식, 거동 擧動 등에 따라서 주택의 공간은 다음과 같이 양분 兩分 된다.

1) 주-생활 主-生活 공간

사람 생활의 기본인 휴식을 취하거나 잠을 자는, 주택의 주된 생활공간이다. 거실과 침실이 여기에 속하며, 전체 주택공간에서 이들이 차지하는 비중은 주택면적의 약 70% 이다.

2) 부-생활 副-生活 공간

사람의 주된 생활을 원활하게 하기 위해서 보조하는 일종의 서비스 공간 service space 이다. 이 공간에서 사람들이 주로 하는 일은 식사, 취미생활, 보건위생 세면, 목욕, 배설 등, 일반가사 식사준비, 설거지, 청소, 세탁, 양육 등, 가정교육 활동 자녀 생활예절 교육 및 학습지도 등, 인터넷 활동 홈쇼핑, 재택근무 등, 손님접대 등이다.

현관, 식당, 부엌, 욕실 및 화장실, 창고, 다용도실, 서재, 응접실, 재택근무 실, 통로, 베란다 veranda, 발코니 balcony 등이 여기에 해당하며, 전체 주택 공간에서 이들이 차지하는 비중은 주택 면적의 약 30% 이다. 가난한 사람들의 거처인 빈민굴의 경우 부 생활공간은 일반적으로 여러 세대가 공동으로 사용하는 공공의 공간이다.

3. 주택공간 밀도 및 면적

1) 주택면적과 산정 기준

(1) 주택면적의 정의

주택면적은, 주생활 공간 면적과 부생활 공간 면적의 합계로 이루어진다. 여기서 편의상, 주생활 공간 면적을 주거면적, 부생활 공간 면적을 서비스 공간 면적이라고 잠정 정의한다. 학문적 목적으로 쓰이는 주택 면적은 벽체 단면적을 제외한 정미 正味, net 면적으로 한다.

(2) 주택 면적 산정 算定 기준

주택 면적을 계산하여 정할 때는 먼저, 벽의 단면적을 포함할 것인지 아니면 순수한 주거면적과 서비스 면적만을 계산 할 것인지를 정해야 한다. 이 문제는 주택면적을 계산하려는 목적에 따라서 기준이 달라진다. 즉, 학문적 연구 목적이라면 순수한 주택면적, 즉 벽체의 안쪽 치수에 의한 정미 正味, net 면적을 계산해야 하고, 건축공사에서 공사비를 산출할 목적이라면 벽체의 단면적을 포함하는, 즉 벽체의 외곽선 치수를 기준으로 하는 면적을 계산해야 한다. 물론 일반적인 경우 벽체의 중심선을 기준으로 면적을 계산하지만 비합리적인 방법이다. 실제 조사 결과에 의하면, 조적조 주택의 경우 벽체 전체의 단면적은 주택 바닥 면적 전체의 12~15% 에 달하는 것으로 밝혀졌다. 또한 우리나라 공동주택의 경우 주택면적은 전용면적과 공용면적으로 분할되며, 전용면적과 공용면적을 합한 면적을 분양면적이라 한다. 여기서 말하는 공용면적이란 입주민들이 공용으로 사용하는 복도, 계단실, 엘리베이터 기계실, 전기실, 청소도구실, 경비실 등의 공용 서비스공간면적을 말한다.

2) 주택공간 밀도

주택공간의 적정 주거 밀도를 이야기 할 때 유념해야할 사항은 가족의 수에 비해 방의 수가 많은 주택에서는 가족들이 동시에 만날 수 있는 기회가 적어 가족 간의 화목을 기대하기 어렵다는 점이다. 주택의 적정 주거 밀도에 관한 기준은 각국의 국민성에 따라서 달리 나타나며 그 사례는 다음과 같다.

(1) **스웨덴** Sweden 과 **캐나다** Canada

가족 1인당 침실 1개 이상의 주택을 적정 주거 밀도의 주택이라고 생각한다.

(2) **프랑스** France

거실 1개, 19세 이상 가족 1인당 침실 1개, 동성 同姓 의 어린이 2명당 침실 1개의 주택을 적정 주거 밀도의 주택이라고 규정한다.

(3) **영국** Great Britain

영국은 공중위생과 사회 도덕성을 강조한 공중위생법 Public Health Act, 1875 에 따라, 1개의 거실과 3개의 침실이 있는 주택을 적정 주거 밀도의 기준으로 정했다. 1951년 영국의 가구당 가족 수가 3.2인 이었음을 감안한다면 75년 전의 입법 기준은 매우 적절했다고 할 수 있다.

3) 주택 침실 및 선호도

어느 시대, 어떤 나라, 어떤 민족을 막론하고 가난한 사람들은 주택 공간의 기능별 구분 없이 대부분 한 개의 방 房 에서 온가족이 모든 종류의 생활을 했으므로, 그들에게 방에 대한 호, 불호를 선택할 여지는 없다. 오늘날에도 동남아, 아프리카, 중남미 오지의 원주민 들은 물론 선진국에서 조차도 가난한 사람들은 주거 공간의 기능별 구분 없이, 방이랄 것도 없는 하나의 구획 공간에서 원시인들과 같은 생활을 하고 있는 것이 현실이다. 그러나 일부 선진국에서의 주택 침실의 선호도는 분명히 나타나고 있으며 그 선호도는 나라와 민족에 따라서 달리 나타난다. 프랑스, 스웨덴, 노르웨이 국민들은 큰 침실이 2~3개 있는 주택을 선호하는 반면, 네덜란드와 캐나다 국민들은 침실의 크기가 작더라도 침실이 4~5개 있는 주택을 선호한다.

(1) **네덜란드** Netherlands 와 **캐나다** Canada

침실의 면적이 작더라도 가족 1인당 침실 한 개를 선호한다.

(2) **스웨덴** Sweden 과 **노르웨이** Norway

가족 2인당 침실이 한 개일지라도 넓은 침실을 선호한다.

(3) **러시아** Russia

침실 면적이 7m² 이면 넉넉하다고 생각한다.

(4) **프랑스** France

침실 면적은 적어도 11m² 는 되어야 한다고 생각한다.

4. 주택의 적정 및 최소 면적

주택의 최소면적은 최소한, 사람의 심리적, 정신적, 육체적 병리현상을 유발하지 않을 정도의 크기로 해야 한다.

1) 최소면적 규준

주택의 최소 바닥 면적과 용적을 확인해 보려는 연구가 오랫동안 수많은 학자, 국제기구, 관련 학회, 국제회의 등에 의해서 시도 되었지만 정답은 없었으며 앞으로도 그럴 것이다. 주택의 최소 용적은 사람이 숨 쉴 때 배출되는 탄산가스 양과 환기 양에 의해서 결정되지만, 아무리 작은 바닥 면적의 주택일지라도 대부분은 최소 용적 기준을 충족한다.

주택의 최소 또는 적정 바닥 면적의 기준은 시대와 지역, 자연 환경과 인문, 사회적 환경, 그리고 개인의 생각 등에 따라 달라진다. 같은 넓이의 침실에 대해서도 어떤 사람은 좁다고 생각하는가 하면, 또 다른 어떤 사람은 넉넉하다고 느낄 수도 있기 때문이다. 따라서 주택의 최소 또는 적정면적은 본질 적으로 공통 기준 설정이 불가능하다. 그럼에도 불구하고 많은 학자, 학회, 전문가, 관련 국제단체, 또는 국제회의는 나름대로의 그 기준과 제안 등을 제시하려 노력하고 있으며 그 내용은 다음과 같다.

(1) 세계가족단체협의회 UIOF

UIOF Union Internationale des Organisme Familliaux 가 독일 쾰른 Köln: 프랑스어는 꼴로뉴 Cologne 회의에서, 최소주택면적 기준, 즉 꼴로뉴 Cologne 기준을 발표했다. 최소주택면적 기준은, 가족 한 명당 16m² + 10% 였다. UIOF 는 회의에서, 3~4인 가족을 위한 3개 침실3Br 주택에서 8인 가족의 6개 침실 6Br 주택에 이르기까지 다양한 규모의 최소주택면적 평균치를 계산한 결과, 대형주택의 경우 가족 한 명당 13.4m², 소형주택의 경우는 18.7m² 라고 발표했다. 이들의 단순산술평균값은 16m² 이며 최대 10% 까지, 즉 17.6m² 까지 상향 조정이 가능하다고 했다. 주택 공간에서 침실과 거실이 차지하는 비중을 70%라고 한다면, 1인당 평균 최대주거면적은 12.3m² 이다.

(2) 건축물과학기술센터 CSTB

프랑스의 CSTB Centre Scientifique et Technique du Bâtiment 는 2개 침실2Br 주택에서 6개 침실6Br 주택에 이르는 각각의 주택에서 20채씩을 선정 조사, 분석한 결과 1인당 평균 주택 면적은 15.73m² 이었으며, 그들 주택 각 실의 평균 면적은 다음과 같다고 발표했다:

- 거실: $18m^2 = 4.4m \times 4.1m$
- 침실: $10.8m^2 = 3.05m \times 3.55m$
- 부엌: $6.6m^2 = 2.0m \times 3.3m$
- 변소: $1m^2 = 0.8m \times 1.25m$
- 욕실: $3.6m^2 = 1.75m \times 2.05m$

(3) 국제현대건축회의 CIAM

1929년 독일, 마임 강변의 프랑크푸르트 Frankfurt am Mein 에서 국제현대건축회의 CIAM: Congrès international à Architecture Moderne 가 있었다. 이 회의에서 각국이 제시한 주 생활공간, 즉 침실과 거실의 합계 면적은, 가족 수에 따라서 일인당 $11.4m^2$~$14.9m^2$ 이었다. 주택 공간에서 침실과 거실이 차지하는 비중을 68%라고 한다면, 1인당 평균주택면적은 $16.8m^2$~$21.9m^2$ 이다.

(4) 블라쉬르의 제안

블라쉬르 G. Blachire 는 소득 계층에 따른, 3인 가족 이상인 가구의 1인당 적정 주택면적을 다음과 같이 제안했다:

- 저소득층 주택: $14m^2$
- 중산층 주택: $18m^2$
- 고소득층 주택: $20m^2$

(5) 숑바르 드 로웨 부부의 제안

1913년 빠리 북부 깡브르헤 Cambrai 에서 출생한 뽈 앙리히 숑바르흐 드 로웨 Paul Henry Chombart de Lauwes 와 1923년 빠리에서 태어난 그의 아내 마리히-조제 Marie-José 는 병리적 病理的 관점에서 연구한 주택면적 기준을 발표했다. 사회학자인 이들 부부는 노동자 가족, 도시주거, 도시, 어린이 정신 병리학 등을 연구한 결과로서 제시한 1인당 주택면적 기준은 다음과 같다:

- $8m^2$ 이하: 병리적 기준으로, 육체 건강과 정신 위생에 지장을 초래
- $14m^2$ 이하: 생활 한계 기준으로, 가족 상호간의 사생활 privacy 침해 우려
- $16m^2$: 적정 주택면적

2) 가족 수와 주택면적

세계가족단체협의회 UIOF 가 독일 쾰른 Köln 회의에서 제시한 가족 수에 따른 최소주택면적 평균값은 표 1-002 와 같다.

표 1-002: 가족 수와 최소 주택면적

가족 수(침실 수)	최소 주택면적(m^2)
3인(3침실)	61.48
4인(3침실)	68.08~71.38
5인(--)	82.37
6인(--)	90.06~95.54
7인(--)	103.22
8인(6침실)	120.78~125.17

3) 주거단위 unité d' habitation

사람들은 각자의 주거공간에서 쾌적하고 안락한 생활을 하기를 바란다. 그런 바람을 이루기 위해서는, 물리적 공간인 주택은 기능에 알맞은 적정 넓이의 각 실을 필요한 수량만큼 가지고 있어야 한다. 그렇다면 기준으로 삼을 만한 적정 넓이의 개별 주택, 즉 주거단위는 어떻게 결정해야 하는가?

주거단위는 가족 수와 사람들의 일상생활 행태를 분석하여 추정할 수 있다. 사람들의 일상생활이란 직업, 연령, 성별 등에 따

라서 조금씩은 달라지겠지만 보통 사람들의 주요 일과는 대체로 근로, 사회활동, 휴식, 수면 등으로 대별된다. 여기서 수면은 사람들뿐만 아니라 모든 생명체가 공통으로 취하는 생리작용이다. 일상적인 삶을 누리는 보통 사람들의 휴식과 수면은 대체로 주택의 거실과 침실에서 이루어진다. 따라서 적정 주거단위 산정은 우선 적정 넓이의 침실과 거실을 결정한 다음 서비스 공간 면적을 추정하는 방식이 타당하다고 생각한다. 그러나 적정 주거단위에 대해서는 지금도 수많은 학자들의 연구와 제안이 있었지만, 모든 사람들을 위한 적정 주거단위 도출은 사실상 불가능한 것이다. 그러므로 단지 유사치 類似値 에 도달해보려는 노력만이 필요할 뿐이다. 선진 각국에서 제안하는 주거단위는 다음과 같다.

(1) **영국** Great Britain

1930년대 영국의, 대부분의 주택 면적은 74.3m² 이하였다. 그러나 2차 세계대전 이후 더들리 보고서 Dudly Report, 1944 의 권고에 따라서 3-침실 주택의 최소 주택 면적은 83.6m² 가 되었다. 1945년~1951년, 잉글랜드와 웨일즈의 3-침실 주택의 평균 면적은 표 1-003 과 같다.

(2) **독일**

통일 이전의 구서독과 구동독의 공공 임대주택의 1인당 주택 면적은 표 1-004 와 같다.

(3) **프랑스**

프랑스 제2공화정 시절, 노동자들은 침실 1~2개에 간이 부엌만이 딸린, 면적 25~27m² 의 매우 좁은 임대 공동주택에서 살았다. 가난한 빠리 노동자들은 한 방에서 온 가족이 함께 살았다. 집안에는 상, 하수도 시설은 물론이고, 세대별 변소도 없었다. 따라서 급수, 배수, 배설, 목욕, 세탁 등의 가사는 공동시설

표 1-003: 영국의 3-침실 주택 평균면적

년 도	평 균 면 적(m^2)
1 9 4 5	91.0
1 9 4 6	95.4
1 9 4 7	97.2
1 9 4 8	97.7
1 9 4 9	98.0
1 9 5 0	97.7
1 9 5 1	95.9

출처: *The Report of the Girdwood Committee, 1948 & 1952*

표 1-004: 독일의 공공임대주택 면적

구 서 독		구 동 독	
년도	주택면적(m^2/인)	년도	주택면적(m^2/인)
1968	25.5	1961	16.8
1978	33.8	1971	20.6
1987	38.3	1981	24.9
-	-	1990	27.6

출처:

1) Statistisches Bundes Amt, *Gebäude und Wohnungs Zählung, 25 October 1968 and 25 May 1987: 1% Wohnungs Stich Probe*
2) Graham Hallet, *The new housing shortage*, Routiedge, London 1993

을 활용해야 했다. 그 후 노동자들의 임대 공동주택의 최소 면적은 30~35m² 로 증가하였으며, 이어서 지속적으로 증가하여 42~48m² 에 이르렀다. 이런 정도의 주택 면적은 당시의 노동자 임대 공동주택으로서는 상당히 넓은 것이었으며, 1903년에는 그 면적이 50m² 이 되었다. 1985년에는 공공 임대 공동주택의 최소면적을 표 1-005 와 같이 규제했다. 4인 가족까지는 1인당 주택 면적은 14m², 용적은 33m³ 이었지만, 5인 가족부터는 1인당 주택 면적은 10m², 용적은 23m³ 씩 추가토록 했다.

표 1-005: 프랑스 공공임대 공동주택 면적 1985

주 택 규 모	최소 면적(m²)
1-침실 주택	18
1.5-침실 주택	30
2-침실 주택	46
3-침실 주택	60
4-침실 주택	73
5-침실 주택	88
6-침실 주택	99
7-침실 주택	114

출처: Jean Peythieu, *Le financement de la construction de logements*, Sirey, Paris 1991

(4) 미국

미국의 연방주택협회 FHA: Federal Housing Association 와 공공주택협회 PHA: Public Housing Association 에서 제안하고 있는 최소 주거면적 기준은 표 1-006, 표 1-007 및 표 1-008 과 같다.

표 1-006: FHA와 PHA의 평균 최소 주거면적

실 명	평균 최소 주거면적(m^2)	
	중산층 가구	고소득층 가구
거 실 부부 침실 자녀 침실(2)	20.6 12.1 9.3~10.2	27.3 18.0 12.3~15.6
계	51.3~53.1	69.9~76.5
가 족 수	4인(부부+2자녀)	
주거 면적/인	12.83~13.28m^2	17.48~19.13m^2

표 1-007: FHA의 최소 주거면적

실 명	주택규모 및 최소 주거면적(m^2)			
	1-침실	2-침실	3-침실	4-침실
거 실	14.9	14.9	15.8	16.7
부부침실	11.2	11.2	11.2	11.2
침실(Ⅰ)	-	7.4	7.4	7.4
침실(Ⅱ)	-	-	7.4	7.4
침실(Ⅲ)	-	-	-	7.4
계	26.1	33.5	41.8	50.1
가족수(인)	2	3	4	5
주거면적/인	13.05	11.17	10.45	10.02

표 1-008: PHA 의 최소 주거면적

실 명	주택규모 및 최소 주거면적(m²)				
	1-침실	2-침실	3-침실	4-침실	5-침실
거 실	13.5	14.4	14.9	15.3	15.8
부부침실	11.6	11.6	11.6	11.6	11.6
침실(Ⅰ)	-	9.3	9.3	9.3	9.3
침실(Ⅱ)	-	-	9.3	9.3	9.3
침실(Ⅲ)	-	-	-	8.4	8.4
침실(Ⅳ)	-	-	-	-	8.4
계	25.1	35.3	45.1	53.9	62.8
가족수(인)	2	3	4	5	6
주거면적/인	12.55	11.77	11.28	10.78	10.47

(5) 일본국

일본국의 최소 및 적정 주택면적 기준은 표 1-009 와 같다.

표 1-009: 일본국의 주택면적

구 분	주 택 면 적(m²)	
	최 소	적 정
1인당	16	29
가구당(4인 가족)	50	86

출처: 1) 하 성규, 주택정책론 1992
2) Statics Bureau, Management and co-ordination Agency, Housing Survey of Japan, 1983

(6) **싱가포르**

1985년 싱가포르의 1인당 공동주택 면적은 16.5㎡ 이었으며, 주택의 평균 면적은 72.6㎡ 였다.

4) 주택 형태 및 선호도

21세기 초 미국의 한 대도시에서 실시한 주택 선호도, 즉 주민의 연령과 가족 수에 따른 주택 형태의 선호도는 표 1-010과 같다.

표 1-010: 가족 구성원과 주택 선호도 21세기 初, 미국

가족 구 성원		선호하는 주택형태*				
		A	B	C	D	E
독 신	35세 이하	O	O	-	-	-
	35세 이상	O	O	-	O	-
무無자녀	젊은 부부	O	O	-	-	-
	늙은 부부	-	O	-	-	-
유有자녀	편 부 모	O	O	O	-	-
	부 부	O	O	-	-	-

*주택형태:
A- 정원이 있는 단독주택
B- 테라스 terrace 가 있는 다세대주택
C- 연립주택
D- 7층 이하 아파트
E- 8층 이상 아파트

5. 택지 선정

택지 宅地 란 집을 지을 수 있는 땅을 말하며, 대지 垈地 또는 부지 敷地 라고도 한다. 택지의 필요, 충분조건에는 자연적 조건과 사회적 조건이 있다. 우리 선조들은 택지를 선정할 때, 풍수지리 風水地理 에 밝은 지관 地官 의 조언을 참조했다.

1) 자연적 조건

택지 선정 시 고려의 대상이 되는 자연적 조건은 지세 地勢, 토질, 지하수위, 강수량, 일조량, 주풍향 主風向, 수해발생 빈도 등이다. 만일 자연적 조건에 거슬리는 택지에 집을 짓는다면 자연재해를 입을 우려가 있으며, 그런 집을 유지관리하기 위해서는 많은 비용을 추가로 부담해야한다. 기후와 식생 또한 안락하고 쾌적한 택지 선정의 중요한 요소이다. 대륙성 온난기후 지역에서의 택지의 특성은 다음과 같다

(1) 택지의 지세

가. 구릉지

북쪽에 낮은 산이나 언덕을 등지고, 남쪽으로는 완만한 경사를 이루는 낮은 구릉지 丘陵地 가 최상의 택지이다. 구릉지란 일반적으로 해발 海拔 300m 미만의 완만한 경사면과 골짜기가 있는 지역을 말한다. 북쪽의 언덕은 겨울철 찬바람을 막아주고 남쪽의 경사면은 일조량이 많고 통풍이 잘된다. 골자기에 물이 흐르는 택지가 풍수지리에서 말하는, 소위 배산임수 背山臨水 의 택지이다.

나. 높은 언덕, 평지 및 저지대

높은 언덕의 택지는 전망은 좋은 반면, 바람이 강하고 대중교통이 불편하다. 평지나 저지대의 택지는 대중교통은 편리하지만 지하수가 스며들어 습기가 찰 우려가 있다. 집안에 습기가 차면

집의 부패는 물론이고 폐렴, 신경통 등 각종 질환을 유발한다. 특히 저지대의 택지는 홍수 피해에 대비해야하는 어려움이 있다.

(2) **택지의 토질 및 지하수위**

가. **택지의 토질**

가) **자연 토질**

택지에 적합한 자연 상태의 토질은 사질토 砂質土, 자갈 섞인 흙, 사암 砂岩 등이고, 점토 粘土, 부식토, 실트 silt 등은 부적합하다. 실트는 모래보다 곱고, 진흙보다 거친 침적토이다. 사질토와 약간의 잔자갈이 섞인 흙은 빗물의 배수가 잘되고 허용지내력이 크다. 반면 실트는 물에 젖으면 죽처럼 흘러내리는 성질이 있으므로 기초 공사 시 특히 유의하여야 한다.

나) **매립지 토질**

매립지의 토질은 매립 후 2~3년이 지나면 단단해 지기 시작하지만, 자연 상태로의 복원에는 10년 이상이 필요하므로 매립시기를 확인해야한다. 매립지는 대개 지하수위가 높으므로 방수에 신경을 써야하고, 매립 상태가 부실할 경우, 부동침하 不同沈下 의 원인이 되므로 기초공사에 유의해야 한다.

나. **지하수위**

택지의 지하수위는 사계절 내내 주택 기초 밑면으로부터 최소 1.5m 이하에 있어야 하지만, 일반적으로 3m 이하가 적당하다. 지하수위는 계절 또는 주변 여건에 따라서 수시로 변하므로 항상 유심히 관찰해야 한다.

(3) 택지의 형상 形狀 과 방향

택지의 형상은, 적정한 주택 배치 및 평온한 정원 공간의 확보를 위해서 황금비 1:1.618 의 직사각형이 가장 이상적이다. 생명의 근원인 햇빛을 고려할 때 택지는 동서 방향이 긴 택지보다는 남북 방향이 긴 택지가 바람직하다. 풍수지리에서는 동대문 東大門, 남향집이 주택 배치의 기본이다. 물론 지구 북반구, 중위도 지역에서의 이야기이다.

2) 사회적 조건

택지에는, 도시계획법이나 건축법 등 각종 관련 법령의 통제를 받는 전기, 통신, 가스, 상하수도 등의 공급시설은 물론, 도로, 대중교통, 상업, 교육, 공공업무, 의료, 문화, 오락 등의 공공 서비스 시설 등이 두루 갖춰져 있어야한다. 또한 택지 주변은 소음이 적고, 대기가 오염되지 않아야 하며, 위험물 시설, 즉 주유소, 엘피지 LPG 저장소, 화공약품 저장소 등은 택지로부터 멀리 떨어져 있어야한다.

6. 건축법령과 주택

1) 주택의 분류 및 특성

(1) 이동성

가. 고정식 주택

한 장소에 고정되어 움직일 수 없는 주택으로 대부분의 주택은 이 범주에 속한다.

나. 이동식 주택

가) 반이동식 半移動式 주택

반이동식 半移動式 주택이란, 주택 생산 공장에서, 침실, 거실, 욕실, 변소 등을 1개 단위 unit 의 부품으로 생산하여, 자동차 또는 기차 등으로 필요한 장소로 옮겨, 필요한 크기로 조립할 수 있는 주택이다. 이 주택은 주로 천재지변 또는 전쟁 등으로 일시로 발생하는 난민, 대형 공사 현장의 노동자 숙소 등으로 쓰인다. 이 주택에는 스스로 움직일 수 있는 자체 동력은 없다. 반 이동식 주택의 원조 중 하나는 유럽의 알프스 산맥 목동들의 산간 山間 주택이다(사진 1-093)

나) 완전 이동식 주택

완전 이동식 주택, 즉 자주식 自走式 주택이란 자체 동력을 갖추고, 스스로 이동 가능한 주택이다. 현대식 코우츠 하우스 coach house, 트레일러 하우스 trailer house, 캐러밴 caravan, 주거용 요트 yacht, 주거용 거룻배 등이 이 범주에 속한다. 주거용 거룻배는 프랑스 빠리의 센강, 홍콩, 태국 방콕의 수상 水上 시장, 캄보디아 및 베트남의 메콩강 등에서 흔히 볼 수 있다. 완전 이동식 주택은 주로 방랑 연예인, 뱃사공, 방랑 연금생활자 등이 사용한다.

(2) 생활양식

사람이 주택 내에서 활동할 때 주로 서서 하느냐 앉아서 하느냐에 따라서 다음과 같이 분류할 수 있다.

가. 한식 韓式 주택

좌식 생활, 유교사상, 가부장적 제도 등의 영향으로 한식주택의 공간에서는 남녀의 구별이 존중되고, 안방이 주생활의 중심이 된다. 그러나 안방은 소극적이고 정적 靜的 인 공간이다. 온돌구조라는 난방방식과 옥외의 변소 등으로 인하여 한식주택에서는 생활 동선이 길어짐은 물론 동선 상에 높낮이가 생겨 불편

사진 1-093: 알프스 산간 목동들의 반이동식 주택

알프스 산간의 목동들은 여름철 양이나 염소 떼를 몰고 이동 할 때 썰매-주택을 사용했다. 썰매주택은 목동들이 그 속에서 잠자고, 짜낸 염소젖을 보관하고, 불을 지필 수 있을 만큼 널찍했다. 연기는 반쯤 열어놓은 출입문으로 빠져나갔다. 사진 상; 불가리아 목동들의 썰매주택, 여러 쌍의 소가 끌고 다닌다. 사진 하; 들-것 형태의 간이 이동주택, 출입문은 목동들을 늑대들의 공격으로부터 보호하기 위해 벽 상단에 수평으로 열 수 있도록 설치되었다.

출처: *Le livre des maisons du monde*

하다. 외형상으로 볼 때 한식구조는 돌 기초 위에 나무기둥을 세우고 보와 서까래를 얹은 다음 초가지붕이나 기와지붕을 씌어 마감했다. 벽은 주로 흙과 돌로 쌓아 올렸고, 온돌 역시 흙과 돌로 축조했다. 돌과 흙은 잠열량 潛熱量 cal / g 이 큰 환경 친화적이며, 우리나라 기후 조건에 적합한 토속 건축 재료이다.

나. 양식 洋式 주택

입식생활, 즉 의자식 생활양식에 알맞게 구성된 서양의 주택이다. 동양에서도 입식생활을 하는 국가는 있다. 신발을 신은 채로 집안으로 들어오므로 주생활이 동적이며 진취적이다. 의자나 침대 등의 가구가 차지하는 공간이 필요하므로 자연히 주택의 규모가 커진다.

다. 절충식 折衷式 주택

한식과 양식의 장점을 취한 주택구조로서 오늘날 대부분의 주택은 이런 구조이다. 주택은 그 시대의 경제수준, 생활관습, 사회제도 등에 맞도록 지어져야 한다. 한식주택은 옛날 우리선조들의 주생활에는 적합했지만 오늘날 우리들의 주생활에는 어울리지 않는 점이 많은 것은 그런 이유 때문이다. 또한 순수한 양식 주택도 우리들의 생활관습과 정서에 배치되는 점이 많다. 따라서 오늘날 우리들의 주생활에 알맞은 주택양식이 필요했으며, 그런 욕구에 부응해서 생긴 산물이 절충식 주택이다.

(3) 소유 주체

주생활을 영위하고 있는 주택의 소유권이 누구에게 있느냐에 따라서 다음과 같이 분류된다.

가. 자가 주택 自家 住宅

자기소유의 주택에서 주생활을 영위하는 경우이다.

나. 임대 주택 賃貸 住宅

주택의 소유권이 임대인에게 있는 주택을 일정기간 동안 임시로 빌려 세를 사는 경우이다. 만성적인 주택 부족으로 주택가격의 폭등이 주기적으로 발생하는 개발도상국의 대도시에서는 임대료가 저렴한 공공임대주택의 활성화가 시급한 과제이다.

(4) 주거용도 및 기능

주택의 기능과 용도에 따른 분류 및 그 특성은 다음과 같다.

가. 주거전용 주택

주택 본연의 목적인 주생활만을 위한 주택이다.

나. 복합기능 주택

주택 본연의 목적인 주거 기능 이외에 상점, 사무실, 공방 등의 기능을 병용하는 주택이다. 복합기능 주택에서는 주생활과 생계를 위한 공간이 미분화 未分化 된 상태로 동일 건축물에 존재한다. 따라서 복합적 기능을 동시에 관리할 수 있다. 대표적인 복합기능 주택은 주상병용 住商併用 주택으로, 가내 수공업공장, 농법, 어업 등의 기능을 겸용하는 주택도 있다. 특히 농어촌 주택의 경우 농업, 어업, 임업 등 생업의 일부 작업이 주생활 공간에서 함께 이루어지므로 주택은 주거생활과 생업활동을 동시에 충족할 수 있도록 지어져야 한다.

(5) 주택의 향 向

우리나라 전통 주택 배치 방향의 정석은 동대문, 남향집, 즉 대문은 동쪽을 향하고 주택 정면은 남쪽을 향하도록 하는 것이다. 그렇지만 여러 가지 제약, 특히 택지의 제약으로 주택의 정면은 동, 서, 남 또는 북쪽을 향할 수밖에 없는 경우가 많다.

(6) 건축물 구조

주택 구조란 주택의 주요 구조 부분을 서로 엮어 한 덩어리를 이루게 하는 체계를 말한다. 주택의 주요 구조부는 기둥, 보, 벽, 바닥, 지붕, 주계단 등이다. 건축공법, 건축구조기술 및 건축재료 등에 따라서 분류되는 주택의 구조 및 그 특성은 다음과 같다.

가. 라멘 Rahmen 구조 주택

철근콘크리트나 철골철근콘크리트구조 주택이 여기에 해당된다. 라멘구조, 즉 라멘조는 일단 시공 후에는 골조의 개조나 해체가 곤란하다. 라멘조 주택은, 주요 구조부가 구조 역학적으로 이어진 곳, 즉 구조 역학적 연결점, 즉 지점 支店 이 없이 일체가 되는 내진, 내화구조이다. 이 구조는 소규모 단독 주택공사용으로는 비경제적이지만 대형 공동주택 건설에는 적합하다.

나. 가구식 구조 주택

가구식 架構式 구조란 주택의 기둥, 바닥, 보 등의 주요 골조를 공사현장에서 직접 조립하는 구조로서, 시공, 개조, 해체가 용이하다. 가구식 구조 주택의 벽은 비 내력벽으로 공간 구획의 기능만을 갖는다. 가구식 구조의 구조 역학적 연결점, 즉 지점에는 이동점 Roller, 회전점 Hinge 및 고정점 Rigid 이 있다. 이동점에는 반력이 1개, 회전점에는 2개 그리고 고정점에는 반력이 3개 있다. 건축 재료에 따른 가구식 구조의 분류는 다음과 같다.

가) 목재 가구식

목재 가구식 주택, 즉 목조 주택은 가연성 可燃性 이 크고 내구성 耐久性 이 적은 단점이 있는 반면, 촉감이 좋고, 시공, 개조, 해체가 용이하다. 또한 목재는 환경 친화적 유기질 재료이므로 건축 폐기물 처리가 용이하다. 우리나라의 전통 민속 주택은 대표적 목조 주택이다. 건축법에서는 목조 건축물의 면적은 3,000m² 이하, 층수는 3층 이하, 높이는 13m 이하, 처마 높이는 9m 이하로 제한하고 있다.

나) 강철재 가구식

강철재 가구식 구조, 즉 철골 구조는 주요 구조부용 L-, I-, H-, T-, Z-형강 재료를 리벳 Rivet, 볼트 Bolt 또는 용접으로 결합, 조립하는 구조이다. 철골 구조는 강도가 크고 불연성 不燃性 이어서 대형 공동주택 공사에 적합하지만 내화성 耐火性 은 부족한 편이다. 따라서 철골 구조 건축물은 500℃ 이상으로 장시간 가열되면 구조적으로 변형이 생기므로, 주요 구조 부재는 일정 두께 이상의 내화피복이 필요하다. 다시 말해서 철골 구조 대형 건축물은 내화구조여야 하며, 방화구조로 해야 하는 경우에는 방화벽 및 방화문을 설치해야 한다.

다. 조적식 組積式 구조 주택

조적 재료인 벽돌, 돌, 블록 등을 쌓아 올려 만든 주택이 조적식 구조 주택이다. 조적식 구조는 전단응력이 약하므로 기초를 견고히 하여 부등침하 不等沈下 가 발생하지 않도록 해야 한다. 조적식 구조는 내진성은 적지만 내화성이나 내구성은 크며, 시공, 개조, 해제가 용이하다. 조적식 구조는 내력벽 구조이므로 외벽에 커다란 개구부, 즉 창이나 문을 만들 때는 건축법에서 정하는 크기를 준수해야 한다. 건축법에서 제한하고 있는 조적식 구조의 내력벽 두께 와 높이 h 의 관계는, 벽돌벽 두께는 h/20, 시멘트블록벽 두께는 h/16, 막돌벽의 두께는 h/15 이다. 또한 내력벽으로 둘러싸인 부분의 바닥 면적은 80m² 이하로 규정하고 있다.

라. 조립식 구조 주택

조립식 組立式 구조 주택, 즉 조립식 주택 pre-fabricated house 이란 공법을 표준화하고, 주택재료를 규격화하여 구조부재를 공장에서 생산한 후, 현장에서 조립하는 주택이다. 기둥과 보는 물론이고, 벽판, 바닥판, 지붕판 등을 공장에서 품질 관리하여 만들고, 이 부재들을 현장으로 운반, 조립하는 방식이므로 작업능률이 높고 정밀시공이 가능하다. 조립식 주택은 대량 생산이 가능하며, 공기를 단축할 수 있고, 많은 인력을 필요로 하지 않기 때문에 경제적이다. 조립식 주택의 재료는 목재, 경량철재, 프리캐스트 콘크리트 pc: precast concrete 등이 주류를 이룬다. 그러나 조립식 주택은 지나친 규격화로 인하여 건축주의 취향을 살릴 수 없다는 취약점이 있어, 디자인 보다는 경제적 측면이 강조되는 공공임대주택 분야에 주로 활용되고 있다.

(7) 건축법령

건축법, 주택건설촉진법 등 주택관련 법령에서 정하고 있는 점유 가구 수, 공적주택건설자금 사용 여부 등에 따라서 분류되는 주택의 종류 및 그 특성은 다음과 같다.

가. 단독주택

가) 개별 단독주택

한 채씩 따로 지은 주택으로 주로 한 가족의 주된 살림집을 말한다. 일반적으로 건축물 한 채에 한 집만 있어 한 가구가 독립적으로 생활할 수 있는 주택이다. 단독주택에서는 전용의 뜰과 출입문을 가질 수 있어 독립적이고 안정적인 주거환경이 확보된다.

나) 다중주택

학생 또는 직장인 등의 다수인이 장기간 거주할 수 있는 구조로 된 건축물로, 3층 이하, 건축연면적 330㎡ 이하, 화재 및 소음 차단 설비가 된 20구획 이하, 구획 당 면적은 12~30㎡ 이어야한다. 다중주택은 하숙집 용도로 쓰인다.

다) 공관

국가 소유의 규모가 매우 큰 독립주택으로 대통령, 총리, 장관, 도지사, 대사 등의 고위 공직자에게 재직 기간 동안 빌려주는 건축물이다.

나. 공동주택

공동주택이란 명칭은 법령상의 용어이고, 관련 학계에서 사용하는 학술용어는 집합주택이다. 공동주택은, 일반적으로 한 동의 건축물 안에 수십 채의 개인 집이 있지만, 각 세대가 한 동의 건축물 안에서 각각의 독립된 주거생활을 영위할 수 있는 구조로 지어진 건축물이다. 각 세대는 대지, 건축물의 벽, 바닥, 지붕, 복도, 계단, 각종 설비 등의 일부 또는 전부를 공동으로 사용한다. 공동주택에서는 각 세대마다 전용의 뜰은 없지만 공동의 넓은 안뜰과 주차장 등의 편의시설 확보가 용이하여 생활의 질은 높아진다.

주택은 원래 단독주택이 기본이었으나 오늘날 사회, 경제적 등 여러 가지 이유로 공동주택의 비중이 커가고 있다. 공동주택에서는 주택의 유지관련 상의 편의성은 있지만 개인의 사생활이 침해될 우려가 있다. 대도시의 도심에서는 대지를 구하기도 어렵고 고가인 관계로 공공, 상업, 업무용 등의 고층 건축물이 혼재한다. 대도시 도심은 경제, 사회적으로 단독주택에게는 불리한 환경이므로 도심에서는 자연히 고층의 공동주택이 증가하고 있는 추세이다. 소위 아파트라고 불리는 공동주택은 토지활용의 효율성 때문에 대도시 주거의 기본형태가 되었다. 도심의 고층 아파트는 고주거밀도 高住居密度 를 유발하여 주거환경을 악화시키는 역기능 逆機能 이 있지만, 도시의 평면적 확산을 억제하고 교통, 상하수도, 전기, 가스, 통신 등의 각종 공공시설의 효율성을 높여주는 순기능도 있다.

가) **아파트**

아파트 apartment 는 현대사회에서 가장 보편화된 공동주택의 한 형태이다. 법령에서 정하고 있는 아파트는 5층 이상의 주거용 건축물로서 세대별로 소유권이 주어진다. 아파트를, 미국과 영국에서는 닭장 chicken coop, 프랑스에서는 토끼장 case de lapin 으로 부르기도 한다.

나) **연립주택**

건축물 한 동당 건축연면적이 660m² 초과, 20가구 이상, 4층 이하의 건축물로서, 세대별 분양이 가능하다.

다) **다세대 주택**

가구별 분양이 가능하여, 가구마다 일정한 독립공간에 대한 소유권이 인정된다. 가구 규모에 상한선이 없는 2가구 이상의 공동주택으로 아파트와 같다. 토지, 건축물 등에 각각의 지분이 있어 따로 등기가 가능하다. 4층 이하, 건축연면적 660m² 이하, 세대별 건축면적 20m² 이상의 건축물이다.

라) **다가구 주택**

단독주택으로 분류되기도 하며, 건축주가 임대사업을 목적으로 지은 주택으로, 집 한 채에 독립된 여러 가구가 세 들어 사는 구조이다. 가구별 분양이 불가능한 주택이므로 가구별로 따로 등기를 할 수 없다. 3개 층 이하, 건축물 당 건축연면적 660m² 이하, 2가구 이상 19가구 이하의 건축물이다. 여기서 3개 층 이하란 건축물 자체가 3층 이하인 독립 건축물이 아니라 독립 건축물의 총 층수와 관계없이 어떤 건축물 내의 3개 층 이하를 말한다.

마) **숙사**

학교, 공장 등에 소속되어 있는 다수의 사람들이 공동으로 생활할 수 있는 주거시설, 즉 기숙사이다.

다. **국민주택과 민영주택**

건축 관련 법령의 정의에 의하면 "국민주택은 국민주택기금에 의한 자금을 지원 받아 건설되거나 개량되는 주택" 이다. 반면 주택건설 사업 주체가 국가나 지방자치단체가 아닌, 국민주택기금에 의한 자금지원을 받지 않는 민간인인 경우의 주택은 민영주택이라고 한다. 단위 국민주택의 규모는 단독주택과 공동주택 모두 전용면적 85m² 이하이다. 다만 도시계획 구역을 제외한 수도권 이외의 읍면 지역의 경우, 그 면적은 100m² 이하이다. 그러나 이런 국민주택의 규모는 유럽, 미국, 일본국 등 선진국가의 국민주택 기준 규모보다 상당히 크므로 그 규모의 하향 조절을 검토해 볼 여지가 있다.

2) 주택 설비

4차 산업혁명의 물결이, 급속히 사회와 산업 전반을 덮치고 있는 것이 오늘의 현실이다. 주택설비 분야 역시, 인공지능 과 정보통신 기술의 융합을 통해 새로운 가치와 서비스를 만들어 내는 4차 산업혁명을 통해 많은 혁신적 변화가 일어나고 있음을 체감할 수 있다. 사물인터넷, 클라우드, 모바일 기술 등이 이미 주택설비 속에 깊숙이 자리 잡고 있어 그 기능이 매우 다양하고 복잡해지고 있다. 주택 설비 공사비가 주택 공사 전체에서 차지하는 비중은 점증하고 있는 추세이다. 즉, 주택 자체가 정보통신 기계가 되고 있는 것이다. 급수, 배수, 위생, 소화, 냉방, 난방, 환기, 전기, 통신, 가스, 전자기기 등의 설비가 급속히 정보통신 기기의 제어 속으로 빨려 들어가고 있다. 주택 설비의 설치 원칙은 주택의 안전, 방화, 위생 및 에너지의 합리적 활용에 지장이 없도록 하는 것이다. 또한 각종 배관 피트 pit 및 보수용 개구부 開口部 는 적정 크기를 확보하여 주택설비의 관리, 보수에 지장이 없도록 해야 한다. 4차 산업혁명이 혁신적 변화를 몰고 올 것으로 예상되는, 주택설비 분야의 실정법 實定法 상의 현실은 다음과 같다.

(1) 급수 설비

가. 수원 水源

택지에 공급되는 음용수나 허드렛물의 수원은 지하수 이거나 상수도 이다.

나. 급수 방법

음용수나 허드렛물을 택지에 공급하는 방법에는 수도 직결식,

고가 高架 수조식 및 기압 수조식이 있다.

다. 급수 설계

1인당 1일 기준 사용 수량은 단독주택은 150~200리터 liter, 공동주택은 100~250리터이다.

가) 고가수조 용량

고가수조의 용량은 최대 사용 시간대의 1시간 사용 분량으로 하되, 자가 발전 시설이 없는 주택의 경우 2~3시간 분량으로 한다. 최대 사용 시간대의 사용량은 1일 사용량 총계의 10~20% 이다.

나) 기압수조 용량

기압수조의 용량은 최대 사용 시간대 분량의 10~20% 로 한다.

다) 급수관 및 부대시설

급수관의 종류에는 직경 75mm 이상의 주철관, 직경 13mm 이상의 아연도금 강관, 동관, 경질 염화비닐관, 폴리에칠렌관 등이 있다. 주택용 급수관의 직경은 13~50mm 이다. 급수용 부대시설에는 급수전, 우물펌프, 정수기 등이 있다.

(2) 급탕 給湯 설비

언제나 뜨거운 물을 공급해 줄 수 있는 설비이다. 음용수, 식기세척, 세탁, 목욕 등을 위해서는, 특히 겨울철엔 항상 따뜻한 물이 필요하다. 음료 및 세탁을 위한 물의 온도는 50~55℃, 목욕 및 주방용 물의 온도는 43~45℃ 가 적당하다.

가. 급탕 방식

급탕 방식에는 개별식과 중앙식이 있다. 개별식 급탕 방식에는 순간식 또는 저탕식 貯湯式 탕비기 湯沸器 와 태양열 온수기 등이 쓰인다. 중앙식 급탕 방식에는 직접 가열식 과 간접 가열식 급탕기 給湯機 가 쓰인다.

나. 급탕 기기

급탕 기기에는 순간식 탕비기 와 저탕식 탕비기가 있다.

(3) 배수 및 위생 설비

주택의 배수계통은 오수배수, 일반배수, 우수배수 계통 등으로 분류되며, 주택의 배수는 공공하수도로 연결된다. 일반적으로 공공하수도는 분류식 하수도와 합류식 하수도로 분류된다. 대변기와 소변기는 오수 배수관에, 세탁기, 세면기, 욕조, 설거지통 등은 일반 배수관에 그리고 빗물 및 청소 용수는 우수 배수관에 연결된다.

가. 배수관

배수관의 종류에는 아연도금 강관, 주철관, 경질 염화비닐관, 도관, 콘크리트관 등이 있다. 배수관의 직경은 50~100mm 이며, 수평 배수관의 물매는 1/25~1/100 이다.

나. 트랩

트랩 traps 은 배수의 일부를 봉수 封水, 즉 물을 괴게 하여, 배수관으로부터 올라오는 악취, 가스를 막아주는 역할을 한다. 트랩의 유형에는 P-, S-, U-형이 있으며, 봉수의 깊이는 50~100mm 로 한다. 봉수를 유지하기 위해서는 배수관의 적정한 위치에 대기와 통하는, 직경 30~50mm 의 통기관을 설치한다.

다. 우수 배수

우수 雨水, 즉 빗물의 배수는 홈통, 매설 배수관, 맨홀 man-hole 등을 통해서 하수도에 이어진다.

라. **위생기구**

일상생활에서 흔히 볼 수 있는 위생기구에는 세면기, 대변기, 소변기, 욕조, 청소용 물통 등이 있다.

마. **오수 정화조**

오수 정화조는 일반적으로 부패조, 여과조, 산화조, 소독조로 구성된다.

(4) **소화 설비**

일반 건축물에서 볼 수 있는 주요 소화설비에는 소화전 消火栓 과 스프링클러 sprinkler 가 있다. 휴대용 소화기, 소화용 모래, 소화용 도구 등도 보조 소화 설비로 활용된다.

가. **소화전**

주로 건축물 내부 벽면에 설치되며, 소화전 내부에는 소방호수, 노즐 nozzle, 소화 펌프 등이 비치되어 있다.

나. **스프링클러**

건축물 내부 천장 天障 에 주로 설치되며, 열감지용과 연기감지용이 있다. 열감지용의 경우 실내 온도가 67℃ 가 되면 자동으로 물이 분출된다.

(5) **냉방** 및 **난방 설비**

가. **냉방기기**

주택에서 흔히 볼 수 있는 냉방 기기에는 냉방기 air conditioner 와 선풍기 등이 있다.

나. **난방 방식**

가) **개별식 난방**

개별식 난방이란 개별 주택에서 독립적으로 난방 기기를 작동시켜 난방 하는 방식이다. 난방 기기에는 난로, 보일러 등이 있으며 난방 설비에는 온수 온돌 및 라디에이터 radiator, 그리고 구들 온돌이 있다. 난로는 사용 연료에 따라서 석유난로, 가스난로, 전기난로 등으로 분류된다.

나) **중앙식 난방**

주택단지의 독립된 기계 및 전기설비 실에서 보일러를 작동시켜 개별 주택에 온풍, 온수, 증기 등을 공급하는 난방 방식이다. 보일러는 사용 연로에 따라서 석유보일러, 가스보일러, 전기보일러 등으로 분류되며, 재료에 따라서는 주철제 보일러 및 강판제 보일러 등으로 구분된다. 또한 증기압에 따라서는 고압용 보일러 및 저압용 보일러 등으로 분류되기도 한다.

다. **난방 부하**

실내 온도를 보존하기 위해서 공급하는 열량을 난방 부하라고 한다. 난방 부하량은 실내에서 순 손실되는 열량과 같다. 실내의 순 열손실 량은, 실내외 온도차에 의한 열손실 량과 실내에서 발생하는 열 획득량의 합계로 결정된다. 물론 열손실량을 계산 할 때는 환기량과 건축물 외피의 열관류율도 고려해야한다.

가) **열손실**

(가) **열관류**에 의한 **열손실**

열은 온도가 높은 곳에서 낮은 곳으로 이동한다. 실외 온도, 즉 외기 온도는 매우 가변적이므로 우리나라의 경우는 1월의 일일 최저기온의 월평균 온도를 기준 외기 온도로 한다. 실내 온도는 바닥에서 1.5m 높이에서 측정한 온도를 기준으로 한다. 열관류에 의한 열손실량은 다음과 같이 계산된다.

$$H_1 = k\ (ti-t_0)\ A$$

단, H_1: 열관류에 의한 열손실량, kcal/hr

k : 열관류율, kcal/m²hr℃

ti : 실내 온도, ℃

t_0 : 실외 온도, ℃

A : 건축물 외피면적, m²

(나) **환기**에 의한 **열 손실**

창이나 문을 열고 닫을 때 또는 건축물의 틈새 등으로 많은 열손실이 발생한다. 환기에 의한 열손실량은 다음과 같이 계산된다.

$$H_2 = cq\ (ti-t_0)$$

단, H_2: 환기에 의한 열손실량, kcal/hr

c : 열손실율, 0.3 kcal/m²℃

q : 환기량, m³/hr

q=nV, n : 시간당 환기 회수

V : 실내체적, m³

ti : 실내 온도, ℃

t_0 : 실외 온도, ℃

나) **열획득**

실내에서 발생하는 열량은, 발열체인 사람, 전등, 전열기구, 전자기기 등으로부터 발생한다. 따라서 난방부하를 계산할 때는 이들 발열 요소들을 모두 계산하는 것이 원칙이지만, 주택의 경우에서는 이들 요소들은 무시된다.

(6) **공기조화** 및 **환기 설비**

가. **공기조화**

공기조화 空氣調和 란 실내 온도, 습도, 기류, 열 및 공기 중의 먼지, 세균, 탄산가스, 등의 함유량을 주택 각 방, 거주자의 건강 위생에 적합하도록 조절, 유지하는 것을 말한다. 건축법에 의한 중앙 집중 관리방식 공기조화 기준은 다음과 같다:

-공기 중의 먼지 양: 공기 $1m^3$ 당 0.15mmg 이하
-일산화탄소 함유량: 백만분의 10 이하
-탄산가스 함유량: 백만분의 1000 이하
-상대습도: 40~70%
-기류 이동 속도: 1초간 0.5m 이하

나. **환기 설비**

주택 내부의 환기를 위해서는 환기구 換氣口, 환기통, 송풍기 등의 설비가 필요하며, 환기 방식에는 자연식과 기계식이 있다.

(7) **전기 설비** 및 **조명**

가. **전압**

현재 우리나라의 가정용 전기 전압은 주로 220V 이지만 오래된 주택에서는 100V 의 전압 사용도 가능하다.

나. **조명**

가) **광원**의 **조건**

주택의 조명을 위한 광원은 밝기가 충분하고, 얼룩이 없어야 하며 현휘 顯輝 가 없고 그림자가 부드러워야 한다.

나) 조명 단위

광원이 비추고 있는 면의 밝기를 조도라고 하며, 이조도를 조명 단위로 사용한다. 조도의 국제단위는 럭스 lux, lx 이며, 그 계산식은 다음과 같다:

$$lx = cd / m^2$$

단, cd : 광원의 세기를 나타내는 단위, 즉 칸델라 candela
m^2 : 광원으로부터 거리 m 의 제곱

다) 조도 기준

주택 각 방의 바닥 위 85cm 에 있는 수평면의 조도를 기준조도로 한다. 건축법에서 정한 용도별 조도 기준은 다음과 같다:

- 700 lx: 설계, 제도, 계산, 정밀검사, 실험, 수술 등
- 300 lx: 일반사무, 작업, 제조, 판매 등
- 150 lx: 독서, 식사, 조리, 포장, 세척, 집회, 오락 등
- 70 lx: 공연, 관람 등

라) 조명 기구

주택 조명의 광원은 일광 日光 과 인공 전등이다. 인공 전등에는 백열등, 수은등, 형광등, 발광 發光 다이오등 LED: light-emitting diode 이 있다.

(8) 기타 설비 및 기기

가. 부엌 설비 및 기기

주택의 부엌에서 필요로 하는 설비 및 주방 기기에는 조리대, 환기용 팬 fan , 냉장고, 냉동고, 가스레인지, 식기세척기, 쓰레

기통 및 봉투 등이 있다.

나. **세탁** 및 **청소기기**

주택에서 세탁 및 청소를 할 때 필요로 하는 기기에는 세탁기, 청소기, 건조기 등이 있다.

다. **통신 설비** 및 **기기**

주택에서 필요로 하는 통신 설비 및 기기에는 일반전화, 스마트 폰 smart phone, 개인 컴퓨터 pc: personal computer, 인터넷, 텔레비전 및 시청 안테나, 우편물 수취함 등이 있다.

라. **경보** 및 **안전 설비**

주택에 설치된 경보 및 안전 설비에는 초인종 招人鐘 , 인터-폰, 엘리베이터, 방범 및 화재용 경보설비, 피뢰침 등이 있다. 피뢰침은 높이 20m 이상의 건축물에 설치토록 법으로 규제하고 있다.

마. **미관 설비**

국기 게양대는 상업지역, 미관지구 내 넓이 15m 이상 도로에 접한 2층 이상의 주택에 설치토록 법으로 정하고 있다.

바. **절수 설비**

연면적 100m² 이상의 건축물에는 절수 설비를 하도록 법으로 규제하고 있다. 소변기가 별도로 없는 주택에서는 수량이 조절되는 절수형 대변기를 사용하여야 한다.

7. 부동산 법령과 상거래

주택을 포함한 토지나 건축물 등 움직이지 아니하는 재산들을 부동산이라 한다. 사람의 일상생활에서 이런 부동산을 둘러싼

분쟁이나 법률문제는 늘 발생한다. 토지 및 주택 상거래 商去來 관련 부동산 문제의 개략적 내용은 다음과 같다.

1) 소유 제한

우리나라는 국토의 면적이 좁은데다 집을 지을 수 있는 땅은 매우 제한되어 있지만, 땅을 사고 싶어 하는 사람은 매우 많은 것이 현실이다. 우리나라가 사유재산제도를 유지하고 있는 이상 개인의 토지나 건축물 소유를 막을 수는 없다. 그러나 개인이 혼자서 너무 많은 부동산을 가질 때는, 부의 공평분배 차원에서 이를 억제할 필요가 있다. 가지지 못한 많은 사람들의 불행을 감당할 수 없기 때문이다. 따라서 법률로서 토지 소유 그 자체를 제한하고 있는 것이다.

(1) **택지 소유 상한**에 관한 **법률**

이 법률은 현재 서울특별시와 부산 등 5개 직할시에만 적용되고 있지만, 적용 범위와 시기는 부동산 시장의 변동성에 따라 매우 유동적이다. 이 법률은, 대도시에 사는 사람들을 위한 주택 건설용 택지가 절대적으로 부족한 현실에서, 일부 사람들이 과다한 택지를 소유하는 것을 방지하기 위하여 만들어 졌다. 이 법률은 1가구가 소유할 수 있는 택지 면적의 상한을 660㎡로 했다. 게다가 택지를 취득하려는 사람은 시장, 군수, 구청장의 허가를 받도록 했다. 또한 1가구가 소유할 수 있는 택지의 상한을 초과하는 경우에는 초과 소유 부담금을 납부해야 한다. 이렇게 개인의 토지 소유 자체를 제한함으로서 다수의 보통 사람들의 행복을 추구, 보장하려는 것이다.

(2) **토지 소유 권리**

토지의 소유 권리는 지상이나 지하로 미치는 것이 대원칙이다. 지하 공간 활용이 대세인 오늘날 대도시에서 지하철이나 지하도로를 건설하려 할 때는, 토지 소유자에 대한 보상은 어떻게

할 것인가가 새로운 문제로 등장한다. 공익을 위한 도시계획이나 공용시설을 건축할 때 국가나 지방 자치단체는 개인의 토지를 수용, 사용할 수 있다. 이 경우 정당한 보상을 하여야 하는데, 정당한 보상이 과연 무엇인지가 문제가 된다. 요즈음 토지공개념이 문제가 되는 것도 전통적인 소유권 절대의 원칙에 대한 반성과 수정이 불가피함을 반성하고 있는 것이다. 우리나라 헌법이, "모든 국민의 재산권은 보장되며 그 내용과 한계는 법률로 정한다. 재산권의 행사는 공공복리에 적합하도록 해야 한다." 라고 규정하고 있는 것도 이런 이념을 나타낸 것이라고 할 수 있다.

(3) 토지거래 허가제

토지 투기거래를 억제하기 위하여 법으로 만들어 놓은 제도이다. 우리나라는 1985년부터 토지거래 허가구역을 지정고시 하기 시작하였으며, 현재는 전체 국토의 절반정도가 토지거래 허가 대상이 되었다. 이법에 의한 토지거래 허가제는 토지투기를 강력히 억제하려는 것이 그 목적이다. 그렇지만, 사회 일각 一角에서 제기되는 여론은, 경제에 관한 헌법의 기본질서를 훼손하거나, 국민 재산권의 본질적인 내용까지 제한하는 것은 위헌적인 요소가 있다는 것이다. 국토이용관리법에서 정하고 있는 규제 내용을 요약하면 다음과 같다:

-토지거래 허가를 받기 전에는 계약 체결을 해서는 안 된다.
-허가 받지 않고 체결한 계약은 법적 효력이 없다.
-무허가 계약 체결이나, 사위 詐僞 , 등 기타 부정한 방법으로 허가를 받은 자는 형벌을 받는다.

(4) 외국인관련 토지법

외국인은 해당업무 담당 장관의 허가 없이는 토지에 관한 권리를 취득할 수 없으나, 저당권은 예외로 하고 있다. 다만, 1가구 1주택에 한하여 주거에 사용할 목적으로 660m² 이하의 토지를 취득하는 경우는 신고만으로 가능케 하였다.

2) 부동산 거래

부동산 거래에 따르는 권리 관계는 공부 公簿 에 기재된다. 다른 사람에게서 토지나 주택을 매수하고, 대금 代金 을 완납하였다 해도, 등기부에 새로운 소유자로 기재하지 아니하면 아무 소용이 없다. 예를 들면, 원래의 소유자가 1개의 부동산을 2중으로 매도하고, 나중에 매수한 사람에게 먼저 등기권리증을 넘겨주어 먼저 등기 登記 토록하면 소유권은 나중에 매수한 사람의 것이 된다. 그러므로 부동산 매매에 있어서는 등기가 제일 중요하다는 점을 명심해야한다.

(1) **등기 의무**

부동산 등기 관련법에 의하면 부동산 매수인은 매매대금을 완납한 날로부터 60일 안에 소유권 이전 등기신청을 해야 한다. 등기 권리자가 이유 없이 등기 신청을 게을리 하면 그 당시의 등록세액의 5배 이하의 과태료 처분을 받는다. 이런 등기의무 규정은 소유관계를 조속히 정리한다는 뜻도 있지만 등록세 회피를 방지하려는 목적도 있다. 실례로 모 재벌 대표가 굉장히 비싼, 넓은 땅을 매입하고도 등기를 하지 않고 방치하여 거액의 등록세를 회피한 사건이 있었다. 당시는 몫 좋은 곳에 땅만 사 놓으면 막대한 시세차익 時勢差益 을 얻을 수 있는 시절이었다.

(2) **명의신탁** 및 **중간생략 등기**의 **금지**

부동산 등기 관련법에서는, 조세회피, 시세차익 또는 법령회피를 목적으로 하는 명의신탁등기와 중간생략등기를 금지하고 있다. 이를 위반하는 경우 3년 이하의 징역이나 1억 원 이하의 벌금형에 처한다.

(3) 선의 취득

부동산 거래에서는, 동산의 거래와는 달리 선의취득 善意取得 은 불가능하다. 등기부상의 소유자를 확인하고 그 소유자에게서 부동산을 매수했더라도 그 등기가 위조 된 것이라면, 소유권을 취득할 수 없다. 다시 말해서 매수인이 선의였다고 하더라도 진정한 소유자가 아닌 사람에게서 부동산을 매수했다면 소유권을 취득할 수 없다는 것이다. 그래서 소유권 이전등기나 보존등기의 말소 소송이 현실 속에서 끊임없이 발생하는 것이다.

(4) 시효 취득

시효취득 時效取得 이란, 동산이나 부동산의 진정한 소유자가 아니더라도 오랜 기간 동안 진짜 소유자처럼 그 재산을 사용, 수익, 점유했다면 그 재산의 소유권을 취득할 수 있는 제도다.

(5) 부동산 거래할 때의 유의사항

우리는 일상생활에서 토지나 집 등을 사고파는 부동산 거래를 많이 한다. 그러나 무주택 서민이 근근이 모은 돈으로 생애 최초로 집을 마련하려다가 사기를 당하는 등 피해를 입는 경우가 적지 않다. 그래서 토지나 주택을 거래를 함에 있어 피해를 예방하기 위하여 최소한 다음과 같은 사항을 유의해야할 필요가 있다.

가. 계약 전 前

주택이나 토지를 거래 할 때 계약 전에 확인해야할 유의 사항은 다음과 같다:

-토지나 주택을 사고자 하는 사람은, 먼저 해당 지적 地籍 을 확인하고, 등기부등본, 토지대장, 가옥대장, 임야대장, 도시계획확인원, 용도지역확인원 등을 떼어보고 현장을 반드시 확인해야 한다. 현장이 전술한 공부 公簿 와 일치하는 지를 미리 확인한

후 매도하려는 사람이 실지 實地 소유자인가의 여부도 신중하게 알아 봐야 한다. 부동산 중개업소에서 소개하는 경우에도 본인이 직접 상술한 바와 같은 사항들을 확인하는 것이 바람직하다.

-상대방이 보여주는 등기부등본만을 믿어서는 안 된다. 최근에는 복사기술이 발달하여 정당한 등본이더라도 이를 고쳐서 다시 복사하는 사례가 많다. 따라서 원본과 다른 많은 복사본이 나돌고 있으므로 등본에 관계공무원의 진짜 인증이 있는가를 확인해야 한다. 좀 더 근본적으로 확인하고자 할 때는 본인이 직접 등기부를 열람, 확인하거나 이를 떼어봐야 한다.

-상대방이 보여주는 등기권리증도 그 내용을 자세히 살펴보고 원본인가를 확인해야 한다.

-짧은 기간 동안에 권리자가 여러 명 바뀌는 등, 권리 변동 관계가 빈번하고 복잡한 부동산의 경우에는 일단 의심을 하고 사지 말아야 한다.

-여러 가지 담보 물건이나 예고등기, 가등기 등이 설정되어 있는 부동산은 사지 않는 것이 현명하다. 또한 매수 직전에 비로소 보존등기가 되거나 기타 상속등기나 회복등기가 된 물건은 일단 의심해야 한다.

-소송으로 확정판결을 받은 물건을 매수 할 때는 패소판결을 받은 사람을 찾아가 사실 여부를 확인하는 것이 좋다.

-재산세 납세자가 소유자와 다른 경우엔 그 이유를 알아보아야 하며, 또 건축과 관련하여 도시계획 여부, 개발제한구역 여부 등도 반드시 확인해야 한다.

-해당지역이 고시지역으로서 해당 부서 장관이 신고구역으로 지정한 토지거래 신고 대상 지역인지의 여부를 사전에 확인할 필요가 있다.

나. 계약 할 때

주택이나 토지를 계약할 때 반드시 확인해야할 유의 사항은 다음과 같다:

-계약서는 구체적으로 명백히 쓰고 애매한 문구로 인하여 손해를 보는 일이 없도록 한다. 특히 부동산 중개업소에 비치되어 있는 인쇄된 계약서 용지를 사용하려면 이를 면밀히 읽어보고 검토할 것이며, 특약이 있으면 그 특약도 명확히 기재해야 한다.

-계약할 때는 매도인 측 대리인과 계약하지 말고 거래 당사자 간에 직접 계약하는 것이 좋다. 부동산 중개업소의 소개로 계약하는 경우에도 매도자와 직접 계약하는 것이 좋으며, 반드시 입회인을 두는 것이 좋다.

-부동산 중개업소의 말만 믿고 계약하지 말아야 한다. 왜냐하면 업자는 매도인 측의 말만 믿고 이를 그대로 매수인에게 전하는 수도 있고, 계약을 성립시키기 위해서 과장된 말을 할 수도 있기 때문이다.

-시가 市價 에 비해서 현저히 싸거나, 별 이해관계도 없는 사람들이 사라고 권유하는 부동산은 계약하지 않는 것이 현명하다. 매수만 하면 금방 큰돈을 벌 수 있다고 하면서도 자신들은 사지 않고 다른 사람보고 사라고 권유하는 것 자체가 이상한 것이다.

-신문지상의 광고만 믿고 경솔하게 계약해서는 안된다. 왜냐하면 광고에는 좋고 유리한 것만 나오지 부동산 자체의 결함은 나오지 않기 때문이다. 부동산의 결함을 알아보기 위해서는 토지대장, 임야대장, 가옥대장 등도 확인하여 등기부와 일치여부를 알아볼 필요가 있다.

-토지거래 신고 대상 지역의 토지를 거래할 때는 토지거래계약신고 등의 절차를 밟아야 한다.

-일생일대의 중대한 생활 터전을 마련하려는 경우 일수록 사전 확인을 치밀히 해야 한다. 변호사나 사법서사 등 기타 법을 잘 아는 사람이나, 공공 법률 상담실 등을 찾아가 상의해 본 후 계약하는 것이 좋은 방법이다.

다. 대금 지급 할 때

주택이나 토지를 계약하고 대금을 지급할 때 확인해야할 유의사항은 다음과 같다:

-중도금이나 잔금을 지급 할 때에는 반드시 영수증을 주고받는 등 대금 지급 내용을 명확히 해야 한다.

-등기부는 중도금 및 잔금 지급 시 마다 그 직전에 확인해야 한다. 중도금을 받고도 이중으로 매도하는 수가 있기 때문이다.

-잔금 지급과 동시에 매도자로부터 등기권리증, 인감증명 서류 등 권리 이전 서류를 받아 이전등기 수속을 마치도록 한다.

-이전등기 수속을 마친 후 등기부등본을 떼어서 이전등기가 된 것을 확인해야 한다.

3) 주택 임대차

주택 임대차 賃貸借 란, 계약 당사자의 한쪽이 상대편에게 주택을 사용하여 수익 受益 하게하고, 상대방이 그 대가로 임대료를 지불할 것을 내용으로 하는 계약이다. 우리나라의 경우 주택 보급율은 상당히 높지만, 아직도 많은 도시 서민들은 높은 집값 때문에 집을 못 사고 집주인으로부터 집을 빌려 사는 것이 현실이다. 그래서 주택 임대차를 둘러싸고 분쟁이 끊이질 않고 발생한다. 임대인과 임차인의 분쟁 사례는 다음과 같다.

(1) 임대인 賃貸人

임대인, 즉 집 주인이 임차인 賃借人 을 상대로 가옥명도 家屋明渡 를 청구할 때는 먼저 "점유이전금지가처분" 신청을 하여 가처분 결정을 받아두고 소송을 시작해야한다. 그렇게 하지 않고는, 승소판결을 받아 집달관 執達官 과 함께 집행하러 갔을 때 혹시 점유자가 바뀌어 있으면, 집행 불능이라는 낭패를 당하게 된다. 집주인은 또다시 새로운 점유자를 상대로 소송을 해야만 한다.

(2) 임차인 賃借人

주택임대차에서는 임차인을 보호하기 위한 여러 가지 법적 제도가 있다. 그렇지만 사회경험이 적고, 법률지식이 부족한 많은 임차인들은 불의의 피해를 당하기 쉽다. 아무리 소액 임차인이라 할지라도 법에서 정한 요건을 갖추지 아니하면 임차주택 경매 시 보증금의 우선 변제를 받을 수 없게 된다.

제 2 부

빠리 씨떼

1830~1930: 사회공영주택

제 1 장
혁명의 도가니 빠리

1. 당대의 풍운아 나뽈레옹

1) 나뽈레옹 가계 家系

(1) 나뽈레옹의 선조

나뽈레옹 Napoléon, 1769~1821 의 선조는 11세기경 이탈리아 피렌체의 귀족이었으나 지난날 언젠가부터 코르시카 Corsica 로 이주하여 200여년을 살았다. 나폴레옹의 아버지 샤르흘 보나빠르흐트 Charles Bonaparte, 1746~1785 는 코르시카의 애국지사 빠오리 Paoli 장군이 이끄는 게릴라 부대 소속 중위였다. 빠오리 장군은 1761년, 오랫동안 코르시카를 지배하던 제노바 Génova, Genos, 또는 Gênes 인들을 몰아냈다. 그러나 프랑스가 1768년 제노바 공국 公國 으로부터 주권을 사들이면서 코르시카를 무력 침공, 빠오리를 패퇴시키고 코르시카를 프랑스 영토로 만들었다. 나뽈레옹이 태어나기 3개월 전이었다. 이 때 섬의 명칭도 코르시카 Corsica 에서 꼬르흐스 Corse 로 바뀌었다. 빠오리는 1769년 영국으로 망명했으나 나뽈레옹의 아버지는 따라가지 않고 코르시카에 남았다. 나뽈레옹의 아버지는 1770년 프랑스 귀족의 일원으로 인정받았다.

(2) 나뽈레옹의 형제자매

나뽈레옹의 아버지 샤르흘은 마리 래티시아 라모리노 Marie Laeticia Ramolino, 1750~1836 와 결혼하여 자녀를 열 셋이나 낳았지만 여덟 형제만 살아남았다. 나뽈레옹의 아버지는 39세, 젊은 나이에 죽은 반면 14세에 결혼한 어머니는 천수 天壽 를 누렸다. 슬하에서 성장한 5남 3녀는 조제프 Joseph, 나뽈레옹 Napoléon, 루시앙 Lucien, 엘리자 Elisa, 女, 루이 Louis, 뽈린 Pauline, 女, 까로홀린 Caroline, 女, 제롬 Jérome 이며, 나뽈레옹은 그들 중 둘째였다.

(3) 나뽈레옹 시대의 프랑스

1799년부터 1870년까지의 프랑스는 두 명의 보나빠르ㅎ트 가계의 황제에 의해 통치되었다. 나뽈레옹 1세는 1799년에 집정이 되고, 이어서 1804년에 황제가 되었다. 나뽈레옹 1세는 정복 전쟁을 지속, 유럽의 동쪽 및 북쪽으로 영토를 넓혀 나갔으며 정복한 나라에는 자신의 형제들을 왕좌에 앉히면서 강력한 중앙집권체제를 확립했다. 나뽈레옹 1세는 어쩔 수 없는 상황에서 1814년에 1차, 1815년에 2차로 양위 讓位 하고 물러났지만, 1848년 또다시 보나빠르ㅎ트 가계가 정권을 잡았다. 나뽈레옹 1세 퇴위 후 30여년 만에 또다시 프랑스 권좌에 오른 사람은 보통, 루이-나뽈레옹이라고 부르는, 나뽈레옹 1세의 조카, 샤르홀 루이-나뽈레옹 Charles Louis-Napoléon, 1808~1873 이었다.

루이-나뽈레옹은, 나뽈레옹 1세의 남동생, 즉 루이 보나빠르ㅎ트 1778~1846 의 아들이다. 나뽈레옹 1세의 아들, 즉 로마 왕, 나뽈레옹 2세 1811~1832 는 어린나이 때 아버지가 실각 失脚 하고, 자신 또한 일찍 세상을 떠나 실제 권좌에 오를 기회가 없었다. 루이-나뽈레옹은 제2공화정 Deuxième République 에서는 대통령이었으나, 그 후에 나타난 제2제정 Second Empire 에서는 황제, 즉 나뽈레옹 3세가 되어 1870년까지 프랑스를 통치했다. 나뽈레옹 3세 치하에서 빠리ㅎ는 점점 근대화되고 프랑스의 산업혁명도 시작되어 프랑스가 활기를 띠기 시작했다.

(4) 나뽈레옹 생가

나뽈레옹은 1769년 8월 15일 남부 코르시카, 즉 꼬르ㅎ스-뒤-쉬드 Corse-du-Sud 의 도시, 아작시오 Ajaccio 에서 태어났다. 코르ㅎ스는 프랑스 남부 쪽빛 해안 지역, 즉 꼬트 다 쥐르ㅎ Côte d'Azur 로부터 남쪽으로 193km 떨어진 곳에 있다. 이 섬의 면적은 8680km² 이고, 지중해에 있는 섬 중 네 번째로 큰 섬이다. 나뽈레옹이 태어나서 어린 시절을 보낸 생가 生家 는 아작시오 시의 셍-샤르흘 거리 Rue St-Charles 에 있다. 생가에는 당시의 가구 및 회고록 등이 전시되어 있으며, 나뽈레옹 가족 초상화와 나뽈레옹 자신의 초상화도 걸려있다(사진 2-001). 그러나 황제의 생가는 매우 초라하다.

사진 2-001: 나뽈레옹 1세 초상화 아작시오 생가, 코르시카, 프랑스

2) 프랑스 본토 진출 및 유배

코르시카 Corsica 에서 태어난 나뽈레옹은 9세 때 처음으로 프랑스 본토 땅을 밟았다. 귀족이 된 아버지 덕분에 나뽈레옹은 브리엔 왕립 군사학교에 다녔으며 이후 16세 때엔 빠리 왕립 사관학교, 즉 프랑스 육군사관학교에 입학했다. 사관학교 졸업에는 보통 2~3년이 걸리는데, 나뽈레옹은 실력이 워낙 탁월, 입학 1년 만에 졸업시험을 통과했다. 나뽈레옹은 졸업과 동시에 발랑스에 있는 라페르 포병연대의 소위로 임관 되었다. 그 후 나뽈레옹이 4년 동안 오손 포병 학교에서 받은 전문적이고 실무적인 교육은, 훗날 수많은 원정 전투에서 승리, 황제의 자리까지 오르는 원동력이 되었다. 황제 나뽈레옹 1세는 1814년과 1815년 두 차례에 걸쳐서 프랑스 본토에서 퇴출당한 후, 1821년 유배지에서 일생을 마감했다(사진 2-002).

사진 2-002: 유배지의 나뽈레옹 세인트 헬렌, 대서양 영국령

2. 프랑스 혁명과 꾸 데따

1) 프랑스 시민 대혁명

(1) **혁명**의 **징후**

프랑스 시민 대혁명은 부르ㅎ봉 왕가의 45대왕 루이 16세 Louis XVI, 1774~1793 의 실정이 발단이 되었다. 군주의 부패와 타락, 미국 독립전쟁 1774~1783 지원 등으로 재정이 고갈되어 국민들을 먹여 살릴 수 없을 정도로 국가재정은 완전히 파탄 상태에 이르렀다. 게다가 절대 권력자인 국왕에 의해서 당시 주력 정치 세력이었던 유산계급, 즉 브르ㅎ즈와지 Bourgeoisie 가 정치 핵심에서 밀려나면서 사회 불안의 불씨가 되었다. 또한 당시에는 사회개혁을 주창하는 사상과 철학이 광범위하게 유포되고 있었다. 따라서 이런 사회 분위기를 인지한 농민들이 시대착오적인 봉건제도를 타파하려했다. 궁핍한 생활에 쪼들리던 농민들의 봉건제토 타파 욕구가 들불처럼 솟아올랐다.

(2) **혁명**의 **도화선**

가. **재정파탄**과 **증세**

국가 재정이 파산 지경에 이르자 루이 16세는, 1787년 2월 22일에, 고위 성직자, 귀족, 부르ㅎ즈아지 등의 특권 신분에게도 과세하는 토지세를 도입하려고 명사의회 Assemblée des notables 를 소집했다. 그러나 명사의회 의원인 특권 신분계층들은 자신들에게 세금을 부과하려는 증세 개혁안을 거부, 1788년 의회 반란 Révolte des parlements 을 일으켰다. 이어서 1789년 5월5일 삼부의회 三部議會, Etats généraux 가 소집되었다. 삼부의회는 14세기초에 결성된 성직자, 귀족, 제3신분, 즉 평민 등으로 구성된 프랑스의 명목상 신분제 의회이다. 같은 해 7월9일 다시 소집된 삼부의회에서 표결 방식에 불만을 품은 평민들은 별도로 국민제헌의회 Assemblée nationale constituante 를 구성했다. 상황이 이렇게 되자 국왕은 삼부의회를 해산시킬 목적으로 몰래 군대를 배치, 무력으로 제압하려다가 발각되었다. 이에 격분한 시민들은 빠리히를 비롯해서 프랑스 전국 곳곳에서 폭동을 일으켰다. 빠리히는 혼란의 도가니가 되었다.

나. 바스티유 감옥 습격

전제 왕권의 압제와 폭정에 분노, 항거하는 시민들이 마침내 1789년 7월 14일에 빠리히의, 정치범 구금 장소로 소문나 있었던 바스티유 Bastille 감옥을 습격, 점거, 방화하면서 혁명의 불길은 타올랐다(그림 2-001). 바스티유 감옥 함락 다음날 신설된 국민방위군 la garde national 의 총사령관에는 라 파예트 Gilbert Motier La Fayette 후작 侯爵 이 임명되었다. 라 파예트는 삼부의회 귀족 대표였지만 자유주의 사상을 지닌 그는 평민 편에 섰었다. 라 파예트는 시민의 인권 droits de l'homme et du citoyen 선언문 초안 작업에도 참여하며 국민영웅으로 추앙받았다. 혁명 당시 바스티유는 절대 왕권 전횡의 상징으로 시민들의 원성이 매우 큰 곳 이었다. 시민들은 간단한 투서만으로도 투옥되는 일이 많았기 때문이다. 그러나 무고 無辜 하게 투옥된 많은 시민들을 해방시키겠다는 생각으로, 총칼로 무장한 혁명군 폭도들이 바스티유감옥을 습격했는데, 당시 소문과는 달리 바스티유 감옥에는 죄질이 아주 나쁜 죄수 7명만이 있었을 뿐이었다고 한다. 바스티유 감옥은 습격당한 후 몇 달 만에 완전 철거되었다. 바스티유 감옥은 원래 1337년에 시작된 백년 전쟁 Guerre de Cent ans 당시 빠리히를 방어하기 위하여 1369년~1382년에 빠리히 성곽 밖, 동쪽 끝 지역 section, 즉 포부르흐 셍-앙뚜완 Faubourg Saint-Antoine 에 건설된 성채였다. 그러나 이 성채는 전제 정치 시대에 국가 감옥 Prise de la Bastille 이 되었다. 수감 인원이 50 여명에 불과한 소규모 감옥에는 주로 위조, 사기, 횡령 등의 죄를 저지른 잡범 雜犯 들과 종교 사범 宗敎 事犯 그리고 금서 禁書

그림 2-001: 불타는 바스티유 감옥 망루 빠리 제4구, 프랑스

를 저술하거나 출판한 사람들이 갇혀있었다. 바스티유감옥 습격, 점거로 불붙기 시작한 혁명의 불길은 농촌으로 이어져 악덕 농장주에 맞서는 농민들의 봉기가 끊이지 않았다.

시민혁명 당시 바스티유 감옥이 있었던 자리에는 현재 바스티유 광장 Place de la Bastille 이 들어섰다. 이 광장 중앙에는 1833년에 세워진, 높이 51.5m 의 청동 원기둥, 즉 칠월의 기념 기둥 Colonne de Juillet 이 있다. 이 청동 기둥 꼭대기에는 황금색으로 빛나는 “자유의 수호신” 조각상이 있다(사진 2-003). 이 기둥은 1830년 7월27, 28, 29일, 즉 단 3일간의 혁명 시가전 市街戰에서 희생된 사람들을 기리기 위하여 세워졌다(사진 2-004). 이 혁명의 3일을 “영광의 3일 Trois Glorieuses” 이라고 한다. 이 청동 기둥에는 1830년 7월의 시가전과 1848년 2월의 폭동에서 희생된 504명의 이름이 황금빛으로 새겨져 있다. 광장 남쪽에는 바스티유감옥 습격 200주년 기념으로 1989년에 개관한 2700석 규모의 빠리 바스티유 오페라 극장이 있다.

사진 2-003: 7월 기념 기둥의 수호신 바스티유 광장, 빠리 第12구

사진 2-004: 7월 기념 기둥 바스티유 광장, 빠리 제12구, 프랑스
사진 좌; 현재의 "7월 기념 기둥", 사진 우; 1833년 당시의 기념기둥

(3) **혁명**의 **후유증**

가. **정치, 사회적 혼란**

1789년 시작된 시민 혁명으로 인하여 프랑스 사회는 극심한 혼란 속으로 빠져 들었다. 10년 동안 이어진 혁명 기간 la période révolutionaire 에만 해도 수많은 정변 政變 이 일어나 국민

제헌의회 Assemblée nationale constituante, 입법의회 Assemblée législative, 국민공회 Convention nationale, 집정 내각 Directoire, 1795~1799 등의 권력이 명멸했다.

프랑스 시민 대혁명은 자유, 평등, 박애를 추구하면서 시작되었으나, 그 결과는 단두대 처형에 이은 공포정치 시대로 이어지면서 유혈이 낭자 狼藉 한 혁명이 되었다. 급격한 혁명과정에서 폭력, 학살, 인민재판, 처형 등에 따른 부작용으로 50만 명이상이 희생되었고 단두대에서 처형된 사람만 4만 명을 넘었다고 한다. 프랑스 대혁명이 왕정을 폐지하고 공화제를 도입함으로써 근대 민주주의를 촉발했다고는 하나, 그 과정에서 너무 많은 사람들이 마녀 사냥하는 식으로 무분별하게 희생되어, 프랑스 혁명은 그자체가 야만이라는 평가도 있다. 그들은 프랑스 혁명의 본질은 수준이하로 평준화된 광기어린 인간들이 격한 감정에 사로 잡혀, 떼거리로 몰려다니면서 사기, 폭력, 신성모독, 가정 파괴와 몰락, 무질서, 혼란, 무정부 상태, 재산 침해, 살육 殺戮 등을 저지른 만행이라고 규정했다.

혁명의 후유증으로 야기된 이런 혼란은 나뽈레옹이 정권을 장악한 1799년에야 비로서 일시적으로나마 진정되는듯하였으나, 이후로도 프랑스는 제정과 공화정이 반복되면서 사회적 혼란은 지속되었다. 1870년에 마지막 제정이 종식되기는 하였으나 이후에도 다섯 번이나 공화 정체가 바뀌면서 정치, 사회적 혼란은 지속되었다. 1958년에는 식민지 알제리에서 폭동이 일어났으며, 빠리에서도 군부와 경찰마저도 정부를 지지하지 않으면서 사회적 혼란이 지속되어 내란의 조짐이 보이기 시작했다. 이런 국가적 위기를 극복하기 위해서, 헌법 절차에 의거 탄생한 정부가 지금의 제5공화국 정부이다.

나. 절대 왕정 붕괴와 정체 政體 변화

프랑스 대혁명은 유럽의 근현대사에 있어서 가장 의미 있는 시민혁명으로 기록되고 있다. 프랑스 시민혁명 직후 프랑스에는 모든 국민의 자유와 평등이 보장되는 새로운 시대가 오는 듯 했다. 프랑스는 봉건적 신분제와 영주제도를 폐기하고 입헌군주제를 수립, 절대 왕권을 제약하고 시민 계급의 정치 참여의 길을 열었다. 그러나 프랑스의 이런 혁명적 조치에 절대 왕권 붕괴의 위협을 느낀 유럽의 다른 나라 군주들이 프랑스 혁명에 대한 반혁명적 전쟁을 일으켜, 반 프랑스 동맹에 참여함으로서 프랑스는 또다시 전쟁의 소용돌이에 휩쓸렸다. 프랑스 시민 혁명은 부르ㅎ봉 Bourbons 왕가의 몰락에 이은 보나빠르ㅎ트 황제의 출현과도 밀접한 관계가 있다. 시민혁명 발발 이후 나폴레옹이 정권을 장악한 1799년까지의 극심한 정치적 혼란에 관한 이야기는 다음과 같다:

-1789년 7월14일
빠리ㅎ 시민들이 바스티유 감옥 Bastille 을 습격, 점거함으로서 프랑스 시민대혁명 시작

-1789년 8월4일~26일
국민제헌의회는 8월4일 봉건적 신분제와 영주제 등의 특권 폐지를 결의하고, 8월26일에는 자유, 평등, 박애를 바탕으로 하는 시민의 인권 droits de l'homme et du citoyen 선언문을 공표했다(사진 2-005). 이어서 의회는 국왕과 의회가 입법권과 행정권을 공유하는 입헌군주제를 수립하려는 계획을 세웠다. 국왕이 독점하고 있는 권한을 시민 대표들과 공유케 함으로써 절대 권력의 폐해를 방지하려는 것이었다. 교회 소유의 토지를 국가에 귀속시키고 행정구역 개편도 단행했다.

-1789년 10월5일
국왕이 의회의 계획을 모두 거부하고 끝까지 절대 군주의 권력을 지키려하자, 이에 격분한 빠리ㅎ 시민들이 베르ㅎ사유 Versailles 궁전에 난입, 국왕 일가를 체포, 뛸르리ㅎ Tuileries 궁전

사진 2-005: 프랑스 시민 인권 선언문 1789년 8월 26일 공표

사진의 위쪽으로부터, 자유, 평등, 박애를 바탕으로 하는 "시민 인권 선언문", "서문 및 본문" 그리고 그 아래쪽에는 "프랑수아 국민 대표들에게" 라는 글씨가 있다.

으로 압송함

-1791년 6월20~21일
국왕, 루이 16세의 일가족이 국외, 즉 오스트리아로 탈출을 시도하다가 바르헤엔 Varennes 에서 체포되어 빠리히로 압송, 뛸르리히 궁전에 감금됨. 이 사건으로 왕정 폐지론이 대두되었으며, 당시 경비 총 책임자였던 라 파예트 La Fayette 에게 비난의 화살이 쏟아짐. 라 파예트는 1791년 여름, 빠리히 육군사관학교 연병장, 샹-드-마르흐스 Champ-de-Mars 에서 있었던 자코뱅파 Jacobins 집회 진압 사건의 책임을 지고, 총사령관 자리를 내놓고 오스트리아로 망명을 떠났다.

-1791년 9월13일
국왕이 의회의 계획을 승인함

-1791년 9월30일
왕정 폐지론의 대두와 함께 국민제헌의회가 폐지되고 입법의회 Assemblée législative 가 구성됨, 최초의 국가헌법을 공포, 망명 귀족의 귀국 명령을 결의

-1792년 4월~9월
입법의회가 반혁명 노선을 고집하는 오스트리아와 프러시아 연합군에 전쟁선포, 처음엔 프랑스 군이 패하여 빠리히가 위험하였으나, 나중에 프랑스 군이 반격에 성공

-1792년 8월9일~10일
시민과 국민방위군이 반란을 일으켜, 빠리히 시청을 점령하고 빠리히 꼬뮌 Commune de Paris, 즉 빠리히 혁명정부를 수립.

-1792년 9월20일~21일

기존의 입법의회 폐지. 새로 소집된 국민공회가 왕정 폐지하고 제1공화정 1er République 을 수립. 국민공회는 새로운 역법 曆法, 즉 공화력 共和曆 을 제정, 공포함. 공화력 共和曆 을 혁명력 革命曆 이라고도 함. 1792년 9월을 혁명력 원년 元年 의 제1월, 즉 포도월 vendémiaire 이라했다. 포도월은 9월22일, 23일 또는 24일부터 10월21일, 22일 또는 23일까지였던 것으로 추정된다. 공화정의 프랑스 군이 오스트리아 및 프러시아의 전쟁에서 연승을 거듭하자 이에 위협을 느낀 네덜란드와 영국이 동맹하여 프랑스에 선전포고 함. 국민공회는 부르ㅎ즈아지를 대변하는 지롱드당 Gironde 과 하층민을 대변하는 산악당 Montagnard 으로 파벌이 갈림.

-1793년 1월21일

루이 16세, 반역죄로 단두대 guillotine 의 이슬로 사라짐. 급진주의자들인 산악당 주도로 국왕을 처형하자 국내 분열 극심해짐. 프랑스 국왕의 처형에 위협을 느낀 유럽의 다른 군주들이 프랑스에 대항하기 위하여 1차 반혁명 프랑스 동맹결성

-1793년 2월

프랑스 군이, 반혁명 프랑스 동맹군에 연패를 당하면서 빠리ㅎ까지 위협을 당함.

-1793년 4월6일

공안위원회 Comité de salut public 창설

-1793년 5월~6월

지롱드당의 장군이 오스트리아와 내통한 사실이 발각되자, 지롱드당을 국민공회에서 추방하고 산악당의 급진주의자 르ㅎ베스피에르ㅎ Robespierre 가 정권 장악. 산악당의 과격하고 진보적인 정책 채택은 태생적 한계 때문임. 산악당의 주축 세력은 노동

자, 수공업자, 소상인, 소작농, 농업노동자 등의 하층민들임.

-1793년 9월
과격하고 진보적인 정책을 채택하고 망명 귀족의 재산을 몰수하자 부르ㅎ즈와 bourgeois 의 지롱드파와 왕정복고파의 격렬한 반란이 각지에서 발생, 프랑스가 심각한 혼란에 빠지자, 르ㅎ베스피에르ㅎ는 극도의 공포정치 Terreur 로 대응. 30만 명의 용의자를 체포하고 1만7000명 이상을 처형함.

-1794년 봄
반 프랑스 동맹군과의 전쟁에 대비, 100만 명을 징집, 오스트리아군과의 전투 승리를 비롯하여 전후방 전투에서 모두 연전연승. 그러나 프랑스 국내에서는 공포정치에 반기를 든 시민들이 경제, 사회적 폭압 주동자들을 타도하기 시작.

-1794년 7월27일
부르ㅎ즈와지 bourgeoisies, 지롱드 잔당, 의회의 중간파 등이 주동, "테르ㅎ미도르ㅎ Thermidor" 혁명을 일으킴. “테르ㅎ미도르ㅎ thermidor” 는 혁명력의 제11월, 즉 열월 熱月 이다. 열월은 7월20일에서 8월18일에 해당한다. 국민공회는 열월 9일 le 9 thermidor, 즉 7월27일, 르ㅎ베스피에르ㅎ와 그 일당을 처형함.

-1795년 5월~10월
계속되는 전쟁으로 경제가 피폐해지고 지롱드당과 산악당이 몰락, 사회가 불안해지자 프랑스는 내전 상태에 빠짐. 기회를 잡은 왕당파 Royalistes 가 소위 “백색 테러 Terreur blanche” 를 일으킴. 왕당파가 빠리ㅎ를 향해 돌진해 오자 10월5일 나뽈레옹이 일거에 격멸. 왕당파를 제거하고 나라 전체를 흔들던 혼란을 종식시켜 명성을 얻음.

-1795년 10월26일

국민공회를 퇴출시키고, 새로운 헌법을 제정. 5인의 집정관 Directeurs 이 행정권을 갖고, 원로원 元老院, les Anciens 과 오백인 의회 Conseil des Cinq-Cents 가 입법권을 갖는, 보수적 집단지도체제인 공화정, 즉 집정 내각 Directoire, 1795~1799 을 세웠다. 혁명 정부가 세운 이 내각을 총재 정부라고도 한다. 그러나 행정부와 입법부 사이에 분열과 갈등은 여전히 지속되었다.

-1796년

5인 집정관 정부의 나뽈레옹은 이탈리아 원정군 사령관이 되어 원정길에 나서면서 오스트리아군을 격파하고, 1개월 만에 이탈리아를 정복 했다.

-1796년 5월10일

평등주의자의 반란 Conspiration des Egaux

-1797년 9월4일

"프르뤽티도르흐 Fructidor" 혁명 발생, 집정관 정부가 선거 결과를 취소하고 숙청을 감행. "프르뤽티도르흐"는 혁명력의 12월, 즉 열매월이다.

-1798년 5월11일

"플로르헤알 floréal" 꾸 데따 발생 Coup d'Etat du 22 Floréal, 플로르헤알은 혁명력의 8월, 즉 화월 花月, 4월 20일, 21일~5월 19일, 20일 이다.

-1798년 8월

나뽈레옹은 영국 견제를 위한 이집트 정복에 나섬. 이집트 원정군 사령관이 되어 카이로에 입성하지만 영국 해군에 의해 봉쇄 당함. 나뽈레옹은 이집트 정복 전쟁을 부하 장군에게 맡기고 1

년 만에 혼자 귀국.

-1798년 12월
프랑스에 대항하기 위하여 2차 반혁명 프랑스 동맹결성

-1799년 봄과 여름
프랑스군은 오스트리아, 러시아, 트루크, 영국 등의 유럽 동맹군에게 봄과 여름의 전쟁에서 대패. 5인 집정관 정부의 평판이 땅에 떨어짐. 전쟁 영웅 나뽈레옹과 그의 측근들은 이 기회를 이용, 정권 장악의 음모를 꾸밈.

2) 꾸 데따와 집정정부

(1) **의회 꾸 데따**

가. **원정군 사령관**

왕당파의 반란을 진압하는 공을 세운 나뽈레옹은 군부사령관 maréchaux 이 되었다. 1796년에는 이탈리아 원정군 사령관으로, 1798년에는 이집트 원정군 사령관으로 전쟁터에 나갔다. 그러나 5인의 집정관 정부와 입법부는 상호 정파 간의 정쟁으로 정치적 혼란 속으로 빠져들었다. 이때 나뽈레옹은 이집트 정복 전쟁을 부하 장군에게 맡기고 1년 만에 혼자 귀국했다. 그러나 나뽈레옹의 귀국은, 정쟁으로 인한 사회의 혼란을 수습하기 위해서 이미 본국의 정치인들이 결정한 일이었다. 그러나 막상 나뽈레옹은 그런 사실도 모른 채 귀국했다. 사회 혼란 수습이란 명목으로 군대를 정쟁에 끌어들인 것은 사실은 군대를 이용하여 정적을 제거하려했던 정치인들의 꼼수였다. 이런 술수가 결국 정권을 통째로 군대에 넘겨주는 빌미가 되었다.

나. **꾸 데따**

당파간의 정쟁으로 집정관 directeurs 들이 해임되거나 투옥되면서 빠리히 시의 정정이 불안해지자, 혁명력 革命曆 제2월인 브르휘메르흐 Brumaire, 10월23일~11월21일, 즉 "안개월" 18일에, 다시 말해서 1799년 11월9일에, 의회를 빠리히에서, 빠리히 서쪽 외곽 도시 셍-크루 Saint-Cloud 로 옮겼다. 그 다음날인 브뤼휘메르흐 19일, 즉 11월10일에는 셍-크루에서 500인 의회 le conseil des Cinq-Cents 가 열렸다. 무정부주의자들이 정체 政體 변경을 위한 개헌을 하라고 협박하자, 군사령관인 나뽈레옹은 이 기회를 이용하여, 의회에 시급히 개헌 동의안을 처리해줄 것을 요구 했다. 그러나 의회가 헌법 개정안 처리에 늦장을 부리자 나뽈레옹은 의회로 난입했다. 나뽈레옹은 500인 의회와 원로원에 각각 자신의 지지자들을 잠입시켜 놓았다.

그러나 이런 초법적 행위는 결국 나뽈레옹을 위기로 내몰았다. 의회에서 나뽈레옹이 왕당파 잔당 의원들에게 위협을 당하자, 500인 의회 의장인 나뽈레옹의 동생 루시앙 Lucien 은 냉철함을 잃지 않고, 군부사령관 maréchaux 인 뮈라하 Murat 에게 요청, 그의 정예 병사들로 하여금, 이탈리아 정복의 영웅, 나뽈레옹의 신병을 보호하도록 조치했다. 긴장감이 돌던 의회 내의 긴박한 상황에서 당연히 취할 수밖에 없었던 아주 단순한 그런 행위가 결국에는 군사 꾸 데따 coup d' Etat militaire 가 된 것이다.

나뽈레옹은 그런 꾸 데따를 세상에 드러내고 싶지 않았다. 나뽈레옹에게는 그런 일은 비참한일도 영광스러운 일도 아니었기 때문이다. 군대에 의해서 급히 소집된 몇몇 의원들은 헌법개정론 자들에게 막강한 힘을 실어주면서 헌법 개정을 강행했다. 나뽈레옹은 군대의 힘을 빌려 헌법 개정에 성공, 5인의 집정관 정부를 전복시키고 정권을 장악했다, 나뽈레옹은 스스로를, 파당 派黨 이나 일삼던 그런 부류들과는 전혀 다른 사람이라고 자칭하면서, 자신은 부 富 가 균등 분배되고 귀족적인 품위가 넘치는 프랑스를 지키는 생각만을 할 뿐이라고 선언했다.

(2) **집정정치시대**와 **원정전쟁**

1799년 11월10일, 의회에서 발생한 꾸 데따로 정권을 잡은 나뽈레옹은 혁명력 8년, 즉 1799년 12월13일에 새로운 헌법 Constitution 을 제정하고 3인의 집정정치시대 Consulat, 1799~1804 를 열었다. 집정 정부는 군대 조직을 대대적으로 개편하고 원정 전쟁에 나섰다. 집정 정부는 나뽈레옹이 황제의 자리에 오르는 1804년 5월18일까지 지속되었다. 새로 선출된 3인의 최고 통치자, 즉 집정 consuls 은 나뽈레옹, 깡바세레쎄스 Cambacérès 그리고 르브러헝 Charles François Lebrun 이었다. 나뽈레옹은 처음엔 임기 10년의 제1집정 le Premier consul 이었으나 1802년 8월2일에는 종신 집정이 되었다. 그러나 나뽈레옹은, 총검으로 권좌에 앉은 사람은 같은 방식으로 권좌에서 쫓겨난다는 신념을 가지고 있었기 때문에 처음에는 의회의 정상적인 표결로 정권을 장악하려고 노력했었다. 나뽈레옹의 현명한 신념은 후일, 결국 현실이 되었다. 프랑스의 실질적인 최고 통치자가 된 이후에도 나뽈레옹의 원정 전쟁은 지속되었으며 그 연대기는 다음과 같다:

-1800년 12월24일
셍-니께즈 거리 rue Saint-Nicaise 에서 나뽈레옹 암살 음모 발생

-1800년~1801년 2월9일
2차 이탈리아 원정에 나선 나뽈레옹은 1800년 마렝고에서 오스트리아군을 격파. 1801년 2월9일에는 오스트리아와 뤼네빌 평화조약 Paix de Lunéville 을 맺고, 이탈리아의 치사르피나, 리구리아, 라인강 좌안, 벨기에, 룩셈부르크 등의 지역을 프랑스 영토로 확보.

-1802년 3월25일~1803년 5월
나뽈레옹은 1802년 3월25일 영국과 아미엥 평화조약 Paix d'Amiens 을 맺음. 영국은 스리랑카, 트리니다드를 제외한 점령지

를 포기하고, 프랑스는 포르투갈, 터키, 나폴리 등의 교황 영토를 포기하고 몰타에서 철수하기로 함. 그러나 1803년 5월 영국은 아미엥 조약을 깨고 프랑스에 선전포고함.

-1804년 3월21일 밤
부르흐봉 왕가의 앙기앵 공작 duc d'Enghien 이 나뽈레옹 암살 음모 혐의로 처형됨.

-1804년 5월
영국이 왕당파를 배후조정, 나뽈레옹 암살 음모를 꾸밈. 이를 계기로 정체 안정을 주장하던 나뽈레옹 핵심 참모들이 암살을 통한 체제 전복 음모를 사전에 방지하기 위하여 종신 집정을 세습 제정으로 바꾸고 나뽈레옹을 황제로 만들었다.

3) 황제 대관식 및 속국

(1) 황제 대관식

치솟는 인기를 바탕으로 황제가 된 나뽈레옹은 1804년 12월 2일에 빠리히 노트르흐-담 Notre-Dame de Paris 대성당에서 황제 대관식 le Sacre de l'Empereur 을 올리고, 제정 帝政, la Monarchie impériale 을 선포하고 "나뽈레옹 법전" 을 공포했다. 제1제정의 황제가 된 이때, 나뽈레옹의 나이가 겨우 35세였다. 나뽈레옹은 당시의 관행을 무시하고, 교황 피 7세 le pape Pie VII 를 대관식에 초정해 놓고, 황제의 상징인 월계관을 교황이 아닌 "시간의 신, 크로노스" 로부터 직접 받아쓰는 형식을 취했다. 즉, 스스로 월계관을 쓴 다음, 그 월계관을 부인 조세핀 Joséphine 에게 씌워주었다(그림 2-002). 황제가 된 나뽈레옹 1세는 새로운 학교체계를 세우고 프랑스 은행을 만드는 등 사회개혁을 주도했다.

그림 2-002: 나뽈레옹 1세, 황제 대관식 그림 크기; 9.79cm×6.21cm

궁정화가 쟉크-루이 다비드 Jacques-Louis David, 1748~1825 는, 1806~1807년에 이 그림을 그렸다. 이 유화는 나뽈레옹이 그의 월계관을 부인에게 씌워주는 모습을 표현하고 있다. 이 그림에는 200명의 사람이 등장하는데 그들 중 75명의 모습은 상세히 묘사되었다. 빠리 루브르 박물관 소장

(2) 황제의 원정전쟁

나뽈레옹 1세는 1804년부터 1815년까지 프랑스 황제로 재직했다. 그러나 나뽈레옹 1세는 황제의 보위보다는 전쟁터의 군사령관의 자리에 있는 시간이 더 많았다. 황제가 비록 1년의 반 이상을 전쟁터에서 보냈지만, 뛰어난 용인술로 본국의 사소한 일까지도 철저하게 챙기는 치밀함을 보였다. 황제는 거의 모든 전쟁에서 승리 하면서 프랑스를 거대한 황제 대국으로 만들었다. 1811년 당시 유럽에는 여러 왕국과 황제 국가가 있었지만 그 중심은 프랑스였다. 당시 프랑스의 영토는 북쪽, 현재 독일

함부르크의 엘베 해협 Bouches-de-l'Elbe 으로부터 남쪽, 이탈리아의 로마에까지 이르렀. 당시 130개의 도 départements 로 구성되었던 프랑스의 영토에는 현재의 브르훽셀 Bruxelles, 암스테르흐담 Amsterdam, 로마 Rome 등이 포함되었는데, 그들은 그저 프랑스의 한 도지사 préfet 가 관할하는 한 지역 préfecture 에 불과했다. 그러나 황제의 풍운 風雲 은 여기까지였다. 황제는 1812년 러시아 원정 실패로 1814년 4월 퇴위 했다. 황제의 원정 전쟁 이야기는 다음과 같다:

-1804년 12월
스페인 영국에 선전포고

-1805년 4월~8월
영국, 오스트리아, 러시아, 스웨덴, 나폴리 등은, 프랑스에 대항하기 위하여 제 3차 반 프랑스 동맹군 결성

-1805년 12월
프랑스는 오스테르흐리츠 Austerlitz 에서 유럽의 동맹군, 즉 영국, 러시아, 오스트리아, 나폴리의 군과 전투를 벌여 동맹군을 대파하고 빈에 입성, 유럽 대륙 제패. 프레스브르그 평화조약 Paix de Presbourg 체결

-1805년 10월21일
프랑스는 대륙에서는 유럽의 동맹국을 대파했으나 해전에서는 대패했다. 10월21일, 프랑스-스페인 연합 함대가 스페인 최남단 카딕스 Cadix 앞, 대서양 먼 바다 트라팔가 Trafalgar 해전에서 영국의 넬슨 Nelson 제독에게 대패함. 이 해전에서 프랑스와 스페인 측의 전사 및 부상자는 6930여명이었지만 영국 측의 전사 및 부상자는 불과 449명이었다. 그러나 넬슨은 이 해전에서 전사했다.

-1806년 7월

라인 연방 Confédération du Rhin 결성. 프랑스에 대항하기 위하여 제 4차 반 프랑스 동맹결성

-1806년

황제는 프러시아 Prusse 원정 전쟁 시작, 베를린 Berlin 을 점령하고 칙령 발표. 대륙 봉쇄 시도. 영국과의 무역을 금지시키고 영국 본토 및 식민지 제품을 몰수

-1807년 6월

프리엔트란트 Friedland 에서 전쟁 승리, 러시아의 알렉산드르 1세와 틸지트 조약 Traité de Tilsit 을 맺고, 폴란드에 바르샤바 공국을 세움

-1808년

나뽈레옹의 형 조제프 1767~1844 를 스페인 왕으로 임명. 스페인에서 브르봉 왕가 출신을 몰아내려하자, 스페인 반발, 나뽈레옹이 직접 원정, 반란 진압.

-1808년 12월

오떵 Autun 의 주교 였던 딸레르항-뻬리히고르흐 Charles Maurice de Talleyrand- Périgord 과 푸셰 Joseph Fouché 가 나뽈레옹을 배반하고 러시아 황제 편에 서서 반란 음모 꾸밈

-1809년 7월~10월

5차 반 프랑스 동맹군과 전투, 7월 바그람 Wagram 전투에서 승리하고 10월엔 빈 평화조약 Paix de Vienne 체결. 그러나 스페인 게릴라들이 프랑스군을 공격하고, 프랑스 내부에서는 나뽈레옹에 저항하는 반란 지도자들이 또 하나의 의회를 소집하고 새로운 헌법을 선포, 국내 정세 불안해짐.

-1810년 4월~1811년 3월

세습왕조 구축을 위해, 아들이 없었던 조세핀과 이혼하고, 1810년 4월2일 오스트리아의 황녀 마르히-루이즈 Marie-Louise 와 결혼, 1811년 3월 나뽈레옹 2세 탄생.

-1812년 6월~12월

6월, 50여만 대군을 이끌고 러시아 Russie 원정 출발, 9월15일 밤 손쉽게 모스크바 Moscou 진입 성공, 그러나 러시아의 초토전술 焦土戰術 로 전투불가, 강한 서풍을 타고, 4일 동안 계속된 화재로 모스크바 시내의 모든 목조 주택은 불타버려 모스크바는 이미 폐허가 됨. 황제는 10월19일 아무런 전과 戰果 도 없이 퇴각 결정, 퇴각 도중 11월27일~29일 베레치나 Berezina 강에서 코자크 cosaque 기병대의 무차별 공격을 받고 병력의 대부분이 죽거나 포로가 되고, 겨우 1만 여명만이 패주. 나뽈레옹이 빠리히 도착 하루 전, 마레 Claude François de Malet 장군이 나뽈레옹이 죽었다고 발표해 하루 동안 권력 공백이 생김. 나뽈레옹의 원정 실패로 유럽 각지에서 반-프랑스 전쟁 유발

-1813년 5월

나뽈레옹은 러시아와 프러시아 연합군에 승리하였으나 많은 병력 손실.

-1813년 8월~10월

8월 오스트리아가 전쟁 선포하고 영국, 프러시아, 러시아 등과 제6차 반 프랑스 동맹군 결성. 나뽈레옹 10월 라이프찌히 Leipzig 전투에서 패배, 몰락 시작.

-1814년 1월

사방에서 공격해오는 동맹군에 나폴레옹 군 속수무책으로 패전 지속. 오스트리아, 프러시아, 영국 등의 3개 연합군은 나뽈레옹

이 사라질 때까지 전쟁지속 결의. 연합군이 빠리ㅎ 근교까지 진격하자 빠리ㅎ 시 당국은 나뽈레옹의 의사와 관계없이 항복하고 평화협상에 돌입. 임시정부 수반이 된 딸레르항 Talleyrand 이 황제 폐위를 선언하고 브르ㅎ봉 왕가의 루이 16세의 동생인, 루이 18세 1814~1824 를 보위에 앉힘. 그러나 왕정복고에 대한 프랑스인들의 비판이 고조 되었다.

-1814년 4월
나뽈레옹 퇴위. 5월4일 지중해의 엘바 섬 도착

(3) **황제 속국**의 **왕**

나뽈레옹 1세 가계의 황제 또는 프랑스 속국의 왕들은 다음과 같다:

-조제프 1767~1844; 나폴리 왕 및 스페인 왕
-나뽈레옹 1세 1769~1821; 프랑스 제국 황제
-루이 1778~1846; 네덜란드 왕
-제롬1784~1860; 웨스트팔리 Westphalie 왕
-나뽈레옹 2세 1811~1832; 로마 왕, 실제 왕위엔 안 오름
-나뽈레옹 3세 1808~1873; 제2공화정 대통령,
제2제정 황제

4) 황제 퇴위와 후폭풍

(1) **황제**의 **퇴위**

황제의 자리에서 물러나, 5월4일 지중해의 엘바 섬 Ile d ′ Elbe 에 도착한 나뽈레옹은 1815년 3월20일 엘바 섬을 탈출, 추종세력과 함께 빠리로 복귀, 다시 보위에 올라 소위 “백일천하” 를 실현했다. 그러자 영국과 프러시아가 3월25일 제7차 동맹군을 결성, 6월 18일 워털루 Waterloo 전투에서 나뽈레옹 군대를 패

퇴시켰다. 동맹군에 패한 나뽈레옹은 6월22일 의회의 요구로 두 번째로 황제의 자리에서 물러났다. 나뽈레옹은 1815년 10월 16일, 대서양의 세인트-헬렌 Sainte-Hélène 섬에 도착했다. 영국령, 세인트-헬랜은 대서양 남동부, 즉 아프리카 앙골라 Angola 에서 서쪽으로 약 2000km 떨어진 곳에 있는 외딴섬이다. 나뽈레옹은 그로부터 6년 뒤, 1821년 5월5일 그 곳에서 52세를 일기로 생을 마감했다.

(2) **황제국 붕괴**의 **후폭풍**

황제 나뽈레옹 1세의 1814년과 1815년, 두 차례에 걸친 퇴위로 즉시 부르ㅎ봉 Bourbons 왕가의 왕정이 복고 復古 는 되었지만 혼란은 지속되었다. 부르ㅎ봉 왕가의 통치는, 1830년 프랑스 칠월 혁명, 즉 27, 28, 29일, 단지 사흘 동안의 시민들의 가두시위, 전투로 끝을 맺었다. 이후 루이-필립 1세 Louis-Phillipe I er 에 의한 칠월 왕정 Monarchie de Juillet, 1830~1848, 즉 자유 제정 Monarchie libérale 이 시작되었다. 그러나 프랑스 사회는 점점 더 정치, 경제, 사회적 혼란에 빠지면서 빠리는 혁명의 도가니가 되었다. 프랑스는 이때부터 2차 세계대전 이후까지도 합법을 가장한 군사 꾸 데따 coup d' Etat militaire 가 끊임없이 발생, 수없이 정치 체제가 전복되었다. 프랑스는 1830년 이후 2차 대전 직전까지의 격변기에 제2공화정, 제2제정, 제3공화국 1870~1946 이 출현했다. 그 이후에도 프랑스 정체는 전시 戰時 비쉬 정부 Etat français de Vichy, 전시 戰時 임시정부 Gouvernement Provisoire, 제4공화국 IVe République 그리고 현재의 제5공화국 Ve République 으로 정체가 바뀌었다.

3. 프랑스 사회의 변천

1) 프랑스 연대기

현재의 프랑스는 유럽 대륙에서는, 3개의 바다, 즉 북쪽으로는 북해, 서쪽으로는 대서양, 남쪽으로는 지중해를 접하고 있는 유일한 나라이다. 프랑스 내륙에는 드넓고 비옥한 농지가 많아 오랜 세월동안 뿌리내리고 살아온 토착 농민들과 기원전 수세기 전부터 오늘날까지 끊임없이 이주해온 수많은 사람들이 함께 살면서 풍부한 문화유산을 만들어낸 나라이다. 현재 프랑스 지역에는 200만 년 전경부터 사람이 살기 시작했던 것으로 추정된다. 4만~1만5000년 전경에는 호모 사피엔스가 사냥이나 식물 및 과일 채집을 하면서 떠돌이 생활을 했다. 그러다가 빙하시대가 끝나면서 서기전 6천 년경부터는 더욱 많은 사람들이 몰려와 가축을 기르고 농작물을 재배하면서 한 곳에 정착해서 살기 시작했다. 그렇지만 현재의 프랑스에는, 프랑스 고유의 인종은 없고, 다인종 多人種 이 모여 살고 있다. 인류의 기원 및 프랑스의 형성 연대기는 다음과 같다.

(1) 선사시대

가. 인류의 기원

지구상에서 인류가 살기 시작한 흔적은, 지금까지 몰랐던 유물이 새로 발굴되면서, 그 역사가 700만~600만 년 전까지로 올라갈 수도 있다고 한다. 지금까지는, 약 400만 년 전에 아프리카 대륙에서 최초의 유사인간이 살았다는 것이 관련 학계의 주장이었다. 아프리카 대륙에 살고 있었던 유사인간들은 200만 년 전 아프리카를 떠나, 프랑스 남부 지역을 거쳐 중동지역으로, 이어서 전 세계로 퍼져나가면서 진화를 거듭했던 것으로 추정된다(그림 2-003). 이런 연유로 프랑스 남서부 지역은 유럽의 다른 어떤 지역보다도 인류의 오랜 역사를 짚어볼 수 있는 흔적들이 많이 남아있다. 지금까지 밝혀진 자료에 의하면 180만 년 전에는, 현생 인류의 전단계조상이라고 할 수 있는 호모 에렉투스 Homo erectus 를 포함한 고전 古典 호모 사피엔스 Homo

그림 2-003: 인류 진화의 모습

그림 상, 왼쪽부터 200만, 50만, 6만 년 전, 그리고 그림 하, 왼쪽부터, 6만, 2만 년 전 그리고 현생 인류의 모습이다.

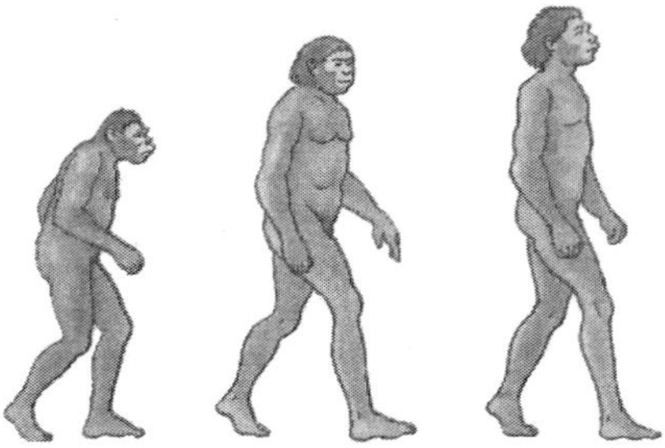

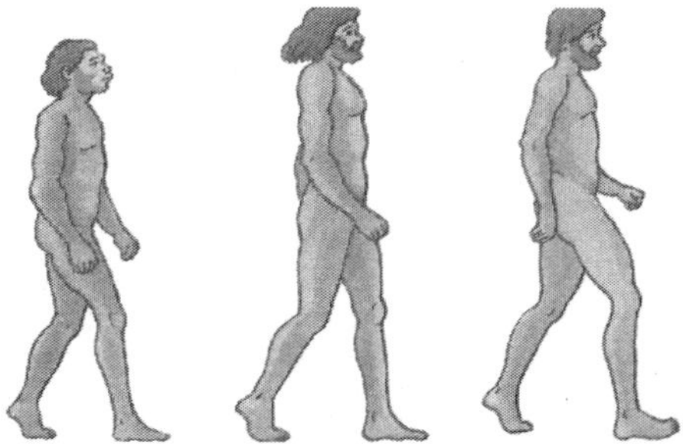

sapiens arcaico 가 아프리카 대륙, 지중해 연안, 유럽 북부 및 중국 북부지역에서 함께 살았으며, 지금의 인도네시아 지역에는 호모 에렉투스가 살았던 것으로 추정된다. 지금까지 인류의 기원지 起源地 에 관해서는 아프리카 대륙설이 유력하였으나 아시아 대륙설이 새롭게 대두되고 있다. 그러나 지금도 세계 도처에서 발굴되는 화석에 의해서 이런 가설들이 언제 바뀔지 모른다.

가) **아프리카 대륙 설**

지금부터 약 440만~350만 년 전에 현재의 아프리카 대륙 남부에 지구상 최초의 유사인간 類似人間, 즉 오스트라로피데쿠스 아파란시스 Australopithecus afaransis 가 살았다는 것이 지금까지의 고고학계의 학설이었다. 아프리카 대륙에 살고 있던 유사인간들은 200만 년 전부터 새로운 세상을 찾아 아프리카 대륙을 떠났던 것으로 추정된다. 좀 더 상세히 말하는 학자들에 의하면, 인류의 조상 중 하나인, 사람과 科 에 속하는 고인류 古人類 인 호미니언 Hominian 또는 Hominid 이 185만 년 전 아프리카를 떠났다고 추정하고 있다. 호미니언은 사람 비슷한 동물이었던 것으로 추정된다. 아프리카 대륙에는 60만년~75만년 전에도 호모 에렉투스와 호모 사피엔스 사피엔스 Homo sapiens sapiens 가 함께 살았던 흔적이 발견되었다.

나) 아시아 대륙 설

최근 중국 남부 산시성 陕西省 란텐 지역에서 212만 년 전 인류의 조상들이 만들어 사용했던 것으로 추정되는 석기 石器 가 발굴되었다. 아프리카 대륙 밖에서 발굴된 인류의 유물 중 가장 오래된 것이다. 이 석기의 발굴을 기준으로 한다면, 180만 년 전에 나타난 것으로 추정되는, 인류의 조상중 하나인 호모 에렉투스 Homo erectus 의 기원이 아프리카가 아닌 아시아일수도 있다는 가설이 설득력을 갖게 된다. 그러나 212만 년 전의 석기는 자연 상태에서 만들어진 자연석 自然石 일수도 있다는 반론도 제기되고 있다. 이 지역에서 지금까지 발굴된 최고 最古 의 인류 두개골은 163만 년 전의 것이기 때문이다. 조지아 수도 트빌리시에서는 185만 년 전의 호미니언 화석이 발견되었고, 중국을 비롯한 동아시아 여러 곳에서도 170만 년 전의 호미니언 화석은 발굴되었다.

나. 인류의 진화

지금까지 발굴된 자료에 의하면 지구상 최고원인 最古猿人 은 오스트라로피데쿠스 속 屬 중의 오스트라로피데쿠스 아나멘시스 Anamensis 와 아르디피데쿠스 라미더스 Ardipithecus ramidus 이다. 인류의 진화는 기술인종학 記述人種學 상, 오스트라로피데쿠스 속과 호모 속으로 분류된다. 멕시코 씨티의 국립인류학박물관 Museo National de Antropologia 전시 자료에서 발췌한 인류의 생물학적 계통발생 연대기 Arbol filogenético 는 다음과 같다.

가) 오스트라로피데쿠스 속 屬

오스트라로피데쿠스 속 Género Australopithecus 의 생물학적 계통발생 연대기는 다음과 같다;

-600만년~400만 년 전:

-아르디피데쿠스 라미더스

-오스트라로피데쿠스 아나멘시스

-400만년~300만 년 전:

-오스트라로피데쿠스 아프리카누스 africanus

-오스트라로피데쿠스 아파란시스

-300만년~200만 년 전:

*인류 최초로 도구사용 primeros artefactos

-오스트라로피데쿠스 가르히 garhi

-오스트라로피데쿠스 파란트로푸스 paranthropus

나) 호모 속

아프리카 대륙에 살던 유사인간 類似人間, 즉 호모 에렉투스는 고전 古典 호모 사피엔스 Homo sapiens arcaico 로, 호모 사피엔스 네안데르탈렌시스로, 호모 사피엔스로 그리고 호모 사피엔스 사피엔스 Homo sapiens sapiens 로 진화했다. "호모" 는 동족이라는 뜻이고, "호모 사피엔스" 는 지혜 있는 사람이라는 뜻이다. 호모 사피엔스 사피엔스가 현생 인류의 조상으로 추정된다. 호모 속 Género Homo 의 생물학적 계통발생 연대기는 다음과 같다;

-300만년~200만 년 전:

-호모 아비리스 Homo habilis

-호모 루돌펜시스 Homo rudolfensis

-200만년~100만 년 전, 고전 호모 사피엔스:

-호모 에렉투스 Homo erectus

-호모 안테세소르 Homo antecessor

-호모 에르가스테르 Homo ergaster

-호모 하이델베르겐시스 Homo heidelbergensis

-100만 년 전 이후:

-호모 사피엔스 네안데르탈렌시스 Homo sapiens neanderthalensis

-호모 사피엔스 Homo sapiens

-호모 사피엔스 사피엔스 Homo sapiens sapiens

-호모 루조넨시스 Homo luzonensis

(가) **호모 에렉투스**

직립원인 直立猿人 이라고 불리는 호모 에렉투스는 선先-네안데르탈렌시스, 즉 선先-네안데르탈-인 Anténéandertalien 중의 하나이다. 호모 에렉투스가 나타난 시기는 180만 년 전으로 추정된다. 지금까지 발굴된 호모 에렉투스의 화석 化石 에는, 1891년 인도네시아의 자바 Java 섬, 트리닐 Trinil 에서 발굴된 자바원인 猿人, 1929년 중국 베이징 北京 시, 교외 자우커우덴 周口店 에서 발굴된 베이징 원인 猿人 등이 있다. 베이징 원인은 50~60만 년 전부터 약 20만년동안 살았던 것으로 추정된다. 호모 에렉투스는 40만 년 전 불 火 의 사용법을 발견했다.

(나) 호모 하이델베르겐시스

호모 하이델베르겐시스 Homo heidelbergensis 는 최후의 호모 에렉투스 Homo erectus últimos 이자 최초의 네안데르탈-인 primeros Néandertalien 이다.

(다) 호모 사피엔스

호모 에렉투스에서 진화한 호모 사피엔스 Homo sapiens 는 약 35만년전경부터 유럽과 아시아 서부에서 수렵생활을 하면서 살았다. 서기전 1만5천 년경까지도 자연 속을 떠돌아다니는 야생 코끼리나 무소, 순록 등을 잡아 생활했다. 호모 사피엔스는, 호모 사피엔스 네안데르탈렌시스 Homo sapiens néandertalensis 와 호모 사피엔스 사피엔스 Homo sipiens sapiens 로 분화되었다. 호모 사피엔스 네안데르탈렌시스를 보통 네안데르탈-인 Néandertalien 이라고 하며, 호모 사피엔스 사피엔스의 대표적 인류가 크로-마뇽 Cro-magnon 인이다.

① 네안데르탈-인

네안데르탈-인 Néandertalien, 즉 호모 사피엔스 네안데르탈렌시스 Homo sapiens néandertalensis 는 10만 년 전에 살았지만, 그들은 3만5천 년 전, 즉 말기 구석기 paléolithique supérieur 초에 갑자기 멸종되었다. 그러나 그들의 유전자 4%는 현생 인류에 남아있는 것으로 확인되었다. 1856년에는, 독일 라인 강 하류, 뒤셀도르프 Düsseldorf 근처, 네안데르탈 Néandertal 계곡의 석회암 동굴에서, 신생대 제4기 전반인 홍적세 중기 때의 인류 두개골과 뼈가 발견되었다. 이들을 네안데르탈-인이라고 했다. 이들은 호모 에렉투스, 즉 선先-네안데르탈-인 Anténéandertalien 에서 진화했다. 홍적세는 약 200만 년 전부터 1만 년 전까지의 시기로서 빙하가 지구를 뒤덮고, 매머드 따위의 포유류가 번성했었던 시기이다. 프랑스에서도 네안데르탈-인의 두개골과 뼈가 발견되었다. 1909년, 프랑스 남서부, 아끼텐 Aquitaine 지역, 24번 도道, 도르흐도뉴 Dordogne 의 페라하씨 발굴 현장 le site de la Ferrassie 에서는 45세쯤 되는 남자 성인, 네안데르탈-인의 두개골이 발견되었다. 네안데르탈-인의 유골 중 가장 오래된 유골은 프랑스 남서부, 리무젱 Limousin 지역, 19번 도 道, 꼬레쎄즈 Corrèze 의 샤펠-오-셍 Chapelle-aux- Saints 에서 발견되었다.

② 크로-마뇽-인

프랑스 남서부 크로-마뇽 Cro-magnon 에서는 1868년 3월, 후기 구석기 시대에 살았던 사람들의 뼈와 두개골이 발견되었다. 이들이 현생 인류의 직계 조상으로 추정되는 크로-마뇽-인, 즉 호모 사피엔스 사피엔스 Homo sapiens sapiens 이다. 크로-마뇽-인은, 네안데르탈-인이 갑자기 흔적도 없이 사라지면서 이들을 대체한 새로운 인류이다. 크로-마뇽-인들은, 두개골의 특징으로 보아, 현재 유럽인들의 조상으로 추정된다. 이들은 이전의 화석 인간과 비교해볼 때, 키가 크고 머리가 크며 아주 건장하다. 즉, 지금의 유럽 인종과 비슷하다.

(라) 호모 루조넨시스

프랑스 빠리 자연사박물관 및 호주국립대 교수 등의 공동 연구팀은, 2019년 4월10일 과학전문 학술지 "네이처" 에, 약 5만~6만7000년 전에 필리핀 북부 루손 Luzon 섬에 신종 인류가 살았던 것으로 추정된다고 발표했다. 공동 연구팀이 루손 섬의 칼라오 동굴에서 발굴한 성인과 어린이의 치아와 뼈 등의 인류 화석을 분석한 결과, 그들은 비슷한 시기에 같은 지역에서 살았던 호모 에렉투스나 호모 사피엔스와는 다른 인류라고 했다. 그들은 형태와 크기, 즉 작은 체구와 두뇌가 오스트라로피데쿠스와 매우 유사하다고 했다. 다시 말해서 그들은 오스트라로피데쿠스 속 屬 중의 한 인류에서 직접 진화한 새로운 인류라는 것이다. 공동 연구팀은 이들을, 발굴된 지역의 이름을 따서 "호모 루조넨시스 Homo luzonensis " 라고 명명했다.

다. 구석기 시대의 동굴 취락

프랑스 남서부 뻬르히고르흐 Périgord 지방에는 크고 작은 수많은 동굴들이 산재해 있다. 이지방의 계곡이나 강변 절벽에는 수많은 구멍과 작은 동굴이 있는데. 이 구멍들은 구석기 시대 인류의 은신처 출입구로 추정된다. 따라서 이 지방의 계곡이나 강변 지역은 구석기 시대의 취락이었을 것으로 추정된다. 이 지방의 동굴 속에서는 벽화, 무기, 집물 什物, 동물 뼈 조각, 인간의 머리뼈 등이 발견되었다. 구석기 시대의 동굴이 집중되어 있는 프랑스 남부 지방의 지명과 유물은 다음과 같다.

가) **크로-마뇽**

크로-마뇽은 프랑스 남서부, 아끼텐 Aquitaine 지역, 24번 도道, 도르흐도뉴 Dordogne 의 레 제지 Les Eyzies 인근, 따이약 꼬뮌 Commune de Taillac 에 있는 선사 유적 마을이다. 크로-마뇽에는 약 3만5천 년경부터 사람이 살았던 흔적이 있으며, 이 지역에서 발굴된 화석 인류가 크로-마뇽-인이다.

나) **라스꼬**

라스꼬 Lascaux 는 구석기 시대의 유명한 동굴과 유물들이 있는 선사 유적지이다. 라스꼬는 프랑스 남서부 뻬리히고르흐 Périgord 지방, 몽티냑 Montignac 지역에 있는 베제르흐 Vézère 계곡을 흐르는 베제르 강 유역에 있다. 이 유역에 있는 라스꼬 동굴은 1940년에 발견되었다. 라스꼬 동굴 벽에는 황소와 코끼리 상상화 想像畵 를 비롯하여 수많은 상상 想像 그림과 조각 彫刻 들이 있다. 이런 상상화들은 서기전 1만6천~1만4천 년 전에 그려진 것으로 추정된다. 라스꼬 동굴 벽화는 스페인의 알타미라 Altamira 동굴 벽화와 함께 세계에서 가장 유명한 후기 구석기 시대의 예술품이다(사진 2-006).

다) **레 제지**

레 제지 Les Eyzies 는 프랑스 남서부 도르흐도뉴 Dordogne 도

사진 2-006: 라스꼬 동굴의 황소 벽화 몽티낙, 프랑스 남서부

道 에 있는 구석기 시대 유적 마을이다. 이 마을에 있는 구석기 시대의 동굴들은 도르ㅎ도뉴 계곡 Vallée de la Dordogne 을 흐르는 도르ㅎ도뉴 Dordogne 강 유역에 집중적으로 몰려 있다. 이 마을에 있는 주요 동굴과 선사시대 유적은 다음과 같다:

-뽕-드-곰 동굴; 1901년 발견, 구석기 시대 그림 다수
-꽁바렐 동굴; 들소, 순록, 신화적 상징, 사람 얼굴 등의 그림과 조각 다수 있음
-루피냑 동굴; 길이 8km 의 대형동굴, 동굴 벽에는 거대한 코끼리, 서로 싸우고 있는 황소 등의 그림이 있다.
-아브리 뒤 까프 블랑; 1911년 발견, 실물 크기의 말과 들소의 그림들이 바위에 조각되어 있음

라) **까브르레**

까브르ㅎ르헤 Cabreret 는 프랑스 남서부 케르시 지방의 미디

-피레혜네 Midi-Pyrénées 지역, 46번 도 道, 로 Lot 에 있다. 까브르흐르헤 외곽 마을은, 2만5천 년 전 구석기 시대 인들이 살았던 흔적이 있는 선사 유적지이다. 이 마을 계곡을 흐르는 로 Lot 강과 쎄레 Célé 강이 만나는 유역에는 장엄한 화강석 절벽이 있다. 이 지역에 있는 페슈메르흘 동굴에는 대형 코끼리, 말, 들소, 인간 등의 모습을 그린 그림이 있다.

마) **메르베유**

메르흐베유 계곡은 프랑스 남동부, 프로방스-알프-꼬트다쥐르흐 Provence-Alpes-Côte d'Azur 지역, 06번 도 道, 알프-마리히팀 Alpes-Maritimes 에 있다. 메르흐베유 계곡의 암벽에는 구석기 시대의 암석 조각이 있다.

바) **필리또사**

필리또사 Filitosa 는 코르시카 Corsica, 즉 꼬르흐스 Corse 남서쪽 따르하보 Taravo 강 하구에 있는 선사시대 유적 센터 Centre Préhistorique 이다. 이곳에는 4천 년 전에 제작된 석조 전사상 戰士像 이 있는데, 그들은 방패, 헬멧, 검 등으로 무장했다. 또한 1946년에 발견된 남근 모양의 화강석 조각상 맨히르도 있다.

라. **농경생활**과 **사회구성**

가) **농경** 및 **정착생활**

서기전 1만년전경 제4차 빙하기가 끝나고, 8천년전경부터 지구가 더워지면서 지구의 식물상 植物相, 동물상 등이 변하기 시작했다. 그러나 지구상에 식물이 처음 등장 한 것은 약 4억5천만년전경이며, 최초의 곤충은 그로부터 9천만 년이 지난 다음에 나타났다. 서기전 1만~6천년전경 매머드 따위의 거대 포유류가 사라지자 구석기인들은 산돼지와 들소 등 숲에 사는 동물들을 사냥하면서 떠돌이 생활을 했다. 그 이후 농경생활을 했던 신석기시대 서기전 7000~4500년전경 에는 구석기시대와는 사람들의 생활 방식이 완전히 달라지면서, 소위 신석기시대 문명혁명이 일어났다. 그러나 신석기시대의 변화는 매우 천천히 그리고 아주 심오하게 일어났다.

나) **집단생활**과 **식량 쟁탈 전쟁**

야생의 동물이나 물고기를 잡고, 야생의 식물이나 열매를 채취하면서 떠돌이 생활을 하던 구석기 시대가 끝나고, 기후와 농경에 적합한 지역을 찾아 한 곳에 정착해서 집단생활을 하는 신석기 시대가 도래 했다. 집단생활을 하면서 대형 공동주택, 즉 길이가 10~14m, 폭이 6~8m 에 달하는 주택이 건축되고, 마을도 생겼다. 집단, 농경생활을 하면서 구석기 시대보다 안정적이고 확정적인 방법으로, 다양한 종류의 식량 확보와 저장이 가능해졌다. 그러나 집단생활로 사회적 조직이 생기면서 사제, 전사, 농부, 상인 등의 복잡한 사회계층이 형성되고, 계층 간의 갈등도 생겼다. 인구증가, 차별화된 식량 자원 보유로 인한 부 富 의 축적, 인간들의 본성, 즉 거칠고 폭력적인 야만성 등이 얽히고 설키면서 식량자원 쟁탈 전쟁이 발발했다.

(가) **근동 지방**

인류의 농경생활이 시작된 곳은 근동 近東, Proche-Orient 지방, 즉 터키에서 이집트에 이르는 지중해 연안 지방인 것으로 추정된다. 근동 지방에서는 오래전부터 자연에서 야생의 밀과 보리가 자라고 있음을 알았다. 서기전 7800년경부터는 야생의 밀과 보리의 씨앗을 채취하여 체계적으로 농사를 짓고 수확을 하여 식량을 확보, 저장했다. 밀과 보리의 경작에 이어 야생에서 자라던 누에콩, 완두콩, 렌즈콩 lentille 등의 콩과식물과 사과, 자두, 배 등의 과일도 씨앗을 채취하여 재배하기 시작했다. 서기전 5000년경부터는 사람들의 주식 主食 이 밀을 비롯한 곡물과 콩으로 바뀌는 농업혁명이 일어났다. 야생 동물을 길들여 가축화하기 시작한 곳도 역시 근동 지방이다.

(나) 유럽 및 프랑스 지역

근동 지방에서 시작된 체계적인 농경방법과 야생동물의 가축화는 순식간에 유럽 대륙으로 번져나갔다. 유럽 대륙에서는 당근, 양배추, 도토리, 밤, 개암열매 noisettes, 호두, 인목열매 prunelles, 월귤 airelles, 나무딸기, 올리브 등의 새로운 과일, 채소, 콩류 등의 식량자원이 발견되고 경작되었다. 프랑스 남부 Midi 지역에서 사람들이 정착해서 농경생활을 시작했던 시기는 서기전 6천년 경으로 추정된다. 프랑스 남부 지역에서 제일 먼저 가축화된 동물은 양과 염소이다. 소와 멧돼지는 처음에는 길들이기가 무척 어려웠기 때문에 서서히 길들여졌다. 중석기 中石器 시대 말부터 길들여졌던 개는 사냥 갈 때 데리고 가서 사냥을 돕게 하거나 가축을 돌보게 하는 일에 유용하게 쓰였다. 프랑스 사람들은 이들 정착 농경인 들을 자신들의 조상, 즉 골 족 les Gaules 의 시조 始祖 로 추정하고 있다. 그러나 골 족이란 어느 특정 부족을 지칭하는 말이 아니고, 골이라고 불렀던 지금의 프랑스 지역에 살았던 인종 모두를 일컫는 말이다.

(2) 골 시대

"골 la Gaule" 은 현재 프랑스의 옛 지명으로, 고대 로마인들이 현재의 프랑스 지역을 "골" 이라 불렀던 데서 기인한다. 프랑스라는 나라가 형성되기 이전의 골 시대는 로마제국 침공 이전, 로마제국의 속주 및 바바리아인들 les Barbares 의 침공 시대로 구분된다.

가. 로마 침공 이전

서기전 1200~700년경 청동기 말기 末期 와 철기 시대엔 골 지역 동쪽에서 켈트족 les Celtes 이, 르호온 Rhône 강 유역에 침입, 정착하면서 골의 주요 지배 세력이 되었다. 전투와 목축을 생업으로 했던 켈트족은, 현재 오스트리아의 다뉴브 Danube 강 유역으로부터 침투해 온 것으로 추정된다. 그러나 실제로 켈트라는 부족이 존재했다는 정설은 없다. 서기전 10세기경, 골 지역 동쪽 알프스 산속에는 리구아인 Ligurien 이, 남쪽 피레네 산속에는 이베리아인 Ibérien 들이 살고 있었다. 지중해 동쪽 끝에서는 페니키아인 Phénicien 선원들이, 중동 쪽에서는 아라비아인들, 즉 셈족 Sémite 의 상인들이 골 지역으로 몰려와 상거래를 했다. 서기전 600년경에는 그리스 항해사들이 골 지역의 해안으로 몰려와 마르흐세유 Marseille, 아그드 Agde, 앙티브 Antibes, 니스 Nice 등의 식민 도시를 건설했다.

나. 로마제국의 속주 시대

로마인들은 서기전 125년~121년에, 골지역의 변방인 남부를 침입, 병합하기 시작했다. 이시기에 로마인들은, 골 지역에서 주도권을 잡고 있던 켈트족을 미개하고 불안한 이웃쯤으로 생각했다. 그러나 켈트족은 청동 갑옷을 입고, 철모를 쓰고 전투를 했으며, 청동기 직전 시대에는 구리로 만든 도끼도 사용했다. 켈트족의 청동 갑옷은 서기전 750년~475년경에 만들었던 것으로 추정된다. 이런 켈트족들이 골 지역에서 세력을 확장하자 불안감을 느낀 로마는 군사적이나 정치적으로 병합이 필요하다고 판단했다. 서기전 58년~51년에는 로마의 장군 케우스 율리우스 캐사르 Caius Julius Cæsar, 서기전 100~44 가 골 지역을 완전 정복, 골 지역 전체를 로마 속령 屬領 으로 만들면서 로마 총독이 되었다. 이후 약 500년 동안 골은 로마제국의 일개 주 州, Province 였다. 이 시기에 골은 로마에 완전히 동화되었으며, 라틴 문명이 융성, 고착되었다. 골의 여러 도시에는 로마 양식의 수많은 공공 건축물, 원형극장, 공중목욕탕 등이 세워졌으며, 도시간의 도로망은 물론이고 로마로 통하는 도로망도 구축되었다. 이 시기를 로마인의 골 la Gaule romaine 시대, 즉 갈로-로멩 Gallo-Romains 시대라고 한다. 서기 후 360년에는 로마 황제 쥘리앙 Julien l'Apostat 이 당시 뤼테스 Lutèce 라고 불리던 지명을 빠리 Paris 로 바꿨다.

다. 바바리아인들의 침공

서기 후 275년~406년 사이엔, 골 동북쪽, 즉 현재의 독일 쪽에서 바바리아인들 les Barbares 이 골 지역을 대대적으로 침략, 모든 것을 파괴하기 시작했다. 야만인들이라고 불렀던 바바리아인들, 주로 프랑크족과 독일계 부족들이 골 지역을 점령했다. 그러나 점령지에는 나라다운 나라는 하나도 없이 무장한 군대집단이 각각의 담당지역을 통치했다. 476년엔 로마제국이 붕괴되면서, 골 지역은 완전히 무법천지가 되었다. 그러나 얼마 지나지 않아 프랑크 족 les Francs 의 족장 크로비스 Clovis 가 골 지역에 거주하고 있던 모든 야만인들을 제압하고 골 지역을 통일했다. 크로비스는 골 지역을 프랑크 족의 땅, 즉 "프랑스" 라 명명하고, 메르ㅎ벵저 왕조 Mérovingiens 를 세웠다. 이어서 까르ㅎ롤렝저 왕조 Carolingiens 가 뒤를 이었으나, 이들 프랑크 족의 왕조는 여전히 정치적으로 불안정한 상태를 이어갔다.

(3) 프랑크 및 프랑스 왕국 시대

프랑크 왕국 Royaume des Francs 에서 시작한 프랑스는 수많은 왕국과 황제국을 거쳐 오늘날의 공화국이 되었다. 프랑크 왕국은 507년 빠리ㅎ를 수도로 결정했다. 프랑스 역사에 있었던 각 정체 政體 의 주요 왕, 황제 및 공화국 대통령과 그들의 통치 기간은 다음과 같다:

가. 메르ㅎ벵저 왕조 Mérovingiens

프랑스 형성 초기, 프랑크 왕조인 메르ㅎ벵저에는 프랑크, 솨쏭, 뇌스트리, 오스트라ㅎ지 등의 왕국이 있었다.

-초대 쉴데릭1세 Childéric Ier

프랑크 사리앙 Francs Saliens 왕, 458~482
-2대 크로비스 Clovis
프랑크 Francs 왕, 482~511
-3대 크로떼르흐 1세 Clotaire Ier
쏴쏭 Soissons 왕, 511~561
오르흐레앙 Orléans 왕, 524~561
메츠 Mtz 왕, 555~561
빠리히 Paris 왕, 558~561
-4대 쉴페리힉 1세 Chilpéric Ier
쏴쏭 Soissons 왕, 561~584
빠리히 Paris 왕, 567~584
-5대 크로떼르흐 2세 Clotaire II
뇌스트리히 Neustrie 왕, 584~629
프랑크 Francs 왕, 613~629
-6대 다고베르흐 Dagobert , 프랑크 왕국 일시 통일
오스트라하지 Austrasie 왕, 623~629
프랑크 및 부르흐고뉴-뇌스트리히
Francs, Bourgogne-Neustrie 왕, 629~639
-7대 크로비스 2세 Clovis II
뇌스트리히-부르흐고뉴 Neustrie-Bourgogne 왕, 639~657
프랑크 Francs 왕, 657
-8대 쉴데릭2세 Childéric II
오스트라하지 Austrasie 왕, 662~675
프랑크 Francs 왕, 673
-9대 다고베르흐 3세 Dagobert III
뇌스트리히, 부르흐고뉴, 그리고 오스트라하지
Neustrie, Bourgogne, et Austrasie 왕, 711~715
-10대 쉴페리히익 2세 Chilpéric II
뇌스트리히 Neustrie 왕, 715~721
-11대 테오도리히익 Théodoric
뇌스트리히와 오스트라하지 Neustrie et Austrasie 왕,

721~734; 데오도리히의 사망 743년까지 왕위 비워둠

-12대 쉴데릭3세 Childéric III,

뇌스트리히 Neustrie 왕, 743~751

나. 까르홀렝저 왕조 Carolingiens

-13대 프펭 Pepin, 단구 왕 短軀王, le Bref

궁중 감독관 maire de palais, 741~751

프랑크 Francs 왕, 751~768; 까르홀렝저 왕조, 최초 왕

-14대 샤르홀마뉴 Charlemagne

프랑크 Francs 왕, 768~800

신성로마제국황제 empereur d' Occident, 800~814;

까르홀렝저 왕조의 가장 위대한 황제였으나 문맹임.

-15대 루이 Louis, 경건 왕 勁健王, le Pieux

아끼뗀 Aquitaine 왕, 781~814

황제 empereur, 814~840

*프랑스 왕 및 황제;

까르홀렝저 왕조의 뒤를 이은 까페 왕조는 왕권이 막강하였다. 까페 왕조의 뒤를 이어, 발루아 왕조, 부르흐봉 왕조, 보나빠르흐트 황제 가문이 등장했다.

*843년;

베르흐덩 조약 Traité de Verdun 에 의해, 까르홀렝저 황제국이 3개국으로 분할됨.

-초대 샤르홀 Charles, 대머리 왕 le Chauve

프랑스 France 왕, 840~877

황제, 875~877

*858년;

까페 왕조 Capétiens 의 선조인 로베르흐 왕조 Robertiens 가 두각을 나타내기 시작함

-2대 루이 2세 Louis II, 말더듬이 왕 le Bègue
  프랑스 왕, 877~879
-5대 샤르흘 Charles, 뚱보 왕 le Gros
  프랑스 France 왕, 879~887
-6대 외드 Eudes, 로베르흐 왕조의 최초 왕, 888~898
-7대 샤르흘 Charles, 단순 왕 le Simple
  프랑스 France 왕, 898~923
-10대 루이 Louis, 해외 왕 l'Outremer
  프랑스 France 왕, 936~954
-12대 루이 5세 Louis V, 프랑스 왕, 986

다. **로베르흐-까페 왕조** Robertiens-Capétiens
-8대 로베르흐 1세 Robert I er, 922~923
-13대 위그 1세 Hugues I er, 987~996, 까페 Capet 왕조의 왕
-14대 로베르흐 2세 Robert I er, 996~1031,
  경건 왕 勁健王, le Pieux
-15대 앙리히 1세 Henri I er, 1031~1060
-16대 필립 1세 Philippe I er, 1060~1108
-17대 루이 6세 Louis VI, 1108~1137, 뚱보 왕 le Gros
  빠리를 왕국의 수도로 결정
-18대 루이 7세 Louis VII, 1137~1180, 2세 왕 le Jeune

라. **까페 왕조** Capétiens
-19대 필립 2세 오귀스트 Phillipe II Auguste, 1165~1223
-20대 루이 8세 Louis VIII, 1223~1226, 사자 왕 le Lion
-21대 루이 9세 Louis IX, 1226~1270, 성왕 聖王, le Saint
-22대 필립 3세 Phillipe III, 1270~1285, 대담 왕 le Hardi

-23대 필립 4세 Phillipe Ⅳ, 1285~1314, 미모 왕 le Bel
-24대 루이 10세 Louis Ⅹ, 1314~1316, 싸움 왕 le Hutin
-27대 샤르흘 4세 Charles Ⅳ, 1322~1328, 미모 왕 le Bel

마. **발루아 왕조** Valois

-28대 필립 6세 Philippe Ⅵ, 1328~1350;
발루아 왕조 첫 세습 왕으로 즉위
-29대 쟝 2세 Jean Ⅱ, 1350~1364, 선왕 善王, le Bon
-30대 샤르흘 5세 Charles Ⅴ, 1364~1380, 현왕 賢王, le Sage
-34대 샤르흘 8세 Charles Ⅷ, 1483~1498, 상냥 왕 l' Affable
-35대 루이 12세 Louis Ⅹ, 1498~1515,
국민의 아버지 왕 le Père du Peuple
-40대 앙리히 3세 Henri Ⅲ, 1574~1589

바. **부르흐봉 왕조** Bourbons

-41대 앙리히 4세 Henri Ⅳ, 1589~1610
-42대 루이 13세 Louis ⅩⅢ, 1610~1643
-45대 루이 16세 Louis ⅩⅥ, 1774~1793
-46대 루이 18세 Louis ⅩⅧ, 1814~1824
-47대 샤르흘 10세 Charles Ⅹ, 1824~1830

사. **부르흐봉-오르흘레앙 왕가** Bourbons-Orléans

-48대 루이-필립 1세 Louis-Philippe I er, 1830~1848

아. **보나빠르트** Bonaparte **황제 가문**

*1789년~1795년; 빠리히 꼬뮌 la Commune de Paris 의 혁명정부
-나뽈레옹 1세 Napoléon I er
제1공화정 집정 및 제1제정 황제, 1799~1815
-나뽈레옹 3세 Napoéon Ⅲ
왕자-대통령 및 황제, 1848~1870

(4) 프랑스 공화국 시대

가. 제2공화정 IIe République

-1848년 12월10일; 루이-나뽈레옹 대통령 취임

-1851년 12월2일; 루이-나뽈레옹 꾸 데따 일으킴

나. 제2제정 Second Empire

-1852년 12월2일; 루이-나뽈레옹 황제 즉위,
나뽈레옹 3세 Napoéon III 가 됨

-1871년; 빠리히 꼬뮌에 의한 제3공화국 탄생

다. 제3공화국 IIIe République

제3공화국은 초대 대통령 아돌프 티에르흐 Adolphe Thiers, 1871~1873 에서 시작, 알베르흐 르브러헝 Albert Lebrun, 1932~1940 대통령에서 끝났다. 2차 세계대전 발발로 1940년에 제3공화국은 붕괴되었다.

라. 전시 戰時, 비쉬 정부

빠리히와 프랑스 북부 및 서부는 1940년부터 1944년까지 독일의 점령아래 있었다. 반면 프랑스 남동부에는, 육군 원수 필립 빼뗑 Philippe Pétain, 1940~1944 과 피에르흐 라발 Pierre Laval 이 서로 연합하여, 비쉬 정부 Etat français de Vichy 를 세웠다. 또 다른 사회 일각에서는 장 물렝이 주도하는 다양한 형태의 저항운동이 일어남과 더불어 샤르흘 드 골이 주도하는 프랑스 자유운동이 전개되었다.

마. 전시 戰時, 임시정부 Gouvernement Provisoire

2차 세계대전 말기 프랑스 임시정부의 수반은 샤르흘 드 골 Charles de Gaulle , 1944.9.10.~1946.1.27., 펠릭스 구엥 Felix Gouin, 1946.1.27.~1946.6.24., 그리고 조르흐즈 비돌 Georges Bidault, 1946.6.

24.~1946.10.27. 이었다.

바. **제4공화국** IVe République

초대 조르흐즈 비돌 Georges Bidault, 1946.10.27.~1946.11.28. 대통령에서 르흐네 꼬티 René Coty, 1954~1958 대통령까지의 공화국

사. **제5공화국** Ve République

1958년 9월28일 국민투표, 10월5일 공화국 헌법 공포, 11월 말 의원 선거, 12월21일 초대 샤르흘 드 골 Charles de Gaulle 대통령 취임, 7년간의 임기를 시작하면서 현재까지 프랑스 제5공화국 지속.

2) 격동기 프랑스 사회의 변천

프랑스는 시민 대혁명이후 혁명정부, 집정정부, 황제정부, 공화정부 등으로 수도 없이 정체가 바뀌었다. 황제 나폴레옹 1세의 집권이후 일시적으로 안정을 되찾았던 프랑스는 황제가 퇴위당하자 또다시 혼란의 도가니에 빠졌다. 나뽈레옹 1세가 퇴위당한 후, 루이 16세의 동생인 루이 18세 Louis XVIII, 1814~1824가 즉위하고, 그 뒤를 이어서 샤르흘 10세 Charles X, 1824~1830가 즉위했다. 즉, 1814년에서 1830년까지 일시적으로 왕정이 복고되었으나 1830년의 칠월 혁명으로 부르흐봉 왕조가 막을 내렸다. 이후 제3공화국 말기, 즉 제2차 세계대전 발발 직전까지, 프랑스의 정치, 경제, 사회, 종교, 예술 및 문화적 변천사는 다음과 같다.

(1) **정치 체제의 변천**

부르흐봉 왕조의 뒤를 이어, 부르흐봉-오르흐레앙 왕가가 1830년부터 1848년까지 자유 왕정 La Monarchie libérale, 소위 칠월 왕정 Monarchie de Juillet 으로 왕정의 명맥을 이어갔으나 정치적 혼란은 지속되었다. 1848년에는 루이-나뽈레옹 보나빠르흐

트가 보통선거로 제2공화정의 대통령으로 선출되었다. 그러나 1849년 의회 선거에서 보수당이 승리하자 루이-나뽈레옹은 1851년 꾸 데따를 일으켰다. 1852년에는 루이-나뽈레옹이 제2제정의 황제, 즉 나뽈레옹 3세 Napoéon III 가 되어, 1870년까지 프랑스를 통치했다. 1870년 나뽈레옹 3세가 전쟁에서 패퇴하여 퇴위하고, 1871년 빠리히 꼬뮌 즉, 빠리히 혁명정부가 제3공화국을 탄생시켰다. 제3공화국은 한동안 안정과 번영을 누렸다. 1차 세계대전 1914~1918 이전까지, 그리고 1차 세계대전 종전 이후부터 1939년 2차 세계대전 발발할 때까지 제3공화국의 안정과 번영은 지속되었다. 이시기에 일어났던 주요 정치적 사건은 다음과 같다:

가. **자유 프랑스 시대** la France libérale;

*자유 군주제 la monarchie libérale,

*제2공화정 la IIe République,

*제2제정 le Second Empire

-1830년 7월27일~29일; 3일간의 시민 혁명, 가두시위,
영광의 3일 les trois Glorieuses

-1830년 8월; 프랑스왕, 루이-필립 1세 Louis-Philippe I er 즉위

-1830년 11월~1839년; 내각 ministères 지속,
라피뜨 Jacques Laffitte,
페리히에 Casimir Perier
기조 François Guizot,
티에르흐 Louis Adolphe Thiers,
모레 Louis Mathieu Molé 백작, 및 술 Soult

-1830년~1847년; 알제리 정복 Conquête de l ' Algérie

-1834년 4월; 트라항스노넹 거리 la rue Transnonain 의 학살,
공화주의자들의 정치선동 괴멸

-1840년; 기조 내각 François Guizot

-1847~1851; 프랑스의 위기 la crise

-1847년; 공화주의자들의 연회 활동 campagne de banquets
-1848년; 비참한 일상, 빠리히 노동자 l'ouvrier parisien
-1848년 2월22일, 23일, 24일; 폭동, 제2공화정 선언
-1848년 4월; 보통선거 실시 suffrage universel
-1848년 12월10일; 루이-나뽈레옹 보나빠르흐트
제2공화정의 대통령 취임
-1849년 5월; 의회 선거에서 보수당 승리 le parti de l'ordre
-1851년 12월2일; 루이-나뽈레옹 꾸 데따 일으킴
-1852년 12월2일; 루이-나뽈레옹, 제2제정의 황제 즉위,
나뽈레옹 3세 Napoéon III 가 됨
-1860년; 사브와 Savoie 지역과 니스 백작 comté de Nice
영지를 프랑스 영토에 병합
-1862년; 꼬슈엥쉰 Cochinchine, 현재의 베트남 을 프랑스
영토에 병합
-1863년; 공화주의 반대파 l'opposition républicaine,
선거 승리로 세력 확장
-1867년~1868년; 자유당 개혁 réformes libérales
-1870년 4월2일; 상원 결의 Sénstus-consulte,
자유 제정 empire libéral
-1870년 7월~9월; 프러시아 Prusse 와 전쟁
-1870년 9월1일; 나폴레옹 3세, 스당 Sedan 전투에서
무참 無慘 하게 패배, 포로가 됨

나. **공화주의자의 프랑스 시대** la France républicaine;
*제3공화국 탄생 Naissance de la IIIe République,
*공화주의자들의 공화국 la République des républicains,
*시련의 공화국 la République à l'épreuve,
*급진화 되는 프랑스 la France se radicalise
-1870년 9월4일; 강베따 Léon Gambetta 공화정 선포 République
-1871년~1914년; 급진화 되는 프랑스 la France se radicalise

의회 권력 pouvoirs du député

-1871년 3월18일~5월28일; 빠리히 꼬뮌 la Commune de Paris

즉, 빠리히 혁명정부의 제3공화국 la IIIe République,

농촌사회의 동요 l'ébranlement du monde paysan

-1871년 5월10일; 프랑크 포르트 조약 Traité de Francfort,

알자스-로렌 상실 l'Alsace-Lorraine

-1871년 8월31일; 티에르흐 대통령 Adolphe Thiers

-1873년 5월24일; 막-마온 대통령 Patrice de Mac-Mahon

-1875년; 제3공화국 헌법 제정

-1879년; 쥘 그레헤베 대통령 Jules Grévey

-1880년; 아프리카와 아시아에서의 식민지 쟁탈전 시작

-1880년; 쥘 페리히 내각 Jules Ferry

-1881년; 강베따 내각 Gambetta, le grand ministère

-1883년 7월14일; 제3공화국의 창시자, 빠리히

공화주의자들의 공화국 la République des républicains

-1885년; 쥘 그레비, 대통령 재선

-1885년~1899년; 시련의 공화국 la République à l'épreuve,

언론의 정치화 la presse politique

-1886년~1889년; 블랑제 장군 général Boulanger,

전시 내각 ministère de la Guerre

-1892년; 파나마 운하 공사 실패 le canal de Panama,

정치 쟁점화 scandale

-1893년; 최초의 사회주의자, 하원의원들 출현

-1894년 12월22일; 드레퓌스 Dreyfus 사건 발생, 유대계인 알프레드 드레퓌스 육군 대위, 독일의 스파이라는 죄를 뒤집어 쓰고 군사재판에서 종신유배형 선고 받았으나, 1906년 최고재판소에서 무죄 확정 받고 소령으로 군에 복귀. 진범은 헝가리 출신 에스테라지 소령이었으나 군법회의에서는 무죄를 선거, 정의, 진실, 인권옹호를 주장하는 드레퓌스 재심파와 군의 명예와 국가질서를 내세우는 반 드레퓌스파로 국론분열, 이 사건에 작

가 에밀 졸라 Zola 연루, 드레퓌스의 무죄를 주장하여 논란에 불을 지핌

-1895년; 펠릭스 포르흐 대통령 Félix Faure
드레퓌스 Dreyfus 사건 발생, 작가 졸라 Zola 연루
-1896년; 프랑스 인도차이나 건설
constitution de l' Indochine française
-1898년; 에밀 졸라 Emile Zola 피소,
파쇼다 패배 désastre de fachoda
-1899년; 왈덱 루후쏘 Waldeck-Rousseau 의
좌파 진영 Bloc gauches
-1901년; 급진-사회주의 당, 공화주의 연합 결성
-1902년; 좌파 진영 의회 진출, 꽁브 내각 Emile Combes
-1906년; 크레망소 내각 Georges Clemenceau
-1907년; 국제 노동자 동맹 프랑스 지부, 즉 프랑스 사회당
S.F.I.O. Section Française de l' internationale Ouvrière
창당, 3국 협상 la Triple Entente
-1911년; 비례대표제 토의 la représentation proportionnelle
-1913년: 쁘엥까레헤 대통령 Raymond Poincaré
-1914년; 3년 법 토의 débats sur la loi des trois ans,
비비아니 내각 René Viviani

다. 제1차 세계대전;

*왜 전쟁인가? Pourquoi la guerre?,
*진지 陣地 전쟁 la guerre des positions,
*1917년, 혼란의 해 1917, l' annee trouble
*승리자들의 평화 la paix des vainqueurs

-1914년: 제1차 세계대전 발발 la Grande guerre
-1914년 7월28일: 오스트리아, 세르비아에 선전포고,
1차 세계대전 도화선, 이후
러시아, 독일, 영국, 프랑스 전쟁 참여

-1914년 8월1일; 프랑스, 국가 총동원령
-1914년 8월3일; 독일, 프랑스에 선전포고
-1914년 8월26일; 비비아니 René Viviani,
국민연합 내각 ministère d'union nationale
-1914년 9월5일~10일; 마르흔 전투 la Marne
-1914년 11월; 전선 戰線 지속 확대,
벨포르흐 Belfort 에서 북해 la mer du Nord 까지
-1915년 1월~3월; 샹파뉴 작전 opérations en Champagne,
레헴스 폭격 Reims
-1915년 10월; 브리히앙 내각 Aristide Briand
-1916년 2월21일; 베르덩 Verdun 의
진지 陣地 전투 guerre des positions,
뻬뗑 장군 le général Pétain 전투 지휘
-1916년 6월; 전지 戰地 에서 의회 통제조직 편성
-1916년 7월~10월; 솜에서 la Somme
프랑스-영국군 대규모 공세
-1917년; 혼돈의 해 l'année trouble, 봄의 폭동 mutineries,
평화주의자의 시위 une manifestation pacifiste
-1917년 4월2일; 미국 U.S.A. 참전
-1917년 4월16일; 니벨 장군 Nivelle, 폭동 지역
슈멩 데담 Chemin des Dames 진압, 실패
-1917년 5월15일; 니벨 장군, 뻬뗑 장군 Pétain 으로 교체,
군사 폭동 진압 성공
-1917년 9월; 쁘엥까레헤의 신성한 단결 와해 l'Union sacrée
-1917년 11월; 크레망소 내각
-1918년 3월~5월; 뤼던도르흐프 장군 Ludundorft,
피까르흐디 Picardie 와 프랑드르흐 Flandres 공격
-1918년 7월15일; 마르흔 la Marne 에서 2차 전투
-1918년 9월; 연합군 총공세, 독일군 퇴각
-1918년 11월11일; 르흐통드 Rethondes 에서 휴전 서명,

승리자들의 평화 la paix des vainqueurs,
프랑스 참전용사에 대한 티그르흐 Tigre 장군의 찬사, 독일의 전쟁 도발 문책

-1919년 1월18일; 빠리히에서 평화회의, 즉 빠리강화 講和 회의 개최, 1차 세계대전 전후 처리 문제를 처리하기 위하여 27개국 대표가 모였으나, 실질적인 결정권은 미국, 영국, 프랑스, 이탈리아, 일본 등의 승전국이 행사했다.

-1919년 4월28일; 국제연맹 창설 협약
la S.D.N. Société des Nations

-1919년 6월28일; 베르흐사유 조약 체결 Traité de Versailles

-1919년 11월; 의회 선거, 국민파 진영 승리 le "Bloc national"

라. 1차대전 종전~2차대전 직전까지의 프랑스

la France de l'entre-deux-guerres;

*전쟁 후유증 les séquelles de la guerre,

*광기 시절 1926~1932, 신 황금시대: 경박함과 회귀
les années folles, 1926~1932, nouvelle Belle Epoque: frivolité et renouveau,

*세계 경제 위기와 국론 분열의 시절
le temps des crises et des divisions,

*전쟁을 향한 행진 la marche à la guerre

-1919년 11월; 의회 선거,
"청회색 bleu horizon, 1차대전 때의 프랑스 군복색" 의회

-1920년 9월; 미에라항 대통령 Alexandre Millerand

-1920년 11월; 뚜르흐 Tours 에서
사회당 전당대회 Congrés du P.S. parti socialiste,
사회당-공산당 분열
S.F.I.O.-P.C.F. parti communiste français

-1921년; 브리히앙 내각 Aristide Briand

-1922년; 쁘엥까레헤 내각

-1924년 5월; 의회선거, 좌파연합 승리 Cartel des gauches

-1924년 6월; 두메르흐그 대통령 Gaston Doumergue,
에리히오 내각 Edouard Herriot

-1925년 10월; 로까르흐노 협정 Pacte de Locarno

=1926년 7월; 정치위기 속에 내각제 지속,
국민연합 Union nationale 의 쁘엥까레헤 내각

-1927년; 라 로흐끄 대령 le colonel de La Rocque 의 정치연맹,
십자가-불 창설 les Croix-Feu

-1929년; 브리히앙 내각 Briand ,
이어서 따르흐디외 내각 André Tardieu

-1930년~1933년; 재정 및 정치 논쟁으로 내각 불안정

-1932년; 르브르헝 대통령 Albert Lebrun

-1933년 12월; 스타비스키 Alexandre Stavisky 의
금융 사기사건 발생

-1934년 2월6일; 극우파 l′extrême droite 의 시위,
좌파 les partis de gauche 의 반극우파 맞불 시위

-1934년; 다라디에 내각 Edouard Daladier,
이어서 두메르흐그 내각 Gaston Doumergue

-1935년 6월; 라발 내각 Pierre Laval, 좌파의 화해

-1936년 4월6월; 의회 선거, 인민전선 승리 Front populaire,
브렁 내각 Léon Blum, 무노동 임금을 포함한
급진적 사회개혁 시도

-1938년 3월~4월; 인민전선 해산,
다라디에 내각 Edouard Daladier

-1938년 9월 29일~30일; 뮌헨 협상 Conférance de Munich,
긴장의 완화

-1939년 9월1일; 총동원령 Mobilisation générale

-1939년 9월1일; 독일군의 폴란드 Pologne 침공,
제2차 세계대전 발발

-1939년 9월3일; 프랑스와 영국, 독일에 선전포고

(2) **경제, 사회**의 **변천**

18세기 중반부터 19세기 전반 1815~1870 까지 프랑스 경제는 발전하고 부유층, 즉 부르흐즈와지 la bourgeoisie 가 생기고 사회주의 유토피아 les socialismes "utopiques" 사상이 대두되었다. 이 시기 프랑스 사회의 경제적, 사회적 변천은 다음과 같다:

가. **자유 프랑스 시대**

-1831년; 견직공장 종업원의 폭동, 리용 Lyon
-1832년; 전염병, 콜레라 발생, 1만8400명 희생
-1833년; 기조 법 Loi Guizot, 초등교육
-1838년; 다게르가 사진술 실험
-1840년경; 농산물 가격 폭등, 가격 회복 조치
-1842년; 철도 법 제정 Loi sur les chemins de fer,
철도 혁명 시작 la révolution ferroviaire,
빠리히-생 제르맹 철도 건설
-1847년~1851년; 경제 및 재정 위기
-1848년; 실업자 구제를 위한 취로 사업장 개설
-1849년; 전염병, 콜레라 발생, 1만6천명 희생
-1850년; 농촌 탈출 발생
-1850년 3월; 팔루 법 Loi Falloux, 중등교육
-1852년; 크레헤디 모빌리에 설립 Crédit mobilier, 동산은행
-1853년; 오스만 남작 baron Haussmann, 빠리히 시 근대화를
위한 대규모 토목공사 grands travaux 개시
-1855년; 최초의 국제만국박람회, 백화점
-1860년; 영국과 자유무역 조약 체결
-1860년경; 도로망 확충
-1863년; 크레헤디 리요네 설립 Crédit lyonnais, 은행
은행 업무와 세금 제도 발전
-1868년; 포도나무뿌리 진딧물 피해, 포도 농사 위기 시작
-1869년; 수에즈 Suez 운하 개통(사진 2-007),

레셉스 Ferdinand de Lesseps 설계

-1876년; 포도나무 뿌리 진딧물 피해 확산

사진 2-007: 수에즈 운하 수에즈, 이집트

사진 상; 홍해 수에즈만의 항구, 사진 하; 수에즈 항구 도시

나. 공화제의 프랑스 시대

-1870년 9월19일~1871년 1월28일; 프러시아의 빠리ㅎ 공략
-1874년; 여자와 어린이의 노동 법규 제정
-1878년; 국제만국박람회
-1879년; 노동당 창당 parti ouvrier, 쥘 게스드 Jules Guesde
-1880년; 까미유 세 법 Loi Camille Sée, 젊은 여인 중등교육
-1881~1886; 쥘 페리ㅎ J. Ferry 의 교육 개혁, 초등학교, 무상, 의무 및 비종교 非宗教 교육
-1882년~1896년; 위니옹 제네라할 l'Union générale 파산 및 경제 위기 지속
-1884년; 왈덱-루후쏘 법 Loi Waldeck-Rousseau, 노동조합
-1885년; 루이 빠스퇴르ㅎ Louis Pasteur, 1822~1895 가 광견병 예방주사약 발명, 인간에게 처음으로 투약
-1889년; 빠리ㅎ 만국박람회,
에펠탑 tour Eiffel 등장 1889. 3. 31. 공기 26개월
-1890년; 5월1일, 노동자의 날 제정
-1890년; 뾔조 자동차 생산, 최초의 자동차 중 하나
-1890년~1900년; 까르ㅎ모 Carmaux 광부의 비참한 생활
-1895년; 리모즈 회의 Congrès de Limoge, 노동총연맹 창설 C.G.T. Confédération générale du travail
-1898년; 뀌리ㅎ 부부 Pierre et Marie Curie, 라듐 발견
-1899년; 자동차 + 자전거 형태의 뿌조 자동차 등장
-1901년; 결사의 자유 법 Loi sur la liberté d'association
-1906년; 주1회 휴무 법 Loi sur le repos hebdomadaire, 아미엥 헌장 Charte d'Amiens
-1906년; 프랑스 해외 식민지 박람회
-1908년; 노동부 신설 le ministère du Travail
-1909년; 블레리ㅎ오 Blériot 가 영불해협 횡단 비행
-1914년; 소득세 신설

다. 제1차 세계대전

-1914년 7월31일; 조레헤 Jean Jaurès 암살당함
-1914년 말; 전시 동원 경제 시작 la mobilisation économique
-1915년 3월; 항구 봉쇄 확대 Extension du blocus naval
-1915년 10월; 군수품 공장 신설, 밀과 밀가루 징발
-1917년 1월; 인플레 현상과 물가 폭등 조짐
-1917년 4월; 평화론 증대, 반전 反戰 폭동 발생
-1918년 3월; 군수품 공장에서 평화주의자들 파업
-1918년 7월; 스페인 독감 발생 grippe espagnole
-1919년 3월; 프랑스 생산 총연맹 창설 C.G.P.F.
Confédération générale de la production française
-1919년 4월; 8시간 노동 법 Loi des 8 heures
-1919년 11월1일~2일; 프랑스 그리스도교 노동자동맹 창설
C.F.T.C. Confédération française travailleurs chrétiens

라. 1차 대전 종전~2차 대전 직전까지의 프랑스

-1919년부터; 출산율 저하, 해외로부터 이주민 대폭 증가
-1920년; 릴 회의 Congrès de Lille,
통합노동총연맹 창설C.G.T.U.
Confédération générale du travail unitaire
-1920년부터; 자동차 산업 발전
-1922년; 프랑스 해외 식민지 박람회
-1923년; 최초의 살림도구 전시회 les appareils ménagers
-1924년; 재정위기, 프랑스 화폐 franc 에 대한 투기발생
-1924년; 빠리히 올림픽
-1926년; 국립 경제 평의회 설립 Conseil national économique,
광고 산업 publicité 의 발전,
쁘엥까레헤 Raymond Poincaré 의 재정 건전화 조치로 경기회복
-1927년; 항공우편 발행
-1928년; 금-프랑 franc-or 맞교환 법 제정 금=프랑

루쉐르흐 법 Loi Loucheur, 저가 공동주택
-1929년; 따르흐디외 André Tardieu 의 공공 토목공사 계획
-1930년; 출산율 저하 가속
-1931년 가을; 경제위기 프랑스 강타,
프랑스 해외 식민지 박람회, 벵센 Vincennes
-1929년~1939년; 경제공황
-1933년; 에어 프랑스 항공 회사 설립
-1934년; "농민전선 Front paysan" 결성
-1934년 2월12일; 총파업
=1935년; 라발 Pirre Laval 의 디플레이션 정책
-1936년; 파업 열풍, 수상관저의 동의 Accords Matignon 와
인민전선 Front populaire 의 사회대책 마련,
빠리히 노동자들 휴일 즐기기 시작,
-1937년; 프랑스 국립철도회사 설립
S.N.C.F. Société nationale des chemins de fer français,
만국 박람회
-1938년 말; 경제 재활성화 시작
-1939년; 가족 법전 제정 Code de la famille

(3) 종교, 예술, 문화의 변천

프랑스 빠리히는 1차 세계대전 발발 직전과 종전 직후에 아방-가르흐드 avant-garde, 즉 전위예술의 세계적 중심 무대였다. 프랑스어 아방-가르흐드는 전위대 前衛隊 라는 뜻이다. 전위예술 운동이란 1차 세계대전이 일어나기 전부터 기성 예술과 전통을 부정하고 나선 다다이즘 dadaism 이나 초현실주의 등의 전위적인 예술운동이다. 빠리히에는 마티스, 피카소, 헤밍웨이, 스코트 피츠제럴드 등과 같은 유명한 작가, 미술가, 음악가 들이 모여 들었다. 빠리히 시내의 까페 café 는 미국 작가들과 재즈 연주가들, 프랑스 초현실주의자들, 영국의 제작자들로 붐볐다. 인상주의와 아르 누보, 플로베르와 에밀 졸라의 사실주의 소설, 카바

레와 캉캉 춤 등의 문화도 선보였다. 1895년부터는 영화도 생기기 시작했다. 이런 사유로 프랑스에서는 1차 세계대전 발발 전 10년 동안을 프랑스의 예술과 문화가 번창했던 영원한 황금시대, 즉 벨 에뽀끄 Belle Epoque 라고 한다. 이 시기에는 노동자들 계급투쟁, 조직적인 사회주의 운동, 드레퓌스 사건 등 정치, 사회적으로는 격동기였으나, 경제가 점차 회복되기 시작, 사람들의 생활은 향상되고, 문화적 혜택을 누릴 수 있는 여유가 생겼다. 전쟁이 끝나면서 경박함과 지난날로의 회귀를 꿈꾸는 광기의 시대가 나타났다. 누벨 벨 에뽀끄 nouvelle Belle Epoque, 1926~1932, 즉 소위 새로운 벨 에뽀끄가 찾아온 것이다. 이 시기 프랑스 사회의 종교, 예술 및 문화적 변천은 다음과 같다:

가. **자유 프랑스 시대**

-1830년경; 공상적 사회주의 등장 socialisme utopique

-1830년; 위고 Victor Hugo 의
에르흐마니 전투 la bataille d'Hermani,
스탕달 Henri Beyle Stendhal 의
적 과 흑 le Rouge et le Noir

-1844년; 뒤마 Alexandre Dumas 의
삼총사 les Trois Mousquetaires

-1846년; 상 George Sand 의 *악마의 늪 la Mare au diable*

-1849년; 샤토브리히앙 François René Chateaubriand 의
무덤 저편의 회상 les Mémoires d'outre-tombes,
꾸르흐베 Gustave Courbet 의 사실주의 그림 발표

-1857년; "*악의 꽃 les Fleurs du mal*" 의 저자
보드레르흐 Charles Baudelaire 와
"*보바리히 부인 Madame Bovary*" 의 저자
플로베르흐 Gustave Flaubert 가 외설시비로 기소

-1858년; 밀레 Jean-François Millet 의 *만종* **晩鐘**, *l'Angèlus*

-1863년; 위고 Victor Hugo 의 *레 미제라하블 les Misérables,*

마네 Edouard Manet 의 *올림피아 Olympia*

-1866년; 현대 고답 高踏 시집 등장 le Parnasse contemporain,
낭만주의 le romantisme 에 대한 반동

-1867년; 졸라 Emile Zola 의 *떼레헤즈 라하껭 Thérèse Raquin*,
자연주의 소설 roman naturaliste 등장

나. 공화제의 프랑스 시대

-1872년; 모네 Monet 의 *인상, 아침 해 impression, soleil levant*,
인상주의 태동

-1873년; 쥘 베르흔 Jules Verne 의 *80일간의 세계 일주*

-1874년; 인상주의 화가들의 작품 활동 개시

-1875년; 가르니에 오페라 극장 개관 l'Opéra de Garnier,
빠리ㅎ, 1862년 착공

-1879년; 라 마르ㅎ세이에즈 La Marseillaise, 프랑스 국가 지정

-1880년; 7월14일, 국가 기념일 지정

-1881년; 르ㅎ누아르ㅎ Jean Renoir 의
보트 놀이하는 사람의 점심 le Déjeuner des canotiers

-1882년; 마네 Edouard Manet 의
폴리-베르ㅎ제르ㅎ 빠
le Bar des Folies-Bergère, 빠리에 있는 뮤직홀 이름

-1884년; 로ㅎ댕 Rodin 의
깔레의 시민 les Bourgeois de Calais

-1888년; 빠스퇴르ㅎ Louis Pasteur 연구소 개설

-1890년; 크레망 아데 Clément Ader, 최초의 비행 성공

-1896년; 뤼미에르ㅎ 형제 L. et A. Lumière 에 의한
최초의 대중 영화 상영

-1899년; 나비파 les nabis 화가들의 최초 작품 전시

-1903년; 뀌리ㅎ 부부 Pierre et Marie Curie,
노벨 물리학상 수상

-1905년; 교회와 국가 les Eglises et l'Etat 의 공식적 분리

-1907년; 피까쏘 Pablo Picasso 의

아비뇽의 처녀들 les Demoiselles d'Avignon,

입체파 선언

-1912년; 크로델 Paul Claudel 의

성모 마리아 소식 l'Annonce faite à Marie

-1913년; 프루후스트 Marcel Proust 의

스완네 집 쪽에서 Du côté de chez Swann,

잃어버린 시간을 찾아서, 제1권

다. 제1차 세계대전

-1916년; 바르흐뷔스 Henri Barbusse 의 *불 Le Feu*

-1916년~1917년; "초현실주의 surréalisme" 는 "아폴론 Apollon 에게 바쳐진" 이 만들어낸 용어,

다다 운동 등장 le mouvemant dada

-1917년: 발레리히 Paul Valéry 의

젊은 빠르흐끄 la Jeune Parque

-1918년; 프르후스트 Marcel Proust 의

활짝 핀 아가씨들의 그늘에서

A l'ombre des jeunes filles en fleurs

-1919년; 지드 André Gide 의

전원 교향곡 la symphonie pastorale

라. 1차대전 종전~2차대전 직전까지의 프랑스

-1919년; 6인 음악 그룹 le groupe des Six en musique

-1920년; 트리스탄 차라의 "다다이즘 선언"

-1921년; 교황령 **敎皇領**, le Saint-Siège 과의 외교관계 복원,

샤넬 Coco Chanel 패션,

귀엽고 간결한 부인복 la "petite robe toute simple"

-1924년; 브르흐똥 André Breton 의

초현실주의 선언 Manifeste du surréalisme

신문 창간, "가톨릭교도의 생활 la Vie catholique"

-1925년; 가톨릭 전국 연맹 창립
la Fédération nationale catholique,
최초의 라디오 뉴스
premier journal parlé à la T.S.F. Telegraphie Sns Fil,
국제장식미술박람회 Exposition des Arts décoratif,
아르흐-데코 arts-déco 등장

-1927년; 베르흐그송 Henri Bergson, 노벨 문학상 수상

-1928년; 라하벨 Maurice Ravel 의
볼레로흐 le Boléro, 스페인 무용,
안달루시아의 개, 유성 有聲 영화

-1929년; 꼭토 Jean Cocteau 의
무서운 아이들 les Enfants terribles

-1931년; 생-텍쥐뻬리히 Antoine de Saint-Exupéry 의
야간 비행 Vol de nuit

-1932년; 세린 Louis-Ferdinand Céline 의
그날 밤 후의 여행 Voyage au bout de la nuit

-1933년; 말로흐 André Malraux 의
인간의 조건 la Condition humaine

-1935년; 지로흐두 Jean Giraudoux 의
트로이 전쟁은 일어나지 않겠지.
La guerre de Troie n'aura pas lieu.

-1937년; 피까쏘 Pablo Picasso 의 *게르니까 Guernica*,
르느와르 Jean Renoir 의 *커다란 환영*

-1938년; 마르흐셀 까르흐네 Marcel Carné 의
안개낀 강변로 Quai des brumes

3) 프랑스 행정구역

(1) 행정구역 개편

프랑스는 1972년, 행정구역을 개편 하면서 전국을 22개 지역

Régions, 96개 도 道, Départements, 3만6천여 개의 꼬뮌 Communes 및 해외 영토로 개편했다. 수도 빠리히 Paris 는 96개 도 道 중 하나이다. 프랑스 본토 면적은 54만 3965km² 이며, 행정구역 상세는 다음과 같다.

가. 일-드-프랑스

일-드-프랑스 Ile-de-France 는 프랑스의 22개 지역 Régions 중의 하나이다. 프랑스의 핵심 지역인 일-드-프랑스는, 그 중심에 수도 빠리히 시가 있고 빠리히 주변에는 5개의 직할 도와 2개의 도 Département 가 있다. 일-드-프랑스의 면적은 프랑스 본토 전체 면적의 약 2.2%, 즉 약 1만2000km² 에 불과하지만, 이 지역에 거주하는 인구는 프랑스 전체 인구의 18% 이상, 즉 1000만 명 정도이다.

나. 지역 및 도

프랑스의 96개 도 道, Départements 에 부여된 고유 번호는 정부에서 부여한 공식 公式 숫자이다. 다섯 자리로 된 우편번호는 도에 부여된 숫자로 시작한다. 도의 번호는 01번 앵 Ain 에서 74번 오트-사부와 Haute-Savoie 까지는 알파벳 순서대로 부여했다. 그러나 75번 빠리히, 78번 이브린 Yvelines, 90번 벨포르흐 영토 Territoire de Belfort 와 빠리히 시 주변 5개 도, 즉 91번~95번 도는 예외이다. 한편 22개 지역 Régions 에는 고유 번호를 부여하지 않았다(사진 2-008). 여기서는 편의상 프랑스 서북쪽 끝 지역에서 시작, 국경선을 따라 오른쪽으로 돌아 중심에 이르는 차례로 지역을 나열했다. 프랑스 22개 지역과 관할 도의 명칭 및 번호는 다음과 같다.

[01] **브르흐따뉴** Bretagne

-22 꼬트-뒤-노르흐 Côtes-du-Nord

-29 피니스떼르흐 Finistère

사진 2-008: 프랑스 행정구역 22개 지역 및 96개 도

사진 하단 오른쪽은 코르시카이다. 프랑스에서는 이 섬을 꼬르즈라 부른다. 코르즈는 오트-꼬르즈와 꼬르즈-뒤-쉬드, 즉 상-꼬르즈와 남-꼬르즈로 구획되었다.

-35 일-에-비렌 Ille-et-Vilaine
-56 모르흐비앙 Morbihan

[02] **바스-노르흐망디** Basse-Normandie
-14 깔바도스 Calvados
-50 망슈 Manche
-61 오르흔 Orne

[03] **오트-노르흐망디** Haute-Normandie
-27 외르흐 Eure
-76 센-마리히팀 Seine-Maritime

[04] **피까르흐디** Picardie
-02 에슨 Aisne
-60 와즈 Oise
-80 솜 Somme

[05] **노르흐-빠-드-깔레** Nord-Pas-de-Calais
-59 노르흐 Nord
-62 빠-드-깔레 Pas-de-Calais

[06] **샹빠뉴 아르흐든** Champagne Ardenne
-08 아르흐든 Ardennes
-10 오브 Aube
-51 마르흔 Marne
-52 오트-마르흔 Haute-Marne

[07] **로렌** Lorraine
-54 뫼르흐드-에-모젤 Meurthe-et-Moselle
-55 뫼즈 Meuse

-57 모젤 Moselle
-88 보즈 Vosges

[08] **알자스** Alsace
-67 바-레헹 Bas-Rhin
-68 오-레헹 Haut-Rhin

[09] **프랑슈-꽁떼** Franche-Comté
-25 두브 Doubs
-39 쥐라하 Jura
-70 오트-사온 Haute-Saône
-90 테리히투와르흐 드 벨포르흐 Territoire de Belfort

[10] **로혼-알프** Rhône-Alpes
-01 엥 Ain
-07 아르흐데슈 Ardèche
-26 드로홈 Drôme
-38 이제르흐 Isère
-42 루와르흐 Loire
-69 로혼 Rhône
-73 사부와 Savoie
-74 오트-사부와 Haute-Savoie

[11] **프로방스-알프-꼬트다쥐르흐** Provence-Alpes-Côte d' Azur
-04 알프 드 오트-프로방스 Alpes de Haute-Provence
-05 오트-알프 Hautes-Alpes
-06 알프-마리히팀 Alpes-Maritimes
-13 부슈-뒤 로혼 Bouches-du-Rhône
-83 바르흐 Var
-84 보크뤼즈 Vaucluse

[12] **랑그독-르후씨용** Languedoc-Roussillon

-11 오드 Aude

-30 가르흐 Gard

-34 에로홀 Hérault

-48 로제르흐 Lozère

-66 피레헤네-오리히앙탈 Pyrénées-Oriantales

[13] **미디-피레헤네** Midi-Pyrénées

-09 아리히에즈 Ariège

-12 아베로혼 Aveyron

-31 오트-가로혼 Haute-Garonne

-32 제르흐 Gers

-46 로 Lot

-65 오트-피레헤네 Hautes-Pyrénées

-81 따르흔 Tarn

-82 따르흔-에-가로혼 Tarn-et-Garonne

[14] **아끼텐** Aquitaine

-24 도르흐도뉴 Dordogne

-33 지로홍드 Gironde

-40 랑드 Landes

-47 로-에-가로혼 Lot-et-Garonne

-64 피레헤네-아트랑티끄 Pyrénées-Atlantiques

[15] **뽀와뚜-샤르항트** Poitou-Charentes

-16 샤르항트 Charente

-17 샤르항트-마리히팀 Charente-Maritime

-79 드-세브르흐 Deux-Sevres

-86 비엔 Vienne

[16] **뻬이 드 라 루와르흐** Pays de la Loire

-44 루와르흐-아트랑티끄 Loire-Atlantique

-49 멘-에-루와르흐 Maine-et-Loire

-53 메옌 Mayenne

-72 사르흐트 Sarthe

-85 방데 Vendée

[17] **일-드-프랑스** Ile-de-France

-75 빠리히 시 Ville de Paris

-77 센-에-마르흔 Seine-et-Marne

-78 이브린 Yvelines

-91 에쏜 Essonne

-92 오-드-센 Hauts-de-Seine

-93 센-셍-드니 Seine-St-Denis

-94 발-드-마르흔 Val-de-Marne

-95 발-돠즈 Val-d'Oise

[18] **브르흐고뉴** Bourgogne

-21 꼬트-도르흐 Côte-d'Or

-58 니에브르흐 Nièvre

-71 사온-에-루와르흐 Saône-et-Loire

-89 욘 Yonne

[19] **오베르흐뉴** Auvergne

-03 알리에 Allier

-15 깡딸 Cantal

-63 퓌-드-돔 Puy-de-Dôme

-43 오트-루와르흐 Haute-Loire

[20] **리무젱** Limousin

-19 꼬르헤체 Corrèze
-23 크뢰즈 Creuse
-87 오트비엔 Haute Vienne

[21] **쌍트르흐** Centre
-18 셰르흐 Cher
-28 외르흐-에-루와르흐 Eure-et-Loire
-36 엥드르흐 Indre
-37 엥드르흐-에-루와르흐 Inre-et-Loire
-41 루와르흐-에-셰르흐 Loire-et-Cher
-45 루와르헤 Loiret

[22] **꼬르흐즈** Corse
-2B 오트-꼬르흐즈 Haute-Corse
-2A 꼬르흐즈-뒤-쉬드 Corse-du-Sud

다. **꼬뮌**

3만 6천개가 넘는 꼬뮌 Communes 은 프랑스 행정구역 중 가장 작은 조직이다. 꼬뮌 보다 규모가 큰 조직이 깡똥 Canton 이고, 깡똥보다 큰 것이 아르홍디스망 Arrondissement 이다. 아르홍디스망은 빠리히, 리용, 마르흐세유 등 대도시의 행정조직인 구 區 이다. 꼬뮌의 규모는 매우 다양하여, 주민이 10명 정도 밖에 안 되는 꼬뮌이 있는가하면, 주민이 10만 명 이상인 꼬뮌도 37개나 된다. 꼬뮌은 중세에는 자유도시 또는 자유도시의 민병이라는 의미로 쓰였다. 또한 꼬뮌은 프랑스 시민 대혁명의 격동기인 1789년~1795년 및 1871년에는 빠리히 혁명정부 la Commune de Paris 의 명칭이기도 했다.

라. **프랑스 해외 영토** France d' outre-mer

프랑스는 해외 영토를 똠 T.O.M.: Territoires d' outre-mer 이라

고 부른다. 프랑스는, 프랑스 제국 시절에 태평양, 인도양, 대서양 상에 무수히 많은 섬을 자국의 영토로 만들었다. 그들 중 5개의 대표적인 영토를 프랑스의 해외 5도 道, 5 départements d'outre-mer, 즉 해외의 5개 동 D.O.M.: Départements d'outre-mer 이라고 한다. 프랑스의 해외 5도 상세는 다음과 같다:

-과드룹프 와 마르흐티니끄 섬
les îles de la Guadeloupe et de la Martinique,
중미 대륙, 카리브 해 동쪽, 대서양 서쪽 끝
-르헤위니옹 섬 l'île de la Réunion,
아프리카, 마다가스까르흐 섬 동쪽, 남인도양
-기얀 la Guyane, 남미 대륙, 브라질 북쪽, 수리남 Surinam 인접
-생-피에르흐-에-미께롱 Saint-Pierre-et-Miquelon,
캐나다 께벡 Quebec 동쪽, 대서양
-기타 해외 영토 les territoires d'outre-mer;
뽈리네지 프랑세즈 Polynésie française 와 누벨-깔레도니 Nouvelle-Calédonie, 오스트레일리아 동쪽, 남태평양

(2) 빠리 행정구역 및 대중교통

가. 빠리 20개 행정구

지난날의 빠리히는 둘레 36km 의 성벽 城壁 으로 둘러싸여 있었으며, 성벽에는 20개의 성문이 있었다. 빠리히 성벽은 혁명으로 인한 정치적 혼란기에 대부분 파괴되었으며, 현재는 빠리히 시의 외곽 순환대로가 되었다. 행정 구역상의 빠리히 시 la Ville de Paris 의 면적은, 100여 km² 에 불과하다. 현재 빠리히의 핵심 지구는 레 알 Les Halles, 보브르흐 Beaubourg, 르 마르헤 Le Marais, 라땡 지구 Quartier Latin 등이다(사진 2-009). 레 알 지구에는 지난날 빠리히의 중앙시장, 즉 레 알 Les Halles centrales 이 있다(사진 2-010). 빠리히에는 현재 고유 명칭이 없는 20개의 구 區, 즉 아르홍디스망 Arrondissements 이 있으며 각 구에는, 제1구

premier arrondissement 에서 제20구까지 달팽이 모양으로, 시계방향으로 돌아가면서 차례로 번호가 매겨져 있다(사진 2-011). 제1구에는 루브르흐 Louvre, 까루젤 개선문 Arc du Carrousel, 꼬메디-프르항세즈 Comédie- Française 등의 주요 시설물들이 있다.

사진 2-009: 레알 지구와 중앙시장 빠리 제1구, 프랑스

사진 상; 1908년의 레알 거리, 사진 하; 1900년경, 사람들이 우글거리는 새벽, 아침 6시, 레알 중앙시장

사진 2-010: 중앙시장 상인과 짐꾼 1900년, 빠리 제1구, 프랑스

사진 좌 상; 중앙시장 생선가게, 사진 좌 하; 채소가게, 사진 우; 중앙시장 짐꾼

사진 2-011: 빠리 20개 행정구역 빠리, 프랑스

나. 빠리 대중교통망

현재 빠리市의 20개 구에는 14개 지하철, 즉 메트르호 Métro 노선과 60여개 버스 Bus 노선이 있다. 도심과 교외 지역은 5개 광역급행전철 노선 R.E.R.: Réseau Express Régional 및 3개 경전철, 즉 트램웨이 Tramway 노선으로 촘촘히 연결되어있다.

4) 빠리 정비사업 및 관광명소

(1) 19세기의 빠리

빠리市는 19세기 중반까지도 무질서하고 지저분하며, 비좁고 복잡했던 중세의 골목길 유산을 간직하고 있었다. 이러 중세의 유산들을 무자비할 정도로 정비하여, 빠리市를 교통이 원활하고 질서 있고 쾌적한 환경을 갖춘 최상의 현대 도시로 탈바꿈 시킨 시기는 나뽈레옹 3세 시절이다.

가. 인구 폭증의 병든 도시

19세기 전반의 빠리市는 병든 도시였다. 1832년 빠리市에서 발생한 콜레라 choléra 로 1만8400명이, 그 후 1849년엔 1만 6000명이 희생되었다. 빠리市의 인구는 중세에 20만, 18세기 중반엔 50만 명이었다. 그 이후 1760년 영국에서 시작된 산업혁명과 1789년 프랑스에서 일어난 시민대혁명 Révolution française 의 영향으로 빠리市의 인구는 폭발적으로 증가하기 시작 했다. 1801년 당시, 빠리市의 인구는 수용한계인 60만 명에 도달했다. 그럼에도 불구하고 빠리市 인구는, 1817년엔 81만7천명, 1856년엔 1백15만2천명으로 폭증했다. 빠리市의 공공설비, 공동주택, 공용도로, 하수시설 등 모든 것이 폭발적으로 증가하는 인구에 대처하기엔 역 부족이었다. 이 시기에 빠리市 중심지역의 인구 밀도는 1헥타르 hectare 당 보통 1천명, 즉 10m² 당 1명을 초과했다. 빠리市에는, 인구가 100만 명을 넘어 서면서 비위생적인 슬럼 slum, 즉 bidonville 이 출현했다. 1853년 당시,

빠리히에 인접한 센 la Seine 도의 도지사 préfet 였던 막심 뒤 깡 Maxime du Camp 은, 빠리히는 곧 사람이 살수 없는 도시가 될 것이라고 했다. 그러나 20세기에 들어서면서 빠리히 역시 도심, 즉 제1구~10구 에서는 인구가 감소되는 반면 제11구~20구, 즉 주변지역에서는 인구가 증가하는 추세였다.

1901년 빠리히 제1구의 인구는 6만3768명이었으나 2011년에는 1만7620명이었고, 같은 기간에 제5구는 11만9198명에서 6만1651명으로, 제7구는 10만2497명에서 5만8750명으로 인구가 감소되었다. 반면 빠리히 제15구의 인구는 15만3185명에서 24만823명으로, 제16구는 12만1131명에서 17만2605명으로 제19구는 14만4953명에서 18만7766명으로, 제20구는 16만6115명에서 19만9790명으로 인구가 증가되었다.

나. 빠리 근대화 정비사업

프랑스에서는, 1789년 프랑스 대혁명 이후 나뽈레옹 3세 Napoléon III 와 오스만 남작 baron Georges Eugenne Haussmann, 1809~1891 이 주도하는 새로운 빠리 Paris nouveau 건설사업, 즉 대대적인 도시정비 사업이 시행되었다. 1805년부터는 빠리 구시가지에 대로 大路, Boulevard 또는 Avenue 가 뚫리면서 빠리히는 완전히 다른 현대적인 새로운 도시로 탈바꿈하기 시작했다. 오늘날에도 빠리히 시의 동맥 역할을 하는 대표적인 대로는 빠리히 외곽 순환대로 Boulevard Périphérique 와 샹젤리제 대로 Avenue des Champs-Elysées 이다. 빠리히의 모든 주거용 건축물에는 엄밀하게 번호가 부여되기 시작했다. 중세 시절의 비좁은 도로는 모두 정비되어 넓은 길이 되었다. 대로변에 세워지는 건축물의 최고 높이는 도로의 폭에 따리서 결정하도록 엄격히 규제했다. 소위 "일조, 조망권 규정 règle des prospects" 의 규제를 받았다. 이런 규제는 지금까지도 유효하다. 대도시 근교 공장 주변에는 수많은 노동자 공동주택 단지가 새로 생기면서 도시는 팽창했다.

1853년부터 17년 동안 빠리히 근대화 정비 사업에 앞장선 사람은 오스만 남작이다. 법률가이면서 공무원이었던 오스만 남작은 1852년 황제, 나뽈레옹 3세에 의해서 센 Seine 도 道 의 지사로 임명되었다. 오스만 남작은 빠리ㅎ 근대화를 위하여 대규모 토목공사 grands travaux 를 시작했다. 빠리ㅎ 근대화는 나뽈레옹 3세의 소원이었으며, 오스만 남작은 황제의 바람을 실현 시킬 책임자였다. 오스만 남작은 빠리ㅎ 중심지에서, 비위생적이고, 비좁고 복잡했던 중세의 잔재를 깨끗이 쓸어버렸다. 온전한 도시정비 및 미화작업에 필연적일 수밖에 없는, 대대적인 철거와 재건축 공사가 진행되었다. 빠리ㅎ에 있었던 중세 시절의 거의 모든 거리를 완전히 헐어버리고 다시 건설하는 대규모 공사가 시행되었다.

빠리ㅎ의 대부분의 도로망은 재정비되었고, 하수도는 200km에서 600km 로 확장되었다. 오늘날 빠리ㅎ의 하수도에 연결되어있는 하수관의 총길이는 무려 2100km 나 된다. 또한 빠리ㅎ 시내에 있었던 비위생적인 공동묘지도 정비했다. 공동묘지가 인근 주민들에게는 세균감염의 온상이 된다는 이유 때문이다. 빠리ㅎ의 대대적인 개조 공사에는 광란의 투기가 뒤따랐고, 소수의 부자 동네와 다수의 서민 동네가 생겼음도 부인할 수 없다. 1860년 빠리ㅎ에는 6만 채의 주택 maisons 이 있었으며, 빠리ㅎ 근교를 포함한, 소위 수도권 지역에는 200만 명 가까운 사람들이 살았다. 여하튼간에 오늘날의 빠리ㅎ 모습은 모두 이시기에 조성된 것이다. 현재 빠리ㅎ를 포함한 주변도시, 즉 수도권 인구는 1000만 명이 넘는다.

가) **오페라 대로**와 **오페라 극장**

오페르ㅎ 대로 Avenue de l'Opéra 는 빠리ㅎ의 오페라 극장, 즉 오페르ㅎ 가르흐니에 Opéra Garnier 의 정면에서 남남동 방향으로 쭉 뻗어나간 대로이다(사진 2-012). 이 대로는 현재 빠리ㅎ 제1구와 2구 사이를 관통한다. 1864년 처음 관통되었을 당시의 이 대로의 이름은 나뽈레옹 3세 대로 Avenue Napoléon III 였다(사진

2-013). 오페라 극장의 건축양식은 고전에서 바로크에 이르기까지의 여러 양식이 혼합된 것이다(사진 2-014). 오페르하 가르흐니에의 명칭은 1860년 설계경기에서 우승한 건축가 샤르흘르 가르흐니에 Charles Garnier 의 이름에서 따왔다. 그러나 도로 표지판에는 여전히 1980년대의 명칭인 빠리 국립 오페라극장 Théâtre National de l' OPERA de Paris 이라고 쓰여 있다. 객석이 2200석인 이 극장에서는 요즈음에는 발레, 음악회 등의 공연이 주로 열리지만 가끔은 오페라 공연도 열린다.

나) 오스만 대로

오스만 대로 Boulevard Haussmann 는 오페라하 가르흐니에 오른쪽 뒤편에 있다(사진 2-015). 이 대로는 현재 빠리히 제8구와 9구 사이를 동동남-서서북 방향으로 연결한다. 곧고 넓게 뚫린 오스만 대로의 보도 步道 가장자리에는 나무를 심고, 대로에 면한 건축물의 정면은 호사스럽게 장식하고, 도시에는 통풍이 잘 되도록 했다.

다) 샹젤리제 대로

꽁꼬르흐드 광장에서 시작되는 샹젤리제 대로는 현재, 빠리히 시의 중심인 제8구를 서북-동남 방향으로 관통하는, 빠리히에서 가장화려하고 유명한 대로이다(사진 2-016). 그러나 이 대로는 1667년 이전까지만 해도 황량한 늪지였다. 이 대로는 정원 조경건축가 앙드르헤 르 노트르흐 André Le Nôtre, 1613~1700 가 나무를 심고, 가로등을 설치하고, 보도를 만들어 아름답게 꾸미기 시작하면서 변하기 시작했다. 길이 2.3km, 폭 약 70m 의 샹젤리제 대로에 심은 가로수는 플라타너스와 마로니에이다. 현재의 샹젤리제 대로의 풍광은 건축가 쟈크 히또프가 1838년에 설계한 모습이 거의 변하지 않았다. 이때부터 샹젤리제 대로에는 명품 상점, 식당, 극장, 화랑, 까페 café 등이 생겼고, 꽁꼬르흐드 광장 Place de la Concorde 쪽에는 나무가 울창한 공원이 조성되었

사진 2-012: 오페라 대로 빠리 제1구 및 2구, 프랑스

사진 상; 오페라 극장 앞에서 쭉 뻗어나간 오페라 대로, 날씨가 흐려서 사진이 너무 어둡다. 사진 하; 1905년 당시의 오페라 대로, 중앙에 멀리 보이는 건축물이 오페라 극장

사진 2-013: 나뽈레옹 3세 대로 빠리 제1구 및 2구
1864년 당시, 확장 공사 중인 나뽈레옹 3세 대로

사진 2-014: 오페라 극장 빠리 제1구 및 2구, 프랑스

사진 2-015: 오스만 대로 빠리 제8구 및 9구, 프랑스

사진 상; 오페라 극장 뒤편에 있는 오스만 대로, 날씨가 흐려서 사진이 너무 어둡다. 사진 하; 1937년 당시의 오스만 대로, 프렝땅 백화점 앞

사진 2-016: 샹젤리제 대로 빠리 제8구, 프랑스

사진 상; 꽁꼬르드 광장에서 본 샹젤리제 대로, 개선문 뒤쪽 멀리에는 빠리 신도시, 라 데팡스가 보인다. 특히 에뚜왈 광장의 개선문 아치 속에 대개선문이 보인다. 사진 하; 샹젤리제 대로의, 보수공사 중인 루이뷔똥 매장 광고판

다. 상젤리제 대로 주변에는, 19세기 후반 나뽈레옹 3세 시절부터 빠리ㅎ의 부유 계층, 정치인, 예술인 등이 거주하기 시작하면서 유명해지기 시작했다.

라) **꽁꼬르드 광장**

꽁꼬르ㅎ드 광장(사진 2-017)의 원래 명칭은 루이 15세 광장이었다. 그러나 프랑스 혁명 당시 이 광장에서 1119명을 처형한 후, 피로 물든 이 광장을 프랑스 혁명 광장이라 불렀다. 처형 당시 단두대 斷頭臺 의 모형은 사진 2-018과 같다. 공포정치가 끝난 1794년 말경에는 "화합, 일치" 를 뜻하는 꽁꼬르ㅎ드 광장이 되었다. 이 광장에 있는 오벨리스크는 1830년경 이집트 총독이 프랑스의 루이 필립 왕에게 증정한 것으로 되어 있다. 이 오벨리스크는 원래 이집트 룩소르 신전 정면, 제1탑문 양쪽에 세워졌던 것 중의 하나이다. 오벨리스크의 첨단 尖端 및 표면의 기록은 모두 황금 도금으로 치장되어 있다(사진 2-019). 꽁꼬르ㅎ드 광장의 오벨리스크는 룩소르에 남아 있는 오벨리스크보다 오히려 더 잘 보존되고 있다.

마) **빠리**의 **숲**과 **공원**

오스만 남작은 현재 빠리ㅎ 남동부와 북서부 끝자락에 있는 광대한 면적의 숲, 즉 부로뉴 숲 Bois de Boulogne 과 벵센느 숲 Bois de Vincennes 도 재정비했다. 빠리 남동부 끝자락에 자리 잡은 드넓은 벵센느 숲은 면적이 995만m² 이고, 그 반대편 북서부 끝자락에 있는 부로뉴 숲의 면적은 860만m² 이다. 부로뉴 숲은 원래 광대한 루브르 숲의 일부였으나 19세기 중반 오스만 남작이 나뽈레옹 3세의 명을 받아 아름다운 숲으로 다시 조성했다. 현재 빠리ㅎ에는 450여개의 크고 작은 공원이 있다.

바) **빠리**의 **공동묘지**

빠리ㅎ에는, 도심 都心 지역에는 물론이고, 외곽 순환대로 주변

사진 2-017: 꽁꼬르드 광장 빠리 제1구와 8구 경계, 프랑스

사진 중앙, 멀리 있는 에펠탑이 보인다. 에펠탑 왼쪽이 오벨리스크 이고, 그 왼쪽이 광장 입구에 세워진, 3개의 전등 電燈 이 달린 기둥이다.

사진 2-018: 단두대 모형 프랑스 혁명 200주년 기념상품, 1989년

사진 2-019: 꽁꼬르드 광장의 오벨리스크 빠리, 프랑스

오벨리스크 하단, 사각 기단의 4면에는, 이집트 당시의 오벨리스크 공사 방법이 황금색 그림으로 표시 되어 있다. 이집트 룩소르 신전에서 가져온 이후, 프랑스에서는 이 오벨리스크의 첨단 및 몸통 표면의 기록을 모두 황금 도금으로 치장, 관리하고 있다. 이 오벨리스크는 1836년부터 꽁꼬르흐드 광장을 지키고 있다.

에 수많은 공동묘지가 있었다. 이들 중 특히 문제가 되었던 묘지는 빠리ㅎ 중심 지구, 레알 Les Halles 에 산재해 있던 성당 소교구 小教區 의 묘지였다. 이들 비위생적인 묘지는 각종 병원균 病原菌 의 온상이 되어 주변 시민들의 건강을 해친다는 비난이 일자 정비의 대상이 되었다. 빠리ㅎ 중심지구 성당 묘지에서의 매장 금지와 도심지대 都心地帶 의 공동묘지 폐쇄 정책으로, 빠리ㅎ 도심 주변 남쪽, 북쪽 및 동쪽, 즉 제14, 18, 20구에 1970년부터 1824년까지 소위 말하는 빠리ㅎ 3대 공동묘지가 조성되었다. 현재 빠리ㅎ 시내에는 공원화된 3개 대형 묘지 이외에도 빠리ㅎ 순환대로 주변에 여전히 상당수의 공동묘지가 존재한다.

(가) 페르-라셰즈 공원묘지

빠리ㅎ에서 제일 큰 페르ㅎ-라세즈 공원묘지 Cimetiere du Père-Lachaise 는 빠리ㅎ 동부 지역인 제20구, 르ㅎ뽀 거리 Rue du Repos 언덕에 있다(사진 2-020). 이 묘지의 이름은, 이 땅의 소유주이자, 한 때 루이 14세의 고해 신부였던 페르ㅎ 드 라셰즈 Père de Lachaise 에서 따온 것이다. 나뽈레옹 1세는 1804년, 이곳은 시내 중심지역에 있었던 여러 성당의 수많은 불결한 묘지를 정비하여 옮기기 위해서 공원묘지로 조성했다. 풍경화 같은 이 공원묘지 Parc funéraire paysager 를 설계한 사람은 조경 건축가 알렉상드르 테오드르 브롱니아르 Alexandre Théodore Brongniart 이다. 면적이 43만 2000m² 에 달하는 이 묘지에는 76개 수종樹種 의 나무 4134그루가 식재 되었다. 프랑스 최초의 공원묘지인 이 묘지는 빠리ㅎ에서 가장 넓은 녹지공간이 되었다. 이 공원묘지는 공원묘지의 발전에 기여한 실질적인 선구자가 되었다. 이 묘지에는 프랑스 최초로, 1800년에 화장시설이 설치되었고, 1893년~1912년에는 납골당이, 그리고 1985년에는 유골의 재를 뿌려 장례를 치르는 정원 jardin cinéraire 이 조성되었다.

이 공원묘지에는 지난 200여 년 동안 프랑스 역사, 문화에 큰 업적을 남긴 많은 유명 인사들을 포함한 6만9천기 基 의 석

사진 2-020: 페르-라셰즈 공원묘지 빠리 제20구, 프랑스

사진 상; 수많은 수목과 다양한 묘실이 있는 공원묘지 내부, 이른 봄철이라 아직 수목에 싱그러운 나뭇잎이 없다. 사진 하; 르흐뽀 거리와 그 언덕에 있는 페르-라셰즈 묘지, 사진 위쪽, 도로의 끝에 묘지가 있다. 1908년

조 묘실 石造 墓室 이 있다. 크기와 형태가 다양한 이 석조 묘실은 아름다운 조각과 비문 등으로 장식되었다. 이곳에는 해외 전쟁에 참여한 전사 군인들, 추방당한 외국의 저명인사들의 무덤도 있다. 그러나 이곳에는, 1804년 조성 이래, 무덤도 없이 매장되거나 화장된 사람들이 대략 135만 명이나 있는 것으로 추정된다. 그런 연유로 사람들은 이곳을 "사자 死者 의 도시 City of Dead" 라고 부르기도 했다.

또한 이 묘지는 오랫동안, 프랑스 혁명 영웅들의 안식처라는 명성을 얻기도 했다. 이 숭고한 추억의 장소는, 1871년 5월28일에는 전쟁터가 되었던 일도 있다. 그날 이곳은 빠리히 꼬뮌 지지자들의 최후의 저항 장소였다. 이묘지 남동쪽 모퉁이에서는 정부군의 총살장 사격부대에 의해서 "국민군의 벽 le mur des Fédérés" 소속 저항 군인들이 처형당했다. 그런 역사에도 불구하고 이곳에는 아름답게 조각된 비석과 묘실이 많아서 마치 야외 조각공원 같은 느낌이 든다.

(나) 몽빠르나스 공원묘지

몽빠르흐나스 공원묘지 Cimetière du Montparnasse 는 빠리히 제14구, 에드가 끼네 대로 Boulevard Edgar Quinet 에 있다. 이곳에도 역시 고대 및 현대의 중요한 예술작품, 즉 아름답게 조각된 비석과 묘실이 많이 있다. 이 공원묘지는 빠리히에서 제일 높은 건축물인 몽빠르흐나스 타워 Tour Montparnasse 인근에 있으며 비교적 밝은 분위기 때문에 도시의 산책공원으로서도 손색이 없다(사진 2-021). 빠리히의 중요한 녹지 공간 중의 하나인 이 공원묘지는 빠리히 도심지대 都心地帶 의 공동묘지 폐쇄 정책의 일환으로 조성된 빠리히 3대 공동묘지 중의 하나이다. 1824년 개설 당시 행정관청의, 이 묘지의 공식 명칭은 남부묘지 Cimetière du Sud 였다(사진 2-022). 이 공원묘지에는, 회화나무, 단풍나무, 보리수 등 40개 수종 樹種 의 나무 1244 그루가 식재되었으며, 그 면적은 18만7200m² 이다. 이 공원묘지에는 전 세계 유명한 예술가, 문인 등을 포함한, 3만8천기 基 의 무덤이 있다.

(다) 몽마르트르 공원묘지

몽마르ㅎ트르ㅎ 공원묘지 Cimetière du Montmartre 는 빠리히 제 18구, 꼴랭꾸르ㅎ 거리 Rue Caulaincourt 와 르하셀 대로 Avenue Rachel 에 걸쳐 있는 현존 빠리히 3대 묘지 가운데, 그 규모가 가장 작은 묘지이다(사진 2-023). 이 묘지의 개설 당시 행정관청의 공식 명칭은 북부묘지 Cimetière du Nord 였다. 이 묘지에는 몽마르ㅎ트르ㅎ가 예술인들이 모여 살던 지역이었던 만큼 예술인들의 무덤이 많다. 이 묘지는 19세기 초부터 유명한 작곡가, 시인, 무용가, 영화감독 등의 영혼의 안식처가 되었다. 몽마르ㅎ트르ㅎ에는 롤랑 도르제레 광장 근처에 또 다른 공동묘지가 있

사진 2-021: 몽빠르나스 공원묘지 빠리 제14구, 프랑스

수많은 수목, 묘실 및 조각이 있는 묘지 내부, 사진 중앙의 멀리 보이는 높은 건축물은 몽빠르나스 타워, 이른 봄철이라 나무에 푸른 잎이 우거지지 않았다.

사진 2-022: 에드가 끼네 대로 빠리 제14구, 프랑스

사진 상; 에드가 끼네 대로, 1910년경, 사진 하; 만성절 아침 묘지 정문, 사진 아래, 오른쪽에는 "빠리-몽빠르나스 묘지, 만성절 아침" 이라는 글씨가 있다. 1824

사진 2-023: 몽마르트르 공원묘지 빠리 제18구, 프랑스

1904년경의 꼴렝꾸르흐 거리, 이 거리 뒤편에 몽마르트르 공원묘지의 일부가 보인다. 이 고가 도로는 1888년에 개통되었다.

다. 빠리히 제18구, 루시앙 골라르흐 거리 Rue Lucien Gaulard 에 있는 이 묘지는 사크르헤-꽤르흐 대성당 서쪽 언덕에 인접해 있다. 이 묘지는 규모는 크지 않지만, 이곳에도 유명 화가 등의 예술인들의 무덤이 많이 있다. 이 묘지는 빠리히에서 몽마르흐트르흐 언덕에 유일하게 남아 있는 포도밭에 인접해 있는 관계로, 포도빌 수호성인의 이름을 따서 생 뱅상 묘지 Cimetière St. Vincent 라고 불렀다고 한다.

(라) **까따꽁브**

까따꽁브 Catacombes, 지하묘지 는 원래는 로마 속주 시대에 뚫어 놓은, 총 연장 길이 250km 의 지하 채석장 갱도 坑道 였다. 산이 없는 빠리히에서 도시정비 사업으로 증가하는 건축물 공사

에 석회석이 필요하였기 때문에 18세기 후반까지도 지속적으로 채석하다가 중단했다. 1810년, 15개월간의 공사 끝에 완공한, 현재의 까따꽁브는 지하 20m, 길이 1.7km 의 유골 저장소이다. 개발된 갱도의 일부는 지하 식당으로도 활용중이다. 전체 갱도의 극히 일부인 까따꽁브의 통로 양쪽에는 빠리ㅎ 중심지역, 특히 레알 Les Halles 지구에 산재해 있었던 비위생적인 묘지에서 수습한 600여만 구 具 의 유골을 부위 별로 정리, 장작처럼 쌓아 놓은 유골 더미가 있다(사진 2-024). 까따꽁브는 빠리히 제14구, 당페르흐-르호세르호 광장 Place Denfert-Rochereau 주변의 꼴로넬 앙리히 르화-땅기 대로 Avenue du Colonel Henri Roi-Tanguy 에 있다(사진 2-025). 까따꽁브의 원래 명칭은, 1787년에 조성된 빠리히 명문 名門 출신 농장주들의 "농장 구내 지옥 Enfer de l'enceint des fermiers généraux" 이었다(사진 2-026).

사진 2-024: 까따꽁브 지하 갱도 유골 더미 빠리 제14구, 프랑스

사진 2-025: 당페르-로셰로 광장의 사자 상 빠리 제14구, 프랑스

사진 상, 좌; 당페르르흐-르호셰르호 광장, 이 광장의 이름은 1879년까지는 앙페르흐 광장 place d ' Enfer, 지옥의 광장 이었다. 1년 후, 이 광장의 중앙에 벨포르흐 사자상 le lion de Belfort 이 세워지면서 이름이 당페르흐-르호셰르호 광장으로 바뀌었다. 광장 건너편 건축물 지붕에는 수많은 난방용 굴뚝이 돌출되어 있다. 사진 상, 우; 2019년 12월, 정부의 연금개혁에 반대하는 시위대가 사자 상을 점령, 구호를 외치고 있다. 사진 하; 벨포르흐 청동 사자 상, 이 사자 상은 벨포르흐 시 市 를 적의 공격으로부터 방어한 육군 대령 당페르흐-르호셰르호의 공적을 기리기 위하여 세워 졌다. 축제일에 이 사자 상 밑에서 기념사진을 찍는 것이 사람들의 관행이 되었다. 사진 상단에는 "축제 동안의 벨포르흐 사자 상" 이라는 글씨가 있다.

사진 2-026: 까따꽁브 건축물 빠리 제14구, 프랑스

사진 상; 1787년 당시의 까따꽁브 건축물 투시도, 사진 하; 까따꽁브 건축물의 출입구, 수많은 관광객들이 이른 아침부터 줄서서 입장을 기다리고 있다.

(2) 빠리 관광명소

가. 센강과 다리

빠리히의 명물 센 Seine 강은 빠리히 남동부에서 진입, 북서쪽으로 굽이쳐 흐르면서 빠리히의 중심부인 생-루이 섬 ile St-Louis 과 씨떼 섬 ile de la Cité 을 휘돌아, 샤이오궁 Palais de Chaillot 과 에펠탑 Tour Eiffel 사이에 있는 이에나 다리 Pont d' Iéna 밑을 지나면서 급격히 남서쪽으로 방향을 틀어 생-크루 성벽 문 Porte de St-Cloud 근처에서 빠리히를 빠져나간다. 빠리히 지역에 있는 센 강의 폭은 대개 100m 정도이며, 이 강 위에는 모두 36개의 다리가 있다. 다리마다에는 각기 고유한 사연이 있으며 그들 중 대표적인 다리는 다음과 같다.

가) 뽕 뇌프

전체 길이 238m, 12개의 석재 아치로 구성된 뽕 뇌프는 빠리히 발샹지인 씨떼 섬 île de la Cité 의 양쪽을 흐르는 센 강위에 설치된 다리이다(사진 2-027). "뽕 뇌프 pont neuf" 는 "새로운 다리" 라는 뜻이다. 프랑스어 뽕 pont 은 "다리" 라는 뜻이고 뇌프 neuf 는 "새로운" 이라는 뜻이다. 이 다리는 빠리히 남쪽과 북쪽, 즉 빠리히 제1구와 6구에서 각각 씨떼 섬의 서쪽 끝으로 연결된다. 이 다리는 센강 최초의 돌다리이다(사진 2-028). 센강의 다리중 가장 긴 이 다리는 처음에는 도로 전용이었다. 당시에는 다리 위에 상점이나 주택을 건설하는 것이 관행이었다. 새 다리라는 이름을 가진 이 다리는 사실은 현존하는 센 강의 다리 중 가장 오래된 다리이다. 이 다리는, 앙리히 2세가 처음 구상하고, 앙리히 3세가 1578년 5월31일 공사를 시작했으나, 전쟁 guerre civile 으로 공사가 중단 되었다가, 1599년 공사가 재개되었다. 공사가 끝난 시기는 착공 후 30년 가까이 지난 1606년 7월8일이었으나, 공식 준공일은 1607년 앙리히 4세 때로 되어 있다. 앙리히 4세는 이 다리를 준공하면서 이 다리 이름을 뽕-뇌프라고 했다(사진 2-029). 이전에 센강 위에 건설된 다리는 모두 나무 다리였기 때문이다. 1459년에 처음 모습을 드러낸 빠리市 센 강둑길 quais 의 명물, 고서 가판 古書 街販 상자 boites 는, 지금도 여전히 이 다리 주변 강둑길에 많이 남아 있다(사진 2-030). 특히 볼떼르호 강둑길 Le quai Voltaire 에는 고서 판매상인들 bouquinistes 이 많았다(사진 2-031). 지금의 상인들은 고미술품의 복사작품 prints 도 판매한다(사진 2-032). 이 다리는 수많은 영화의 배경이 되었으며, 그 중에서도 "뽕-뇌프의 연인들 Les Amants du Pont-Neuf" 이라는 영화로 유명세를 탔다. 그러나 실제 영화촬영은. 현장 촬영 허락을 받지 못해 세트장에서 했다.

사진 2-027: 뽕 뇌프 전경 빠리 제1구, 제6구, 프랑스

사진 왼쪽이 빠리 제1구, 중앙이 씨떼 섬 서쪽 끝부분이고 오른쪽이 6구이다. 이른 봄날 날씨가 흐려서 사진이 어둡다.

사진 2-028: 돌다리, 뽕 뇌프 빠리 제1구, 제6구, 프랑스

사진 상; 빠리 최초의 돌다리 뽕 뇌프, 사진 하; 1939년 1월, 보수공사중인 뽕 뇌프, 보행자들의 안전을 위해서, 건설 노동자들이 닳아서 매끈매끈해진 다리 보행로 바닥을 쇠망치로 두드려 거칠게 만들고 있다.

사진 2-029: 뽕 뇌프 머릿돌 및 역사 표지판 빠리, 프랑스

사진 상, 좌; 뽕 뇌프 머릿돌 기둥 하단에는, 1578년 앙리히 3세가 공사를 시작해서 1607년 앙리히 4세가 준공했다고 기록, 사진 상, 우; 뽕 뇌프의 "빠리 역사 표지판", 표지판 뒤로 뽕 뇌프의 아치가 보인다. 역사 표지판의 내용은 본문에서 모두 기술 했다. 사진 하, 좌; 머릿돌 글 상세, 사진 하, 우; 뽕 뇌프 관광 안내 표지

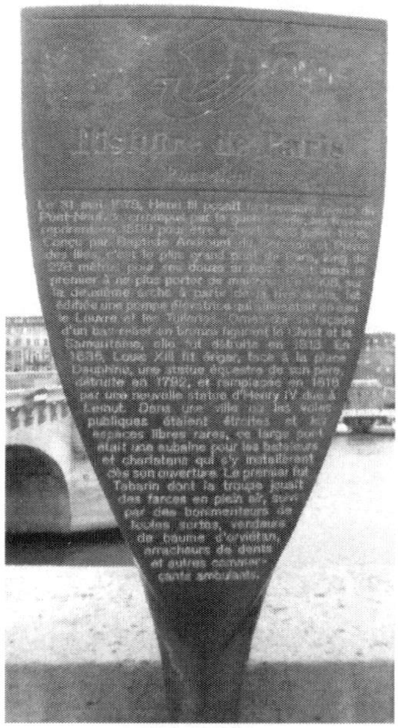

사진 2-030: 고서 가판 상자 및 역사 표지판 빠리, 프랑스

사진 상; 센 강, 뽕 뇌프 부근, 강둑길 고서 가판 상자, 모두 문을 닫았다. 그 왼쪽에, 센 강변의 고서 판매 역사에 관한 빠리 역사 표지판이 있다. 이 역사 표지판에는 고서 판매 상인들의 역사가 기록되어 있다. 사진 하; 가판 상자에 고서를 진열하고 판매중이다.

사진 2-031: 고서 가판 상인들 센 강, 볼떼르 강둑길, 빠리 제7구

사진 상; 이 강둑길의 아름은, 1791년, 유명작가 "볼떼르" 의 이름에서 따왔다. 이 강둑길은 책 애호가들의 산책로였다. 사진 하; 1900년경, 볼떼르 강둑길에 모여 있는 책 수집가들

사진 2-032: 복사 고미술품 가판대 센강, 우안 강둑길, 빠리 제1구

나) 뽕 데 자르

뽕 데 자르 Pont des Arts 는 빠리히 제1구와 6구에 걸쳐 있으며 뽕 뇌프 서쪽에 인접해 있다. 뽕 데 자르는 "예술의 다리" 라는 뜻이다(사진 2-033). 프랑스어 "데 자르 des Arts" 는 "예술의" 라는 뜻이다. 이 다리는 루브르흐 박물관과 프랑스 학사원 Institut de France 을 연결해준다. 학사원 양쪽에는 각각 조폐국 Hôtel des Monnaies 과 국립고등미술학교 Ecole Nat. Sup. des

Beaux Arts 가 있다. 이 다리에 "예술의 다리" 라는 이름이 붙여진 것은 근처에 미술학교가 있기 때문이라고 한다. 보행자 전용인 이 다리의 난간에는 한때 연인들이 걸어 놓은 사랑의 자물쇠로 가득했었지만, 현재는 다리의 안전을 위해서 모두 제거되었다. 이 다리는 센 강 위에 건설된 최초의 철골구조 다리로서, 나뽈레옹 1세의 명에 따라, 1801년에 착공, 1804년에 완공되었다(사진 2-034). 그러나 이 다리는 전쟁 중 폭격과 선박 충돌로 안전에 문제가 생겨 1977년 폐쇄되었으며, 1979년엔 또다시 선박이 충돌하여 다리의 절반정도가 붕괴되었다. 현재의 다리는 1982년~1984년에 재건축된 것으로 길이 155m, 높이 11m 이며, 7개의 철골 아치로 구성되었다.

사진 2-033: 뽕 데 자르 머릿돌 빠리 제1구, 제6구, 프랑스

사진 2-034: 뽕 데 자르 전경 빠리 제1구, 제6구, 프랑스

사진 상; 이른 봄 날, 예술의 다리 전경, 날이 흐려 사진이 어둡다. 사진 하; 한 여름 녹음이 우거진 계절의 예술의 다리

다) 알렉상드르 3세 다리

알렉상드르 3세 다리 Pont Alexandre III 는 빠리의 제7구와 8구에 걸쳐있다(사진 2-035). 이 다리는 앵바리드 Hotel des Invalides 와 그랑 빠레 Grand Palais, 쁘띠 빠레 Petit Palais 를 연결해 준다. 센 강의 다리 중 가장 화려한 모습을 가진 아름다운 다리로서, 1896년 착공, 1900년 빠리 국제만국박람회에 맞추어 준공되었다. 이 다리는 단일 경간의 강철 아치보로 구성되었는데, 이것은 19세기의 뛰어난 강철구조 기술을 보여 주고 있는 것이다. 이 다리의 명칭은 1892년 프랑스와 러시아 간의 공조를 성사시킨 러시아의 차르 알렉상드르 3세의 업적을 기리기 위한 것이었다. 아르누보 art nouveau 양식의 이 다리 위에는 플랑부와양 flamboyant 양식의 청동 램프, 화살과 활을 지닌 큐피드 Cupid, 아기 천사들, 요정들 등의 각종 조각품들로 장식되었다. 이 다리의 양쪽 끝 네 모퉁이에 설치된 높이 20m 의 탑 위에는 금도금 청동 천마상 天馬像 이 있다(사진 2-036).

사진 2-035: 알렉상드르 3세 다리 머릿돌 빠리 제7구, 제8구
머릿돌 상단에는 1897년 착공, 하단에는 1900년 준공 표시가 있다.

사진 2-036: 알렉상드르 3세 다리와 천마상 빠리 제7구, 제8구

사진 상; 알렉상드르 3세 다리 전경, 다리 양쪽 끝, 4개의 탑 위에 있는 금도금 천마상, 사진 하; 아름다운 조각으로 장식된 알렉상드르 3세 다리, 사진 왼쪽 끝에 천마상이 있다.

라) **꽁꼬르드 다리**

꽁꼬르흐드 다리 Pont de la Concorde 는 빠리히 제7구와 8구에 걸쳐있다(사진 2-037). 이 다리는 하원 Assemblée Nationale 또는 Palais Bourbon 과 꽁꼬르흐드 광장을 연결해 준다. 이 다리는 프랑스 시민혁명 당시 시민들이, 무너진 바스티유 감옥의 돌을 가져다 만들었다. 구체제 Ancien Régime 를 짓밟고 다니면서 새로운 화합의 길을 만들겠다는 취지로, 철거된 바스티유 감옥의 돌을 활용했다고 한다.

사진 2-037: 꽁꼬르드 다리 빠리 제7구, 제8구, 프랑스
사진 상; 꽁꼬르드 다리 머릿돌, 사진 하; 꽁꼬르드 다리 전경

나. 빠리의 개선문

약 8km 의 일직선인 빠리히의 기본축 Grand Axe 에는 샹젤리제 대로 Avenue des Champs Elysées, 그르항드 아르메 대로 Avenue de la Grande Armée 및 샤르흘 드 골 대로 Avenue Charles de Gaule 가 있다. 빠리히 중심부를 동동남-서서북 방향으로 관통하고 있는 이 기본축의 처음과 끝, 그리고 중간 지점에는 각기 다른 개선문이 있다. 샹젤리제대로는 꽁꼬르흐드 광장 Place de la Concorde 에서 시작한다. 광장의 동남쪽으로는 뛸르리히 공원 Jardin des Tuileries 과 루브르흐 왕궁 박물관 Palais Royal Musée du Louvre 이 있다. 박물관과 공원 사이에는 "까루젤 개선문" 이 있고, 샹젤리제 대로와 그르항드 아르메 대로가 만나는 지점에는 "에뚜왈 광장의 개선문" 이 있다. 그리고 샤르흘 드 골 대로의 센강 건너 종착점인 신도시, 라 데팡스 La Défense 에는 "대개선문" 이 있다.

가) 까루젤 개선문

까루젤 개선문 Arc de Triomphe du Carrousel 은 빠리히 제1구 까루젤 광장 Place du Carrousel 에 있다(사진 2-038). "까루젤" 은 이탈리아어로 "기마 퍼레이드" 라는 뜻이다. 나뽈레옹 1세는 1805년, 오스테르흐리츠 Austerlitz 전투를 비롯한 수많은 전투에서의 승리를 기념하기 위하여 1806년에, 장미 빛 대리석으로 장식된 이 개선문을 세웠다. 이 개선문의 8개의 하양과 빨강 대리석 기둥 상단에는 나뽈레옹 군대의 모습이 조각되어 있다. 이 개선문 위에는 여신과 마차의 조각이 있다. 그러나 완공된 이 개선문을 본 나뽈레옹 1세는 규모가 너무 작다면서 더 큰 개선문, 즉 에뚜왈 광장의 개선문을 세웠다. 까루젤 개선문의 가운데 아치를 통해서 꽁꼬르흐드 광장의 오벨리스크와 멀리 에뚜왈 광장의 개선문을 볼 수 있다. 에뚜왈 광장에서는 빠리히의 서쪽 끝으로, 멀리 떨어져 있는 빠리히의 신도시, 라 데팡스에 있는 "대 개선문" 도 볼 수 있다.

사진 2-038: 까루젤 개선문 빠리 제1구, 프랑스

사진 상; 개선문 상단의 나뽈레옹 병사, 여신, 말과 마차의 조각, 이 동상들은 나뽈레옹이 베니스에서 빼앗아 온 것이었으나 1815년 워털루 전투에서 패한 후 돌려주고, 1828년에 다시 만들어 세웠다. 사진 하; 하양과 장미 빛 대리석으로 건축된 개선문 전경

나) **에뚜왈 광장 개선문**

에뚜왈 광장은 빠리히 제 8구, 16구 및 제17구의 분기점에 있다. 이 광장은 나뽈레옹 3세 시절에 시행된 빠리히 현대화 정비사업의 일환으로 조성된 도로 광장이다. "에뚜왈 Etoile" 은 프랑스어로 "별" 이라는 뜻이다. 오스만 남작은 샹젤리제 대로 한쪽 끝부분을 다시 설계하고 에뚜왈 광장 Place de Charles de Gaulle Etoile 에 있는 개선문 Arc de Triomphe, 1806~1836 을 중심으로 12개의 방사 도로를 만들어 오늘날의 모습을 만들었다. 이들 12개의 도로는 이 광장으로부터 별 모양, 즉 방사상 放射狀 으로 뻗어나간다(사진 2-039).

사람들이 일반적으로 말하는 개선문은 에뚜왈 광장의 개선문이다. 이 개선문은 에뚜왈 광장의 중심에 서 있다. 이 개선문의 정면은 샹젤리제 대로를 향하고 있고, 후면은 그르앙드 아르메 대로를 향해 있다. 아치형인 이 개선문의 높이는 50m, 폭은 45m, 두께는 24m 정도이다. 이 개선문의 상단과 벽면에는 30개의 방패 무늬와 전투 장면 및 명칭 등이 돋을새김 되어 있다. 개선문 바닥에는 언제나 활활 타오르는 횃불이 있다.

1920년 11월11일, 1차 세계대전 휴전 기념일에 세계대전 때 전사한 무명용사들을 기념하기 위하여, 상징적으로 한 무명용사의 유골을 개선문 밑에 매장하고 그 위에 방패, 비문, 횃불 점화 설비 등을 설치했다(사진 2-040). 2013년에는 한국전쟁 참전 기념 동판도 설치했다. 오늘 날에도 많은 참전 단체들이 이 추모 비문에 꽃다발을 바치고 영원의 횃불을 밝히고 있다.

나뽈레옹 1세는 에뚜왈 광장의 개선문 공사를 시작하면서 병사들에게, 이 개선문을 통과하여 집으로 돌아가도록 하겠다고 약속했으나 그렇게 하지 못했다. 1806년에 개선문 공사를 시작했으나, 그 후 1812년 모스크바 전투에서 패퇴하고 연이어 벌어진 여러 전투에서도 승리의 기회를 잡지 못했기 때문이다. 나뽈레옹은 1814년 황제의 자리에서 퇴위 당하고 엘바 섬으로 유배되었다. 이어서 1815년에는 세인트 헬렌 섬으로 유배되었다

사진 2-039: 에뚜왈 광장과 방사선 도로 빠리 제8, 16, 17구, 프랑스
에뚜왈 광장은 12개 방사선 도로의 시발점이자 종점이며, 광장 지하에는 전철역이 있다.

사진 2-040: 에뚜왈 광장의 개선문 빠리 제8, 16, 17구, 프랑스

사진 상, 좌: 개선문 동쪽 정면, 1940년 6월14일, 독일군대의 행진 모습, 사진 상, 우, 상: 개선문 정면 왼쪽 벽면의 나폴레옹의 승리를 기리는 부조, 사진 상, 우, 하: 개선문 정면 바닥에는 추모 비문, 꽃다발 및 횃불 점화 설비가 있다. 사진 하: 개선문 정면 상단에는 방패 무늬와 전투장면 부조가 있다. 30개의 방패에는 나폴레옹 1세가 승리로 이끈 전투 이름이, 그 바로 밑에는 나뽈레옹 군대가 출정하는 모습이 있다. 그 아래 왼쪽 직사각형에는 1790년 터키와의 전쟁 장면이, 오른쪽 직사각형에는 마르소 장군의 장례식 모습이 있다. 개선문 후면 바로 같은 위치에는 군대가 귀향하는 모습과 승리한 전투의 기록이 있다. 개선문 상단 전망대에는 관광객들이 가득하다.

가, 1821년 사망했다. 중단되었던 공사는 1836년이 되어서야 끝났다. 그러나 나뽈레옹 1세, 그 자신은 죽어서 그 소원을 이루 었다. 세인트 헬렌 섬에서 귀국한 그의 유해는 이 개선문을 지나 앵바리드 Les Invalides 의 돔 성당 아래 묻혔다.

다) 라 데팡스 대 개선문

라 데팡스 La Défense 는 1958년부터 빠리히 서쪽 끝자락에 조성된 80만m² 의 거대한, 유럽 최대의 현대산업, 업무중심단지이다. 라 데팡스에는 현재 다국적 주요 기업들이 자리하고 있다. "대 개선문 La Grande Arche" 은 빠리히 서쪽 끝, 외곽 지역의 신도시, 라 데팡스 에 있다. 대 개선문은 프랑스 시민혁명 200주년을 기념하기 위하여, 1989년 7월에 준공한, 현대적인 업무시설 및 문화, 예술 전시 센터이다. 거대한 건축물인, 대 개선문은 1982년에 실시한 국제건축설계경기에서 우승한 작품이다. 이 경기에는 모두 424점의 건축 작품이 출품되었으며, 우승자는 덴마크 건축가 스프렉켈슨 Johan Otto Von Spreckelsen 이다. 대 개선문의 중앙에 뻥 뚫린 공간 Central Open Space 인 "열린 육면체 Open Cube" 는 "세계로 뻗어 나가는 창 Window to the World" 을 의미한다. 빠리히의 동동남-서서북 축 방향으로 뚫린 이 공간의 폭은 샹젤리제 대로의 폭과 같고, 그 높이는 루브르흐 박물관의 유리 피라미드는 물론이고 노트르흐-담 대성당조차도 통과 할 수 있도록 구상되었다. 한 변의 길이가 110m 의 정육면체인 이 건축물은 지상 35층, 지하 3층이다.

대 개선문의 골조는 포스트텐션-프리캐스트 콘크리트이며, 건축물의 총 중량은 30만 톤에 달한다. 이 건축물의 남쪽 및 북쪽 측벽은 알루미늄 틀에 대형 판유리를 끼워 마감되었다. 측벽의 가로 및 세로는 한 변이 21m 인 정사각형 알루미늄 틀 모듈 5개와 폭 2.5m 의 백색 대리석 테두리 2개로 구성되었다. 이 유리벽은 현대 건축 사조인 매끄러운 외피 창출은 물론이고, 태양열의 흡수 및 자동차 등의 소음을 차단해 준다. 동쪽 및 서쪽의 대각선 외부 벽면은 카라라 Carrara 산 백색 대리석으로 마감되었다. 외부 벽면을 대각선으로 처리 한 것은 백색 대리석 벽면으로부터 전반사되는 강한 햇빛을 완화하여, 건축물에 접근하는 보행자들의 눈부심을 방지하기 위함이다(사진 2-041).

사진 2-041: 대 개선문과 광장 라 데팡스, 빠리, 프랑스

사진 상; 대 개선문의 동향 정면, 열린 공간에는 관광객 전망대로 올라가는 엘리베이터와 백색 천막 지붕의 전시장이 있다. 사진 하; 남쪽 외부 측벽은 한 변이 21m 인 정사각형, 즉 알루미늄 틀+판유리 모듈로 구성되었다.

다. 에펠 탑과 샹-드-마르스

에펠 탑 Tour d' Eiffel 은 빠리히 제 7구 서쪽 센 강변에 우뚝 솟아 있는 연철 골조 구조물이다. 당시 세계 최고 높이의 이 수직 구조물은, 수직 건축물의 생산기술을 한참 뽐냈다. 이 탑은 프랑스 대혁명 100주년과 빠리히 만국박람회 Paris World's Fair 또는 l ' Exposition universelle de Paris 를 기념하기 위하여 1889년 3월31일에 준공되었다(사진 2-042). 착공은 1997년 2월에 했다. 기본설계는 모리스 케클렝이, 실시설계는 귀스따브 에펠 Gustave Eiffel 이 했다. 이 탑의 철골 본체 높이는 300.51m, 안테나를 포함한 전체 높이는320,75m 이고, 총중량은 7300톤이다(사진 2-043). 준공 당시 에펠 탑에는 1911단의 나선형 계단이 있었으나, 1983년에 엘리베이터로 대체 되었다. 철탑인 에펠탑은, 약 1만5000개의 철골 부재를 250여만 개의 리벨 rivets 으로 조립해서 완공 되었다(사진 2-044). 지상 276m 에 있는 전망대에는 탑의 설계자 에펠과 그의 동료들이 생전에 자신의 사무실에서 일하던 모습이 실물 크기의 밀랍 인형으로 재현되어 있다. 샹-드-마르ㅎ스 정원 Jardin du Champ-de-Mars 은, 1908년부터 1928년까지 정비되었다(사진 2-045). 프랑스어 샹-드-마르ㅎ스는 고대 로마시대의 "군사훈련장" 을 말한다. "샹 Champ" 은 "들판, 평야" 의 뜻이고, "마르ㅎ스 Mars" 는 로마 신화의 "군신軍神" 을 뜻한다. 이 정원은 에펠탑과 육군사관학교 Ecole Militaire 사이에 있는, 넓은 녹지 공간으로 원래는 사관후보생도들의 연병장이었으나, 나중에 경마장, 각종행사 기념식장, 전시회장, 박람회장, 휴식 녹지 공간 등으로 활용되었다. 1889년에는 이곳에서 빠리히 만국박람회도 열렸다(사진 2-046).

에펠탑은 만국박람회가 끝나면 철거될 계획이었다. 당시 빠리히 시민들은 예술의 도시와 어울리지 않는 "추악한 철골 덩어리" 가 미관을 해친다고 비난했기 때문이다. 1910년에 당시 문인, 예술인 등 많은 겉보기 심미가 들의 무참한 혹평과 철거 주장에 당면하여 영원히 사라질 뻔했다. 당대의 유명한 문인인 기

사진 2-042: 에펠 탑 3층 플랫-폼 빠리 제7구, 프랑스

사진 상; 1889년 빠리히 만국박람회 때에는 200만명 가까운 관람객이 에펠 탑 3층 플렛-폼 plate-forme 에 올랐다. 사진 하; 1900년경, 3층 플렛-폼에서 정오를 알리는 대포를 발사하고 있다.

사진 2-043: 에펠 탑 전경 빠리 제7구, 프랑스

사진 2-044: 에펠 탑 2, 3, 4층 철골 빠리 제7구, 프랑스

사진 상; 지상 57m 지점의 에펠탑 2층, 멀리 샤이요 궁이 보인다. 사진 하; 지상 115m 지점의 3층 및 지상 276m 지점의 4층

사진 2-045: 에펠 탑과 샹-드-마르스 빠리 제7구, 프랑스

사진 상, 좌; 몽빠르나스 타워 전망대에서 내려다본 에펠탑, 샹-드-마르흐스 정원 그리고 육군사관학교, 에펠탑 뒤쪽으로는 부로뉴 숲 Bois de Boulogne 과 빠리 신도시 라 데팡스 La Défence 가 있다. 사진 상, 우; 에펠탑에서 내려다본 샹-드-마르흐스 정원, 멀리보이는 높은 건축물이 몽빠르나스 타워이다. 사진 하; 에펠탑과 빠리의 휴식 녹지 공간, 샹-드-마르흐스 정원

사진 2-046: 샹-드-마르스 정원의 풍선장수 빠리 제7구, 프랑스

1940년, 에펠탑 앞쪽 샹-드-마르흐스 정원에서 풍선장수가 어린이 고객을 기다리고 앉아있다.

드 모빠쌍 Guy de Maupassanr 은 "눈이 빙빙 도는 우스꽝스러운 탑"을 철거하라는 성명서에 서명하는 어리석은 행태를 보였다. 그러나 에펠 탑이 현대적인 송신 안테나를 설치하기에 최적의 구조물이라는 이유가 대두 되면서 철거 위기를 모면하고 오늘날 빠리히의 상징이자 프랑스의 명물로 남게 되었다.

라. **노트르-담 대성당**

빠리히 노트르흐-담 Notre-Dame de Paris 대성당, 즉 성모 마리아 대성당은 빠리히 제4구, 씨떼 섬 île de la Cité 동쪽 끝에 있다. 씨떼 섬은 빠리히의 발상지이다. 중세 기독교 건축물의 정수로 평가 받는 이 건축물은 원래 로마네스크 Romanesque 양식의 두 교회를 프랑스 고딕 Gothic 양식으로 개축한 것이다. 대성당의 자리에는 원래 2000여 년 전 로마시대에 세운 주피터 Jupiter 신전이 있었다. 4세기에는 최초의 기독교 교회 생-에티엔느 Saint-Etienne 가 그 자리에 세워졌다. 그 후 옆자리에 교회가 하나더 세워지면서 성모 마리아에게 봉헌 되었다. 무려 2세기에 걸쳐 공사가 진행된 이 성당에는 수많은 중세 공예가, 고딕 건축가들의 노고 勞苦 가 녹아있다. 첫 번째 석재 건축물은 1163년에 완공되었으나 공사가 완전히 끝난 것은 1330년이었다. 19세기에는 건축가 비올레 르 뒤크가 높이 90m 의 중앙 첨탑을 설계, 성당의 십자형 평면 중앙에 추가, 현재의 모습이 되었다. 그러나 현지 시간으로 2019년 4월15일 오후 6시50분경 발생한 화재로 성당의 목조 지붕과 첨탑이 소실되었다. 철저한 고증을 거쳐 완전히 복원하는 데는 수십 년이 걸릴 것이라는 것이 전문가들의 전망이다. 이 성당은 중세 프랑스의 대표적인 고딕 건축물로 프랑스의 중요한 역사를 고스란히 간직하고 있다.

-1422년; 앙리히 4세의 대관식이 열렸다.
-1455년; 쟌-다르흐크 Jeanne-d' Arc 의 명예 회복 재판이 거행되어 마녀에서 성녀로 다시 태어났다.

-1789년; 프랑스 시민혁명군이 "이성의 신전" 으로 개명한 다음 포도주 창고로 사용했다.

-1804년; 나뽈레옹 1세의 대관식후 다시 성당으로 사용 되면서 오늘에 이르고 있다.

가) **대성당 정면**

대성당의 정입면 Façade 은 서쪽을 향해있다(사진 2-047). 정면 상단의 왼쪽이 북쪽 탑이고 오른쪽이 남쪽 탑이다. 높이가 69m 나 되는 남쪽 탑의 387개의 계단을 오르면 꼭대기에 도달한다. 꼭대기에는 에나멜 칠이 된, 무게가 13톤이나 나가는 엠마누엘 종이 매달려 있다. 두 탑은 통로로 연결되어 있으며 통로의 난간 하단에는 이무기-돌이 있고, 상단에는 성당을 수호하는 괴수들의 조각이 있다(사진 2-048). 정면 중앙에는 별자리를 나타내는 둥근 장미창이 있다. 진홍색과 청색으로 돋을새김된 이 장미창은 성모마리아를 묘사하고 있다. 장미창에는 성모자 聖母子 상 像 과 두 명의 천사상이 있으며 그들의 좌우에는 아담과 이브의 조상 彫像 도 있다. 장미창 아래쪽에는 왕의 발코니가 있으며 이곳에서는 구약성서에 나오는 28명의 유대 Judea 왕 입상 立像 이 군중들을 굽어보고 있다. 정면 하단에는 3개의 성당 출입문이 있는데, 왼쪽이 출구인 성모마리아의 문이고, 오른쪽은 입구인 성모 마리아의 어머니인 성녀 안나의 문이다. 그리고 가운데 문은 "최후의 심판" 문이다. 이 문에는 최후의 날에 예수가 심판하는 모습과 심판을 기다리는 사람들의 모습이 새겨져 있다. 또한 이 문에는 악마가 예수의 저울을 지옥으로 끌고 있는 모습도 있다. 성모 마리아의 문에는 마리아의 승천과 천상 모후의 관을 받은 마리아의 모습이 부조되어 있다. 성자와 왕들로 둘러싸인 마리아 상은 13세기에 만들어 졌다.

(나) **대성당 후면**

대성당의 동쪽 입면이 성당의 후면이다(사진 2-049). 성당의

사진 2-047: 노트르-담 대성당 정면과 후면 빠리 제4구, 프랑스

사진 상; 대성당 정면과 광장, 광장 Parvis-Notre-Dame 에는, 프랑스의 거리측정 원점, 즉 뿌엥 제로 point zero 가 있다. 아래쪽에 사람들이 둥글게 모여 있는 곳에 빠리 원점이 있다. 사진 하; 대성당 후면과 259대 교황 요한 23세 소공원

사진 2-048: 노트르-담 대성당의 괴수 조각 빠리 제4구, 프랑스

사진 상; 종탑 연결 통로 난간 위에 걸터앉아서 악마를 응시하는, 심술궂은 눈초리의 괴수들과 난간 하단의 이무기-돌, 사진 하; 빠리를 굽어보고 있는 험악한 형상의 뿔 달린 괴수와 성난 새의 모습

사진 2-049: 노트르-담 대성당 야경 빠리 제4구, 프랑스
센 강에서 본 대성당의 야경, 성당 후면과 남면에 버팀벽이 보인다.

동쪽, 남쪽, 북쪽 벽면에는, 경간이 15m 인 플라잉 버트리스 flying buttress, 즉 부축벽 扶築壁 또는 버팀벽이 있다. 이 버팀벽은 성당의 벽체를 받쳐주는 구조물이다. 이 버팀벽은 장 라비가 설계했다. 대성당의 후면 앞에는 259대 교황인 요한 23세의 소공원 Square Jean XXIII 이 있다.

다) 남쪽 장미창

대성당의 남쪽 벽면 중앙에 있는 이 장미창의 중앙에는 예수의 모습이 묘사되어 있다(사진 2-050). 성모 마리아와 12사도를 포함한 성자들이 예수를 둘러싸고 있는 모습이다. 성당 내부, 이 장미창 아래쪽에는 성녀 잔 다르흐크와 수녀 테레사의 조상 彫像 이 있다.

사진 2-050: 노트르-담 대성당 남쪽 장미창 빠리 제4구, 프랑스
센 강에서 본 대성당 남향의 야경 모습, 중앙에 장미창과 성당의 보고가 있다.

라) **북쪽 장미창**

대성당 북쪽 벽면 중앙에 있는 이 장미창에는 성모 마리아와 구약성서에 나오는 인물들이 묘사되어 있다. 장미창 아래쪽에는 성모 마리아와 빠리의 최초의 주교였던 생드니 성인의 조상이 있다.

마) **성당의 보고**

대성당의 보고 寶庫, Le Trésor 는 성당의 남쪽 플라잉 버트리스 flying buttress 벽에 붙어 있다. 이 보고는 19세기에 성당 복원 공사를 하면서 만들었다. 이 보고에는 고대의 필사본과 성물 聖物, 즉 예수의 십자가 쪼가리와 가시 면류관 등을 담아둔 상자들이 보관되어 있다. 또한 이곳에는 대성당의 종교적인 보물들이 소장되어있다.

바) **대성당 내부**

대성당의 내부에는 4세기에 만들어진 성모 마리아와 아기 예수의 조상 彫像, 성가대석 벽의 부조, 성화 聖畵 그리고 피에타 pietà 등의 중요 성물 聖物 들이 있다. 14세기에 만들어진 성가대석의 벽에는 예수의 탄생부터 이어지는 예수의 일생이 그림으로 돋을새김 되어 있다. 이것은 라틴어를 모르는 사람들도 성경의 내용을 쉽게 이해할 수 있도록 한 것이다.

마. **루브르 박물관과 유리 피라미드**

가) **루브르 왕궁**

지난날 유럽 최대의 왕궁 중 하나였던, 루브르흐 왕궁 La Place du Louvre, 즉 루브르흐 박물관 Musée du Louvre 은 빠리히 제1구 중심에 있다(사진 2-051). 이 왕궁의 기원은 1200년대로 거슬러 올라간다. 이 왕궁은 원래 바이킹의 침입으로부터 빠리히를 방어하기 위하여 구축한 중세 시대의 성채 Forteresse au Moyen Age 였다. 루브르흐 왕궁은 16세기에 르네상스 양식의 궁전으로 개축된 이후에도 지속적으로 확장, 증축 및 개축이 이루어 졌다. 그러나 루이 15세 1715~1774 가 왕궁을 베르흐사유로 옮기면서, 이 왕궁은 폐허 상태로 방치 되었다. 버려졌던 왕궁의 지하실을 미술관을 개조하기 시작한 것은 나뽈레옹 1세 1769~1821 였다. 프랑스의 많은 왕들이 8세기에 걸쳐 개축, 증축하여 활동의 중심 무대로 사용했던 루브르흐 왕궁의 주요 증축 및 개축 작업이 이루어 졌던 시기는 다음과 같다:

-1190년; 필립 오귀스트 Philippe Auguste 가 성채 건축
-1515~1547년; 프랑수와 1세가 르네쌍스 양식으로 개축
-1589~1610년; 앙리히 4세 시대
-1610~1643년; 루이 13세 시대
-1643~1715년; 루이 14세 시대, 동쪽 갤러리 건축

사진 2-051: 루브르 왕궁의 작은 문 빠리 제1구, 프랑스

1662년에 세워진, 루브르 왕궁의 소문 小門, Les guichets du Louvre, 1900년에 촬영한 모습, 루이 14세는 자신의 아들, 즉 황태자 le Grand Dauphin 탄생 기념 축하연에서 왕궁의 이름을 "루브르ㅎ" 라 불렸다. 이 축하연에는 왕족은 물론이고 군대의 최고위급 장군도 다수 참석했다.

-1715~1774년; 루이 15세가 왕궁을 옮겨 폐허가 됨

-1793년; 나뽈레옹 1세가 박물관으로 개조, 일반에 공개

-1852년; 나뽈레옹 3세가 북쪽 갤러리 건축

-1989년; 박물관 주출입구, 유리 피라미드 건축

나) 루브르 박물관과 수집품

루브르ㅎ 왕궁은 1793년 프랑스 혁명 la Revolution francaise 즉 시기에 박물관이 되었다. 이어서 나뽈레옹 3세 1808~1873 가 1852년에 북쪽 갤러리를 건축하면서 오늘날의 박물관의 모습을 갖추게 되었다. 루브르ㅎ 박물관은 서기전 7000년경부터 1850년대에 이르기까지의 고대 및 근대의 유물, 예술품 등을 포함한 30만점 이상을 수장 收藏 하고 있다. 박물관의 수장 작품들을

맨 처음 수집 collections 하기 시작한 사람은 샤르흘 5세 통치: 1364~1380 였다. 그러나 본격적으로 예술품을 수집하기 시작한 시기는 프랑수와 1세 통치: 1515~1547 때였다. 현재 전시 중인 수집품들은 그들 중 극히 일부로서, 고대 동양, 즉 메소포타미아, 이란, 근동제국 近東諸國, 이슬람 이전의 아라비아 및 고대 이집트, 그리스, 에트루리아, 로마 등의 고고학 유물, 조각 및 그림 등이다. 특히 기독교 이후의 중세, 르네상스, 근대의 서양 미술품들이 전시되고 있다.

다) 루브르 박물관의 전시관

루브르ㅎ 박물관은 독립적인 출입구가 있는 3개의 전시관, 즉 리슐리외 관 Aile Richelieu, 쉴리 관 Aile Sully 및 드농 관 Aile Denon 으로 구성되었으며 총 225개의 전시실을 가지고 있다. 리슐리외 1585~1642 는 루이 13세 왕 통치 1610~1643 시절의 재상 ministre 이며 고문관이자 추기경이었다. 한편 쉴리 1559~1644 는 앙리히 4세 왕 통치 1589~1610 시절의 재상이었고 드농 1747~1825 은 르브르ㅎ 박물관의 초대 관장 premier directeur 이었다.

라) 유리 피라미드

1989년에 박물관 앞마당에 유리 피라미드가 생기면서 박물관은 대 변신을 했다. 1983년~1989년 사이에 루브르ㅎ 박물관의 나뽈레옹 안뜰 Cour Napoléon 에, 대형 유리 피라미드 한 개와 3개의 소형 유리 피라미드가 건축되었다(사진 2-052). 대형 우리 피라미드의 서쪽 면에 현재 박물관의 주출입구를 만들었다. 소형 유리 피라미드는 박물관 지하 전시실의 채광창이다.

이 유리 피라미드들은 중국계 미국인 건축가 이오 밍 페이 Ieoh Ming Pei 가 설계했다. 이집트의 피라미드가 석회석을 쌓아 올려 만든 죽은 사람들의 집이라면 유리와 철강재로 만들어진 루브르ㅎ의 피라미드는 살아 있는 사람들을 위한 현대적인 생활 공간이다. 유리 피라미드의 외관은 이집트의 전통적인 피라미드

사진 2-052: 루브르 박물관과 유리 피라미드 빠리 제1구, 프랑스
사진 상; 루브르 박물관 안뜰 전경, 사진 하; 연못에 드리운 유리피라미드 영상

를 모방한 것이지만, 그 비례는 다르다. 대형 유리 피라미드 외관의 기하학적 비례는 밑면의 가로와 세로 그리고 높이가 모두 20m 이다. 소형 피라미드는 대형 피라미드의 동, 남 및 북쪽에 있다. 또한 대형 피라미드의 둘레에는 연못과 보행자용 통로가 있다. 대형 피라미드의 바닥은 박물관 지하까지 뻥 뚫려 있다. 이 피라미드는 박물관의 지하와 지상을 연결해 주는 통로인 셈이다. 다시 말해서 이 피라미드는 지하에서 지상을 지나 하늘 공간으로 이어지는 무한대로 열려 있는 시각 視覺 의 통로이자 햇빛의 통로이다. 그러나 현대적인 유리 피라미드와 고전적 분위기의 루브르흐 왕궁의 문화적 충돌은 당시 뜨거운 논쟁을 불러 일으켰다.

바. 몽마르트르 언덕과 대성당

가) 몽마르트르 언덕

빠리히 제18구에는 빠리히 시내에서 유일한 언덕이 있다. 산이 없는 빠리히에서는 이 작은 언덕에만 올라도 빠리히 시내를 한눈에 내려다 볼 수 있다. 현지인들은 이 언덕을 그냥 언덕 La Butte 또는 몽마르흐트르흐 언덕 La Butte Montmartre 이라고 부른다. 이 작은 언덕의 좁고 아름답고 유명한 골목길은, 200여년의 세월동안, 데오도르 제리코, 까미유 꼬로, 르느와르 Renoir, 반 고흐 Van Gogh, 고갱 Gauguin, 피카소 Picasso, 브라크 Braque, 후안 그리 Juan Gris, 모딜리아니 Modigliani 등과 같은 수많은 예술가들의 고향 the home of artists 이자, 자유분방한 미치광이들 bohemian crazies 의 고향이었다(사진 2-053). 그러나 여전히 자동차도 다닐 수 없는 이 작은 언덕은 지형학적으로는 400여 년 전, 시골 마을의 모습을 그대로 간직하고 있을 뿐이다(사진 2-054).

이 작은 언덕은 빠리히의 정신적 원천 spiritual sources 의 중심이기도 했다. 이 언덕 특유의, 이교도 異教徒, pagan 와 종교에 대한 양상은 이 언덕의 어원에서 시작된다. 이 언덕의 어원은, 서기 250년경 이곳에 세운 순교자 기념 교회의 이름, 몬스 마르티룸 Mons Martyrum 에서 기인한다. 이태리어 몬스, 즉 몬시뇨르 Monsignore 는 카톨릭 교회에서 주교나 대주교의 이름 앞에 붙이는 "각하" 라는 경칭이다. 로마제국의 속주 屬州 시절 이 언덕에서 참수 당하여 순교한 성자 聖者, 셍-드니 Saint-Denis 가 자신의 잘려진 머리를 들고 현재 빠리市 북부에 있는 셍-드니 성당까지 걸어갔다는 것이 카톨릭의 주장이다. 그러나 학자들은 여전히 셍-드니의 참수 현장에 관해서, 위와 같이 일반적으로 용인되고 있는 마르티룸 각하 Mons Martyrum 의 도출 導出 이, 진정한 원전 true origins 즉, 이교도 로마 교회 pagan Roman temple 의 참수 현장에 대한 메르꾸리 각하 Mons Mercurii 의 이야기에 대한 종교적인 오해에서 비롯된 것인지 아닌지에 관해서 논쟁 중이다.

사진 2-053: 예술가들의 까페-식당 몽마르트르, 빠리 제18구, 프랑스

19세기 초에 최신식으로 단장한, 르픽 거리 rue Lepic, Montmartre 에 있는 예술가들을 위한 까페-식당 le Café-restaurant des Artistes, 이 집은 원래 누에꼬치 장수의 집 la Maison Coconnier 이었으나 시대의 조류에 맞추어 발 빠르게 변신했다. 사진에는 위쪽으로부터, "점심과 저녁, 최초의 사교장, 예술가들의 까페-식당, 누에꼬치 장수의 집, 예술가들의 까페" 등의 글씨가 있다.

사진 2-054: 예술가들의 작업 현장 몽마르트르, 빠리 제18구, 프랑스

사진 상; 1906년경 이른 아침, 몽마르트르에 살고 있는 예술가들이 셍-벵상 거리 la rue Saint-Vincent Montmartre 에서 그림을 그리고 있다. 사진 하; 작업 중인 한 예술가가 고객과 흥정하고 있는 현재의 몽마르트르 거리

나) **몽마르트르의 대성당**

빠리히 시내에서 가장 높은 몽마르흐트르흐 언덕에는 백색의 사크르헤-꽤르흐 대성당 Basilique du Sacré-Cœur, 1876~1914 이 있다(사진 2-055). 설계는 건축설계경기에서 우승한 건축가 뽈 아바디 Paul Abadie 가 맡았다. 기묘한 형상의 로마-비잔틴 Romano-Byzantine 양식의 이 성당은 현재 이스탄불에 있는, 옛 콘스탄티노플의 성 소피아 Sainte-Sophie 성당을 본떠서 건축되었다. 성당의 외벽 마감 건축 자재는 샤또-랑동의 석재 Château-Landon stone, 즉 석회석이다. 이 석재는 빗물이 스며들어 세월이 지나면 기적처럼 하얗게 변하면서 단단하게 굳는 특성이 있다. 이 성당 내부, 제대 뒤에 있는 예수의 대형 모자이크는, 세계에서 가장 큰 것으로, 그 크기가 475m² 나 된다. 높이가 83m 나 되는 이 성당의 종탑에는, 무게가 18.835톤, 직경이 3m 인, 종이 있다. 이 종은 현재 프랑스에서 가장 큰 종이다. 이 대성당은, 건축적인 측면에서 볼 때, 빠리히에서는 좋지 않은 평판을 가지고 있다. 즉, 이성당의 단조로운 외관미 外觀美 는 화려함 과는 너무 거리가 멀고, 내부 모자이크는 너무 터무니없이 커서 기괴한 쾌감을 준다는 것이었다. 이런 저런 이유로, 이 성당은 완공 당시에는 별다른 주목을 받지 못했으나 지금은 매우 거대하고 인상적인 백색의 카톨릭 성당으로 자리매김 했다.

한편 이 성당의 이웃인 노동자 계층의 사람들은, 이 성당이 1871년 빠리히 꼬뮌 Commune 의 반란과 보불전쟁 Guerre avec la Prusse, juil. à sept. 1870 에서의 패배에 대한 참회의 상징이 되었다는데 대하여 분개하고 있다. 이 성당은 보불전쟁 이후 예수의 성심 聖心, Sacré-Cœur 을 나타내기 위하여 셍-드니가 순교 殉敎 한 자리에 세워졌다. 다시 말해서 예수의 거룩한 마음이 담긴 성당이 적의 습격으로부터 프랑스를 구해줄 것이라는 믿음에서 성당 건축을 시작한 것이다. 초기 건축 비용은 2명의 행정가 알렉상드르흐 르장띨 Alexandre Legentil 과 위베르흐 르호오 Hubert Rohaut 가 부담했다.

사진 2-055: 사크레-쾨르 대성당 몽마르트르, 빠리 제18구, 프랑스

사진 상; 빠리 시내에서 올려다본 대성당 정면, 사진 하; 빠리에서 가장 높은 몽마르흐트르흐 언덕에서본 대성당 후면과 빠리 전경

사. 뽕피두 문화예술센터

빠리히 제4구에 있는, 즈오르흐즈 뽕피두 문화예술센터 Centre d'Art et de Culture Georges Pompidou 는, 가장 현대적인 건축 양식으로 지어진 독특한 형태의 미술관 겸용 도서관 건축물이다. 이 센터는 1977년 1월에, 빠리히 도심 재개발 사업의 일환으로, 재개발 지역인 센 강 우안 右岸 의 보부르흐 Beaubourg 지구에 개관 되었다(사진 2-056). 뽕피두 센터는 빠리히 대중문화의 온상으로, 센터에는 국립현대미술관을 비롯한 여러 문화시설들이 들어서 있다. 이곳에는 야수파, 입체파, 초현실주의를 대표하는 피카소, 마티스, 미로 등 유명한 화가들의 걸작-품들이 전시되어 있다. 이 센터 주변의 골목길에는 수많은 미술품 상점들이 줄지어 있다. 주요 문화 예술 센터로 자리 잡은 이 건축물은, 음침하고 지저분하여 폐허가 되었던 거리에 새로운 활기를 가져다주면서 보부르흐 지구를 완전히 바꾸어 놓았다.

가) 빠리 도심 재개발

보부르흐 지구와 함께 개발된 인접 르 마르헤 Le Marais 지구는, 늪이라는 뜻의 마르헤 mares 라는 이름에서도 알 수 있듯이 원래는 늪지였으나 14세기부터 빠리히의 요지로 빠르게 성장하여 17세기에 전성기를 맞이하면서 부유한 빠리히 시민들의 주거지로 변모했었다. 그러나 1789년 프랑스 혁명이후 방치되어 황폐화되었다가 1960년대부터 시작된 빠리히 재개발 사업으로 미술관, 문화센터, 상점, 음식점 등의 새로운 건축물들이 들어서면서 활기찬 지역으로 변모했다. 뽕피두 센터의 서쪽, 즉 정면 앞 광장에는 연중무휴로 전 세계 각국에서 몰려온 젊은 예술인들의 음악, 연극, 미술 등의 각종 거리공연이 끊임없이 열리고 있다.

나) 하이테크 건축물 및 건축가

하이테크 high-tech 건축물인 뽕피두 문화예술센터는 내부 및 외형이 매우 독특하여 설계단계부터 논쟁이 많았다. 혁신적인

사진 2-056: 뽕피두 센터와 광장 빠리 제4구, 프랑스

뽕피두 센터의 서쪽 정면 앞 광장에서는 연중무휴로, 전 세계에서 몰려온 젊은 이들의 각종 거리 공연이 이루어진다. 길이 166.4m, 높이 42m 의 건축물 입면에는 건축물의 뼈대인 철골 부재, 기계 설비용 파이프, 전력 케이블, 엘리베이터, 에스컬레이터 등이 모두 건축물 유리벽 외부로 노출되어 있다.

건축 형태에 대한 거부반응 때문이다. 유리, 강철 골조 및 설비용 배관으로 뒤덮인 이 건축물은 소위 말하는 공학기술주의 또는 기술표현주의를 표방했다. 이 건축물을 설계한 건축가들은 입주해 있는 사람들이 센터 내부의 여러 시설들을 합리적으로 활용할 수 있도록, 공간을 설계했다. 이 건축물의 건축가들은 1969년 12월에 실시된 국제건축설계경기에서 우승한 리처드 로저스 R. Rogers, 렌조 피아노 R. Piano, 쟝-프랑꼬 프랑키니이다. 이 건축물의 길이는 166.4m, 너비는 60m, 높이는 42m 이다. 지상 6개 층의 각층은 내부 기둥이 없는 160m×45m 의 대형 전시 공간으로 되어 있으며, 내부에는 가변식 계단이 있다.

이 건축물의 뼈대인 거대한 철골 부재, 거대한 기계 설비용 파이프, 즉 수도관, 가스관을 비롯하여 전력 케이블, 엘리베이터, 에스컬레이터 등이 모두 건축물 유리벽 외부로 노출되어 있

다. 지금까지의 건축 방식에서는 이들은 모두 건축물 내부 피트 pit, 즉 매설 통로에 넣어 눈에 뜨이지 않는 것들이었다. 광장에 면해 있는 이 건축물의 정면인, 서쪽 입면 façade 에는 엘리베이터, 에스컬레이터, 계단 등의 모든 통로와 출입구가 노출되어 있다(사진 2-057). 도로에 면해 있는 이 건축물의 동쪽 입면에는 강철 골조는 물론이고 전기, 가스, 수도, 냉난방 등의 기능성 설비를 위한 배관용 파이프 및 케이블 등이 노출되어 있다. 설비용 수직 배관 및 배선 재료는 이 건축물 주변 도로의 자동차 등에서 발생하는 소음을 상쇄, 전시공간을 소음으로부터 보호하는 기능도 있다(사진 2-058).

사진 2-057: 뽕피두 센터의 서쪽 입면 빠리 제4구, 프랑스
노출된 빨간색의 에스컬레이터가 센터 출입구이다.

사진 2-058: 뽕피두 센터의 동쪽 입면 빠리 제4구, 프랑스

녹색, 노란색, 파란색 등을 칠한 각종 설비 배관 및 하얀색의 강철 골조가 노출되어 있다.

다) **공업적 색깔 분류법**

뽕피두 문화예술센터의 골조, 배관 및 배선 재료의 색깔은 공업적 색깔 분류법에 따랐다. 강철 골조는 하양, 승강기 설비는 빨강, 수도관은 녹색, 전기 배관은 노랑, 냉난방 설비는 하얀색 및 파란색을 사용했다. 이 건축물의 남쪽 입면에는 하얀색의 강철 골조가 노출되어 있다(사진 2-059).

사진 2-059: 뽕피두 센터의 남쪽 입면 빠리 제4구, 프랑스
하얀색의 강철 골조가 노출되어 있다.

제 2 장
빠리 공영 공동주택

1. 공영 공동주택

1) 명칭 및 정의

(1) 공동주택 명칭

프랑스 빠리市의 인구는 1801년, 수용한계인 60만 명에 도달한 이래 인구 폭증이 계속되어 1856년엔 인구가 2배로 늘었다. 인구가 100만 명을 넘어서면서 빠리市에는 비위생적인 슬럼 slum, 즉 빈민굴 bidonville 이 출현했다. 대량의 주택공급이 시급한 사회문제가 되었다. 정부와 공공기관의 주도아래 각종 자선단체 및 민간 건설회사에서 앞 다투어 공동주택, 즉 아파트을 공급하면서 그 명칭 또한 중구난방 衆口難防 이 되었다. 프랑스 사회에서 당시 통용되었던 공동주택의 명칭은 다음과 같다.

가. 1차 세계대전 이전

-노동자 공동주택 logement ouvrier
-서민 공동주택 logement populaire
-경제적 공동주택 logement économique
-저가 공동주택 logement à bon marché

나. 1차 세계대전 이후

제1차 세계대전 종전 후에는 전쟁 중 파괴된 주택의 복구사업이 진행되면서 공동주택의 명칭은 더욱 혼잡해졌다. 제1차 대전과 2차 대전 사이의 기간 동안에는 공동주택 사업의 범위가 급격히 확산되면서 그 명칭도 무수히 많아졌다. 즉, 노동자용 저가 공동주택, 직장인용 중가 공동주택, 일반 중산층용 저가 공동주택 또는 중가 임대 공동주택 등 다양한 명칭들이 무분별하게 확산되었다. 공동주택의 명칭이 난무하자 그런 명칭들을 대체, 총칭할 수 있는 새로운 명칭의 필요성이 대두되었다. 그런데 그런 필요성이 오히려 혼란을 야기했다. 새로 결정, 통일된 "사회보장 공동주택", 즉 "공영 공동주택 logement social" 이란 명칭은 사회보장, 즉 사회주의 사상의 틀에서 벗어나기가 어려웠다. 왜냐하면 최초로 작명된 명칭들은 거의 모두 사회보장이라는 관념의 틀 속에서 거론되었기 때문이다.

(2) **공영 공동주택 관련 용어 정의**

제1차 세계대전 종전이후 1945년까지 프랑스에서 사회보장 공동주택이란 용어가 성행한 것은, "절반은 관학풍적", "절반은 합리주의적" 이라는 애매모호한 특유의 토속용어 덕분이었다. 그런데 그런 용어들은 국제적으로 통용이 보호되는 경향이 있었다. 프랑스에서는 몇몇 소수 예외를 제외하고는, 앙르히 세리에 Henri Sellier 의 충동에 이끌려 리용 Lyon 에서, 비뢰르흐반 Villeurbanne 에서, 그리고 빠리히 근교에서 공영 공동주택이라는 용어가 활기를 띄었다. 공영 공동주택 관련용어의 정의는 다음과 같다.

가. **사회주의 사상**

사회주의란 생산 수단의 사회적 공유 共有 를 기본으로 하는 사회제도 또는 그런 사회를 실현 하려는 사상을 말한다.

나. **공영 공동주택**

공영 公營 공동주택이란 국가나 지방 자치 단체에서 건축하여 분양하거나 임대하는 공동주택, 즉 "아파트" 를 말한다. 그러나 아파트의 어원, "아빠르흐트망 Appartement" 은 우리가 일반적으로 알고 있는 아파트의 개념과는 전혀 그 의미가 다르다. 프랑스 사회의 대표적인 아빠르ㅎ트망은 나뽈레옹 3세의 아파트이다. 장식미술의 호화로움이 극치를 보이는 이 아빠르ㅎ트망은 루브르ㅎ 박물관의 리슐리외 전시관, 나뽈레옹 3세실에 전시되어 있다(사진 2-060). 특히 샹들리에와 태피스트리, 가구 등으로 장식되어 있는 대 응접실과 식당은 호화의 극치를 이룬다. 이처럼 호화스런 아빠르ㅎ트망의 의미는 다음과 같다:

"아빠르ㅎ트망이란 전적으로 유산계급 bourgeois 의 저택을 지칭한다. 다시 말해서 유산계급의 생활 방식에 필요한 '방이 여러개 있는 완벽한 저택 la suite complète' 을 의미한다. 아빠르ㅎ트망에는 일반적으로 큰 방에 딸린 부속실, 식당, 침실, 주방, W.C., 지하 포도주 저장 창고, 지붕 밑 다락방, 사교용 응접실 salon 등이다. 특히 사교용 응접실은 없어서는 안 되는 필수적인 방이다. 간단히 말해서 아빠르ㅎ트망은 5개 이상의 거주용 방 pièces habitables 이 있어야한다. 아빠르ㅎ트망 인지 아닌지를 평가하는 일반적 기준 두 가지는 규모 dimension 와 방의 배치 distribution 이다."

가) H. B. M.

H.B.M. Habitation à bon Marché 은 "저가 공동주택" 을 말한다. H.B.M. 이라는 용어는 1889년 저가 공동주택에 관한 1차 국제회의에서 처음으로 제안되었다. 그러나 그 용어가 프랑스에서 공식적으로 쓰인 것은 1894년, 저가 공동주택 관련 고위 위원회 le Conseil supérieur du travail 에서이다. 위원회는, 지금까지 통용되어온, 차별적이고 경멸적인 느낌을 주는 "노동자 공동주택 habitations ouvriéres" 이라는 용어 대신, 좀 덜 차별적일 것 같은 "H.B.M." 이란 용어를 사용할 것을 요구했다. 그러나 몇몇 건축가들과 자선가들은 그 용어의 사용을 막무가내로 거절했다. 싸구려 건축물이라는 기분이 드는 그 용어가 너무 애매하고 자신들의 건축물의 품격을 떨어트릴 거라는 이유를 달았다. 빠리ㅎ

사진 2-060: 나뽈레옹 3세 아파트 식당 루브르 박물관, 빠리, 프랑스

시는 1913년~1934년 사이에 H.B.M., 1만5835세대를 빠리市 제1구 및 제12~20구에 공급했다.

나) H. L. M.

H.L.M. Habitation à Loyer Modéré 은 "저가 임대 공동주택" 또는 "공영 임대 서민 공동주택" 을 말한다. 이 용어는, 빠리市 시 저가 공동주택 사업국 Office d'H.B.M. de Paris 의 한 관리에 따르면, 빠리市 성곽 철거에 관한 1919년 법안을 논의하는 자리에서 한

국회의원이 회기 도중에 아주 즉흥적으로 한 말이라는 것이다. 그러나 이 행정 용어가 보편적으로 통용되기까지는 3년 이상의 세월이 필요했다. 건축가, 행정관리, 시의회 의원 등이 행정 용어의 기술적, 법적 내용을 이해하는데 필요한 시간이었다. 또한 이 용어는 중산층에게도 공동주택에 관한 새로운 개념을 심어주었다. 다시 말해서 중산층도 임대공동주택에 살 수 있다는 인식을 갖도록 해 준 것이다. 이 용어가 공식적으로 통용되기 시작한 것은 1923년이었다.

다) I. L. M.

I.L.M.: Immeubles à Loyers Moyens 은 "중가 임대 공동주택"을 말한다. 빠리히 시는 1928년 7월13일에 발의된 루쉐르흐 법 Loi Loucheur 에 따라서 중가 임대 공동주택 6만세대의 건설을 할당받았다. 그들 중 빠리히 시가 1933년에 건설한 중가 임대 공동주택 717세대의 상세는 다음과 같다.

-37세대; 3구, 삐까르흐디 거리 27번지
27, rue de Picardie, 3e
-40세대; 11구, 르드르후-르홀렝 대로 162번지
162, av. Ledru-Rollin, 11e
-25세대; 11구, 르드르후-르홀렝 대로 164번지
164, av. Ledru-Rollin, 11e
-37세대; 12구, 몽트르하 거리 10번지
10, rue Montera 12e
-158세대; 12구, 시뷔에 거리 42번지
42, rue Sibuet, 12e
-20세대; 14구, 빅또르흐 꽁시데르항 거리 8번지
8, rue Victor Considérant, 14e
-68세대; 15구, 마드무와젤 거리 40번지
40, rue Mademoisel, 15e
-20세대; 19구, 세르히르휘르 대로 81번지
81, bd. Sérurir, 19e

-312세대; 20구, 뻴르뽀르흐 거리 42~56번지
42 à 56, rue Pelleport, 20e

라) R. I. V. P.

R.I.V.P.: Régie immobilière de la Ville de Paris 는 "빠리히 시 부동산공사" 를 말한다. 이 부동산공사는 1923년~1933년 사이에 빠리히 성곽문 Porte 과 능보 稜堡, Bastion 에 공동주택 4685세댈를 건설했으며 그 상세는 다음과 같다:

-446세대; 20구, 능보 16, 성곽문 메닐몽땅
Bastion 16, Porte de Ménilmontant, 20e

-490세대; 17구, 능보 59, 성곽문 샹뻬르헤
Bastion 59, Porte Champerret, 17e

-536세대; 16구, 능보 66, 성곽문 생끄루
Bastion 66, Porte de St Cloud, 16e

-854세대; 14구, 능보 79~80, 성곽문 오르흘레앙
Bastion 79~80, Porte d' Orléans, 14e

-230세대; 12구, 능보 8, 성곽문 생-망데
Bastion 8, Porte de Saint-Mandé, 12e

-540세대; 성곽문 오르흘레앙 Porte d' Orléans
주르흐당 대로 Bd. Jourdan

-358세대; 성곽문 오르흘레앙 Porte d' Orléans
브르휜 대로 Bd. Brune

-377세대; 성곽문 생끄루 Porte de St Cloud
부르휜느리히 도드 대로 av. Dode de la Brunerie

-146세대; 성곽문 샹뻬르헤 Porte Champerret
구비용 생-씨르 대로 2~16 번지
2~16, bd Gouvion Saint-Cyr

-423세대; 성곽문 메닐몽땅 Porte de Ménilmontant
모르흐띠에 대로 76~94 번지
76~94, bd Mortier

-285세대; 성곽문 생-망데 Porte de Saint-Mandé

2) 선전활동 및 문서관리

(1) **정부의 선전활동**

공영 공동주택에 관한 개념이 뿌리 내렸던 시기는 1900년에서 1914년까지. 즉 1차 세계대전 직전까지이다. 이 기간은 정부가 공영 공동주택을 위한 선전활동에 온갖 노력을 기울였던 시기였다. 공동주택 건설은 거의 하지 않으면서도 소책자를 발간하거나 전시회 또는 설계경기 등을 개최하는데 열정을 쏟아부었다. 그런 사회적 분위기로 인하여 수많은 기록문서 archives와 총서 collecions 들이 난무했다. 빠리히 시 주택국 Office de Paris 은 저가 공동주택 H.B.M. 을 후원하는 위원회 comité départmental 를 만들었는데, 그 위원회는 "서민 공동주택 logement populaire 의 역사에 이바지 하도록" 하기 위해서 만들어진 몸통이었다. 위원회는 빠리히 시민들을 위해서 실제로 지어진 저가 공동주택들 중에서 가장 훌륭한 주택들에 관련된 중요한 사진이나 설계도면들을 수집해서 전시했다.

20세기 초 수년 동안 수많은 공영 공영주택 logement social 전문가들이 출판물 간행 열풍에 사로 잡혀있었다는 증거는 수두룩했다. 그런 열풍이, 질이 떨어지는 전문가들을 충동질하여, 수준 이하의 경험을 상세히 떠들어대게 하고, 설계 작품을 전시, 배포하게 만들었다. 저질 전문가들인 그들의 행위는 실제로는 도움이 될 만한 것이 거의 없었다. 그런데도 오늘날까지도 그들의 그런 무익한 행위가 여전히 그대로 남아 있는 것이 현실이다.

(2) **문서 관리 실태**

20세기 프랑스 건축, 특히 공영 공동주택에 관한 실태조사에 참여한 모든 연구, 조사원들은, 참으로 참담한 조사 결과 보고서를 만들었다. 대부분의 관련문서들이 파괴, 소멸되었기 때문이다. 그렇지만 기록문서의 파괴나 분실이 이번 연구, 조사 주제에 관한 모든 결과를 완전히 헛되게 한 것은 아니었다. 여전히 당시의 정기간행 전문 잡지, 빠리市 시 보존 기록문서, 특히 주택건설회사 보관 문서 중에는 저가공동주택의 역사를 복원하는데 필요한 옛날 자료들이 충분히 남아 있었다는 사실이 입증되었기 때문이다. 특히 행정부처의 담당국, 공영 공동주택건설 사회사업 재단 소속의 건설회사, 관련사업 참여 건축가 및 저가임대 공동주택 건설회사 sociétés d' H..L.M. 관계자들은 다수의 관련 자료들을 보관하고 있었다. 선전활동 광풍의 와중에, 다수의 기록문서들을 보관하고 있었던 주요 정부기관 및 각종 관련단체의 문서보관 및 관리현황은 다음과 같다:

- 센 Seine 도 道 의 저가 임대공동주택 공공사업국
  Office public d ' H.L.M. de la Seine
- 빠리市 시 저가 임대공동주택 공공사업국
  Office public d ' H.L.M. de Paris
- 로호스쉴드 은행 Banque Rothschild
- 로호스쉴드 재단 Foundation Rothschild
- 르보디 재단 Fondation Lebaudy
- 웰 재단 Fondation A. et J. Weill
- 자선재단 Société philanthropique
- 평화와 진보 단체 Société Pax et Progrès
- 다자녀 多子女 가족을 위한 저가공동주택 협회
  Société des Logements économiques pour familles nombreuses
- 저가위생공동주택 협회
  Société des logements hygiéniques à bon marché
- 건축가 발자끄 Heim de Balzac
- 빈민구제 사업단 Assistance publique
- 시 市 부동산관리회사
  S.G.I.M. Société de gérance des immeubles municipaux
- 부동산관리 주식회사
  S.A.G.I. Société anonyme de gestion immobilière
- 빠리市 시 부동산 공사
  R.I.V.P. Régie immobilière de la Ville de Paris

가. 센 Seine 도

센 도 道 는, 1977년경 저가 공동주택 공공사업국 Office public d' H.B.M. 을 해체하면서 거의 모든 관련 문서들을 온전히 파기했다. 하지만 1930년대까지만 해도, 센 도의 도서관에는 당시에 건축되었던 약 2000여 작품의 건축물, 수많은 필름, 사진, 설계도면 등이 비치되어 있었다. 그러나 같은 시기에 도서관이 불타 없어지면서 비치되었던 관련 문서들도 모두 불타 없어진 것으로 간주된다.

나. 빠리 문서 보관소

빠리히 시 도서관에는 수많은 공영 공영주택 관련 자료들이 있었으나 모두 흔적도 없이 사라졌다. 다만 극소수의 문서 쪼가리 들 만이 빠리히 시 주택사업국 Office de Paris 의 문서보관소인 르브르헝 사무소 Hôtel Lebrun 의 다락방, 아주 작은 벽장에 처박혀 있는 것으로 확인되었다. 하지만 이들 문서조차도 얼마나 더 존속할 수 있을지는 아무도 모른다. 그곳에는 틀림없이 있었을 법한 소책자들의 흔적조차도 없을 뿐만 아니라 만국박람회 주관 사무소에 제출키로 되어 있었던 건축물의 수채화, 즉 건축물 투시도조차도 없었기 때문이다. 게다가 더욱 놀라운 것은, 그 어떤 공공문서 보관소에도 센도, 저가 공동주택 H.B.M. 후원 위원회의 문서들은 없다는 것이다. 공공문서 보관소에는 그런 공공문서들이 반드시 보관되어 있어야했는데도 말이다. 하지만 마지막 한 가닥 희망은, 이 위원회의 본부가 있었던 별관 건축물, 로보 Lobau 의 다락방에는 그동안 잊고 지냈던 몇몇 서류들이 남아 있을 것이란 바램뿐이었다.

다. 빠리 위생박물관

빠리히 시 위생박물관 musée d' hygiène 에는 사회공영주택관련 건축물 투시도 등의 많은 자료가 있었다. 그러나 이박물관의 완벽한 수집품들은 1960년대에 완전히 폐기되었다.

라. **도시계획 연구소**

빠리市 시, 크레테이 Créteil 도시계획 연구소 Institut d'urbanisme de Paris 학생들의 솔직한 심정은, 방대한 수량의 자료가 보관되어 있는 도시 고등 연구 대학 Ecole des hautes études urbaines 도서관에는 아직도 무엇인가가 남아 있기를 기대하는 것이었다. 하지만 두 차례나 이사를 하면서 도서관에 있었던 많은 자료들이 이미 파기, 분실되었다. 하지만 아직도 그 도서관엔 1500년 이전, 활판기술 발명 당시에 인쇄된 근대 도시계획에 관한 고서적들이 남아있다. 물론 의심할 바 없이 그 고서적들의 모습은 매우 초라한 모습으로 남아 있어서, 과연 언제까지 보존될 수 있을지는 모르겠다.

마. **건설회사**

마지막 희망은 주택건설회사 sociétés de construction 에 있다. 건설회사는 자료를 보존해야할 그 어떤 의무도 없지만, 반면에 어떤 큰 피해도 거의 당하지 않았기 때문이다. 전쟁 때문인지, 이사때문인지는 잘 모르겠으나 르호스쉴드 재단 fondation Rothschild 에는 기대할 만한 자료가 없었다. 그러나 다른 건설회사 들은 평면도, 소책자, 심의기록장부 등을 보관하고 있었다. 그런 건설회사 중의 하나인 르보디 재단 fondation Lebaudy 은 회사에 관련된 모든 서류, 전시회용 건축물 수채화 투시도 목록 등을 항상, 거의 손상되지 않은 채로 온전히 보관하고 있었다.

바. **기타 관련 단체**

공영 공영주택 및 도시계획에 관한 일에 어느 정도는 직접 관여했던 수많은 단체들이 작성했던 등록 문서의 존재 여부에 대해서도 역시 더 이상의 희망은 없었다. 프랑스 도시계획 분야의 요람이었던 사회박물관 Musée Social 에 있었던 도시 및 농촌의 위생 분야에 관한 문서들 역시 파기 되었다. 이런 사회 분위기로 봐서 아마도 저가 공동주택 프랑스 협회 S.F.H.B.M. Société

Française des H.B.M. 의 문서 역시 파기된 것으로 추측된다. 프랑스 토목기술자협회 Société des ingénieurs civils de France 는, 협회원들의 경력 기록문서 보관소인 크르쇄소 에꼬뮈제 Ecomusée du Creusot 에 제출 할 수 없거나 또는 제출하고 싶지 않은 문서들은 모두 파기했다. 프랑스 도시계획가협회 Société française des urbanistes 는, 아주 완벽하게 아무것도 가지고 있지 않았다. 거기에는 심지어 정관 원본조차도 없었다.

3) 빠리 빈민의 집단 주거지

19세기부터 아주 오랫동안, 사람들은 도시 빈민들의 누추한 집에 관하여 그렇고 그런 비슷한 이야기를 늘 들어왔다. 누추한 집에 관한 그런 이야기들은, 비위생적 공동주택 시위원회의 옥따브 뒤 메스닐 Octave du Mesnil 과 같은 의사, 사회학자들, 박애주의자들, 저술가들, 지방의회 의원들 및 신문기자들이 만들어냈다. 특히 저술가 들은 누추한 집에 관한 그런 이야기들을 문학의 한 장르의 반열에 올려놓았다. 1840년에서 1914년까지 그들의 문서에 나오는 이야기는 판잣집, 악취 풍기는 작은방, 썩어서 악취를 풍기는 비위생적인 건물, 병약해서 주기적으로 장티푸스, 콜레라 등의 전염병에 걸려 죽은 사람들 등과 같은 늘 같은 이야기뿐이었다. 단지 그런 이야기의 장소만 바뀌었을 뿐이다. 1850년까지 도시 중심지에 있었던 누추한 집들은 점차 도시 외곽으로 밀려나갔다. 1910년까지만 해도 누추한 집들은 여전히 도시 주변에 남아 있었다. 그 후, 1차 세계대전이 끝난 다음에는 누추한 집들은 아예 도심에서 멀리 떨어진 교외로 쫓겨났다.

빠리市 시 빈민의 누추한 집 서열에서 볼 때, 가장 비참한 주거환경의 집단 주거지는 소위 말하는 빈민굴이다. 빠리市의 대표적 빈민굴은 "저렴한 호텔 hôtel garni" 과 빠리市 성곽 출입문 근처의 빈민 집단주거지이다. 여기서 저렴한 호텔이란 노동자들을 위한 싸구려 하숙집을 말한다. 당시 사회 하층민의 비참한 집단 주거지 실체는 다음과 같다.

(1) 하숙용 호텔

가. 위치

빠리히시 빈민, 특히 가난한 독신 노동자들을 위한 저렴한 하숙용 호텔들은 주로 빠리히 중심, 마르헤 지구 Le Marais 의 "쎙트-마르흐그르히트 거리 Rue Sainte-Marguerite, 셍-앙뚜완 거리 Rue Saint-Antoine 에서, 레알 지구 Les Halles 의 빠리히 중앙시장, 레알 les Halles 로 통하는 거리에서, 그리고 라뗑 지구 Quartier Latin 의 셍-세브르헹 거리 Rue Saint-Séverin 및 옛 모베르흐 광장 ancienne place Maubert 주변 등에서 흔히 볼 수 있다. 그러나 이들 싸구려 하숙용 호텔은 집이라기보다, 사람들이 법률이 용인해서는 안될 만큼 흉측스러운 장해물들이라고 생각하는 것들이다. 당시 빠리히 제12구, 르홍드레 거리 La rue Rondelet 에는 노동자들을 위한 그런 하숙용 호텔이 많이 있었다(사진 2-061).

나. 방 쪼개기

하숙집 주인들은 수익을 올리기 위해서 큰방을 여러 개의 작은방으로 쪼갰다. 작은 셋방들 중, 어떤 방에는 하루 종일 잠깐만 햇빛이 들어온다. 또 다른 어떤 방은 전혀 환기를 할 수 없는 붙박이 유리창을 통해서만 겨우 햇빛이 들어온다. 그나마 다행인 것은 방안에 실내 공기를 오염시키는 난로가 없다는 점이다. 방 하나를 여러 세입자가 공동으로 사용하는 경우도 있는데, 그런 경우 세입자 각자가 차지하는 공간의 크기는 겨우 3m³ 에 불과하다. 전문가들이 말하는, 세입자 한사람이 필요로 하는 공간 크기의 최소 규준은 14m³ 인데도 말이다. 14m³ 의 공간은 약 2.4m×2.4m×2.4m 에 해당한다. 작게 쪼갠 작은 방의 경우, 하룻밤 숙박비용은 45쌍팀 centimes~1프랑 franc 이었다. 다시 말해서 일 년 동안의 셋돈은 168~365 프랑인 셈이다.

사진 2-061: 빠리 하숙용 호텔 르홍드레 거리, 빠리 12구, 프랑스

사진 상; 독신 노동자들을 위한 저렴한 호텔 Hôtel pour ouvriers célibataires, 사진 하; 르홍드레 거리의 폐허가 된 한 막다른 골목 Cul-de-Sac, 1905년

다. 비위생적인 실내 공간

가) **어두운 통로**와 **악취**

하숙집의 문턱을 넘어 들어가서 좁고 어두운 통로를 지나가면 진동하는 악취가 당신의 목구멍으로 꿀꺽 넘어갈 것이다. 풍기는 악취는 생활 쓰레기와 불결한 변소에서 나온다. 어둠 속으로 더듬더듬 앞으로 걸어 나가다 보면 발끝이 계단의 첫 번째 디딤판에 닫는다. 손으로 벽면을 짚으면, 벽면이 차고 끈적거린다는 것을 느낄 수 있다. 동식물에 유해한 곰팡이가 슬은 것이다.

나) **두꺼비집**과 **생활 오수통**

뚜껑이 떨어져 나간 두꺼비집과 아예 뚜껑이 없는 생활 오수통이 여기저기에 널려 있어, 유해가스를 발산, 주변 공기를 오염시킨다. 그렇게 오염된 공기를, 누추하고 작은 방에서 살고 있는 사람들은 들여 마신다. 오염된 공기를 피하고, 밖이라도 내다볼 요량으로, 오직 하나뿐인 창문 쪽으로 다가가려면, 건조시키려고 걸어 놓은 온갖 종류의 속옷가지들이 시야를 가로막는다.

다) **쓰레기통**이 된 **안뜰**

땅바닥으로부터는 악취가 뿜어져 올라오는데, 그 것은 안뜰이 사람들이 창문을 통해서 마구 내던지는 생활 쓰레기를 받는 쓰레기통이 되었기 때문이다. 외부 공기에 노출된 쓰레기통에서는 쓰레기가 썩어가면서 악취를 풍기고 있었다.

라) **세입자 대표**의 **갑질**

세입자 대표는 일층에 있는 포도주를 포함한 각종 주류 소매상점을 손에 넣었다. 그는 상점 판매대에 접근을 쉽게 하기 위해서, 상점 출입로를 없앴다. 사람들은 그런 개악공사 뒤에는 상점 영업이익을 높이려는 의도가 숨어 있음을 알아챘다.

(3) 빠리 성곽 밖 빈민굴

가. 위치

빠리Paris는 총 연장 길이 36km 의 성벽 城壁 으로 둘러싸여 있었으며, 성벽에는 모두 20개의 성문 城門 이 있었다. 빠리Paris로 들어가는 성문 밖에는 다수의 빈민 집단주거지, 즉 빈민굴이 있었다. 빈민굴에는 사회계층의 맨 밑바닥에 있는 넝마주이, 일용노동자들이 살고 있었다. 이들 집단 주거지야 말로 빠리Paris 시에 있는 진정한 빈민굴이다. 빠리Paris 성벽 중의 하나인 멘 Maine 성벽 가까이에는 1854년에 형성된 빈민굴이 있다.

나. 오막살이 짓기

가) 신문기자의 기술

신문기자 빅또르흐 뫼니에 Victor Meunier 는, 이 빈민굴에 대하여 다음과 같이 기술 記述 했다:

-가장 완벽한 원시 시대 건축의 표본
-몇 주 만에 온전한 마을 하나가 땅에서 솟아오른다.

나) 태생학자의 표현

태생학자, 즉 발생학자 發生學者 의 말을 빌자면, 빈민굴의 사람들은 지금, 오두막-집들의 모든 진화 단계, 즉 쓰레기 더미나 다를 바 없는 수준의 집에서 완벽한 집에 이르기까지의 매우 많은 진화 단계를 경험하고 있다는 것이다. 빈민굴에서는 아주 가끔, 타르 칠한 기름종이로 외관을 감싼 집이 있었는데, 그런 집을 완벽한 수준의 집이라 했다. 그 이유는 $36ft^2$ 6피트×6피트 의 기름종이는 여전히 흔한 물건은 아니었기 때문이다.

다) 집의 크기

오두막-집의, 입체공간의 높이는 한 남자가 서있기에 충분했다. 그리고 평평한 바닥의 넓이는, 축축하기는 하지만, 한 남자가 누워 있기에 충분한 정도였다. 자연스럽게 그런 집들의 바닥은 도로와 같은 높이에 있었다. 따라서 오두막-집은, 기초도 없는 바닥판을 가지고 있었다.

라) **건축재료** 및 **공사기간**

사람들은 집을 지을 때 주요 부분에 쓰기 위해, 집터 바로 그 자리에서 진흙을 그러모아 일정한 형태를 갖춘 건축용 원자재를 만들었다. 집짓기 작업에서 가장 오랜 시간을 필요로 하는 일은 집을 짓는 그 자체가 아니라 집지을 건축 재료를 그러모으는 일이다. 넝마주이가, 무언가로 둘러쳐진 입체적 공간, 즉 자신의 오두막-집을 만들기 위해서는, 진창 속에서, 구석진 곳에서, 그리고 공공 쓰레기 집하장에서 무언가 좀 단단한 물건, 즉 나무 조각, 깨진 유리, 보도 포장용 화강석 쪼가리 등을 주워 모아 자신의 등짐 망태로 운반하는 데는 늘 많은 시간이 걸렸다.

다. **빈민굴**의 **흙길**

오두막-집들로 구성된 마을의 진입로는, 보통은 "땟물에 절은 흙길" 이었다. 그 흙길은 비가 조금만 와도 물에 잠겼다. 뿐만 아니라 그 흙길 위에는 온갖 쓰레기는 물론이고 거기서 함께 어울려 사는 여러 종류의 동물과 사람들의 배설물들이 널 부러져 있어서, 악취를 풍겼다. 분명한 사실은 그 마을에는 그 어떤 종류의 물도 공급되지 않았으며, 땅속에 박아둔 큰 통은 오직 변소로만 사용되었다.

4) 제2공화정 및 제3공화국 주택정책

루이-나뽈레옹 Louis-Napoléon, 1808~1873 은, 1848년부터 1870년까지 제2공화정의 대통령 및 제2제정의 황제, 즉 나뽈레옹 3세 Napoéon III, 황제재위: 1852~1870 로서 프랑스를 통치하면서 서민, 노동자들을 위한 주택공급에 심혈을 기울였다.

(1) 공동주택 현실

제2공화정 시절, 프랑스 노동자들은 침실 1~2개에 간이 부엌만이 딸린, 면적 25~27m² 의 매우 좁은 임대 공동주택에서 살았다. 가난한 빠리ㅎ 노동자들은 한 방에서 온 가족이 함께 살았다. 집안에는 상, 하수도 시설은 물론이고, 세대별 변소도 없었다. 따라서 급수, 배수, 배설, 목욕, 세탁 등의 가사는 공동시설을 활용해야 했다. 그 후 노동자들의 임대 공동주택의 최소면적은 30~35m² 로 증가하였으며, 이어서 지속적으로 증가하여 42~48m² 에 이르렀다. 이런 정도의 주택 면적은 당시의 노동자 임대 공동주택으로서는 상당히 넓은 것이었다. 이런 주택문제의 해결을 위해서 나뽈레옹 3세가 역점을 두고 다양한 모델의 공동주택을 공급했음에도 불구하고 당시의 사람들은 주택공급 정책은 실패한 정책이라고 규정짓고 있었다. 정책 실패라는 모멸감 때문에 그런 다양한 공동주택 모델들은, 흔적도 없이 망각의 세계로 사라졌다.

(2) 공동주택 건설운동

20세기는 가끔 실패한 정책으로 인하여 공동주택단지를 철거해야만 했던 쓰라린 경험 때문에, 통치자들로 하여금 젠체하면서 공영공동주택이라는 새로운 용어를 만들어 내게 한 바로 그런 순간이었다. 20세기 전반부의 노동자 공동주택 logement ouvrier 은 기발한 착상의 원천인 동시에 건축물 연구의 대상이 되기도 했었다. 빠리ㅎ 노동자 공동주택의 역사 속에서, 사람들은 "저가 공동주택 H.B.M.: habitations à bon marché" 운동이라는, 다소 희화화 戱畵化 된 느낌이 드는, 공동주택건설 사회운동에 애착을 느꼈다. 이 운동은 제3공화국 Troisième République, 1870~1946 여명기에 시작되었으며, 부유했던 한 부인이 주도했다. 보수적이면서도 자유분방했던 이 부인은, 국가가 이 사회운동에 개입하려는 낌새가 보이자, 개인 주도 운동의 첨병이 되고자 했다. 이 운동에 개입하려는 나뽈레옹 3세의 의도가 엿보였기 때문이다.

(3) 영국 공동주택단지 견학

정부의 공동주택단지 건축사업 위원회 내부에서는 여러 가지 문제들을 논의하면서, 1849년 11월에 건축가 샤르흘르 구르흐리에 Charles Gourlier 가 소속된 대표단을 영국으로 파견했다. 대표단은 영국의 한 지방에서 시행된 노동자 공동주택단지 건설과 그 방법에 관해서 연구하고 돌아왔다. 그 지방은 루이-나뽈레옹 Louis-Napoléon 이 유배당했던 곳이며, 그는 거기서 그런 건설 사업을 눈여겨보았다.

(4) 지난 至難 한 주택정책

가. 나뽈레옹 3세의 판단

주택 문제에 관해서 19세기 전반 동안에 개인이나 공공의 자발성이 부족했던 것은 아니었지만, 문제 해결을 위한 필요충분조건의 확대 조치를 전혀 취하지 않았던 것이다. 결국 사람들은 나폴레옹 3세를 비난하고 나섰지만, 사실 나뽈레옹 3세는 진정으로 "빈곤퇴치"를 위해 애썼으며, 대도시에 있는 노동자 공동주택 개량사업을 독려했다. 그러나 나뽈레옹 3세는 "빵이 필요한 사람들에게 빵과자를 주는 식" 의 정책을 폈기 때문에 비난을 받은 것이다.

나. 오스만의 빠리 개조공사와 필터링

제3공화국이 추진한 도시개발계획에 따라 오스만 Haussmann 의 주도아래. 대규모로 빠리ㅎ 개조공사가 진행됐다. 대형 토목공사로 인해 땅값은 폭등하고, 소위 "위험한 계층" 으로 분류된 가난한 사람들은 도시로부터 대규모로, 강제로 퇴출 filtering 됐다. 부유층 유산계급을 만족시켰던, 위험한 계층의 대규모 퇴출이 없었다면, 적어도 폭동이 일어날 수도 있었던 상황이었다. 아주 고약한 생활환경 때문에 빠리히 최하층 빈민들은 폭발직전이었기 때문이다. 빈민 구제관 enquêteurs 과 정치, 경제 평론가들은, 무엇인가를 변화 시킬 수 있는 여론의 커다란 동요를 기대했었다. 어떤 새로운 산업분야의 발전을 돕기 위해서 가장 실질적으로 필요한 일은 확실한 대책의 채택을 시도하는 것이다. 새로운 산업분야란, 당시 보조를 받고 보호되고 있던 중산층 고급 임대주택 산업과는 전혀 다른 모습의 산업분야를 말한다, 아주 희귀하거나 때로는 매우 특이하기도 한 이들 건축 산업에서의 실책들은, 역사학자들의 시각에는 매우 귀중한 것으로 보였다: 그런 실책들은 사회 공영주택 logement social 의 고서적과 같은 존재였으며, 저가 공동주택 H.B.M. 의 조상이었다.

다. **법령 제정, 토론회** 및 **위원회**

1848년부터 1935년까지 공동주택과 관련한 자금 조달, 법령 제정, 각종 토론회 및 위원회 설치 상세는 다음과 같다:

-1852: 나뽈레옹 3세, 프랑스 대도시 공장지역의 노동자 공동주택 개량사업을 위해서 1000만 프랑 할당, 할당금의 일부는 일단 一團 의 노동자 공동주택, 즉 독신 노동자 하숙용 호텔 hôtels pour célibataires, 노동자 단독 또는 공동주택 단지 등의 건축 보조금으로 효과적으로 쓰였다. 보조금의 한도는 총 건축비용의 3분의 1까지로 했다.

-1883~1884: 저가공동주택 habitations à bon marché 에 관한 최초의 토론회, 빠리히 시의회, 사회주의자 의원들의 요구로 저가공동주택위원회 설치 Commission des logements à bon marché

-1889: 최초의 H.B.M. 법 loi, 투표로 가결, 벨기에 Belgique,

프랑스의 동일 법률 제정에 직접적인 영향을 줌

-1894: 지그프르히 법 Loi Siegfried, 저가 공동주택 habitations à bon marché 에 관한 프랑스 최초의 법

-1902: 공중위생법 Loi sur la Santé publique

-1904년 6월말: 상무장관 ministre du commerce, 1000만 프랑 기부를 언론에 공표

-1906년 4월: H.B.M. 관련 스트르흐스 법 Loi Strauss,
최초의 건설업 면허 등록, 르흐스쉴드 재단, 뽀뼁꾸르흐 그룹

-1908년 8월: 리히보 법 Loi Ribot,
런던에서, 저가 공동주택 프랑스-영국 합동전시회

-1909년 12월: 법령에 따라서 빠리히 시는 9억 프랑 채권 발행, 대규모 토목공사 시행. 채권발행 총액 중 3천만 프랑은 결핵 퇴치사업, 비위생적인 건축물의 철거, 저가 공동주택 건설회사에 대한 융자금 등으로 사용.

-1912년 7월: 법령에 따라서 빠리히 시는 2억 프랑 채권 발행, H.B.M. 건축

-1913년 7월: 다자녀 가정을 위한 지원법 Loi d'assistance,
가족수당 신설

-1919년 4월 19일: 요새화된 성채 철거 법, 철거된 성채 면적의 4분의 1을 H.B.M.과 H.L.M. habitation à loyer modéré 의 부지로 할당, H.L.M. 은 임대료가 저렴한 영세민 임대 공동주택.

-1928: 루쉐르흐 법 Loi Loucheur,
중가 임대공동주택 I.L.M. Immeubles à Loyers Moyens 설계 경기, 빠리히 시 주최

라. **전시회** 및 **박람회**

노동자 공동주택단지 관련 다수의 프로젝트들은 1849년 전람회 au Salon en 1849 에 전시되었다. 그 전람회에는 1847년, 건축가 브르휘네-드-베슨 Brunet-De-baisnes 이 아브르흐 세관 la Douane au Havre 의 직원들을 위하여 건축했던 세관직원 공동주택단지도 있었다. 1850년에는 왕자-대통령 prince-président, 즉 루이-나뽈레옹의 요청에 따라서, 노동자 공동주택 단지 전문가인 영국인 헨리 로버트 Henry Roberts 의, 평면도가 삽입된 저작물이 번역, 출간되었다. 하지만 프랑스에서 로버트의 역할은 그것이 끝이었다. 이후 개최된 공동주택 관련 전시회 및 박람회 상세는 다음과 같다:

-1867: 빠리국제만국박람회 Exposition universelle internationale, 최초로 노동자 공동주택 habitations ouvrières 의 평면도, 모형 및 견본주택 전시, 샹-드 마르흐스 Champ-de-Mars 에 다양한 형태의 노동자 단독주택 maisons ouvrières 건축 및 전시

-1887: 프랑스 최초의 도시 위생 hygiène urbaine 전시회

-1889: 빠리국제만국박람회, 노동자 공동주택 견본주택 전시

-1900: 빠리국제만국박람회

-1900년 12월 17일~23일: 공동주택 프로젝트 전시회,
빠리히 시청 Hôtel de Ville

-1903: 공동주택전시회 Exposition de l'habitation, 빠리히

-1904년 11월: 공동주택 전시회, 그르항-빠레 Grand-Palais, 제2회 설계경기 수상작품, 금상 수상작 없음, 1901년에서 1904년 사이에 준공된 건축물, 빠리히, H.B.M. 위원회 Comité départemental 주최

-1905년 4월 3일~8일: 프로젝트 전시회, 빠리히 시청

-1905년 7월 3일~8일: 공개 전시회 exposition publique,
설계경기 제2단계 프로젝트, 빠리히 시청

-1906년 7월: 국제 전시회 Exposition internationale,
저가공동주택, 이탈리아 밀라노 Milano

-1907년 2월: 저가공동주택 전시회, 그르항-빠레 Grand-Palais

-1907년 3월: 리용 국제 전시회, 도시 위생 hygiène urbaine,

-1907년 3월: H.B.M. 국제 전시회,
로호스니-수-브와 Rosny-sous-Bois

-1908년 8월: 프랑스-영국 franco-britannique 공동 전시회,
저가 공동주택, 런던

-1909년 12월: 공동주택 전시회, 그르항-빠레

-1910년 10월: 사회 위생 hygiène soaiale 전시회, 빠리히

-1911: 국제만국박람회, 뛰르헹 Turin

-1911: 국제전시회, 도시 위생, 뒤셀도르프 Düsseldorf

-1912년 6월: 공사 기술 arts du travail 국제전시회,
그르항-빠레

-1912년 6월: H.B.M. 전시회, 빠레-부르흐봉 Palais-Bourbon

-1913년 1월~2월: 프로젝트 전시회, 죄드뽐 Jeu de Paume

-1913년 5월 3일~13일: 현대 도시 Cité moderne 전시회,
낭시 Nancy

-1916: 복구된 도시 전시회, 전쟁으로 파괴, 빠리히

마. **국내, 국제회의** 및 **강연회**

-1889: 저가 공동주택 H.B.M. 에 관한 최초의 국제회의,
빠리국제만국박람회 기간

-1895: 위생적이고 건강에 적합한 공동주택에 관한
최초의 국내회의

-1898: 최초의 공공 예술 art public 에 관한 국제회의,
벨기에 브뤼셀 Bruxelles

-1900: H.B.M. 관련 국제회의, 빠리만국박람회 기간

-1900년 5월~6월: 건축물 소유권에 관한 최초의 국제회의,
고용주조합 Chambre syndicale 주최

-1902: H.B.M. 관련 국제회의, 독일 뒤셀도르프 Düsseldof

-1904년 6월: 사회위생에 관한 최초의 회의, 아라하 JArras

-1904년 6월: H.B.M. 관련 강연회,
쥘 지그프리히 Jules Siegfried 와 조르흐즈 피꼬 Georges Picot,
미술대학 반원형 강의실 l'hémicycle de l'Ecole des Beaux-Arts

-1904년 11월: 위생적이고 건강에 적합한 공동주택에 관한 최초의 국제회의, 빠리히

-1905년 6월 11일~12일: 최초의 H.B.M. 국내회의, 빠리히

-1906년 5월~6월: 2차 국제회의, 위생적이고 건강에 적합한 공동주택, 즈네브 Genève

-1907년 3월: 최초의 국내 강연회, 저가공동주택협회, 빠리히 사회 박물관 Musée social

-1907년 3월: 2차 회의, 노동자공동주택협동조합, 빠리히

-1909: 국내회의, 위생적이고 건강에 적합한 공동주택

-1911: 3차 국제회의, 위생적이고 건강에 적합한 공동주택, 드르헤스드 Dresde

-1922: 시의회에서 임대료가 저렴한 영세민 임대공동주택 H.L.M. 에 관한 토의

바. 건축설계 및 건축물 경기

-1890: 최초의 설계 경기, 프랑스 저가 공동주택 협회 S.F.H.B.M. 소속 건축가들 참여, 셍-드니 Saint-Denis 지역에 건축할 공동 및 단독주택

-1898: 최초의 건축물 정면 façade 설계 경기, 빠리히 시 주최

-1900년 5월~6월: 최초의 건축물 시공자 경기, 저가 공동주택 지역 위원회 주최, 1896년에서 1900년 사이에 준공된 개인 및 공유 저가 주택 maisons individuelles et collectives à bon marché

-1906년 7월: 최초의 연례 설계경기, 공동주택 실내 방 배치 distributions intérieures de logements et d'appartements, 건축주 조합 Chambre des propriétaires 주최, 1914경까지 매년

-1907년 2월: H.B.M. 용, 가구 설계경기, 저가공동주택 후원위원회 Comité de patronage des habitations à bon marché 주최

-1908년 2월9일: 3차 완공된 H.B.M. 건축물 경기, 수상작 발표, H.B.M. 건축업자 참여, 도 위원회 후원회 주최 Comité départemental de patronage

-1909년 12월: H.B.M. 관련, 건축재료, 시스템, 건축공법, 전기 및 기계 설비 기구, 특수 제작품 등에 관한 경기

-1911: 정원 도시 Cités-jardins 설계 경기,
도 위원회 후원회 주최

-1913년 1월20일: 빠리히 시 최초의 H.B.M. 설계 경기 마감

-1913년 8월 20일: H.B.M. 건축을 위한 4개의 새로운 설계

경기, 빠리市 제13, 15, 18, 20구에 건축

-1923년 6월: 4개의 H.L.M. 관련 설계경기

-1928: 중가 임대공동주택 I.L.M.: immeubles à loyers moyens 설계경기, 빠리市 시 주최

-1931: 중가 임대공동주택 I.L.M. 설계경기, 빠리市 시 저가공동주택 공공사업국 주최 Office public d' H.B.M. de la Ville

-1935: 서민 공동주택 logements populaires 설계경기, 빠리市 시 주최

사. 주공복합 공동주택

1870년, 나뽈레옹 3세의 제2제정이 끝나고, 공화주의자들에 의한 제3공화국이 시작되면서, 그들의 관심은 빠리市에서 주공복합 住工複合 공동주택의 사업규모에 있었다. 다시 말해서 공동주택 한 동에 주택과 공장 atelier 을 함께 두는 주공복합 공동주택의 건설규모를 어느 정도로 할 것인가가 그들의 관심사였다. 이런 형태의 공동주택 건설은 이미 1870년 이전에 시작되었지만 1871년의 빠리 꼬뮌 Commune de Paris 사건으로 사업이 위기에 몰려 공사가 몇 년 동안 지연되었다. 빠리市 제12구의 새로 개통된 공장 건축물 거리 rue des immeubles industriels 의 양쪽에는 장인 匠人, atelier 들을 위한 주공복합 공동주택이 들어섰다. 이들 공동주택의 각층에는 모터가 설치된 공장이 있었다. 각층의 공장은 거리에 면한 부분에 배치되고, 공동주택의 지하실에는 증기기관을 설치하여 각 공장에 증기를 공급하고, 공동세탁장과 욕실에는 더운물을 공급했다. 공장에서 일하는 장인들은 일과 후 술집 cabaret 에 가는 대신 자기 집으로 바로 들어가 가족들과 지내도록 유도했다. 이런 일상생활의 변화는 고용주에

게도 유익한 것이었다. 간단히 말해서 주공복합 공동주택은 노동자들의 일상을 도덕적으로 이끈 셈이었다. 이런 형태의 공동주택은 빠리히 제 13구, 16구에도 건설되었다.

그러나 세월이 지나면서, 빠리히 의 땅값이 치솟고, 주공복합 공동주택이 슬럼화 되어, 결핵과 콜레라가 발생, 질병의 희생자들이 생기자 노동자들을 교외로 몰아낼 구실이 생겼다. 정책 당국자들에겐 빠리히의 골칫거리를 제거할 수 있는 절호의 기회였다. 그들은 지나치게 수선스러운 노동자들을 교묘하게 분산시켜 교외로 몰아냈다. 19세기에서 20세기, 즉 세기의 전환기에 주공복합 공동주택 단지 cité industrielle 는 좀 더 위생적이어야 하고, 종합적이어야 한다는, 정원-도시 Cité-jardin 이론가들의 혁신적인 설명이 이를 부채질했다. 그들은 도시 건강을 위해서는 도시에 공기, 햇볕, 정원을 공급해야 한다고 주장했다. 이런 신화는 1914년 1차 세계대전 Grande Guerre 발발 직전까지 계속 되었다. 그러나 전쟁이 끝나자 정원-도시에 관한 모든 시도는 좌절되었다. 의회 Chambres 에서 사회주의자들이 발의하고 행정부에서 정워-도시에 관련된 모든 예산이 거부되었기 때문이다. 지난 40여 년 동안 노동자들은, 공동으로 사용하는 주방, 식당, 욕실 등이 있는 단칸-방에서 월세를 내고 살았다. 그러나 여전히 박애주의자들은, 노동자들의 집은 천국의 아담의 오두막-집 cabane d' Adam 이어야 한다고 생각했다. 아담한 형태의 이 오두막-집 앞에는 채소밭이 있다. 박애주의자들은, 노동자들은 근본이 농부들이라고 생각했다. 이상과 현실의 괴리였다.

아. **공동 주택 소유권**

제3공화국에서는 그동안 국가가 주도해오던 공영 공동주택 사업에서, 국가가 적극적으로 개입하는 일을 삼가기 시작했다. 제3공화국의 공화주의자들에게는 서민들의 주택문제는 더 이상 "오늘의 화제 ordre du jour" 가 아니었다. 국가 주도의 공영 공동주택 건설의 일부분을 민간에게 넘기고 그 소유권을 부여하려는 정책을 폈다. 개인 소유 공동주택 logement individuel 은 당시 모든 사회악을 치유할 수 있는 만병통치약이 될 수 있을 것이라고 믿었다. 그러나 임대료 통제로, 수익성이 보장되지 않는 민간인 공동주택 건설은 활성화 될 수 없었다.

자. 공동 주택 수익성

개인 소유의 서민 공동주택 logement populaire 은, 일반 공산품 工産品처럼 일정한 수익이 보장 되어야 한다는 것이, 1889년 당시 설득력이 있는 도덕가 道德家, moraliste 들의 주장이었다. 투자비용 원가 prix de revient 계산을 정확하게 한다는 전제 아래, 투자 금액에 대한 이익 배당 dividende 은 당시의 상거래 이자 intérêt commercial 인 2% 이상이어야 한다고 주장했다. 이정도의 배당금이라면, 많은 금융자본가 financier 들이 수많은 위생 공동주택 habitations salubres 을 창출해 낼 것이라는 주장이었다. 또한 투자비용을 올린다면 좀 더 위생적이고 안락한, 혁신적인 공동주택의 창출도 가능하다는 것이었다. 그렇지만 더 살기 좋은 공동주택 건설을 위해 투자비용을 제한하지 않는다면, 저소득 노동자나 근로자들의 월세 지불 능력을 감안해서 법으로 정해 놓은 임대료 상한과 충돌하는 일이 생기게 된다.

(5) 공동주택 면적

1903년 당시, 노동자 공동주택의 평균 면적은 50m² 이었다. 1985년에는 공공 임대 공동주택의 최소면적을 규제했다. 4인 가족의 1인당 주택 면적은 14m², 용적은 33m³ 이었다. 그러나 5인 이상 가족의 경우는, 1인당 주택 면적은 10m², 용적은 23m³ 씩 추가토록 했다. 2차 세계대전 이전 프랑스 공동주택의 형태 및 면적 기준은 표 2-001 과 같았으나 이 기준은 전쟁이 끝난 이후에 폐기되었다.

5) 공영 공동주택의 출현

표 2-001: 공동주택 형태 및 면적 프랑스

형 태	공급 주체 및 면적(m^2)		
	H.B.M.	H.B.M.A.	I.L.M.
쪽방 Chambre isolée	9~15 m^2	27 m^2	-
스투디오 Studio	15~25 m^2	37 m^2	-
2침실+주방 2 pièces+Cuisine	25~35 m^2	47 m^2	46 m^2
3침실+주방 3 pièces+Cuisine	35~45 m^2	57 m^2	58 m^2
4침실+주방 4 pièces+Cuisine	12 m^2 추가: 침실 1개 증가마다		
의무 편의시설	상수도, W.C.	상수도, W.C. 샤워, 가스	상수도, W.C. 가스, 전기, 욕실.
선택 편의시설	-	전기.	중앙난방, 엘리베이터 (5층 이상)

19세기말 빠리ᄒᆡ 공동주택 단지 분야의 전문가들은, 스스로 더 많은 빠리ᄒᆡ 최초의 노동자 공동주택단지의 건설 사례를 찾아내기 시작했다. 그들은, 왕정복고 Restauration 시대 및 루이 필립의 칠월 왕정 Monarchie de Juillet 치하에서 시행된 수많은 노동자 공동주택단지 건설 사례를 들추어냈으나 요상하게도 그것들은 항상 사람들마다 모두 달랐기 때문에 어느 것이 최초의 노동자들을 위한 공동주택단지인지는 알 수가 없다. 노동자 공동주택에 관한, 제1제정의 황제, 즉 나뽈레옹 1세의 정치, 경제적 관점 및 공동주택단지 사례는 다음과 같다.

(1) 나뽈레옹 1세의 정치, 경제학적 관점

나뽈레옹 1세의 노동자계급에 대한 부 富 의 배분에 관한 생각은 아래와 같은 말로 대변된다;

"나뽈레옹 1세는 군사, 사법, 행정 등의 분야에서는 타의 추종을 불허하는 탁월한 능력을 보였지만 경제 분야에서는 국가주의에 몰입되어 있었다. 다시 말해서 국가 주도의 공공사업이 실업자를 구제하고 경제에 활력을 준다고 믿었다. 한 예로 노동자들을 모아 도랑을 팠다가 다시 묻도록 하는 일을 반복시켰다."

공동주택에 관해서는 나뽈레옹 1세는, 그 자신이 빠리市 외곽지대에 노동자 공동주택단지 건축허가를 내주도록 간청을 받았지만 그 것을 거절하면서 다음과 같은 사유를 달았다:

-나는 그와 유사한 허가는 단 한건이라도 내주지 않기 위해서 아주 조심 할 것이다; 그런 허가를 내주는 것은 참호를 둘러친 야영진지를 구축하는데 동의하는 것과 다를 바 없는 것이며, 그런 경계선을 획정, 설치하는 것이 어떤 사람들에게는 모욕적일 수도 있으며, 또 다른 어떤 사람들에게는 그것이 위험할 수도 있는 것이므로, 결국은 그런 경계선은 모든 사람들에게 해로운 일이 되는 셈이다.

-노동자 공동주택단지를 건설하겠다는 발상은 참으로, 분명히 하나의 혁신적인 생각이다; 사람들은, 의심할 바 없이, 그것이 가난하고 집단적인 노동자들, 즉 어떤 신호가 떨어지자마자 귀족과 부자들에게로 내달릴 수 있는 그런 노동자들을 바로 곁에 잡아두기 위한 것 이라고 주장할 것이다. 일반 대중들은 그런 발상이 본심에서 우러나온 진심이라고 생각 하겠지만, 사실은 그것이 19세기 내내 우세했던 사상이었다는 것을 잘 모르는 것 같았다.

-어떤 노동자 공동주택단지 내에서, 만일 한 노동자가 병에 걸리거나 실직 한다면, 누가 그를 도울 수 있겠는가? 반대로 그런 노동자가, 풍요로움과 여유가 넘치는 단독주택 단지에 산다면, 사람들은 그에게 따뜻한 손길을 내밀 것이며, 틀림없이 그를 도와줄 것이다. 왜냐하면 가족으로 구성된 각 계층의 빠리 시민들은 화목으로 인한 행복함, 형제애로서의 참여 등에 관심을 갖기 때문이다.

(2) **최초의 공영 공동주택 단지**

프랑스에서 최초의 노동자 공동주택단지 cité ouvrière 는, 1834년 프랑스 북부 탄광촌, 블랑지 Blanzy 에 건설되었던 것으로 추정된다. 1836년에는, 최초의 뮐우즈 노동자 단독주택 maisons ouvrières de Mulhouse 단지가, 뮐우즈 시장이자 기업가인 퀘슈렝 A. Koechlin 에 의해서 건설되었다. 그 단지의 견본주택 protoytpes 건축은 건축가 지앙 돌퓌 Jean Dollfus 가 맡았다. 1859년에서 1870년 사이에는, 푸르히에 사상체계 système de Fourier 를 신봉하는 공상적 사회주의자들의 "사회주의 공동생활체 phalanstère" 가 자신들의 공동주택, 즉 기즈 공동주택 Familistère de Guise 을 건설했다. 푸리히에 Fourier, 1772~1837 는 프랑스의 공상적 사회주의 사상가로서 "사회주의 공동생활체"를 주창했다. 그러나 위와 같은 소규모 주택단지 건설은 19세기 중반 이후에는 그 양상이 달라졌다. 철근콘크리트 사용이 보편화 되면서, 공동주택의 대량 생산 시대가 열려, 수많은 대규모 공동주택단지가 생겨났다.

(3) **빠리의 공동주택 단지**

빠리히 시에는 1848년부터 1923년까지 다양한 형태의 공동주택이 건설되었다. 빠리히 제13구, 쟌-다르흐크 거리 rue Jeanne-d' Arc 에는 공동주택 및 2~3층의 단독주택 등 수많은 공동주택이 건설되었다. 특히 교회 광장 place de l' Eglise 주변의 잔-다르흐크 거리에 공동주택이 많았다(사진 2-062). 이들 공동주택 중, 45번지에 35세대 8층 아파트 가 1888년에, 5번지에 72세대 7층 아파트 가 1900년에, 그리고 59번지에 노동자 공동주택 habitations ouvrières 165세대 8층 아파트 가 1914년에 완공되었다. 빠리히 시에 건설된 전시 戰時 군대 막사와 같았던 수많은 공동주택단지 중 대표적인 공영 공동주택 단지는 다음과 같다.

가. 자선단체 공동주택 단지

빠리히 시에는 1888년에 최초로 사회사업 공동주택 immeuble social 이, 제13구 잔-다르흐크 거리에 건축되었다(사진 2-063) 이 공동주택은 전체 약 30세대로 구성되었으며, 각 세대의 면적은 약 30m² 이었다. 이 공동주택은 향후 이런 종류의 동동주택 건설의 모델이 되었다. 이 공동주택은 1780년에 창설된 자선단체 Société philanthropique 가 빠리히의 가난한 공장 노동자, 육체 노동자 등에게 자선을 베풀기 위해서 건축했다. 한편으로는, 비참한 주거 현실에 당면해 있는 노동자들이 폭동을 일으킬지도 모르는 사회 현실을 해소하려는 의도도 있었다. 이 공동 주택의 세입자 선정은 매우 엄격했다. 나무랄 데 없는 완전한 품행과 행동을 보인 80세 이상의 노동ㅈ, 홀로 6자녀 이상을 키우는 어머니, 눈먼 사람들 등이 입주 대상이었다. 그럼에도 불구하고 수많은 입주 지원자가 몰렸다. 자선 차원에서 책정된 임대료가 너무 쌌기 때문이다. 그러나 불행하게도 이익을 추구하지 않는 자선단체는 투자 자본이 고갈되어 새로운 사업을 진행 할 수 없었다.

나. 씨떼 나뽈레옹

가) 씨떼 나뽈레옹의 위치

1848년에서 1851년에 걸쳐 건설된 노동자 공동주택 단지, 씨떼 나뽈레옹 La cité Napoléon 은, 빠리히 제9구의 르호스슈아르

사진 2-062: 쟌-다르크 거리와 교회 광장 빠리 제13구, 프랑스

사진 상; 쟌-다르흐크 교회 후면, 사진 중, 교회 앞 광장 parvis 에서 본 쟌-다르흐크 거리, 사진 하; 1907년경, 교회 앞 광장에서 본 쟌-다르흐크 거리, 이 사진 상단에는 "빠리 제13구, 쟌-다르흐크 광장 앞의 쟌-다르흐크 거리, 프랑스 여자 영웅, 1409~1431" 이라는 글씨가 있다.

사진 2-063: 자선탄체 공동주택과 역사 표지판 빠리 제13구

사진 상; 옛날 공동주택 자리에 새로 들어선 주상복합 건축물, 이 사진 아래 왼쪽에 역사 표지판이 있다. 사진 하; 빠리 최초의 사회사업 공동주택 역사 표지판, 표지판의 내용은 본문에 모두 기술되어 있다.

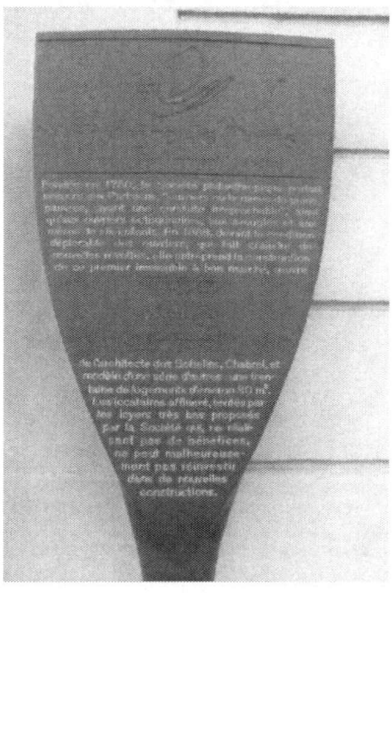

흐 거리 rue Rochechouart 58번지와 페트르헬 Petrelle 거리가 직각으로 만나는 모퉁이에 건축되었다(사진 2-064). 르흐스슈아르흐 거리는 몽마르흐트르흐 수도원 부속건축물 쪽으로 열려 있다.

나) 씨떼 나뽈레옹의 건설 목적

씨떼 나뽈레옹, 즉 나뽈레옹 노동자 공동주택 단지 Cité Ouvrière Napoléon 는, 인근에 새로 건설된 가스 공장 usine à gaz 의 노동자들을 수용하기 위해 건설된 공영 공동주택 단지이다. 이 공동주택 단지는 빠리히 최초의 박애주의 공동주택 단지 ensemble Philantropique 로 알려져 있으며, 고된 노동에 시달리는 노동자들에게 도덕적, 육체적으로 영향을 끼쳤다고 평가되고 있다. 씨떼 나뽈레옹은 왕자-대통령 Prince-Président, 루이 나뽈레옹 보나빠르흐트 Louis-Napoléon Bonaparte 의 건축가 마르히-가브리엘 뵈뉴이 Marie-Gabriel Veugny 가 1848년에 설계를 시작했다. 뵈뉴이는 당대의 전위예술 건축가 avant-gardiste 였다. 이상의 내용은 씨떼 나뽈레옹의 "빠리히 역사 표지판"의 기록을 발췌한 것이다(사진 2-065). 이 노동자 공동주택 단지는 설계당시에는 이름도 없었지만 훗날에 프랑스 노동자 공동주택 단지의 견본 prototype 이 되었다. 씨떼 나뽈레옹은 프랑스에서 최초로 건축된 노동자 공동주택단지를 찾아내는데 필요한 영감을 불러일으켰던 또 다른 중요한 원천이었다.

다) 공동주택 단지 작명 作名

1849년 2월에, 그 공동주택 단지 건설을 위해서, 익명의 한 주택건설회사가 창립 되었다. 그 회사의 자본금은 600만 프랑이고 발행 주식 수는 24만주였으며, 경영은 샤베르흐 Chabert 라는 사람이 맡았다. 그 건설회사는, 왕자-대통령, 루이-나뽈레옹 보나빠르흐트가 후원하고, 심지어 대통령 자신이 개인적으로 직접 출자를 했음에도 불구하고, 여러 가지 이유로 공사를 끝내기 위해 필요한 자금을 조달하는데 많은 어려움을 겪었다. 왕자-대

사진 2-064: 르호스슈아르흐 거리 빠리 제9구, 프랑스

사진 상; 트루휘댄 대로 Avenue TRUDAINE 에서 보이는 현재의 르호스슈아르흐 거리, 사진 하; 몽토롱 Rue de MONTHOLON 거리 모퉁이에서 보이는 1910년경의 르호스슈아르흐 거리

사진 2-065: 씨떼 나뽈레옹의 "역사 표지판" 빠리 제9구, 프랑스

르호스슈아르흐 거리에 있는 "빠리히 역사 표지판" 의 중앙에는 "씨떼 우브리에르흐 나뽈레옹" 의 중정 그림이 있다. 이 중정은 5층 건축물로 둘러 싸여 있다. 역사 표지판의 내용은 본문에 모두 기술되었다.

통령은 최후 수단으로, 여러 건설회사들 중에서 수-꽁뚜와 Sous-Comptoir 건설회사에 압력을 넣어 공사에 참여, 완공하도록 했다. 수-꽁뚜와는, 행정수완이 뛰어난 한 관리 오브레 Aubled의 도움을 받아 그 공동주택단지 공사를 끝내고, 1851년 11월에 그 주택들을 임대했다. 임대를 성공리에 마친 공사참여 그룹은 그 공동주택의 준공식을 거행하면서 그 이름을 씨떼 나뽈레옹 Cité Napoléon, 즉 나뽈레옹 노동자 공동주택 단지라고 작명했다. 참으로 시의 時宜 적절하게 때를 맞춘 절묘한 작명 시점이었다. 루이-나뽈레옹 보나빠르흐트 대통령이 꾸데따 coup d' Etat를 일으키기 불과 수일 전이었기 때문이다. 루이-나뽈레옹은 1851년 12월2일 꾸 데따를 일으켰으며, 이어서 1852년 12월2일에는 황제, 즉 나뽈레옹 3세가 되었다.

라) **건설회사**의 **목표**

씨떼 나뽈레옹을 건설한, 건설회사의 공동주택단지사업 위원회의 목표는 빠리히 시 20개구 모두에 사람이 살기에 적합한 주택단지를 하나씩 건설하는 것이었다. 건설회사의 상세 목표는 다음과 같다:

-노동자 공동주택단지에서는, 세입자 모두가 청결하고 통풍이 잘되는 집에서 살 것이다.

-세입자들은, 비위생적인 민간인, 개인주택의 단칸 셋방에 살면서 지불했던 월세보다 더 저렴한 셋돈을 지불하게 될 것이다.

-각 세대는 작은 주방 한 개, 2개의 침실로 구성하되 방 하나는 혼자서만 쓸 수 있도록 한다.

-집에는 냉난방설비가 있어서, 겨울철에는 난방설비로, 여름철에는 통풍설비로 활용이 가능하도록 한다.

마) **설계 원칙** 및 **상세**

총 200세대로 이루어진 노동자 공동주택단지, 즉 씨떼 나뻴레옹의 설계 원칙 및 상세는 다음과 같다.

(가) **건축물 배치** 및 **규모**

공동주택 200세대는 건축물 4개동에 각각 50세대씩 분산 배치 되었다. 지하 1층, 지상 5층인 각 동, 건축물의 정면은 모두 도로에 면하도록 계획되었다(사진 2-066). 도로에 면한 건축물 정면 중앙에 주출입구가 있어 도로에서 직접 건축물로 들어갈 수 있다. 각 세대에는 방이 하나 또는 두 개가 있다. 3~4인 한 가족을 위한 주택의 전용면적 기준은 27㎡ 이었다.

(나) **공동 서비스 시설**

노동자 공동주택 단지 중앙에는 안뜰이 있다. 공동변소와 생활 오물 배출시설은 각층 마다 있었으나, 수도 그 자체는 안뜰에 있는 시가 市街 수도전 水道栓 까지만 연결이 되었다. 집은 비좁고 불편했지만 일련의 공동 서비스 시설, 즉 공동세탁장, 건조장 및 목욕탕, 난방장치가 된 방문객용 휴게실, 탁아소, 일상의 의료진찰 및 무료 약 배급 등등이 그런 단점들을 보상했다.

(다) **중앙 홀**

① **계단** 및 **복도**

씨떼 나뻴레옹은 중앙 홀 계단과 복도를 통해서 각자의 집으로 들어갈 수 있는 구조이다. 원래 계획에는 홀 양쪽에 각각의 계단이 있었으나 실제 시공할 때는 홀 중앙에 한 개의 계단만을 설치했다(사진 2-067). 중앙 홀에는 많은 계단과 복도가 있는데, 이는 통행과 공기순환을 원활하게하기 위함이었다.

② **유리 지붕**

사진 2-066: 씨떼 나뽈레옹 빠리 제9구, 프랑스

사진 상; 설계 당시 주택단지 투시도, 사진 하; 도로에 면한 출입구가 있는 현존 건축물의 정면

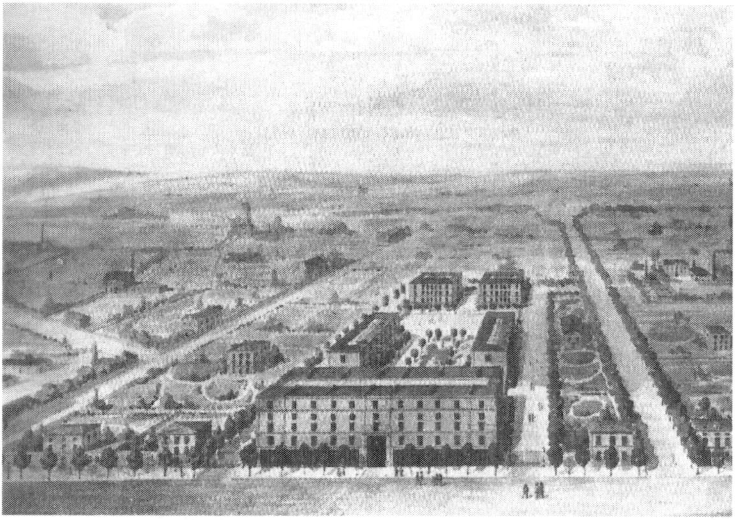

사진 2-067: 중앙 홀 내부 통로 씨떼 나뾜레옹, 빠리 제9구, 프랑스
씨떼 나뾜레옹의 중앙홀 내부 통로의 지붕은 유리로 되어 있다.

장방형 중앙 홀의 지붕에는 유리를 끼워, 햇볕이 잘 들어오도록 했다. 이 건축물 설계의 기본 원칙은, 건축물 내부에 하루 종일 햇볕이 잘 들어오고, 아주 작은 집이지만 건축물 양면을 외기에 노출시켜 공기순환이 잘 되도록 하는 것이었다. 그런 원칙은 지난날 노동자들의 누추한 집이 하루 종일 어둠침침하고, 공기순환이 안되어서 악취를 풍겼다는 점을 감안 한 것이다. 그런 설계 원칙은 원칙적으로 건축기술을 바탕으로 한 것이었다. 하지만, 그런 원칙의 내면에는 공동주택단지에 대해서 헛되고 과장된 말투로 비판을 일삼던, 공상적 사회주의 사상가 푸리에 Fourier 의 추종세력, 즉 푸리에주의자들이 최우선적으로 걱정했던 위생문제에 관한 그들의 기발한 착상이 반영된 것이었다.

바) **씨떼 나뽈레옹**에 대한 **평판**

사실 처음 몇 해 동안에는, 씨떼 나뽈레옹의 상황은 경제적으로는 성공하고 있는 것으로 평가되었다. 다시 말해서 수익성이 높은 공동주택이었다. 게다가 루이-나뽈레옹은 1852년에 이 공동주택 단지에 새로운 보조금을 쏟아 부었다. 당시에 씨떼 나뽈레옹의 년 간 순 수익률은 3.8% 였다. 씨떼 나뽈레옹에 대한 다양한 평판은 다음과 같다.

(가) **최초의 비판**

씨떼 나뽈레옹에 대한 최초의 비판은, 사람들이 조금은 지나칠 정도로 고급스럽다고 생각했던 공동주택 건축물 그 자체에 대해서가 아니고, 오히려 씨떼 나뽈레옹의 규모에 대해서 쏟아져 나왔다. 비판은 일반적으로 보수 계층에서 나왔으며 그 상세는 다음과 같다.

① **부인들의 해이**

보수주의자들에게는, 각 가정에 제공되는 각종 서비스로, 부인들의 막중한 가사 家事 부담이 경감됨으로서, 아이들에게 관심을 덜 갖게 되고, 가정에 소홀해지는 것은 아닌지 하는 등의 걱정이 앞섰다.

② **미풍양속**의 **퇴패** 頹敗

보수주의자들은, 사람들이 공동의 장소나, 계단 등에서 처녀, 총각들이 쉽게, 우연히 만남으로써 생길 수도 있는 미풍양속의 퇴패를 몹시 우려했다. 하지만 허구한 날 궁중에서 열리는 왕족, 귀족 남녀들의 연회, 무도회는 무엇인가?

③ **노동자들**의 **정치 세력화**

씨떼 나뻴레옹에 대한 가장 중요한 논쟁거리는 같은 장소에 많은 노동자들이 한꺼번에 집결, 정치 세력화할 우려가 있다는 것이다. 이에 대한 위정자들의 생각은 다음과 같다:

"수많은 처녀, 총각 세입자들이 모일 수 있는 공용의 커다란 방, 겨울철에는 난방이 되는 방, 즉 휴게실이 있는 공동주택단지를 한번 상상해보십시오. 게다가 그런 휴게실은 같은 구역의 다른 공동주택에 사는 노동자들의 모임의 장소가 될 수도 있습니다. 그렇다면, 특히 빠리하 시같은 대도시에서, 그런 모임의 장소가 소요와 폭동의 소굴로 변질 되지나 않을까하는 걱정은 안하십니까? 그런 모임에 나오는 노동자들이, 서로 아주 쉽게 만나고, 서로의 생각에 동조가 잘되고, 자신들의 문턱 뒤편에서 경찰의 감시를 따돌리고 음모를 꾸미기가 아주 용이하다면, 더욱더 그렇지 않겠습니까?"

④ **사회주의자들**의 **거부반응**

지금까지의 논쟁과 똑 같은 바로 그 논쟁이, 즉 공동주택 단지로 인한 노동자들의 집단화, 세력화의 우려에 관한 논쟁이 조금 수그러들면서 상황이 조금 바뀌었다. 그런 상황 변화의 결과가, 규모가 좀 되는 모든 노동자 공동주택 단지에 대한 사회주

의자들의 거부반응을 정당화 시켰다:

"군대 막사와 같은 기존의 공동주택 바로 옆에 잇대어서 쉽게 집을 지으면서 유태인 노동자 집단 거주 지역이 형성되었다. 이렇게 형성된 유태인 집단 지역은 옛날의 유태인 집단 거주 지역을 계승, 확산시켰다."

(나) 실용주의자들의 옹호

논쟁은 씨떼 나뽈레옹이 완공되기 직전에 시작됐다. 좀 더 실용주의적인 몇몇 사람들은 그 단지를 지키려고 애썼는데, 그것은 그 단지가 과연 몇 년 동안이나 유지되는지를 지켜보자는 것이었다. 씨떼 나뽈레옹의 의사인 따이유페 Taillefer 박사가 그런 경우였는데, 그는 그런 주장이 정당한 것임을 입증하는 소책자를 발행하기도 했다. 그는 중상 비방하는 사람들에게 조목조목 반박했다. 그는 곧바로, 12월2일 꾸 데따에 이어 발생한 소요사태 때, 노동자 공동주택 단지 세입자들이 보여준 신중한 태도로 비추어 볼 때, 많은 공동주택 단지는 "소요사태의 무덤" 이 되어, 혁명의 시대를 마감할 수 있는 장소가 될 것이라고 단언했다.

(다) 성공한 공동주택 단지

처음에는, 씨떼 나뽈레옹을 성공한 공동주택 단지로 평가했다. 의사들은, 그곳에는 비어있는 집이 없고, 월세를 못내는 세입자도 없으며, 전염병도 없다고 판단했다. 심지어 그 지역에 질병이 퍼지고, 어린이 보호시설은 꽉 차고, 공동 세탁장에는 사람들이 바글바글 할 때조차도 전염병은 없었기 때문이다. 사람들은 그 공동주택이 아주 좋은 집이며, 심지어 넓은 집이라고까지 말했다. 하기야 노동자들이, 온가족이 단칸-방에서 모두 함께 사는 것이 사회생활의 기본이었던 그런 시기를 돌이켜 본다면 그럴 만도 했다.

(라) 준공 12년 후의 평가

그러나 준공 12년이 지난 후에 사람들은, 노동자들이 씨떼 나뽈레옹에서 이탈하고 있다는 사실을 주목했다. 그것이 중상, 비방을 일삼는 자들의 책동 효과에 의한 것인지, 아니면 좀 더 단순하게 생각해서, 까다로운 건축물 내부 관리 규정 탓인지는 확실치 않다. 사실 씨떼 나뽈레옹 관리회사는, 보수주의자들을 안심시키기 위해서, 또는 실질적인 두려움 때문에, 매우 엄격한 정관을 만들었다. 회사정관에는, 특히 밤 10시 이후에는, 쇠창살문을 모두 닫고, 공동주택 단지의 안전 확보를 위한 건물관리 경비원과 세입자 감독을 위한 감독관을 추가로 한명씩 더 배치한다고 명시되어 있었다. 이들 두 가지 정관은, 원래 공동주택 단지에 입주할 대상이었던 세입자, 즉 활동량이 적은 은퇴자들이나 가난한 봉급생활자들이 씨떼 나뽈레옹을 떠나게 하는 원인이 되었다. 그런 연유로, 비록 공동주택 단지에는 항상 거주하는 세입자들이 있기는 했지만, 씨떼 나뽈레옹을 실패한 주택단지로 간주했다.

(마) 훈수꾼들의 한마디

사람들이 씨떼 나뽈레옹을 실패한 노동자 공동주택단지라고 평가하는 이유는, 아마도 보수주의자들을 안심시키기 위한 매우 엄격하고 까다로운 주택단지 관리 규정으로 인하여 진정 거주해야 할 세입자들이 단지를 떠났다는 사실과, 각 세대로 진입하는 건축물 내부 통로의 다소 생소하면서도 약간은 복잡한 구조로 인해서 야기된 세대 출입의 불편함, 그리고 노동자들의 집단화에 대한 위정자들의 두려움으로 인한 악평 때문인 것 같다.

씨떼 나뽈레옹의 입주자들은 건축물 중앙 홀의 계단과 복도를 통해서 각자의 집으로 들어간다. 홀에는 통행용의 연속된 구름다리와 층계참이 있는 계단들이 많아 다소 복잡한 느낌이 있기 때문에 이를 비난하는 무리들이 생겨났다. 시대를 앞선 실내 동선 動線 체계에 대해서 나쁜 평가가 나오는 것은 아마도, 전혀 새로운 생활 방식에 대한 본능적인 거부 반응일 수도 있고, 새로운 방식에 적응하는데 시간이 필요했기 때문일 수도 있다. 비판의 주요 무리들은 다음과 같다.

① 건축가 무리

건축 전문가들인 일단의 건축가 무리들은 건축물 본체 중앙에 있는 장방형 홀을 비난했다. 그 홀에는, "군대막사, 병원, 수도원" 등을 연상케 하는, 매어달린 것처럼 보이는 긴 회랑과 대형 유리지붕이 있기 때문이다. 심지어 어떤 건축가는 감옥을 연상하기도 했는데, 장방형 홀이 당시의 감옥 건축물의 공간구성과 유사했기 때문이다.

② 에밀 트르헤라

건축가 에밀 트르헤라 Emile Trélat 는 "노동자들 주거용으로 제공된 씨떼 나뽈레옹은 완벽하게 불편한 군대 야영지 막사와 다를 바 없는 것이다." 라고 지적했다. 그런 식으로 오명을 뒤집어 쓴 씨떼 나뽈레옹은 망각 속으로 사라졌다. 간단히 말해서 씨떼 나뽈레옹을 비난하려는 것은 아니지만, 19세기 말에는 그 어떤 건축공사에서도 씨떼 나뽈레옹에 적용된 시대를 앞선 새로운 건축 기술을 인용하지 않았다. 그런 까닭으로 건축전집에 당연히 실려 있어야할 씨떼 나뽈레옹의 설계도는, 출판된 그 어떤 건축전집에도 없다.

다. 씨떼 쟌-다르크

씨떼 쟌-다르흐크 Cité Jeanne-d'Arc 는 1884년에 빠리히 제13구, 쟌-다르흐크 거리 rue Jeanne-d'Arc 에 건설된 공동주택 단지 ensemble 이다(사진 2-068). 난민 수용소나 군대 주둔지의 막사와 같았던 이 단지는 공동주택 건축물 immeubles collectifs 과 아케이드 속에 진입로가 있는 골목길 ruelle 로 구성되었다. 그 어떤 쾌적한 편의 설비도 없이, 수많은 구획으로 분할된 이 단

사진 2-068: 쟌-다르흐크 거리 빠리 제13구, 프랑스

사진 상; 1906년, 씨떼 쟌-다르흐크 부근의 쟌-다르흐크 거리, 이 사진 밑 부분에는 "쟌-다르흐크 광장에서 찍은, 빠리 제13구, 쟌-다르흐크 거리" 라는 글씨가 있다. 사진 하; 현재의 쟌-다르흐크 거리

지는 도시가 공업화되면서 가난한 노동자들이 몰려들어 급속히 빈민굴이 되었다. 이 단지 주변에는 오스떼르흐리츠 기차역 gare d' Austerlitz, 센 la Seine 강둑 쪽에 수많은 물류창고, 정유공장, 자동차공장, 초콜릿 제조공장 등이 우후죽순처럼 들어섰다. 불

결하고 범죄가 끊이지 않는 이 주택단지는 폭동의 진원지가 되었다. 이 단지는 명백한 과오도 없이 진압의 대상이 되는가 하면, 지원의 대상이기도 했다. 1934년에는, 하원의원 앙드르헤 마르흐티 Andrét Marty 의 지시를 받는 인민전선 Front populaire 선견대 先遣隊 의 활동이 이 단지에서 나타났다. 인민전선의 폭도들은 경찰에 대항해서 이 단지에 바리게이트를 세우고 저항했다. 씨떼 쟌-다르흐크는 1938년에 법원으로부터 철거 선고를 받았다. 흔적도 없이 사라진 지난날의 씨떼 쟌-다르흐크 자리에는 새로운 건축물이 들어섰다(사진 2-069). 그 앞에는 "역사 표지판" 만이 남아 있다(사진 2-070). 씨떼 쟌-다르흐크의 관리는 매우 부실하였으며, 그로인한 참담한 현실은 다음과 같다.

가) 단지 내부의 골목길

씨떼 쟌-다르흐크, 즉 숙박촌 宿泊村 내부에 있는 골목길은 원래는 자갈을 깔고 다진 다음 그 위에 다시 시멘트로 포장해서 만들었다(사진 2-071). 이들 골목길은 씨떼 쟌-다르흐크 단지 내부의 구획선이기도 했다. 그러나 관리 부실로 이 골목길들은 완전히 파괴되어 여기저기에 구덩이가 생겼으며, 거기에는 빗물이나 생활오수가 고여서 썩고 있었다.

나) 시장 市場 개설

씨떼 쟌-다르흐크의 입주민들은, 모든 안뜰 또는 작은 안뜰에 자신들이 활용할 수 있는 조그만 시장을 개설할 생각을 했던 것 같다. 이것이 불가능하다면 적어도 그들 중 한곳에 만이라도 시장 개설을 바랬던 것 같다. 시장을 개설하려 했던 안뜰에는 서까래들이 남아있었는데, 지금은 사라지고 없는, 그 서까래들은 아마도 안뜰의 시장 지붕을 떠받치고 있었던 것 같았다. 지금은 쓸모가 없어진 빗물 홈통도 있었다. 폐기물이 된 서까래에는, 모든 위층에 사는 사람들이 안뜰로 마구 내던져 버린 옷 조각이나 넝마 조각들이 흉물스럽게 걸쳐있었다. 서까래에 걸려있는 그들 헌옷이나 넝마 조각들은 그 상태 그대로 거기서 썩어 가고 있었다. 지난날에 안뜰의 유리지붕에서 흘러내리는 빗물을 받아 두었던 물통은 아주 자연스럽게 생활 폐기물이나 일반 쓰레기를 버리는 쓰레기통이 되었다. 물통에 대량으로 쌓인 쓰레기들은 썩어서 악취를 풍겨, 주변 공기를 오염시켰다. 문제는 물통에서 썩어 악취를 풍기는 그 쓰레기들을 치워 물통을 깨끗이 청소 할 수 있는 그 어떤 행정적 절차도 없다는 것이다. 모든 작은 안뜰에도 마찬가지로 그런 물통들은 있었다.

사진 2-069: 씨떼 쟌-다르흐크 자리 빠리 제13구, 프랑스

씨떼 쟌-다르흐크의 옛터에는 새로운 건축물이 들어섰다. 이 사진의 중앙 하단에 씨떼 쟌-다르흐크에 관한 역사 표지판이 있다. 신호등과 교통 표지판에 가려서 잘 안 보인다.

사진 2-070: 씨떼 쟌-다르흐크 역사 표지판 빠리 제13구, 프랑스

쟌-다르흐크 거리, 옛날 씨떼 쟌-다르흐크 자리, 신축 건축물 앞에 있는 이 역사 표지판의 내용은 본문에 기술 되었다.

사진 2-071: 씨떼 쟌-다르흐크 골목길 빠리 제13구, 프랑스

병기창 兵器廠, Pavillion de l' Arsenal 을 배경으로 한, 1938년 당시의 씨떼 쟌-다르흐크 골목길, 이 사진 하단 우측에는 "1938년, 씨떼 쟌-다르흐크(병기창 아래쪽)" 이라는 글씨가 있다.

다) 상하수도 시설

쟌-다르ㅎ크 거리에서 나시오날 거리에 이르는 골목길 공동주택에는 그 어느 곳에도 생활용수가 공급되지 않았다. 게다가 이 골목길에 있는 공동주택의 계단에는 햇빛조차도 전혀 들어오지 않았다. 나시오날 거리는 쟌-다르ㅎ크 공동주택 단지를 가로지르는 도로이다. 또한 쟌-다르ㅎ크 공동주택 단지에 있는 그 어떤 건축물의 그 어떤 층에도 생활 오수를 배출할 수 있는 배수설비는 단 한개도 없었다. 실정이 이러다 보니, 공동주택 세입자들은 어쩔 수 없이, 습관적으로 악취 나는 생활오수와 오물을 창밖으로 내던졌다.

라) 건축물 관리 현황과 주거환경

(가) 건축물의 파손 및 오염

① 건축물 정면과 공기 오염

씨떼 쟌다르ㅎ크에 있는 건축물은, 진입 또는 막다른 골목길에 있는 건축물은 물론이고, 심지어 쟌-다르ㅎ크 거리 rue Jeanne-d'Arc 와 나시오날 거리 rue Nationale 에 면해있는 건축물조차도 그 정면 façades 에 지금까지 한 번도 마감용 유성 페인트나 벽칠 유색 물감을 바른 일이 없다. 그런 연유로 대기 중에 떠돌던 유기물질이 건축물 외벽 표면에 들러붙어 발효되면서 공기 오염을 촉발했다.

② 내부 계단 및 공동변소 오염

건축물 내부의 오염은 일층 계단에서 시작되어 전체로 확산되었다. 일층은 지하실과 직접 통해 있는데, 지하실에는 오물 정화설비가 있었다. 넘쳐흐르는 오물로 지하실은 오염이 매우 심각했지만 관리나 감독은 거의 이루어지지 않았다. 게다가 최소한 3개의 2층 계단실은 매우 어둡고 불결했는데, 이는 하루 종일 햇볕이 거의 들어오지 않았기 때문이다. 특히 고층 공동주택의 경우, 오염이 심각한 지하실로부터 각층에 있는 공동변소를 통해서 건축물 높은 곳까지 오염이 번져나갔다(사진 2-072). 각층의 공동변소에는 지하실까지 통하는, 오염의 통로 구실을 하는 커다란 구멍이 뚫려 있었기 때문이다. 각층에 있는 공동변소 역시 오물이 넘쳐 오염이 극심했으며, 다수의 공동변소는 문짝조차 떨어져나갔다. 오염되어 납빛으로 변한 공동변소의 벽면에는 병균이 득실거렸다.

사진 2-072: 공동변소 평면도 노동자 표준공동주택, 빠리, 프랑스

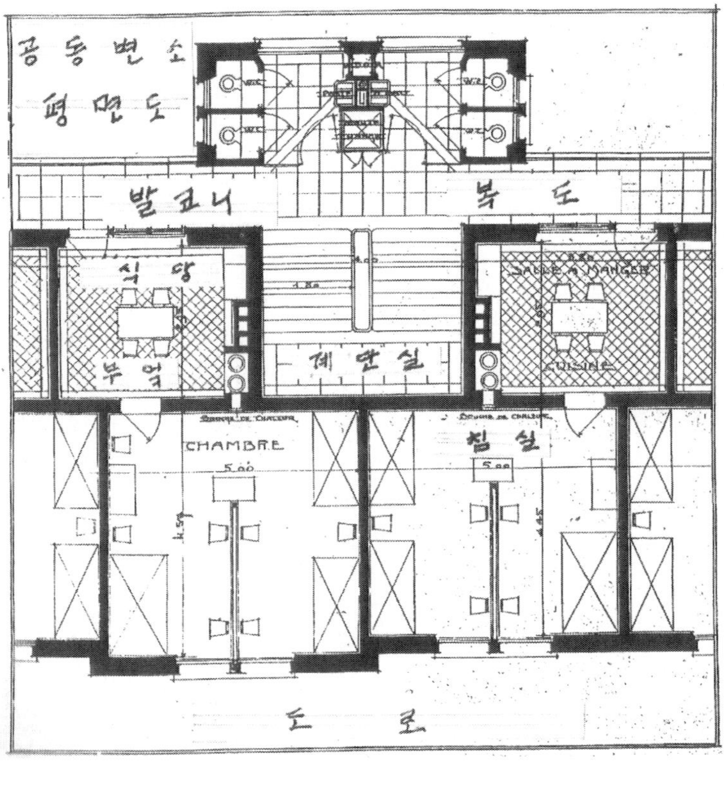

③ 건축물 내부 파손 및 비위생

잔-다르흐크 거리에 있는, 세입자가 살고 있는 공동주택 가운데, 어떤 세대의 벽은 페인트가 갈라져서 틈새가 벌어졌으며 천장에는 빗물이 스며들었다. 이들 세대의 벽과 천장의 불결함은 그 어디에도 견줄 수 없는 비위생의 극치였다. 공동주택의 거의 모든 층의 내부는 비위생적이고 불결했으며, 그 실상은 다음과 같다:

-천장은 더러웠고, 벽지는 갈가리 찢어져서 너덜너덜했으며, 그 위에는 아주 자연스럽게 해충들이 들끓었다. 건축물 바닥에는 오물이 쌓여 두꺼운 층을 이루었다.

-어떤 곳에서는 출입문의 널빤지가 떨어져 나갔는가하면, 다른 곳에서는 유리창에서 유리가 깨져, 빠져나갔다. 게다가 창호 철물은 망가졌고, 목제 창틀 상태도 불량하여, 결국 창문을 열 수도 없었다.

-실내에 설치된 대부분의 벽난로는 파손되었으며, 부서진 다리조차도 교체되지 않았다.

(나) 비위생의 판단 기준과 불량 주거환경

잔-다르흐크 공동주택 단지에 있는 많은 건축물들의 좋고 나쁨은, 다양한 크기의 안뜰이나 골목길 또는 위생상태 등에 의해서 변별되었다. 특히 비위생 상태의 식별 기준과 불량 주거환경 판단 기준은 단순하고 획일적 이었다;

-건축물 바닥의 경우, 마감 재료에 금이 가고, 틈새가 벌어졌거나 부풀어 올라 불룩하다면, 그 건축물은 상태가 좋지 않은 비위생적인 건축물이 되는 것이다.

-생활 오수의 경우, 건축물 내부에는 그 어떤 배출설비도 없다. 고층에 있는 모든 세대는 그저 오수 배출구나 창문을 통해서 안뜰로 오수를 쏟아 부으면 되는 것이다. 게다가 오수와 더불어 쓰레기를 투척하는 일도 일상화 되었다. 공동주택에서는 생활오수 배출구가 건축물 내부를 수직으로 관통하면서 건축물을 오염시켰다. 그런 연유로 모든 안뜰은 항구적 오염의 도가니가 되어 비위생적인 주거환경을 유발했다.

-일층에 있는 각종 상점들의 바닥은, 다양한 천연 건축재료 및 쓰레기로 뒤덮여 있었다. 상점 바닥 이 곳, 저곳에는 구멍이 뚫어졌으며, 그 곳에는 물이 스며들고 부패하여 비위생적인 주거환경이 되었다.

-작은 가게의 진열창들은 대부분 파손되어 거의 폐허 상태가 되었으며, 깨진 진열창에는 접합이 불량한 널빤지가 덧붙여 있었다. 이리하여 불량 주거환경이 된 것이다.

6) 공공 주도의 공영 공동주택

(1) 저가 공동주택 공급현황

프랑스는 1차 세계대전과 2차 세계대전 사이의 기간 동안에, 새로운 정치 및 사회적 환경이 조성되면서 다양한 형태의 공동주택의 대량 공급이 불가피해졌다. 프랑스는 1928년부터 1933년까지 5년 동안 전국에 26만 세대의 공동주택을 공급했다. 그 중 20만 세대는 공영 공동주택, 즉 저가 공동주택 H.B.M. 이었고, 나머지 6만 세대는 고층의 중가 中價 임대 공동주택 I.L.M. Immeubles à Loyers Moyens 이었다. 공동주택의 공급이 증가하면서 아주 초보적 수준의 저가 공동주택은, 좀 더 규모가 커지거나 치장이 좀 더 부자연스러워 지면서도 그 수량은 두 배로 불어났다. 필연적 귀결로서 건축주 maîtres d ' ouvrage 도 우후죽순 격으로 많이 늘어났다. 그러나 저가공동주택은 언제나 같은 형태로 재생산되는 판박이 주택이었다. 그럼에도 그런 저가 공동주택 건설은, 프랑스에서 공영 공동주택 logement social 에 관한 모든 계획이 중단되었던 1934년 내지 1935년까지 대세를 이루었다.

(2) 빠리의 공동주택과 임대료

1911년 빠리 시는 인구 과잉으로 인한 주택 부족이 심각한 사회 문제가 되었다. 3~4인 가족용으로 설계된 방 2개짜리 공동주택의 방 하나에 3~4인이 거주하는 것은 흔한 일이었다. 당시 빠리 시의 공동주택 평균 임대료는 m² 당 7프랑, 즉 보통 수준의 30m² 공동주택의 경우 1년 동안의 임대료는 210프랑인 셈이었다. 이후 새로 공급되는 공동주택의 임대료 수익성 책정은 투입자본에 금리상승분을 더한 총액의 3.3~4.16%, 즉 연간 물가 상승률을 기준으로 한 것으로 추정된다. 빠리 시에는, 도시의 중심이자 프랑스의 중심인 씨떼 섬을 중심으로 하는 제1구에서 8구까지에는 비교적 부유한 사람들이 많이 살았다. 따라서 저가 공동주택의 상당수는 서민들이 많이 살고 있는 제9구부터 20구까지에 주로 건설되었다. 주택문제 해결에 나선 빠리 시당국은 가족 수에 따른 세대수에 관한 통계자료를 바탕으로 주택 규모별 소요량을 파악, 주택공급을 시작했다.

가. 빠리 시 공동주택 공급현황

빠리 시에는 1888년부터 1933년까지 공동주택 및 사회공영주택 약 2만7715세대와 쪽방 1128개가 공급되었다. 이들 공동주택을 공급하는데 앞장섰던 주요 정부기관, 각종 관련 단체 및 주택건설회사의 사업개시 년도, 단체 명칭, 주택 공급 현황 등은 다음과 같다:

-1888, 자선재단 Société philanthropique

공동주택 418세대 및 단칸-방 273개를

1888년~1908년에 13, 15, 18, 19구에 건설

-1890, 개신교 자선단체 Association Protestnte de Bienfaisance
공동주택 28세대를 1892년에 빠리히 제18구
보방아르흐크 거리 rue Vauvenargues 와 마르흐까데
거리 rue Marcadet 에 건설(사진 2-073),
건축가, 뽀미에르흐 F. Paumier

-1890, 빠리히 저가공동주택협회
Société des habitations économiques de Paris
공동주택 133세대를 1890년~1895년에
8, 12, 13구에 건설

-1899, 노동자 단독주택 그룹 Groupe des maisons ouvrières
공동주택 1251세대 및 단칸-방 743개를
1900년~1920년에 13, 14, 18, 20구에 건설

-1903, 저가위생공동주택협회
Société des logements hygiéniques à bon marché
공동주택 187세대를 1904년~1914년에
13, 14, 18, 20구에 건설

-1903, 다자녀 多子女 가족을 위한 저가공동주택협회
Société des Logements économiques pour familles nombreuses
공동주택 500세대를 1905년~1914년에
13, 14, 15, 18, 19, 20구에 건설

-1904, 로흐스췰드 재단 Foundation Rothschild
공동주택 1125세대를 1907년~1919년에
11, 12, 15, 18, 19구에 건설

-1905, 르 프로흐그레헤 Le Progrès 건설회사
공동주택 362세대를 1906년~1921년에

사진 2-073: 마르흐까데 거리 빠리 제18구, 프랑스

사진 상; 1908년경, 하-마르흐까데 거리, 이 사진 위쪽, 왼쪽에는 "마르흐까데 거리와 잠수복 발명자의 집" 이라는 글씨가 있다. 사진 하; 1906년경, 마르흐까데 4거리, 이 사진 아래쪽, 중앙에는 "빠리-마르흐까데 4거리" 라는 글씨가 있다.

5, 13, 15, 17, 19구에 건설

-1905, 웰 재단 Fondation A. et J. Weill
공동주택 151세대 이상을 1909년~1914년에
2, 18구에 건설

-1905, 센 Seine 도 道 의 저가공동주택협회
Sociètè des habitations économiques de la Seine
공동주택 110세대를 1906년~1909년에
11, 15구에 건설

-1905, 우편, 전신, 전화 회사의 여성 기숙사
Maisons des Dames des Postes, Télégraphes et Téléphones
단칸-방이 112개가 있는 이 기숙사,
즉 저가 공동주택 habitations à bon marché 을
1906년에 빠리히 제7구 리유 거리 rue de Lille
41번지에 건설(사진 2-074), 이 기숙사에는 근처에
있는 전화공장에서 일하는 30세 이하의 독신 여성
노동자들이 살았다.
건축가, 브리올 E. Bliault

-1905(?), 저가공동별장협회
Société des logements économiques de Plaisance
이미 철거되어 그 수량을 알 수 없는 저가 공동
별장을 1906년에 빠리히 제14구, 기유미노 거리
rue Guilleminot 26~30 번지에 건설(사진 2-075),
건축가, 마르흐뗑 A. Martin

-1905(?), 위생공동주택협회 Société des logements salubres
공동주택 약 100세대를 1907년에 17구,
뿌쉐 거리 rue Pouchet 75번지와 독뙤르흐 르호슈

사진 2-074: 리유 거리 빠리 제7구, 프랑스

사진 상; 1905년경, 41번지에 있었던 기숙사와 독신 여성 노동자들, 사진 하; 1908년부터 101번지에 있었던 젊은 독신 여성들을 위한 기숙사 Maison de famille 와 거주 여인들, 1920년경

사진 2-075: 기유미노 거리 빠리 제14구, 프랑스

1905년경, 이 거리의 옛날 명칭은 보지르하르흐 꼬뮌 길 Voie de la commune de Vaugirard 이었다. 기유미노 길의 명칭은, 1863년에 장군이자 외교관이었던 기유미노 Guillemino, 1774~1840 의 이름에서 따왔다. 이 사진 상단 중앙에는 "샤또 거리, 기유미노 거리 및 서 거리" 의 글씨가 있다.

거리 rue du Docteur Roche 에 건설,
건축가, 쎙트르하 Cintrat (?)

-1906, 빈민구제사업단 Assistance publique
공동주택 1460세대 이상을 1908년~1921년에 11, 13, 14, 18구에 건설

-1908, 서민위생주택협회
Société des logements populaires hygiéniques
공동주택 60세대를 1911년에 17구, 베씨에르흐 대로 bd Bessières 17번지에 건설,
건축가, 펜 L. Feine

-1908, 르 프와예 Le Foyer 건설회사
공동주택 78세대를 1909년에 5구, 라프라스 거리 rue Laplace 9번지에 건설,
건축가, 보드와예르흐 G. Vaudoyer

-1909, 빠리 제16구 저가공동주택주식회사
Société anonyme des habitations à bon marché du XVIe arrdt.
공동주택 52세대를 1911년에 16구, 샤르흐동-라가슈 거리 rue Chardon-Lagache 53번지에, 그리고 73세대를 1915년에 16구, 브와로 거리 rue Boileau 87번지에 건설(사진 2-076), 건축가, 에르흐네스 G. Ernest

-1910, 쎙제-뽈리냑 재단 Foundation Snger-Polignac
공동주택 64세대를 1911년에 13구, 꼴로니 거리 rue de la Colonie 72번지에 건설,
건축가, 보드와예르흐 G. Vaudoyer

-1912, 서민공동주택빠리협회
Sociètè parisienne d'habitations populaires
낡은 집을 구매, 위생설비를 갖춘 집으로 개조, 다시 파는 사업을 함

-1913, 라 나시오날 La Nationale 보험회사
공동주택 146세대를 1914년에 14구, 조베-뒤발 거리 rue Jobbé-Duval 14번지~18번지에 건설,
건축가, 보드와예르흐 G. Vaudoyer

-1913, 드 귀 다르흐시 재단 Fondation Y. de Gouy d'Arsy
공동주택 60세대를 1913년에 13구, 베르늬오 거리 rue Vergniaud 58번지에 건설(사진 2-077),
건축가, 보드와예르흐 G. Vaudoyer

사진 2-076: 샤르흐동-라가슈와 브와로 거리 빠리 제16구, 프랑스

사진 상; 1935년경의 샤르흐동-라가슈 거리, 사진 하; 1910년경의 브와로 거리, 이 사진 중앙 상단에 "모리또 거리에서 찍은 브와로 거리" 라는 글씨가 있다.

사진 2-077: 베르늬오 거리 빠리 제13구, 프랑스

1925년경, 베르늬오 거리 45번지 앞, 맥주 배달 상인들이 호텔-식당 hôtel-restaurant 앞에서 잠시 휴식 중이다.

-1913, 빠리히 시의 H.B.M. Ville de Paris, H.B.M.
공동주택 1만373세대를 1913년~1934년에 1, 12~20구에 건설

-1914, 라 세퀴리히테 La Sécurité 협동조합
공동주택 48세대를 1917년에 17구, 에피네뜨 거리 rue des Epinettes 59번지에 건설

-1914, 르망시빠시옹 L'Emancipation 건설회사
공동주택 72세대를 1914년에 15구, 올리비에-드-세르헤 거리 rue Olivier-de-Serres 에 건설(사진 2-078)

-1919, 빠리히 시의 공공사업국 H. B. M.
Office public d' H.B.M. de la Ville de Paris

사진 2-078: 올리비에 드-세르헤 거리 빠리 제15구, 프랑스

사진 상; 1900년경의 올리비에 드-세르헤 거리, 사진 하; 1910년경의 올리비에 드-세르헤 거리

공동주택 5462세대를 1913년~1927년에
12, 13, 17, 18, 19구에 건설

-1923, 빠리부동산공사
R.I.V.P.: Régie immobilière de la Ville de Paris
공동주택 4685세대를 1923년~1933년에
12, 14, 16, 17, 20구의 능보 Bastion 에 건설

*20구, 능보 16,
-성곽 문, 메닐몽땅 Porte de Ménilmontant
446세대, 1923년~1927년
건축가, 부세 Bouchet
-모르흐티에르흐 대로 bd Mortier 76~94번지,
423세대, 1933년
건축가, 뒤프르헤 Dupré

*17구, 능보 59,
-성곽 문, 샹뻬르헤 Porte de Champerret
490세대, 1923년~1927년
건축가, 프루세 Plousey 와 르항꽁트르 Rencontre
-구비용 셍-씨르흐 대로 bd Gouvion Saint-Cyr
2~16번지, 146세대, 1932년
건축가, 그르하네 A. Granet

*16구, 능보 66,

-성곽 문, 셍 크루 Porte de St Cloud
536세대, 1923년~1927년
건축가, 기드띠 Guidetti
-도드 드 라 브르휘느르히 대로 av Dode de la Brunerie

377세대, 1932년
건축가, 뛰르흐 A. Tur

*14구, 능보 79~80,
-성곽 문, 오르흐레앙 Porte d' Orleans
854세대, 1923년~1927년
건축가, 모리니 Molinie, 니꼬 Nicod 그리고
뿌티에르흐 Pouthier
-주르흐당 대로 bd Jourdan, 540세대, 1932년
건축가, 데 그리고 엘 D. et L.
-브르휜 대로 bd Brune, 358세대, 1932년
건축가, 브르항동 Brandon

*12구, 능보 8,
-성곽 문, 생-망데 Porte de Sainr-Mandé
230세대, 1923년~1927년
건축가, 4인 종합건축사사무소
Les 4 aechitectes réunis en agence
-성곽 문, 생-망데 Porte de Sainr-Mandé
285세대, 1933년
건축가, 뿌티에르흐 Pouthier

-1933, 빠리중가임대공동주택 I.L.M. 사업소
공동주택 717세대를 1933년에
3, 11, 12, 14, 15, 19, 20구에 건설

나. 공동주택 건축 상세

가) 자선 단체, 즉 박애주의 단체 Société philanthropique

(가) **재단 최초의 공동주택 35세대**

-건축년도: 1888년
-건축가: 사브르홀 W. Chabrol
-주소: 13구, 잔다르흐크 거리 45번지
45, rue Jeanne d'Arc, 13e
-타입: 방 2개형 주택
-설비: W.C./주방/지하창고/수도 및 가스/실내쓰레기배출관
-전용면적: 24~29m²
-연간 임대료: 227프랑
-연간 수익성: 1889년 당시 3.97%

(나) **공동주택 54세대**

-건축년도: 1896년
-건축가: 쎙트르하 Cintrat
-주소: 19구, 오뿔 거리 35번지(사진 2-079)
35, rue d'Hautpoul, 19e
-타입: 방 1, 2, 3개형 주택
-설비: 현관/주방/W.C.
-배치: 홀 hall 식,
중간 계단참 demi-paliers 양쪽에 1세대씩 배치
-수상 受賞: 1901년, 우수 공공주택 경기에서 수상
-연간 임대료: 건축 초기, 230~315프랑

(다) **공동주택 38세대**

-건축년도: 1898년
-건축가: 사브르홀 W. Chabrol
-주소: 18구, 끄리냥꾸르흐 거리 77번지(사진 2-080)
77, rue de Clignancourt, 18e
-타입: 방 2개형 주택
-설비: W.C./주방/수도 및 가스/실내쓰레기배출관
-전용 면적: 45m²
-연간 임대료: 건축 초기, 290~400프랑

나) **빠리 저가공동주택협회**

Société des habitations économiques de Paris

-건축년도: 1890년,

공동주택 133세대를 8, 12, 13구에 분산 건설

-건축가: 사브르홀 W. Chabrol

-주소: 13구, 뒤누와 거리 10번지(사진 2-081)

10, rue Dunois, 13e

-타입: 방 3개형 공동주택/간이주방 coin cuisine

방 2개형 공동주택/간이주방

방 2개형 공동주택/취침용곁방/독립주방

-설비: W.C./지하창고/실내쓰레기배출관

-평균 전용면적: 32m²

-평균 연간 임대료: 282프랑

-평균 연간 순수익성: 1896년 당시 3.3%

사진 2-079: 오뽈 거리 빠리 제19구, 프랑스

이 거리 38번지에는 눈에 잘 뜨이지 않는 조그만 무덤, 즉 수많은 나뽈레옹 전쟁터, 특히 에로 Eylau 전투에서 명성을 날린 육군 소장 조셉 도뜨뽈-사예뜨 Joseph d' Hautpoul-Sallette, 1754~1807 의 무덤이 있다.

사진 2-080: 끄리냥꾸르흐 거리 빠리 제18구, 프랑스

사진 상; 1910년, 사진 왼쪽에 지붕 위에 좌석이 있는 한 승합자동차 omnibus à impériale 가 이 거리를 내려오고 있다., 사진 하; 1903년경, 서적-문방구점 몽뜨제 librairie- papeterie Montezer 앞에는 서적판매상인, 건물관리인, 단골손님, 어린아이들, 심지어 두 마리의 개들도 보인다. 이 사진 상단에는 "몽마르트르-끄리냥꾸르흐 길, 빠리 제18구 중앙우체국 거리" 라는 글씨가 있다.

사진 2-081: 뒤누와 거리 빠리 제13구, 프랑스
지난날 쟌-다르흐크의 전우 戰友 들을 찬양했던 이 거리의 1905년 모습

다) **다자녀 가족**을 위한 **저가공동주택협회**

Société des Logements économiques pour familles nombreuses

-건축년도: 1911년, 공동주택 107세대

-건축가: 보드엥 W. A. Beaudouin

-주소: 13구, 켈레르흐만 대로 16번지(사진 2-082)

16, boulevard Kellermann, 13e

-타입/전용면적/연간임대료;

방 4개형 공동주택/46m²/344~448프랑

방 3개형 공동주택/36m²/330프랑

방 2개형 공동주택/25m²/260프랑

-각 세대 설비: 터키식W.C./찬장있는발코니/세탁물보관함/지하창고/상하수도 및 가스설비가된주방

-공동설비: 세탁장/옥상건조장/욕조-샤워장/자전거보관소

-건축재료: 재활용 가능한 건축자재 사용

-조그만 텃밭

사진 2-082: 켈레르흐만 대로 빠리 제13구, 프랑스

켈레르흐만 대로 5번지에 있는 빠리히 성곽 문, 비쎄트르흐 la porte Bicêtre 의 1900년경의 모습

라) 르 프로그레 Le Progrès 건설회사

(가) 공동주택 41세대

- -건축년도: 1906년
- -건축가: 기용 G. Guyon
- -주소: 19구, 크르히메 거리 12번지(사진 2-083)
  12, rue de Crimée, 19e
- -타입: 방 2개 및 3개형 주택
- -설비: W.C./주방/지하창고/창고
- -전용면적: 43~63m²
- -연간 임대료: 357~464프랑
- -공동설비: 자전거보관소/세탁장/건조대
- -임대조건: 방 하나에 어린이 1명 이하의 가정
- -임대료 지불 방식: 매월
- -관리인 수당: 어린이 1명당 연간 1프랑

-연간 순수익성: 1911년 당시 4.14%
-도시계획으로 철거됨

(나) **공동주택 83세대**
-건축년도: 1909년
-건축가: 기용 G. Guyon
-주소: 15구, 께 드 자벨 51번지(사진 2-084)
51, quai de Javel, 15e
-타입: 방 1, 2, 3개형 주택
-전용면적: 24, 38, 53m²
-연간 임대료: 258, 386, 486프랑
*기타조건은 (가)와 동일

사진 2-083: 크르히메 거리 빠리 제19구, 프랑스

크르히메 거리는 빠리히 19구에서 가장 긴 거리이다. 19구의 남북을 연결하는 이 거리의 전체 길이는 2540m 이다. 1905년경의 모습

사진 2-084: 께 드 자벨의 식당 빠리 제15구, 프랑스

이 사진의 하단 왼쪽에는 "께 드 자벨, 즉 자벨 강둑길과 세바스띠앙-메르흐시에르흐 거리 la rue Sébastien-Mercier 가 만나는 모퉁이에 있는 식당, 오 뽕 미라보 Au PONT MIRABEAU, 미라보 다리에", 1930년경" 이라는 글씨가 있다. 이 식당의 앞에서 식당 종업원들이 개와 함께 기념 촬영을 했다.

2. 노블레스 오블리즈 Nobless oblige

1) 사회운동과 공영 공동주택

(1) 사회주의자들의 망상

1848년의 혁명 Révolution de 1848 은 사회주의자들의 망상적 이론을 바탕으로 싹튼 것이었다. 그렇지만, 그들의 망상적 이론은 노동자 공동주택 단지에 관한 사상을 열렬히 포용하고, 사회주의 집단주택, 공동주택 및 좀 부류는 다르지만 왕궁 같은 호화저택 등에 관한 연구를 당대의 화제 거리로 만들기도 했다.

(2) 사회보장 선구자의 주장

프랑스 사회보장 분야의 선구자인 르호저-앙르히 게르항 Roger-Henri Guerrand 은, 자신의 저서 "프랑스 사회보장 공동주택의 원조 Les origines du logement social en France" 에서 노동자 공동주택에 관한 자신의 입장을 명백하게 밝혔다. 그렇지만 그가 말하는 사회보장 노동자 공동주택이란 여전히 노동자들의 누추한 집일뿐이었다. 그는 노동자 공동주택이라는 현실을 전적으로 추론에 의한 추상적 실체로 간주했다. 그는, 주택의 실체를 건축물의 형태, 즉 건축된 실체로 보기 보다는 오직 통계의 대상으로 간주했다. 게다가 그는, 공동주택에 관해서 화려하고 눈부시게 연출은 되었지만 연구, 조사 등이 궁핍하게만 이루어졌던 시절에, 그의 편견을 정당화했다. 그럼에도 불구하고 그의 저서는 1970년대 건축교육 및 연구 분야에 커다란 영향을 끼쳤다. 노동자 공동주택 문제는 이미 19세기 후반에 사상학회, 정당, 노동조합 등에서 주요 사회문제로 야기되었다.

(3) 박애주의자의 자선사업

1888년~1908년, 박애주의 단체 Société Philanthropique 들의 자선사업 慈善事業 운동으로 건설된 공동주택들 중 몇몇은 나름대로 대성공을 거두었다는 평가를 받았다. 그렇지만 당시에 건설된 공동주택의 총 수량은 나뽈레옹 3세의 주도아래 건설되었던 공동주택 수량을 약간 상회했을 뿐이었다. 새로 지어진 공동주택은 여전히 가족의 수가 적은 세대가 거주하기에도 비좁고 비위생적인 열악한 주택이었다. 그래서 박애주의 단체들은, 자신들의 공동주택 건설이란 사회사업 활동이 끝날 즈음에 자신들의 건설사업 사회운동이 실패했다는 점을 스스로 인정하게 되었다. 그들의 실패는 박애주의 활동이 끝날 즈음에, 르호스쉴드 가문 famille Rothschild 이 자선사업 차원에서 공동주택 건설을 시작하면서 명백해졌다.

2) 왕자-대통령의 지원

(1) 사업자금 확보 및 할당

왕자-대통령 prince-président 은, 1852년 1월22일과 3월27일의 인민투표로 결정된 법령에 따라서, 오르흘레앙 가문 la maison d ' Orléans 의 재산을 몰수, 사업자금을 확보했다. 몰수한 재산에서 미리 떼어놓은 막대한 자금을 공제회, 퇴직기금, 부동산담보대부은행의 설립 등에 할당했다. 그리고 끝으로, 1000만 프랑이라는 엄청난 돈을 대도시 노동자들에게 공급할, 좀 더 건강에 좋고 튼튼한 주택건설과 대도시 공장 노동자들의 공동주택 개량사업을 위해서 할당했다. 당시 1000만 프랑은, 빠리히 시 13구에 건축된 전용면적 24~29m² 의 방2개형 공동주택 4만4000세대의 연간 임대료에 해당하는 거금이다.

프랑스 프랑 화폐 貨幣 는 현재는 유로 화폐로 대체되었다. 프랑스는 유로 존 협약에 따라 1999년 1월1일에 유로화를 도입했다. 2002년 1월에는 유로화를 법정통화로 지정했다. 2002년 2월17일까지는 프랑화와 유로화를 함께 통용하다가, 프랑화의 통용을 종료했다. 당시 환율은 1유로=6.55957프랑이었다. 2012년 2월17일에는 프랑화를 영구 폐기했다.

(2) **왕자-대통령**의 **자선사업**

왕자-대통령은 확보한 기금으로 노동자들을 위한 새로운 자선사업을 시작했다. 대도시 노동자들의 주택문제 해결을 위해서 할당된 1000만 프랑의 일부는 일단 一團 의 노동자 공동주택, 즉 독신 노동자 하숙용 호텔 hôtels pour célibataires, 노동자 단독 또는 공동주택 단지 등의 건축 보조금으로 효과적으로 쓰였다. 보조금의 한도는 총 건축비용의 3분의 1까지로 했다. 몇 달 후 자선사업 수행의 진가가 나타났다. 공사가 시행되면서, 사람들의 걱정은 통속적인 부동산 투기꾼들을 부추기게 되는 것은 아닌가 하는 것이었다. 또한 머뭇거리는 행정관청의 서비스가, 내무부장관이 조금은 다른 방법으로 그 기금을 사용하도록 유도하는 것은 아닌지, 심지어는 그 기금의 일부를 횡령하는 것은 아닌지도 걱정이었다. 내무부장관은 그 법령 시행의 책임자였다. 그런 두려움 속에서 초기자금 1000만 프랑은 집행되었다. 그 상세 사용내역은 다음과 같다.

가. **노동자 표준공동주택**

가) **설계경기** 및 **시공자 선정**

노동자 공동주택 문제는 영국에서는 이미 해결된 것이었다. 그러니, 왕자-대통령은 프랑스에서는 그런 문제의 해법은 걱정하지 말자고 했다. 철저히 준비해서, 문제 해결을 확실하게 보장하자고 했다. 왕자-대통령은 빠리히의 모든 건축가들에게 도움을 요청했다. 왕자-대통령은 자신의 금고에서 상금 5000프랑을 마련해서, 가장 품위 있다고 평가될 될 수 있는 설계도를 작성케 하는데 썼다. 이번 설계경기에는 20개 설계 작품이 출품되었다. 출품된 설계 작품 중에서 구르흘리에 Gourlier 의 설계도가 우승 작품으로 선정되었으며, 시공업자 중에서는 쀠토 Puteaux 가 선정 되었다.

나) **표준공동주택 건설**

빠리市에서 인구가 가장 많은 3개 구에, 각각 하나씩 모두 3개의 표준공동주택을 건설하는데 300만 프랑을 썼다. 이들 각각의 표준공동주택은 다음과 같은 계획조건 모두를 충족시켜야 한다:

-공동주택 건축물은 한 동으로 짓되, 공동주택에 입주한 사람들은 결혼을 한 노동자들이거나 독신인 노동자들이거나 상관없이 모두가 각각 자신의 집을 갖도록 해야 한다. 입주자 각자의 집은 건강에 좋고, 통풍이 잘되고, 적절하게 난방이 되고, 햇볕이 잘 들고, 수도시설이 갖춰져야 한다.

-공동주택에 입주해 있는 각 가정은 완벽하게 독립된 생활을 해야 한다. 다만 유일한 공공의 장소인 대형 공동 세탁장은 공동주택 안에 살고 있는 가정과 외부 일반 대중 모두가 사용할 수 있어야한다. 공동 세탁장에는 세탁물 건조 설비가 있으며, 거기서는 목욕도하고 세탁도 할 수 있다.

-공동주택의 전형 典型 으로 쓰일 이들 건축물의 필수 조건은, 설계도는 아주 정확하고, 건축 공사비는 최소여야 한다. 또한 노동자들은 비싼 비용을 지불하지 않고서도 생활환경이 아주 좋은 집에 입주할 수 있어야하며, 건축 비용을 투자한 건축물 주인들은 투자금액에 대한 합당한 수익을 올릴 수 있어야 한다.

나. **노동자 보호시설**

병후 회복기에 있는 노동자들을 위한 보호시설 2개를 건설하는데 450만 프랑을 썼다. 1857년에 완공된 이들 시설은, 하나는 벵센느 Vincennes 에, 다른 하나는 베지네 Vésinet 에 있다.

다. 공동주택 16개동 건축

황제 소유의 토지에, 가난한 가정과 노동자들을 위한 공동주택 건축물 16개 동을 건축하는데 200만 프랑을 썼다. 건축물 설계는, 건축가 외젠느 고드뵈프 Eugène Godeboeuf 가 했다. 국가 소유의 토지에, 국가의 감독아래 공공기금을 사용해서 건축된 이들 건축물은 전적으로 황실 재산이었다. 국가는 황실 재산인 토지와 건축물을, 벵센느 시설에 기부하여, 국가를 대신해서 관리토록 했다. 1864년에 준공된 벵센느 시설은, 이듬해에 시설 부근에, 같은 건축가에게 의뢰하여 하숙용의 저렴한 호텔을 완공함으로써 완전한 보호시설의 면모를 갖추었다.

그러나 보호시설의 집세가 제한적인데다 임대소득에 세금이 부과되어, 황실 기부 재산의 관리가 곤궁에 빠졌다. 그래서 벵쌍느 시설은 1881년에, 황실 재산의 관리에서 이익을 볼 수 있는 방식으로 전환했다. 다시 말해서 시설물 전체를 대표 임차인 한사람에게 빌려 주고 그에게서 일괄 임대료를 받았다. 대표 임차인은 수익을 올리기 위하여 집세를 서둘러 올렸다. 결국 올린 셋돈을 감당할 수 없는 기존의 가난한 세입자들은 쫓겨났다. 벵쌍느 시설의 건축물들은 표현이 절제된 매우 아름다운 양식의 건축물이었다. 이 아름다운 건축물들은 여전히 크로자띠에 Crozatier 거리와 로홍드레 Rondelet 거리 사이에 있는 디드로 Diderot 대로에 남아있다.

라. 건설사업자 보조금

처음에 할당된 기금 1000만 프랑보다 기금이 증가하여 아직도 350만 프랑이 남아있었다. 나폴레옹 3세는 남아있는 기금을 사용하기 위하여 한참을 망설인 후에, 영국인 건설 실무자 조지 클락 George Clark 의 조언에 따라서, 그 돈을 건설업자들을 위한 보조금으로 지불하기로 하고 원칙을 정했다.

보조금 지불원칙은 건설비용의 3분의 1을 국가가 보조하는 것이었다. 그 대신 건설업자들은 아주 엄격한 입찰 규정서의 의

무를 준수해야만 했다. 즉, 노동자 가족, 비록 식구가 많을지라도, 그들을 위한 공동주택으로서는 충분한 면적인 27m² 를 항상 준수하되, 매우 좋은 품질의 건축자재를 사용해서 건축해야 한다는 점을 필수 의무 조건으로 내걸었다. 또한 건폐율은 비교적 적게, 즉 어떤 경우에도 부유층 고급 임대주택의 건폐율보다 적게 해야 하며, 임대료를 결정할 때는 면적 30m² 공동주택을 기준으로 해서 m² 당 평균 7프랑, 즉 연간 210프랑을 준수해야 한다는 것이었다.

3) 자선단체의 사회사업

빠리히의 자선 단체 Société Philanthropique 들은 1888년부터, 박애주의 운동의 일환으로, 저가 공동주택 H.B.M.: Habitations collectives à Bon Marché 의 건설과 관리, 운영에 헌신했다. 저가 공동주택 건설 사업에 참여한 주요 재단 Fondations 들은, 에느 Heine, 르흐스쉴드 Rothschild, 알렉상드르와 베일 Alexandre et J. Weill, 셍제르흐-뽈리냑 Singer-Polignac, 이본느 드 구이 다르흐시 Yvonne de Gouy d' Arsy, 르보디 P. Lebaudy 등이다.

특히 르흐스쉴드 재단 fondation Rothschild 은, 1904년부터 1919년까지 센 강 북쪽, 빠리히 끝자락에 있는 도시 빈민들의 주거지역인 제18구 및 제19구에서 공동주택 건설 자선사업을 했다. 르흐스쉴드 가문의 부동산개발 사업주들은 굉장히 통 큰 부자답게 자금을 쾌척해서 사회사업 재단을 만들었다. 20세기 초입에 르흐스쉴드 재단은, "노동자 공동주택" 이라는 기존의 모멸적 개념에 급격한 변화를 가져왔다. 르흐스쉴드 재단의 혁신적인 "공동주택계획" 이라는 사업은 우선 공동주택의 위생 문제를 집중적으로 개선하는 것이었다. 수많은 건축설계경기를 주관하여 우수한 건축물을 찾아냈으며, 건축가는 물론이고 대규모 건축공사 현장에서 일하는 현장 감독과 같은 기술자들을 불러 모아 드러나는 문제를 해결토록 하고, 더 나아가 그들로 하여금 여러 가지 공동주택 형태를 연구하게 하여 노동자 공동주택의 전형 prototypes, 즉 공동주택 표준모델을 개발했다. 이미 상당히 진전 되었던 공동주택 연구는, 1914년 1차 세계대전이 일어나면서 중단되었다. 그 연구 결과의 거의 모두가 사라질 위기에 처했다.

4) 공공단체의 전후 복구사업

1914년, 제1차 세계대전이 발발하자 프랑스 정부는 국가 총동원령을 내리고, 1914년 말부터 전시 동원 경제체제로 전환했다. 1917년 4월에는 평화론이 대두되면서 반전 反戰 폭동이 일어났다. 1917년 4월2일에는 미국이 참전했고, 1918년 9월, 연합군의 총공세로, 독일군이 퇴각하면서 1918년 11월11일, 르흐송드 Rethondes 에서 참전국들은 휴전에 서명했다. 1919년 1월 18일, 1차 세계대전 전후 처리 문제를 해결하기 위한 빠리히 강화회의가 열렸다. 이 회의에는 27개국 대표가 모였으나, 실질적인 결정권은 미국, 영국, 프랑스, 이탈리아, 일본 등의 승전국이 행사했다. 1919년 4월23일에는 국제연맹 S.D.N: Société des Nations 이 창설되고, 1919년 6월28일, 배르흐사유 조약 체결 Traité de Versailles 이 이루어지면서 전쟁은 끝났다.

프랑스에서는 전쟁 후유증이 심각했으나 전후 복구사업이 진행되면서 경기가 회복되고 문화가 꽃피기 시작했다. 1919년 4월에 8시간 노동법이 제정되면서 빠리히 시민들은 여유 시간을 즐기기 시작했고, 1924년에는 빠리히 올림픽도 열렸다. 프랑스에서는 광기의 시절, 즉 1926년부터 1932년까지 이어지는 신황금시대가 도래했다. 그러나 이 아름다운 시절에 역설적으로, 1919년부터 출생률이 저하하기 시작, 1930년까지 가속되었다. 하지만 이 시기에 해외로부터 이주해 오는 프랑스 내국인 및 외국인이 대폭 증가하여 주택 부족 문제가 사회 이슈가 되었다. 빠리히 시, 공공사업국의 H.B.M. 은 1913년에서 1927년까지 공동주택 5462세대를 공급했고, 빠리히 시의 H.B.M. 은 1913년에서 1934년까지 공동주택 1만373세대를 공급했다. 또한 빠리히

시 부동산공사 R.I.V.P. 는 1923년부터 1933년까지 빠리히 시, 능보 Bastion 에 공동주택 4685세대를 건설 공급했다. 그러나 광기의 아름다운 시절이 가고 세계 경제 위기와 국론 분열의 시절이 도래하면서 전쟁을 향한 행진이 시작되었다. 1929년에서 1939년까지 세계 경제공황이 있었으며, 1931년 가을에는 경제위기가 프랑스를 강타했다. 1938년 말부터 프랑스는 경제가 부활하기 시작했으나 또다시 전화 戰禍 가 덮쳤다. 1939년 9월1일, 제2차 세계대전이 발발하자 프랑스 정부는 또다시 국가 총동원령을 내리고 전쟁에 돌입했다.

부 록
Annexes

I. 표 목 록

Liste des tableaux

II. 그림목록

Liste des figures

III. 사진목록
Liste des photographies

IV. 참고문헌

Bibliographie

공동주택연구회, *일본의 현대하우징*, 시공문화사, 서울, 2002
낙원편집부, *아메리카의 주택*, 낙원출판사, 서울, 1974
대한 건축학회, *주거론, 건축학 전서 3*, 기문당, 서울, 2000
대한 건축학회, *한국건축사, 건축학 전서 2*, 기문당, 서울, 2000
대한 건축학회, *동양건축사도집, 건축학 전서 11*, 기문당, 서울, 1995
한국전통건축연구회, *한국건축사*, 서우, 서울, 2002
일본 건축학회, *인간심리행태와 환경디자인,* 배 현미 외 옮김, 보문당, 서울, 2000
니콜스 출판사 Nichols Publishing co., *주택의 배치계획*, 대우출판사 편집부 옮김, 경기도 오산, 1983

리 윈허 李允鉌, *중국 고전건축의 원리*, 이 상해 외 옮김, 시공사, 서울, 2000
데디에 DETHIER, Jean, *흙건축의 조형세계*, 박 홍 옮김, 세진사, 서울, 1986

가르디네 GARDINER, Stephen, *건축사개론*, 박 강철 옮김, 기문당, 1988

마크햄 MARKHAM, Felex, *나폴레옹 전기*, 이 종길 옮김, 길산, 경기도 고양, 2001

모로아 MAUROIS, André, *프랑스사*, 신용석 옮김, 홍성사, 서울, 1987

뮤레이 MURRAY, Peter, *시드니 오페라하우스 건축이야기*, 용 갑식 옮김, 공간예술사, 서울, 2011

올리버 OLIVER, Paul, *세계의 민속주택*, 이 왕기 외 옮김, 세진사, 서울, 1996

월로츠 WOLOCH, Isser, *나폴레옹의 싱크탱크들*, 차 재호 옮김, 홍익출판사, 서울, 2001

박 병전, *주거*, 기문당, 서울, 1986

손 세관, *도시주거 형성의 역사*, 열화당, 서울, 1997

신 영훈, *우리가 알아야할 우리 한옥*, 현암사, 서울, 2000

용 갑식, *경사지를 이용한 지하 주거공간계획에 관한 연구*, 연세대학교 대학원, 서울, 1987

용 갑식, *건축+조경*, 공간예술사, 서울, 2014

용 갑식, *건축물+재료정보*, 공간예술사, 서울, 2014

이 경회, *건축환경학*, 문운당, 서울, 1986

이 규인, *유럽의 환경친화주택*, 서울, 2002

임 길진 외, *사회주의 중국의 주택정책*, 나남, 서울, 1991

장 기인, *한국건축사전*, 보성문화사, 서울, 1985

장 덕상, *프랑스 그리고 파리*, 서문당, 서울, 1994

최 창조, *한국의 풍수사상*, 민음사, 서울, 1986

하 성규, *주택정책과 실무*, 백영사, 서울, 1992

Atlas Mondial, Larousse, Paris, 1988

Bureau des statistiques nationales de Chine,

Annuaire des statistiques, 1989
Bureau des statistiques de Corée, *L ´indice principal de l ´économie et la société de Viêt-Nam*, Séoul, 1996
Bureau des statistiques de Corée, *Recensement d ´habitants, 1995*
Bureau des statistiques de Japon, Management and coordination agency, *Housing survey of Japan, 1983*
Histoire et Vies du 10e, *Mémoire des rues PARIS 10e ARRONDISSEMRNT 1900~1940,* PARIGRAMME, Paris, 2015
Il était une fois la France, vingt siècles d ´histoire, Sélection du Reader's Digest, Paris, 1989
La grande ville: enjeu du XXIe siècle, Mélanges en hommage à Jean BASTIE, PUF, 1991
Ministère de la construction de Japon, *Situation de construction territoriale, 1989*
Ministry of Trade & Industry, *Economic Survey of Singapor, 1985*
Provence, Côte d ´Azur, Corse, Larousse-Sélecttion du Reader's Digest, Paris, 1986
Statischsches Bundes Amt, *Gebäude und Wohnungs Zählung, 25 October 1968 and 25 May 1987; 1% Wohnungs stich probe 1978*
The Greater London Council, *Housing Layout*, The Architectural Press, London, 1978
The Report of the Girdwood Comittee, 1948 & 1952
Time-Saver Standards, a handbook of architectural design, McGraw-Hill, New York, 1966
UNDP, *Human Development Report*, Oxford, 1994

UNICEF, *Environmental Atlas for Children*, Rand McNally, New York, 1991

UNESCO, RILEM, CIB, *Building Materials for low-income housing*, E. & F.N. Spon, London, 1987

ADAMS, Mark, *Turn Right at MACHU PICCHU*, Dutton, New York, 2016

ALPHANDERY, Claude, *Pour une politique du logement*, Seuil, Paris, 1965

ASCHER, François et al., *Habitat et Villes: L ´avenir en jeu*, L ´ Harmattan, Paris, 1992

AHRENS, Donna et al., *Earth Sheltered Homes*, Van Nostrand Reinhold, New York, 1981

BALL, Michael et al., *Housing and social change in Europe and the USA*, Routledge, London, 1990

BARDET, Gaston, *L ´urbanisme*, PUF, Paris, 1988

BELL, Paul A. et al., *Environmental Psychology*, W.B. Saunders co., Philadelphia, 1976

BERNARD, Yvonne, *La France au logis*, Mardaga, 1992

BEZZOLATO, Patrick, *Mémoire des rues PARIS 19e ARRONDISSEMRNT 1900~1940*, PARIGRAMME, Paris, 2016

BONVALET, Catherine et al., *Le logement, une affaire de famille*, L ´ Harmattan, Paris, 1993

BOUBLI, Bernard, *Le logement*, PUF, Paris, 1985

BOUSQUEL, Frédérique, *Mémoire des rues PARIS 14e ARRONDISSEMRNT 1900~1940*, PARIGRAMME, Paris, 2016

BOUSQUEL, Frédérique, *Mémoire des rues PARIS 18e*

ARRONDISSEMRNT 1900~1940, PARIGRAMME, Paris, 2016

CAMPA, Mario, *PALENQUE History, Art and Monuments,* Monclem, México, 2018

CARMODY, John et al., *Earth Sheltered Housing Design,* Van Nostrand Reinhold, New York, 1985

CARMODY, John et al., *Underground Building Design* , Van Nostrand Reinhold, New York, 1983

CHALINE, Claude, *Les villes nouvelles dans le monde,* PUF, Paris, 1985

CHARRE, Alain, *Art et Urbanisme,* PUF, Paris, 1983

D ´ AMAT, Ariane Roman, *Mémoire des rues PARIS 7e ARRONDISSEMRNT 1900~1940,* PARIGRAMME, Paris, 2015

DE LA GARZA, Mercedes, *THE MAYS 3000 YEARS OF CIVILIZATION,* Monclem, Mexico, 2018

DULONG, Renard, *La réputation des cité HLM,* L ´ Harmattan, Paris, 1992

DUMONT, Marie-Jeanne, *Le logement social à Paris, 1859~1930,* Mardaga, Liège, 1991

DUNNING, W. J., et al., *Home Planning and Architectural Drawing,* John Wiley, New York, 1966

GARCIA, Nelly M. Robles, *MONTE ALBAN History-Art-Monuments,* Monclem, México, 2018

GEINDRE, Françoi, *Le logement, une priorité pour le XIe plan, Rapport au Premier ministre,* La Documentation Française, Paris, 1993

GHEKIERE, Laurent, *Douze 92: pour quel logement social ?,* Rapport au congés des directeurs de SA d ´ HLM, Bruxelles, 1990

GHEKIERE, Laurent, *Les politiques du logement dans l´Europe de demain*, La Documentation Française, Paris, 1992

GHEKIERE, Laurent, *Marché et politiques du logement dans la CEE*, La Documentation Française, Paris, 1971

GRIMAL, Pierre, *Les villes romaines*, PUF, Paris, 1990

GUIGNAND, André et al., *Villages vacances familles*, PUF, Paris, 1989

HALAY, Thierry, *Mémoire des rues PARIS 20e ARRONDISSEMRNT 1900~1940,* PARIGRAMME, Paris, 2018

HALLETT, Graham, *The new housing shortage*, Routledge, London, 1993

HAMDI, Nabeel, *Housing without house*, Van Nostrand Reinhold, London, 1991

HAROUEL, Jean-Louis, *Histoire de l´urbanisme*, PUF, Paris 1985

HAVEL, Jean-Eugène, *Habitat et logement*, PUF, Paris, 1985

HEIMSATH, Clovis, *Behavioral Architecture*, McGraw-Hill, New York, 1977

HOUDEVILLE, L. et al., *Pour une civilisation de l´habitat*, Economie et Humanisme, Paris, 1969

JEANNERET, Charles Edouard, *The Modulor*, the MIT press, Cambridge Massachusettes, 1971

KALEF, Elsbeth, *Pauvre et mal logé, les enjeux sociaux de l´habitat*, L´Harmattan, Paris, 1990

KALOPISSIS, Theodore, *Le livre des maisons du monde*, Gallimard, 1992

LABETOULLE, Daniel, *Le permis de construire*, PUF, Paris, 1982

LANGLOIS, Pierre, *Mémoire des rues PARIS 15e ARRONDISSEMRNT 1900~1940,* PARIGRAMME, Paris, 2016

LEFEBVRE, Bruno et al., *Politique du logement, 50 ans pour un échec*, L´Harmattan, Paris, 1991

LORETO, Richard A. et al., *Urban policy issues: canadian perspectives*, McClelland & Stewart, Toronto, 1990

LUCAS, Philippe, *Mémoire des rues PARIS 13e ARRONDISSEMRNT 1900~1940,* PARIGRAMME, Paris, 2017

LYNCH, Kevin, *Site planning*, the MIT press, Cambridge, Ma., 1972

MALPASS, Peter et al., *Implementing housing policy*, Open university press, Buckingham, 1993

MALPASS, Peter, *Reshaping housing policy*, Routledge, London, 1990

MARC, Olivier, *Psychology of the house*, Thames and Hudson, London, 1977

MERLIN, Pierre, *La famille éclate, le logement s´adapte*, Syros-Alternatives, Paris, 1990

MARTOS, Luis Alberto, *ARCHAEOLOGICAL MEXICO*, Monclem, Mexico, 2018

MESMIN, Georges, *Urbanisme et logement*, PUF, Paris, 1992

MIQUEL, Pierre, *La troisième république*, Fayard, France, 1989

MOLL, Roberto Garcia, *CHICHÉN ITZÁ Sitios arqueologicos*

del estado de Yucatán, México desconocido, México, 2002
MONNIER, Gérard, *Histoire de l´architecture*, PUF Paris, 1994
MONOD, Jérôme et al., *L´aménagement du territoire*, PUF, Paris, 1991
MOREL, Émilie, *Mémoire des rues PARIS 16e ARRONDISSEMRNT 1900~1940,* PARIGRAMME, Paris, 2016
MORVAN, Frédéric, *Louvre, Les 300 chefs-d´œuvre*, HAZAN, Paris, 2017
MUSTER, Bill, *Traveler's Almanac*, Rand McNally, Los Angeles, 1978
NEUFERT, Ernst, *Les éléments des projets de construction, 6e édition*, Dunod. Paris, 1983
PEYTHIEU, Jean, *Le financement de la construction de logements*, Sirey, Paris, 1991
RADWAN, Anna, *Mémoire des rues PARIS 1er ARRONDISSEMRNT 1900~1940,* PARIGRAMME, Paris, 2015
RADWAN, Anna, *Mémoire des rues PARIS 5e ARRONDISSEMRNT 1900~1940,* PARIGRAMME, Paris, 2016
ROY, Philippe, *Mémoire des rues PARIS 9e ARRONDISSEMRNT 1900~1940,* PARIGRAMME, Paris, 2015
SAINT-ALARY, Roger, *Le droit de la construction*, PUF, Paris, 1981
SARI, Ghali Beniza, *Mémoire des rues PARIS 12e ARRONDISSEMRNT 1900~1940,* PARIGRAMME, Paris, 2016

SALIGNON, Bernard, *Qu ´ est-ce qu ´ habiter ?*, Z ´ éditions, Nice, 1990

SOLÍS, Felipe, *NATIONAL MUSEM OF ANTHROPOLOGY*, Monclem, México, 2018

SOLÍS, Felipe, *UXMAL Sitios arqueologicos del estado de Yucatán*, México desconocido, México, 2003

SPRAGUE, Joan Forrester, *More than housing*, Butterworth Architecture, London, 1991

THIEBAUT, Philippe, *Gaudí, builder of visions*, Thames & Hudson, London, 2002

THOLLANDER, Earl, *Back Roads of California*, Lane, California, 1977

TRIBILLON, Jean-François, *Vocabulaire critique du droit de l ´ urbanisme*, La Villette, Paris, 1985

VENTURA, Piero, *La maison*, Gründ, Paris, 1993

WODON, Quentin, *Logement, le droit des exclus*, Les Editions Ouvrières, Paris, 1992

WOLMAN, Harold et al., *Urban politics and policy*, Blackwell, Oxford, 1992

YONG, Karbseeg, *Logement Autochtone Social*, Spaceart, Seoul, 2016

YONG, Karbseeg et al., *Institut africain d ´ architecture, d ´ urbanisme et d ´ aménagement à Dakar, Sénégal*, Dissertation de Ⅲe cycle, CHD, Ecole d ´ Architecture de Marseille-Luminy, Marseille, 1991

V. 찾아보기
Index

한글 찾아보기

ㄱ

ㄴ

ㄷ

ㄹ

□

ㅂ

ㅅ

ㅇ

ㅈ

ㅊ

ㅋ

ㅌ

ㅍ

ㅎ

외국어 찾아보기

A

B

C

D

E

F

G

H

I

J

K

L

M

N

O

P

Q

R

S

T

U

V

W

X

Y

Z